U0210919

土木建筑工人职业技能考试习题集

防 水 工

韩　燕　主编

中国建筑工业出版社

图书在版编目（CIP）数据

防水工/韩燕主编 . —北京：中国建筑工业出版
社，2014.6
（土木建筑工人职业技能考试习题集）
ISBN 978 - 7 - 112 - 16611 - 4

Ⅰ.①防…　Ⅱ.①韩…　Ⅲ.①建筑防水—工程
施工—技术培训—习题集　Ⅳ.①TU761.1-44

中国版本图书馆 CIP 数据核字（2014）第 055047 号

土木建筑工人职业技能考试习题集

防水工

韩　燕　主编

*

中国建筑工业出版社出版、发行（北京西郊百万庄）
各地新华书店、建筑书店经销
北京永峥印刷有限公司制版
北京圣夫亚美印刷有限公司印刷

*

开本：850×1168 毫米　1/32　印张：16¾　字数：448 千字
2014 年 9 月第一版　2014 年 9 月第一次印刷
定价：**48.00** 元
ISBN 978 - 7 - 112 - 16611 - 4
（25435）

版权所有　翻印必究
如有印装质量问题，可寄本社退换
（邮政编码100037）

本习题集根据现行职业技能鉴定考核方式，分为初级工、中级工、高级工三个部分，采用填空题、选择题、计算题、简答题、实际操作题的形式进行编写。

本习题集主要以现行职业技能鉴定的题型为主，针对目前土木建筑工人技术素质的实际情况和培训考试的具体要求，本着科学性、实用性、可读性的原则进行编写。可帮助准备参加技能考核的人员掌握鉴定的范围、内容及自检自测，有利于建筑工程工人岗位等级培训与考核。

本书可作为土木建筑工人职业技能培训，考试复习用书。也可作为广大土木建筑工人学习专业知识的参考书。还可供各类技术院校师生使用。

* * *

责任编辑：胡明安
责任设计：张　虹
责任校对：陈晶晶　赵　颖

前　言

随着我国经济的快速发展，为了促进建设行业职工培训、加强建设系统各行业的劳动管理，开展职业技能岗位培训和鉴定工作，进一步提高劳动者的综合素质，受中国建筑工业出版社的委托，我们编写了这套《土木建筑工人职业技能考试习题集》，分10个工种，分别是：《木工》、《瓦工》、《混凝土工》、《钢筋工》、《防水工》、《抹灰工》、《架子工》、《砌筑工》、《建筑油漆工》、《测量放线工》。本套习题集根据现行职业技能鉴定考核方式，分为初级工、中级工、高级工三个部分，采用填空题、选择题、计算题、简答题、实际操作题的形式进行编写。

本套书的编写从实践入手，针对目前土木建筑工人技术素质的实际情况和培训考试的具体要求，以贯彻执行国家现行最新职业鉴定标准、规范、定额和施工技术，体现最新技术成果为指导思想，本着科学性、实用性、可读性的原则进行编写，本套习题集适用于各级培训鉴定机构组织学员考核复习和申请参加技能考试的学员自学使用，可帮助准备参加技能考核的人员掌握鉴定的范围、内容及自检自测，有利于建筑工程工人岗位等级培训与考核。本套习题集对于各类技术学校师生、相关技术人员也有一定的参考价值。

本套习题集的内容基本覆盖了相应工种"岗位鉴定规范"对初、中、高级工的知识和技能要求，注重突出职业技能培训考核的实用性，对基本知识、专业知识和相关知识有适当的比重分配，尽可能做到简明扼要，突出重点，在基本保证知识连贯性的基础上，突出针对性、典型性和实用性，适应土木建筑工人知识与技能学习的需要。由于全国地区差异、行业差异及企业差异较大，使用本套习题集时各单位可根据本地区、本行业、本单位的具体情况，适当增加或删除一些内容。

本书由广州市市政职业学校的韩燕主编，三峡大学的王玉先和王殿瑶参与编写。

在编写过程中参照了部分培训教材，采用了最新施工规范和技术标准。由于编者水平有限，书中难免存在不足甚至错误之处，恳请读者在使用过程中提出宝贵意见，以便不断改进完善。

编者

目　录

第一部分　初级防水工

1.1　填空题 ·· 1

1.2　单项选择题 ·· 28

1.3　多项选择题 ·· 68

1.4　计算题 ·· 91

1.5　简答题 ·· 96

1.6　实际操作题 ··· 169

第二部分　中级防水工

2.1　填空题 ·· 174

2.2　单项选择题 ·· 202

2.3　多项选择题 ·· 245

2.4　计算题 ·· 271

2.5　简答题 ·· 274

2.6　实际操作题 ··· 351

第三部分　高级防水工

3.1　填空题 ·· 357

3.2　单项选择题 ·· 383

3.3　多项选择题 ·· 424

3.4　计算题 ·· 444

3.5　简答题 ·· 450

3.6　实际操作题 ··· 521

第一部分　初级防水工

1.1　填空题

1. <u>建筑工程施工图</u>是设计师根据建设单位的设计任务书而设计绘制的重要技术文件，它是指导建筑施工的重要技术依据。

2. <u>防水工程</u>，系指为防止雨水、地下水、滞水以及人为因素引起的水文地质改变而产生的水渗入建（构）筑物或防水蓄水工程向外渗漏所采取的一系列结构、构造和建筑措施，主要包括防止外水向防水建筑工程渗漏，蓄水结构的水向外渗漏和<u>建筑物内部相互止水</u>三大部分。

3. 就土木工程类别而言，防水工程分<u>建筑物防水</u>和<u>构筑物防水</u>，就渗漏流向而言，分<u>防外水内渗</u>和<u>防内水外漏</u>，按其采取的措施和手段不同，分为<u>材料防水</u>和<u>构造防水</u>两大类。

4. 国家现行标准《屋面工程质量验收规范》GB50207—2012 规定，涂膜防水层用于Ⅲ、Ⅳ级防水屋面时均可单独采用一道设防。

5. 防水工程的分类按其所采取的措施和手段不同，分为<u>材料防水</u>和<u>构造防水</u>。

6. <u>材料防水</u>是依靠防水材料经过施工形成整体防水层阻断水的通路，以达到防水的目的或增强抗渗漏水的能力。

7. 材料防水按采用材料的不同，分为<u>柔性防水</u>和<u>刚性防水</u>两大类，刚性防水指<u>混凝土</u>防水。

8. 对墙板的接缝，各种部位、构件之间设置的温度缝、变形缝，以及节点细部构造的防水处理均属于<u>构造防水</u>。

9. 屋面防水有 4 个等级，Ⅰ 级屋面防水的含义是：建筑物的类别为特别重要或对防水有特殊要求的建筑。防水层合理使用年限为25 年。设防要求为三道或三道以上防水设防。防水层选用材料宜选用合成高分子防水卷材板材、合成高分子防水涂料、细石防水混凝土等材料。

10. 屋面防水有 4 个等级，Ⅱ 级屋面防水的含义是：建筑物类别为重要的建筑和高层建筑。防水层合理使用年限为15 年。设防要求为二道防水设防。防水层选用材料宜选用高聚物改性沥青防水卷材、合成高分子防水卷材、金属板材、合成高分子防水涂料、高聚物改性沥青防水涂料、细石防水混凝土、平瓦、油毡瓦等材料。

11. 屋面防水有 4 个等级，Ⅲ 级屋面防水的含义是：建筑物类别为一般建筑。防水层合理使用年限为10 年。设防要求为二道防水设防。防水层材料宜选用高聚物改性沥青防水卷材、合成高分子防水卷材、二毡四油沥青防水卷材、金属板材、高聚物改性沥青防水涂料、合成高分子防水涂料、细石防水混凝土、平瓦、油毡瓦等材料。

12. 屋面防水有 4 个等级，Ⅳ 级屋面防水的含义是：建筑物类别为非永久性建筑。防水层合理使用年限为5 年。设防要求为一道防水设防。防水层材料可选用二毡三油沥青防水卷材、高聚物改性沥青防水涂料等材料。

13. 地下防水工程分 4 个等级。其中 1 级的标准是不允许渗水，结构表面无湿渍；2 级的标准是不允许漏水，结构表面可有少量湿渍；3 级的标准是有少量漏水点，不得有线流和漏泥砂；4 级的标准是有漏水点，不得有线流和漏泥砂。

14. 墙身节点采用较大的比例，一般为1:20。

15. 建筑工程施工图有建筑总平面图、建筑施工图、结构施工图、暖卫施工图、电气施工图。

16. 建筑施工图泛指建筑的平面图、立面图、剖面图、大样图以及材料做法表或文字说明。

17. 结构施工图是说明房屋的结构构造类型、结构平面布置、构件尺寸、材料和施工要求等的图样。

18. 暖卫施工图是一栋房屋建筑中卫生设备、给水排水管道、暖气管道、煤气管道、通风管道等的布置和构造图，暖卫施工图在图标内应分别标上水施、暖通等。

19. 识图的方法一般是先粗后细，从大到小，建筑、结构相互对照。

20. 建筑标准配件图分为建筑配件标注图、建筑构件标准图。

21. 厕所间大样图应包括在建筑施工图中。

22. 为了说明建筑物的方向和方位，在总平面图上，还应用指北针加以标志。

23. 设计说明一般写在建筑施工图的首页，它用文字简单介绍工程的概况和各部分构造的做法。

24. 新建工程周围的地形用等高线来表示，一般等高线为1m 高差一根。

25. 防水屋面所使用的卷材必须按照建筑物的防水等级进行选择。

26. 比例尺 1:50 所表示的是当图上距离为 1 时，实际距离为 50。

27. 实线表示建筑物轮廓线、尺寸线；点划线表示建筑物轴线，虚线表示被遮挡的建筑物轮廓线；折断线表示建筑物或构件到此中断；波浪线表示局部的构造层次。

28. 引出线系指对某一图面作具体说明，也有的用来标明详图的索引编号。

29. 索引出的详图与被索引的图样在同一张图纸内，应在索引符号的上半圆中用阿拉伯数字注明该详图的编号，并在下半圆中间画一段水平细实线。

30. 索引出的详图与被索引的图样不在同一张图纸时，应在索引符号的下半圆中用阿拉伯数字注明该详图所在图纸的图纸号。

31. 索引出的详图，如采用标准图，应在索引符号水平直径的延长线上加注该图册的符号。

32. 屋面防水做法在建筑施工图中表示。

33. 建筑配件标注图是指与建筑设计有关的配件的建筑详图。

34. 建筑物的轴线应用细点划线表示。（分别从粗细和线型方面考虑）

35. 建筑施工图中定位轴线一般都要编号，水平方向采用阿拉伯数字，由左向右依次编号；垂直方向采用大写拉丁字母，由下而上编号。通过这些编号就可以知道有多少轴线，并顺轴线找出相应的详图或标注。

36. 结构施工图在图标栏内应标注"结施××号图"以便查找。

37. 施工图中标高的标注一律以"米（m）"为单位，一般注到小数点后第三位，但在总平面图上注到小数点后第二位。

38. 一般建筑施工图除了平、立、剖面图之外，为了表示某些部位的结构构造和详细尺寸，必须绘制详图来说明。

39. 建筑配件标准图是指与建筑设计有关的配件的建筑详图。配件是指门窗、屋面、楼地面、水池等，配件标准图的代号一般用J或建表示。

40. 建筑构件标准图是指与结构设计有关的构件的结构详图。构件就是指屋架、梁、板、基础等，构件标准图的代号一般用G或结表示。

41. 墙身节点详图实际上就是建筑剖面图的局部放大，它主要表达了建筑物从基础上部的防潮层到檐口各主要节点构造。

42. 根据总平面图计算挖填土方量以及排水方向。新建工程的方位一般用指北针来表示，主导风向用风玫瑰图来表示。

43. 建筑剖面图主要表示建筑物内部的结构和构造形状，沿高度方向分层情况各层层高、门窗洞高和总高度尺寸。

4

44. 剖面图的剖切位置，应在平面图中表示其位置，以便剖面图与平面图对照阅读。

45. 当地下工程的墙体采用砖砌筑时，砌体必须用水泥砂浆砌筑，外墙的外侧应抹20mm厚1:2水泥砂浆找平层，再刷涂料防潮层。

46. 房屋按照建筑物的承重结构材料可以分为混合结构、砖木结构、钢结构、钢筋混凝土结构。

47. 地下工程处于冻土层中的混凝土结构，其混凝土抗冻融循环不得少于100次。

48. 架空屋面是指在屋面防水层上采用薄型制品架设一定高度的空间，起到隔热作用的屋面，倒置式屋面是指将保温层设置在防水层上的屋面。

49. 无组织排水檐口800mm范围内的卷材应采用满粘法，卷材收头应固定密封。檐口下端应做滴水处理。

50. 女儿墙分有压顶和无压顶两种防水做法。

51. 有（填"有、无"，下同）压顶的女儿墙应留好压毡层，然后将屋面防水层做至压毡层下面，并用油膏将收头封严。无压顶的女儿墙，需在墙上留出凹槽或凸檐，然后将防水层铺至凹槽或凸檐下，用油膏将收头粘结密封。

52. 屋面受其他热源影响或屋面坡度超过25%时，应考虑将胶结材料的强度适当提高。

53. 柔性屋面防水构造一般由结构层、隔汽层、找坡层、保温层、找平层、防水层、保护层等组成。

54. 满粘法是指铺贴防水卷材时，卷材与基层采用全部粘结的施工方法。

55. 条粘法是指铺贴防水卷材时，卷材与基层采用条状粘结的施工方法。

56. 自粘法是指采用带有自粘胶的防水卷材进行粘结的施工方法。

57. 油毡瓦的脊瓦与脊瓦的压盖面不小于脊瓦面积的1/2。

58. 地下工程防水施工方法有<u>明挖法</u>和<u>暗挖法</u>两种。

59. 防水施工应在阴阳角、烟囱根、管道根、天沟、水落口底部位做 1~2 道<u>增强层</u>。

60. 地下工程防水，采用高聚物改性沥青防水卷材厚度不应小于 3mm，单层使用时厚度不应小于<u>6mm</u>。

61. 地下工程防水，选用合成高分子防水卷材，当单层使用时，厚度不应小于<u>2.4mm</u>。

62. 墙身防潮层的标高一般设在<u>地坪下一皮砖处</u>。

63. 屋面防水工程，坡面与立面相交处，应先铺<u>坡面</u>，后铺<u>立面</u>。

64. 防水找平层的种类有水泥砂浆找平层、细石混凝土找平层和<u>沥青砂浆找平层</u>。

65. 屋面找平层质量检验时，找平层的排水坡度是通过<u>用水平仪（水平尺）、拉线和尺量检查</u>方法检查的，找平层的表面平整度是通过<u>2m 靠尺和楔形塞尺</u>方法检查的。

66. 隔汽层的位置应设在<u>结构层</u>上，<u>保温层</u>下。

67. 有恒温、恒湿要求的建筑物屋面应设置<u>隔汽层</u>。

68. 细石混凝土找平后，通常采用豆石作骨料，铺设厚度为<u>3~4cm</u>，混凝土强度等级不低于<u>C20</u>。

69. 混凝土找平层的混凝土强度等级不应低于<u>C20</u>。

70. 沥青砂浆找平层能增强<u>防水层</u>与<u>基层</u>的粘结，避免防水层膨胀，尤其适用于防水层冬期施工。

71. 水泥砂浆、块体材料或细石混凝土保护层与防水层之间应设置<u>隔离层</u>。

72. 为了保持屋面有一定的排水坡度，常设置<u>找坡层</u>。

73. <u>找平层</u>是因保温层高低不平和表面强度低而设置的。

74. <u>结构层</u>承受屋面上各层的荷载，同时承受风载、雪载、活荷载等，并将各种荷载传到下面的结构上面去。

75. <u>保护层</u>是为了保护防水层免遭损坏而设置的。

76. 粘结保温层时，施工环境气温宜为热沥青不低于<u>-10℃</u>；

6

水泥砂浆不低于5℃，沥青防水卷材施工时，环境气温宜为不低于5℃。

77. 高聚物改性沥青防水卷材施工环境气温宜为冷粘法不低于5℃；热熔法不低于 – 10℃。

78. 合成高分子防水卷材施工环境气温，冷粘法不低于5℃；热风焊接法不低于 – 10℃。

79. 单坡跨度大于 9m 的屋面宜作结构找坡，坡度不应小于3%。

80. 地下工程防水的设计和施工应遵循防、排、截、堵相结合，刚柔相济，因地制宜，综合治理的原则。

81. 当卷材防水屋面找平层面积大于 20m² 时，找平层宜设置分格缝，缝宽 20~25mm，纵横最大间距为6m。

82. 在找平层与突出屋面结构（女儿墙、变形缝、烟道、管道等）的连接处均应做成圆弧状或钝角，水落口处应找好泛水，做成略低的杯形凹坑。

83. 厕浴间的所有管道、卫生设备、地漏等在找平层施工前必须安装牢固，接缝严密，上水、热水、暖气管道地面处必须加设套管，并高出地面20mm。

84. 在水泥砂浆中掺入 3%~5% 的防水粉，搅拌均匀后，用铁抹子抹在防潮部位，厚度2cm，这样制成的防潮层称为水泥砂浆防潮层。

85. 沥青胶是以沥青为主体的防水施工胶结材料的总称。

86. 改性沥青是指通过吹氧氧化、加催化剂氧化、加非金属硫化剂硫化等手段对沥青进行改性后的产品。

87. 改性沥青改善了沥青的物理性能，起到降低沥青的温度敏感性、提高耐热和耐低温性能的作用；同时，还提高了沥青分子抗降解裂变能力，延长了材料的使用寿命。

88. 将石油沥青油毡按墙体宽度剪好，在防潮层部位抹好找平层砂浆后，浇筑沥青胶结料，趁热铺好油毡，上面再浇铺一道沥青胶结料，这样制成的防潮层称为一毡二油防潮层。

89. 油膏类及涂料类防潮层应保证涂抹厚度不小于1.5mm，厚度均匀一致。

90. 地下防水有<u>外防水</u>和<u>内防水</u>两种做法，一般采用<u>外防水</u>。

91. 地下防水做法中，<u>外防外贴法</u>是将卷材防水层直接粘贴在结构的迎水面上。这种做法<u>增加</u>（填"增加"或"减少"）了土方的开挖量。

92. 地下防水施工时，地下水位应降至防水工程底部最低标高以下30cm，施工现场必须无水、无泥浆。

93. 外防外贴施工要砌筑好下部的<u>永久性保护墙</u>和<u>临时性保护墙</u>。

94. 外防外贴法砌筑临时性保护墙的高度由油毡层数决定，当铺两层油毡时，临时性保护墙高为45cm。

95. 结构的变形缝是<u>伸缩缝</u>、<u>沉降缝</u>、<u>抗震缝</u>的总称，它将建筑物分成几个相对独立的部分，使各部分能自由变形，而不致使建筑物受到不利的应力而被破坏。

96. 伸缩缝是为了防止因气温变化而引起建筑物的热胀冷缩并可能造成的损坏而设置的。

97. 伸缩缝在砖混结构中每<u>60m</u>设置一条，在现浇钢筋混凝土结构中的每<u>50m</u>设置一道。

98. 烟囱与屋面交接处在迎水面中部抹出分水线，并高出两侧30mm。

99. 凡管道、烟囱、检查孔等高出屋面的部位，必须在屋面开孔时，为了防止开孔处渗漏，可将开孔处四周的防水层向上翻起20cm以上，作挡水之用，俗称泛水。

100. 伸缩缝在<u>基础部位</u>不断开，其余上部结构均断开，缝内要填塞油麻，当缝口较宽时，可用镀锌薄钢板或铝板盖缝。

101. 小便槽厕所立面防水层上端要高于冲洗花管，两端的长度要大于小便槽50cm以上。

102. 过圈梁的外端应抹出<u>滴水槽</u>，防止雨水顺窗而下。

103. 地下工程卷材防水层应铺设在混凝土结构上主体的<u>迎水面</u>上。

104. 在不设防水层的地下室外墙外部涂刷防潮层。一般的做法为：外墙外侧用防水砂浆做防潮层或用水泥砂浆抹面，从大放脚一直抹到散水处以上<u>30cm</u>。

105. 因工期要求，水泥砂浆找平层不干燥可在潮湿的基层上铺油毡，但应在屋面上设<u>排气孔</u>。

106. 当建筑物的相邻部位高低不同，荷载不同或结构形式不同，以及土质不同时，建筑物会产生不均匀沉降，为了防止因不均匀沉降而出现建筑物裂缝，就必须设置<u>沉降缝</u>。

107. <u>构件自防水</u>是利用钢筋混凝土板自身的密实性，对板缝进行局部防水处理而形成的防水屋面。

108. 构件自防水可以分为<u>嵌缝式、脊带式、搭接式</u>。

109. 脊带式构造做法是在嵌缝式做法的基础上，在缝隙上面铺贴<u>1~2</u>层防水卷材，这种防水做法较嵌缝式做法好

110. 地下工程防水处于转角处、阴阳角等特殊部位，应增贴 1~2 层相同的卷材，宽度不宜小于<u>500mm</u>。

111. 刚性防水屋面防水层裂缝维修，采用防水卷材贴缝维修，铺贴卷材宽度不应小于<u>300</u>mm。

112. 防水基层简易测试含水率方法，是将 $1m^2$ 防水卷材平坦地干铺在找平层上，静置<u>3~4h</u>后掀开卷材检查，如找平层覆盖部位与卷材上未见水印，即可认为基层达到干燥程度。

113. 基层平整度的检查应用 2m 长直尺，把直尺靠在基层表面，直尺与基层间的空隙不得超过<u>5mm</u>。

114. 防水层施工前，其基层应充分干燥，含水率不大于<u>9%</u>。

115. 沥青材料按其来源可分为地沥青和焦油沥青，其中地沥青又可分为天然沥青和<u>石油沥青</u>，焦油沥青又俗称<u>柏油沥青</u>。

116. 将沥青置于盛沥青的透明瓶中，观察溶液无颜色为<u>石油沥青</u>，呈黄色并带用绿蓝色荧光的是<u>煤油沥青</u>。

117. 将沥青材料加热燃烧仅有少量油味或松香味，烟无色为石油沥青。有刺激性触鼻臭味，烟呈黄色为煤油沥青。

118. 石油沥青有固体、半固体和液体三种状态。

119. 沥青复合胎柔性防水卷材是指以橡胶、树脂等高聚物为改性剂制成改性沥青为基料，以两种材料复合胎为胎体，聚酯膜、聚乙烯膜等为覆面材料，以浸涂、滚压工艺而制成的防水卷材。

120. 在刚铺抹好的石灰乳化沥青表面，立即均匀地撒一层中砂或银白色云母粉。

121. 石棉乳化沥青冬期施工应采用多次薄涂、人工加速干燥、溶剂破乳法的措施。

122. 石棉乳化沥青冬期施工采用的人工加速干燥方法是指用热风机吹风或红外线照射，加速防水层干燥。

123. 石棉乳化沥青冬期施工采用的溶剂破乳法是指施工前搅拌涂料时，掺入1%～3%的溶剂（汽油、苯等），待充分搅匀后，按2kg/m² 的用量涂刷。

124. APP 改性沥青防水卷材具有优良的高温特性，耐热度可达160℃；对紫外线老化及热老化有耐久性；适合我国南方高温地区使用。

125. 氯化聚乙烯防水卷材的特点是弹性高、伸长率大，适应温度变化范围大、耐严寒、耐暑热。耐酸碱腐蚀，耐臭氧老化，使用寿命长。可采用冷施工，操作简便，无环境污染。

126. 对于固体石油沥青，应在敲碎后检查断裂处，如果断口处暗淡，说明质量不好；如果色黑而发亮，则说明质量较好。对于半固体石油沥青，应取少许拉成线丝，丝越细长，说明质量越好。对于液体石油沥青，则黏性强且有光泽，没有沉淀和杂质的质量为好。

127. 石油沥青较焦油沥青的韧性好，温度敏感性小。

128. 为了增强沥青胶结材料的抗老化性，改善耐热度，可以掺入一定量的粉状物。

129. 在熬制沥青时，投放锅内的沥青应不超过全部容积的 2/3。

130. 现场熬制沥青玛蹄脂，必须远离建筑物和易燃物25m 以上。

131. 沥青锅应放在工地的下风向，以防止火灾发生和减少沥青油烟对施工现场的污染。

132. 沥青锅距离建筑物和易燃物应在25m 以上，距电线应在10m 以上。

133. 沥青锅的设置地点，若设置两个沥青锅，则其间距不得小于3m。

134. 沥青锅不得搭设在燃气管道及电缆管道的上方，最少应在5m 之外的地方搭设，防止因高温引起燃气管道的爆炸和电缆管道受损。

135. 用防水油膏做防潮层，即用油膏在需做防潮层的部位刮涂 1～2 遍，厚度约为 1.5～2mm 左右。一般此种做法可用于各种部位的防潮层。但要注意一般在刮涂油膏前要涂刷冷底子油。

136. 从混凝土各龄期收缩值比较，7d 以前收缩比较明显，而 10d 以后的收缩渐趋减小，结合上述因素与工期等条件，卷材防水层铺贴时间应为水泥类基层龄期不少于10d。

137. 沥青砂浆每层压实厚度不超过30mm。

138. 沥青砂浆或沥青混凝土施工时，每次摊铺厚度中粒式沥青混凝土不少于 60mm，其他为 30mm。虚铺厚度用平板振捣器时为压实厚度的1.3 倍。

139. 沥青砂浆或沥青混凝土施工质量要求坡度合适，允许偏差为坡长的 0.2%，最大偏差值不大于3cm。浇水试验时，水应顺利排出，无明显存水之处。

140. 金属板材伸入檐沟内的长度不应小于50mm。

141. 金属板材防水屋面，采用镀锌钢板做天沟时，其镀锌钢板应伸入金属板的底面长度不应小于100mm。

142. 金属板材屋面排水坡度应为 10% ~ 35%；镀铝锌钢板屋面排水坡度不得少于4%。

143. 金属板材防水屋面，相邻两块钢板应顺主导风向搭接，上下两排钢板的搭接长度不应小于200mm。

144. 金属板材防水屋面，每块泛水板的长度不宜大于 2m，与金属板材的搭接宽度不应小于200mm。

145. 金属板材屋面的泛水板与突出屋面的墙体搭接高度不应小于300mm。

146. 屋面的变形缝，不论采用刚性或柔性防水，其泛水高度必须大于20cm。

147. 平瓦屋面的泛水，宜用 1:1:4 的水泥石灰混合砂浆掺加1.5%的麻刀，分次抹成。

148. 刚性防水屋面防水层裂缝维修，采用涂膜防水层贴缝维修，沿缝设置宽度不应小于100mm 的隔离层。

149. 刚性防水屋面防水层裂缝维修，宜选用高聚物改性沥青防水涂料或合成高分子防水涂料，加铺胎体增强材料，其厚度合成高分子防水涂料不应小于2mm。

150. 厕所地面必须找坡，如设计无要求时应按2% 坡度向地漏处排水。

151. 绿豆石保护层应将豆石压入沥青胶内1/3。

152. 大板建筑外墙面构造防水就是在预制外墙板的接缝处设置一些线型结构，如披水、挡水台、排水坡、滴水槽等形成空腔，防止雨水进入，并把进入墙内的雨水排出室外。

153. 预制板块屋面防水保护层块体间要预留10mm 缝隙，待 1 ~ 2d 后再用 1:2 水泥砂浆勾成凹缝。

154. 当屋面坡度小于10% 时称为平屋面。

155. 当屋面坡度大于10% 时称为坡屋面。

156. 厕浴间地面应低于室内地面2mm。

157. 当地下水位高于地下工程的基础底面时，地下工程的基础与外墙必须做防水处理。

158. 当地下水位低于地下工程的基础底面时，地下工程的基础与外墙可不做防水层，只做防潮处理。

159. 设计烈度为 7 度以上的地区，当建筑物立面高差较大，各建筑部分结构刚度有较大的变化，或荷载相差悬殊时，要设置抗震缝。

160. 当地下水位低于地下工程的基础底面时，地下工程可不做防水层，只做防潮层。

161. 现浇水泥珍珠岩保温隔热层铺设时，压缩比按2:1进行虚铺，然后用铁滚子反复滚压至预定的铺设厚度。最后用木抹子抹平抹光。

162. 找平层表面平整度的允许偏差为5mm。

163. 松散保温材料，用炉渣作保温层，常与水泥拌合使用，水泥炉渣配合比为1:8（水泥:炉渣采用体积比）。

164. 屋面防水层细部构造，如天沟、檐沟、阴阳角、水落口、变形缝等部位应设置附加层。

165. 当材料找坡时，可用轻质材料或保温层找坡，坡度宜为2%。

166. 屋面找坡可以进行结构找坡，也可以用保温层找坡。

167. 涂膜防水层、水泥砂浆保护层厚度不宜小于20mm。

168. 当屋面板板缝宽度大于40mm 或上窄下宽时，板缝内应设置构造钢筋。

169. 水落口周围直径 500mm 范围内坡度不应小于5%，并应用防水涂料涂封，其厚度不应小于2mm。水落口与基层接触处，应留宽20mm、深20mm 凹槽，嵌填密封材料。

170. 水落口宜采用金属或塑料制品。

171. 水落口埋设标高，应考虑水落口设防时增设的附加层和柔性密封层的厚度及排水坡度加大的尺寸。

172. 水落口周围与屋面交接处应做密封处理，并加铺两层有胎体增强材料的附加层。涂膜伸入水落口的深度不得小于50mm。

173. 屋面管根部铺贴防水卷材时，应做防水附加层，高出管根250mm。

174. 卷材防水屋面结构层有整体浇筑钢筋混凝土和装配式屋面板结构两种施工方法。

175. 当结构层采用整体浇筑的钢筋混凝土时，为了满足平整度的要求，施工时应严格控制混凝土表面的标高，并在初凝后、终凝前，宜采用二次压光的技术措施，使表面平整光滑，没有蜂窝、麻面、露筋和缝隙等质量缺陷。

176. 砖是一种吸湿材料，为了防止潮汽上升，砖墙中必须设置防潮层。

177. 在基础室内外地坪处设置地圈梁，地圈梁可以替代墙身防潮层。

178. 在修补层时，如有个别地方较为潮湿，可以用喷灯进行修补。

179. 窗台的坡面必须坡向室外，在窗台下皮抹出滴水槽或鹰嘴，以防止尿墙。

180. 在屋面保温层与结构层之间应设一道隔汽层，以阻止水蒸气进入，破坏保温层。

181. 墙体接缝处防水做法有构造防水、材料防水、复合防水三种方法。

182. 当地下工程的墙体采用砖砌筑时，砌体必须用水泥砂浆砌筑，再刷涂料防潮层。

183. 屋面天沟屋檐的纵向坡度不小于1%，水落口周围应做成略低的凹坑；屋面有可能排水的部位均应抹成滴水线。

184. 天沟、檐沟应增铺附加层。当采用沥青防水卷材时，应增铺一层卷材；当采用高聚物改性沥青防水卷材或合成高分子防水卷材时，宜设置防水涂膜附加层。

185. 天沟、檐沟与屋面交接处的附加层宜空铺，空铺宽度不应小于200mm。

186. 高低跨内排水天沟与立墙交接处，应采取能适应变形的密封处理。

187. 高跨屋面为有组织排水时，水落管下应加设水簸箕。

188. 高跨屋面为无组织排水时，其低跨屋面受水冲刷的部位，应加铺一层整幅卷材，上铺通长预制 300～500mm 宽的 C20 混凝土板材加强保护。

189. 当屋面保温层干燥有困难时（含水率大于 10%），或地处纬度 40°以北地区，室内空气湿度大于 75%，其他地区室内空气湿度常年大于 83% 时，保温层屋面应做成排汽屋面。

190. 排汽屋面应设排汽道，间距为 6m，纵横设置，屋面面积每 36m² 宜设置一个排汽孔，排汽孔应做防水处理。

191. 防水混凝土结构厚度不应小于 250mm，裂缝宽度不得大于 0.2mm，并不得贯通。

192. 用桶装运热玛蹄脂，每次装运不能超过桶高的 1/4。

193. 防水混凝土是通过调整配合比，掺加外加剂、掺和料配制而成，抗渗等级不得小于 P6。

194. 防水混凝土迎水面钢筋保护层厚度不应小于 50mm。

195. 防水混凝土结构底板的混凝土垫层，厚度不应小于 100mm，在软弱土层中厚度不应小于 150mm。

196. 地下室防水混凝土的水灰比不应大于 0.6，每立方米混凝土中的水泥用量不应少于 320kg。

197. 配制好的石灰乳化沥青储存时，表面应加水覆盖。

198. 砌体砌筑用防水砂浆强度等级不应低于 M7.5。

199. 按照卷材防水屋面对水泥砂浆找平层的技术要求，水泥砂浆的配合比宜为水泥：砂（体积比）= 1:（2.5～13），水泥强度等级不低于 32.5 级；结构找坡不应小于 3%；材料找坡宜为 2%；天沟纵坡不应小于 1%，沟底水落差不得超过 200mm。

200. 按照卷材防水屋面对水泥砂浆找平层的技术要求，当为沥青防水卷材时，水泥砂浆找平层泛水处圆弧半径应为 100～150mm，当采用高聚物改性沥青卷材时，圆弧半径应为 50mm，当采用合成高分子防水卷材时，圆弧半径应为 20mm。

201. 利用不同配合比的水泥浆和水泥砂浆分层分次施工，相互交替抹压密实，充分切断各层次毛细孔网，构成一个多层防线的整体防水层，达到一定防水效果的施工方法称为<u>水泥砂浆抹面防水施工</u>。

202. 位于路基下部、地下室地面标高部位应设置<u>墙基防潮层</u>。

203. <u>一毡二油</u>防潮层的做法是首先应将石油沥青油毡按墙体宽度裁剪好，然后在设防潮层部位水泥砂浆找平层达到施工条件要求后，浇筑沥青胶结材料，趁热铺好油毡，最后再在上面铺一道沥青胶结材料即可。一般此种做法防潮层用于<u>墙身、墙基及屋面隔汽层</u>。

204. 乳化沥青防潮层施工时，施工温度应控制在<u>5</u>℃以内。

205. 地下工程卷材防水层为一或二层，应选用<u>高聚物改性沥青类</u>或合成高分子防水卷材。

206. 沥青的温度<u>稳定性差</u>，容易热淌冷脆。

207. 贮存沥青时，要防止品种和标号<u>混杂</u>，同一品种和标号的沥青应<u>单独存放</u>，并注意防止混入杂质。

208. 石油沥青用锤敲，不碎只变形其标号应为<u>60</u>，成为较大的碎块的标号是<u>30</u>，成为较小的碎块，表面黑色而有光的标号是<u>10</u>。

209. <u>冷玛蹄脂</u>是由石油沥青的基料，用溶剂和复合填充料改性的溶剂型冷作胶结材料。

210. 水泥基渗透结晶型防水涂料的厚度不应小于0.8mm。

211. 加入填充料后的沥青胶结材料称为<u>沥青玛蹄脂</u>。

212. 沥青的三项主要技术指标是<u>针入度</u>、<u>延伸度</u>、<u>软化点</u>。

213. 沥青的标号是以<u>针入度</u>来表示的，沥青玛蹄脂的标号是以<u>耐热度</u>来表示的。

214. 沥青玛蹄脂的熬制温度要严格控制，一般不高于<u>240℃</u>，使用温度不低于<u>190℃</u>，加热熬制时间 3~4h 为宜。

215. 沥青玛蹄脂技术指标有三项，<u>耐热度</u>、<u>柔韧性</u>、粘结

16

度，其中耐热度和柔韧性最为重要。

216. 油毡分为纸胎油毡、玻璃布胎油毡、沥青油纸三种。

217. 沥青油纸是用低软化点的石油沥青浸渍原纸制成的一种无涂盖层的纸胎防水卷材，纸胎油毡是用低软化点的石油浸渍沥青浸渍原纸，然后用高软化点的石油沥青涂盖油纸两面，再涂撒隔离材料而制成的一种防水卷材，玻璃布胎油毡是用石油沥青涂盖材料，浸涂玻璃纤维布的两面，再涂撒隔离材料而制成的一种防水卷材。

218. 表面隔离材料为石粉的油毡成为粉毡，隔离材料为云母片的称为片毡。

219. 石油沥青油毡按标号分为 200 号、350 号、500 号三种规格，沥青油纸分为 200 号、350 号两种规格。

220. 采用条粘、点粘、空铺第一层或第一层为打孔卷材时，在檐口、屋脊和屋面的转角处及突出屋面的连接处，卷材应满涂玛蹄脂，其宽度不得小于 800mm。

221. 屋脊和突出层面结构连接处的泛水，均应用镀锌薄钢板制作，其与波形薄钢板的搭接宽度不小于 150mm。

222. 纸胎石油沥青油毡每卷油毡中允许有一处接头，但其中较小的一段不短于 2.5m，并加长 15cm 作搭接用，接头处应剪切整齐。

223. 纸胎石油沥青油毡和玻璃布胎沥青油毡均要求每卷面积为 $20 \pm 0.3 m^2$。

224. 纸胎石油沥青卷材，成卷的油毡应卷紧卷齐，卷筒两端直径差不得超过 0.5cm，端面进出不得超过 1cm。

225. 纸胎石油沥青卷材，油毡卷在气温 10～45℃ 时，应易于展开，粘结破坏面最大长度不超过 1cm，距卷芯 1m 以外的裂缝长度不得大于 1cm。

226. 纸胎石油沥青卷材，纸胎必须浸透，不应有浅色夹层和未被浸透的斑点。涂盖材料应均匀致密地涂盖在油毡的上下两面，不应有油纸外露和涂油不均现象。

227. 油毡的标号是用纸胎每平方米的重量来表示的。

228. 运输式贮存油毡，必须立放，其高度不得超过两层。

229. 再生橡胶改性沥青防水涂料分为两个品种，其中JG-2型为水乳型，另一种为溶剂型。

230. 聚合物水泥砂浆防水层单层施工厚度宜为6~8mm。

231. 屋面保温隔热材料常用的品种有松散保温材料、板块状保温材料和整体现浇保温层。

232. 粘贴油毡每层玛蹄脂的厚度不宜超过2mm。

233. 使用炉渣前必须浇水闷透，用水泥白灰炉渣时，必须先用白灰浆将炉渣闷透，闷透时间不少于5d。

234. 沥青胶结材料是指熬制的纯沥青液和沥青胶（沥青玛蹄脂）的总称。

235. 冷底子油是用30号或10号建筑石油沥青或软化点为50~70℃的焦油沥青加入溶剂制成的溶液。

236. 冷底子油是用石油沥青或焦油沥青与溶剂配制而成的一种稀释涂料。在粘贴沥青卷材之前先在基层涂刷一至两道冷底子油。其作用是使其渗入水泥砂浆微孔，增加沥青胶结材料与基层的粘结力。

237. 在熬制沥青过程中应用温度计测温。测温可用一支300℃棒式温度计插入锅心油面下10cm处，并不断搅拌。

238. 当测定某石油沥青的针入度为25，其沥青标号为30号。

239. 将冷底子油涂刷在玻璃板上，涂刷量为200g/m²，注意涂刷均匀，将玻璃平放在温度为18±2℃且不受阳光直射的地方。用手指轻轻按在冷底子油层上，将涂刷时间和不留指痕时间记录下来，其间隔时间即为冷底子油的干燥时间。

240. 冷底子油可根据需要，酿成慢挥发性冷底子油（干燥时间为12~24h），也可酿成快挥发性冷底子油（干燥时间为5~10h）。

241. 涂刷冷底子油一般采用干刷法，即在干燥的基层上进行涂刷，在基层上形成薄的涂层，应均匀周到，不得露底。

242. 拌制沥青砂浆和沥青混凝土时，首先将沥青敲成碎块，放入沥青锅内加热至160～180℃，经过搅拌、脱水，除去杂质，到表面不再起泡为止。然后将预热的干燥粉料和骨料按照相应的配合比拌合均匀，待沥青熬制到200～240℃时，逐渐加入骨料、粉料混合物，并不断地搅拌，直至骨料、粉料被全部覆盖均匀为止。

243. 在屋面或其他基层上涂刷冷底子油时，不准在30m以内进行电焊、气焊等工作，操作人员严禁吸烟。

244. 在用沥青调制冷底子油时，应控制好沥青的配制温度，防止加入溶剂时发生火灾。操作人员不得吸烟，调制地点应远离明火10m以外。

245. 屋面采用多到防水设防的设计原则是：第一道防水层（下面）与第二道防水层（上面）使用的防水涂料的材性必须是相容的。

246. 卷材防水屋面找平层的分格缝若兼作汽道时，应加宽至50mm，并与保温层连通。

247. 防水涂料分为乳化沥青类防水涂料、改性沥青类防水涂料、橡胶类防水涂料、合成树脂类防水涂料四大类。

248. 防水涂料按涂膜形成厚度不同可分为两种：厚质防水涂料和薄质防水涂料。

249. 有机防水涂料与混凝土、砂浆材性不一致，必须在基面形成整体防水层，才能起到良好的防水效果，涂层的成型、涂膜的力学性能受环境温度、湿度的影响较大。

250. 有机防水涂料中，水乳型涂料无毒，以苯、甲醛等为溶剂的有机防水涂料有毒。

251. 溶剂型、反应型涂料易燃，贮运时应注意防水。

252. 无机防水涂料与混凝土、砂浆材性一致，与基面具有良好的粘结性能，只须堵塞基面的毛细孔隙，就能起到防水效果，特别是背水面防水尤其如此。涂层受温度、湿度的影响与基层相同。

253. 无机防水涂料基本无毒，不燃。

254. 高聚物改性沥青防水涂料用于 II、III 级屋面防水其厚度不应小于3mm；用于IV级屋面防水其厚度不应小于2mm。合成高分子防水涂料和聚合物水泥防水涂料用于 I、II 级屋面防水其厚度不应小于1.5mm；用于 III 级屋面防水其厚度不应小于2mm。

255. 聚氨酯有毒，存放材料的地点及操作现场必须通风良好。二甲苯等稀释剂易燃，存料、配料及施工现场严禁烟火。

256. APP 改性沥青具有优良的高温特性，耐热度可达160℃；对紫外线老化及热老化有耐久性。

257. 水泥砂浆防水层可用于结构土体的迎水面或背水面，其基层混凝土强度不应小于C15。

258. 双面胶粘带的剥离强度不应小于 6N/10mm，浸水 168h 后的保持率不应小于70%。

259. 屋面结构层为装配式钢筋混凝土板时，应采用细石混凝土灌缝，其强度等级不应小于C20。

260. 合成高分子胶粘剂的粘结剥离强度不应小于15N/10mm。

261. 改性沥青胶粘剂的粘结剥离强度不应小于8N/10mm。

262. 当在屋面坡度超过30%的斜面上施工，必须站在坚固的梯子上操作。

263. 在受水压的地下防水工程中，结构的变形缝应用橡胶止水带做防水处理。

264. 在不受水压的地下防水工程中，结构的变形缝要用防腐油麻填塞。

265. 墙身防潮层的位置应在室内地坪下一皮砖处。

266. 建筑防水材料按材料特性和使用功能大致可分为以下四大类，防水涂料类、密封材料类、防水卷材类、刚性防水材料。

267. 防水卷材按原材料性质区分，可分为沥青防水卷材、高聚物改性沥青防水卷材、合成高分子防水卷材。

268. 防水涂料按涂料成膜物质的主要成分区分，大致可分成沥青基防水涂料、高聚物改性沥青防水涂料、合成高分子防水涂料三大类。按分散介质区分，防水涂料又可分为溶剂涂料和水性涂料，分别以汽油、甲苯和水为分散介质。

269. 防水密封材料是用于填充缝隙、密封接头或能将配件、零件包起来，具备防水这一特定功能（防止外界液体、气体、固体的侵入，起到水密、气密作用）的材料。

270. 防水密封材料按基材类型分为合成高分子密封材料和高聚物改性沥青密封材料两大类。

271. 合成高分子密封材料是以合成高分子（橡胶、树脂）为主体，加入适量的助剂、填充材料和着色剂等，经过特定的生产工艺加工制成的膏状密封材料或密封胶带。

272. 卷材防水屋面在找平层与突出屋面结构的连接处，以及找平层的转角处均应做成圆弧。圆弧半径根据卷材种类选用：高聚物改性沥青防水卷材应为50mm。

273. 沥青胶泥和沥青砂浆在铺砌时温度，建筑石油沥青为180℃，建筑石油沥青和普通石油沥青混合物为200℃。

274. 在摊铺沥青砂浆或沥青混凝土前，应在基层上先刷冷底子油，并涂一层沥青稀胶泥。其配合比可按沥青100份，掺30%的粉料配制。

275. 两种防水材料复合使用时，其材料必须是相容的。

276. 卷材铺贴时，当屋面坡度小于3%时，油毡卷材应平行于屋脊铺贴，搭接缝应与流水方向一致。屋面坡度大于15%时，只能垂直于屋脊方向铺贴。

277. 按照屋面卷材防水层搭接缝的技术要求，平行于屋脊的搭接缝应按顺流水方向搭接，垂直于屋脊的搭接缝应按顺年最大频率风向方向搭接，高聚物改性沥青防水卷材、合成高分子防水卷材的搭接缝，宜用材料相容的密封材料封严，叠层铺贴时，上下层卷材间的搭接缝应错开1/3 幅宽，叠层铺设的各层卷材，在天沟与屋面的连接处，应采用叉接法搭接，搭接缝应错开。

278. 热粘法是用热沥青玛蹄脂将卷材与基层和卷材层间粘贴叠层而成防水层的方法。

279. 相邻两幅卷材的接头应错开300mm 以上。

280. 对高低跨相邻的屋面，应先铺高跨后铺低跨。

281. 地下室墙面的卷材铺贴应按自上而下的顺序进行，上层卷材应盖过下层卷材15cm。

282. 沥青砂浆或沥青混凝土的摊铺温度一般要控制在150～160℃，压实后成活温度为110℃。

283. 高聚物改性沥青防水卷材屋面施工时，接缝口应用密封材料封严，宽度不应小于10mm。

284. 油毡瓦防水屋面的排水坡度应大于或等于20%。其基层应铺设一层沥青防水卷材垫毡。油毡瓦铺设，应不少于3 层。

285. 地下卷材防水油毡必须进行搭接长边不小于10mm，短边不小于15mm。

286. 热熔法施工，是采用火焰加热器熔化热熔型防水卷材底部的热熔胶进行粘结的施工方法。

287. 机械钉压法施工，是采用镀锌钢钉或铜钉等固定卷材防水层的施下方法。适用于基层上铺高聚物改性沥青防水卷材。

288. 地下防水工程施工卷材防水层铺贴应采用外防外贴法铺贴，当施工条件受到限制时，也可采用外防内贴法铺贴卷材。

289. 压埋法施工，是卷材与基层大部分不粘结，上面采用卵石等压埋，但搭接缝及周边仍要全部粘结的施工方法。适用于空铺法、倒置式屋面。

290. 自粘法施工，是采用带有自粘胶的防水卷材，不用热施工，也不需涂刷胶结材料，而直接进行粘结的施工方法。

291. 冷粘法施工，是采用胶粘剂进行卷材与基层，卷材与卷材的粘结，而不需要加热的施工方法。适用于合成高分子防

22

水卷材、高聚物改性沥青防水卷材铺贴。

292. 热风焊接法施工是采用热空气焊枪进行防水卷材搭接粘合的施工方法。

293. 铺设绿豆砂保护层时，绿豆砂宜选用粒径为3～5mm石子，应色浅、清洁，经过筛选，颗粒均匀，并用水冲洗干净。

294. 油毡瓦屋面，屋面与突出屋面结构的交接处铺贴高度不小于250mm。

295. 屋面防水等级为Ⅰ级时，选用高聚物改性沥青防水卷材其厚度不宜小于3mm。

296. 屋面防水Ⅳ级，高聚物改性沥青防水涂料，一道设防涂刷厚度不应小于2mm。

297. 卷材防水屋面的坡度不宜超过25%。

298. 卷材防水层上有重物覆盖或基层变形较大时，应优先采用空铺法、点粘法、条粘法或机械固定法。但距屋面周边800mm内以及叠层铺贴的各层卷材之间应满粘法。

299. 卷材的铺贴方向应正确，卷材搭接宽度的允许偏差为±10mm。

300. 地下室墙面的卷材铺贴，上层油毡卷材应盖过下层卷材15cm。

301. 油毡瓦屋面的脊瓦与两坡面油毡瓦搭接宽度每边不小于100mm。

302. 油毡铺至混凝土檐口端头应裁齐后压入凹槽。当采用压条或带垫片钉子固定时最大钉距不应大于900mm。凹槽内用密封材料嵌填封严。

303. 防水施工后若遇一场大雨，可免做蓄水或淋水试验。

304. 玻璃纤维胎油毡屋面保护层一般采用云母粉。

305. 在做变形缝防水处理时，应先花铺一次油毡条，而后做防水层。

306. SBS改性沥青油毡既可以进行冷贴，又可以用汽油喷灯进行热熔施工。

307. 油毡面应无孔洞、硌伤、疙瘩的最大长度不得大于2cm；油毡面不得出现浆糊状粉浆或水渍，允许有2cm以下的边缘裂口或长5cm、深2cm以下的缺边共4处。

308. 屋面防水涂膜的水泥砂浆保护层厚度不应小于20mm。

309. 油膏类及涂料类防潮层应保证涂抹厚度不小于1.5mm，厚度均匀一致。

310. 高聚物改性沥青防水涂料用于Ⅱ、Ⅲ级屋面防水其厚度不应小于3mm；用于Ⅳ级屋面防水其厚度不应小于2mm。

311. 合成高分子防水涂料和聚合物水泥防水涂料用于Ⅰ、Ⅱ级屋面防水，其厚度不应小于1.5mm；用于Ⅲ级屋面防水，其厚度不应小于2mm。

312. 油膏嵌缝可以进行热灌施工，也可以进行冷嵌施工。

313. 氯丁胶乳沥青防水涂料为水乳型，施工温度应在5℃以上。

314. 沥青防水卷材贮存环境温度不得高于45℃。

315. 水乳型涂料运输与贮存温度不得低于0℃。

316. 高聚物改性沥青防水涂膜施工，最上面的涂层厚度不应小于1mm。

317. 涂膜防水层修缮施工，采用沥青基防水涂膜维修厚度不应小于8mm。

318. 水性石棉沥青防水涂料，冬期施工时，气温低于10℃时，涂料的成膜性不好，应采取必要的措施。

319. 厚质涂料防水层施工前对于基层裂缝较大部位（0.3mm以上），可在裂缝处用密封材料填充，然后铺贴隔离层（如塑料薄膜）、宽约10mm，再增强涂布。

320. 厚质防水涂料使用前应特别注意搅拌均匀。

321. 涂膜防水层施工，施工顺序先做节点、附加层，然后再进行大面积施工。

322. 由于防水卷材的幅宽和长度都有一定的限度，铺贴时难免会出现长边和短边的接缝，这时需保证相邻两幅卷材的接头应错开300mm以上，上下两层长边应错开1/3的卷材幅宽。

323. 沥青防水卷材采用满铺法施工，长边搭接宽度应为70mm，短边搭接宽度为100mm。

324. 实铺法是指在找平层和以上各层满铺热沥青玛蹄脂，使油毡全面粘牢、没有孔隙的做法。

325. 空铺法是在铺第一层油毡时，仅在油毡侧边150～200mm宽的范围内满铺，而中间部分采用条形、蛇形或点形花撒沥青玛蹄脂进行铺贴，铺贴后形成贯通的空隙，使防水层下的潮汽能通畅的由檐口部位的出气孔或沿屋脊设置的排气槽排出。

326. 铺贴卷材时机械固定工艺有机械钉压法、压埋法。

327. 机械钉压法是采用镀锌钢钉或钢钉等固定卷材防水层的施工方法。适用于木基层上铺设高聚物改性沥青防水卷材。

328. 压埋法施工，是卷材与基层大部分不粘结，卷材上面采用卵石等压埋，但搭接缝及周边仍要全部粘结的施工方法。适用于空铺法、倒置式屋面。

329. 油毡的搭接宽度必须符合规范要求，并应注意搭接的方向，短边搭接应顺主导风向，长边搭接应顺流水方向。

330. 沥青防水卷材采用空铺法、条粘法、点粘法施工，短边搭接宽度应为150mm。

331. 高聚物改性沥青防水卷材采用空铺法、条粘法、点粘法施工，短边搭接宽度应为100mm，长边搭接宽度应为100mm。

332. 高聚物改性沥青防水卷材采用满粘法施工，长边搭接宽度应为80mm。

333. 合成高分子防水卷材采用空铺法、条粘法、点粘法施工，长边搭接宽度应为100mm。

334. 合成高分子防水卷材采用满粘法施工，短边搭接宽度应为80mm。

335. 合成高分子防水卷材采用焊接法施工，搭接边应为50mm。

336. 涂膜防水胎体施工，胎体长边搭接宽度不得小于50mm。

337. 涂膜防水胎体施工，胎体短边搭接宽度不得小于70mm。

338. 屋面柔性防水层混凝土保护层浇筑后应及时养护，时间不少于7d。养护后将分格缝清理干净，待干燥后嵌填密封材料。

339. 防水工程质量评定等级分为优良、合格、不合格。

340. 卷材防水层表面基本符合排水要求，无明显积水，其质量可评为合格。

341. 接缝密封防水，每50m应抽查一处，每处5m，且不得少于3处。

342. 防水卷材进场复验时，同一品种、牌号和规格的卷材，抽验数量为：大于1000卷抽取5卷；500～1000卷抽取4卷；100～499卷抽取3卷；小于100卷抽取2卷。

343. 将抽检的卷材开卷进行规格和外观质量检验，全部指标达到标准规定时，即为合格。其中如有一项指标达不到要求，应在受检产品中加倍取样复验，全部达到标准规定为合格。

344. 在外观质量检验合格的卷材中，任取一卷做物理性能检修，若物理性能有一项指标不符合标准规定，应在受检产品中加倍取样进行该项复验，复验结果如仍不合格，则判定该产品为不合格。

345. 屋面找平层应平整、干燥、清洁、基层处理剂涂刷应均匀，这是防止卷材起鼓的主要技术措施。

346. 屋面工程施工中，应按施工工序、层次进行检验，验收后方可进行下道工序层次的作业。

347. 刚性防水屋面防水层裂缝维修，宜选用高聚物改性沥青防水涂料，宜加铺胎体增强材料，贴缝防水层宽度不应小于350mm。

348. 对沥青防水卷材进场检验的物理性能指标有拉力、耐热度、不透水性、柔性。

349. 防水涂料进场抽样复验时，同一规格、品种的防水涂料，每10t 为一批，不足10t 按一批进行抽样。

350. 屋面卷材防水层工程质量验收时，卷材防水层不得有渗漏或积水现象是通过雨后或淋水、蓄水试验的方法检查的。

351. 防水涂料进场检验的物理性能指标有：断裂延伸率、固体含量、柔性、不透水性、耐热度。

352. 对合成高分子防水卷材进场检验的物理性能指标有拉伸强度、断裂伸长率、低温柔性、不透水性。

353. 对改性沥青密封材料进场抽样复验时同一规格、品种的密封材料应每2t 为一批，不足2t 者按一批进行抽检。对合成高分子密封材料同一规格、品种的密封材料每1t 为一批，不足1t 按一批进行抽检。

354. 木砖防腐的质量要求，木砖要全部被冷底子油浸盖，不准有空白发花的现象。

355. 对锯好的木砖进行筛选，并清理干净，投入冷底子油内，浸泡2min 左右捞出，控干后即可使用。

356. 沥青需加热至200℃，方可放入麻丝或麻绳，翻拌时用力要轻，但要拌合均匀。捞出后要直接放在容器内，以免弄脏，然后送至现场，进行填塞。

357. 立面涂抹沥青砂浆时，每层厚度不应大于7mm，最后一层要用烙铁烫平。

358. 当沥青砂浆或沥青混凝土摊铺宽度在 20m 以内时，可以横向齐头并进，大于 20m 时，可分路摊铺，摊铺顺序应自边部开始，逐渐移向中心。

359. 沥青砂浆或沥青混凝土表面要平整，用2m 靠尺检查，凹处空隙不得大于6mm。

360. 进行木龙骨防腐时，将沥青熬热至200℃，然后将木龙骨放入，浸泡 2h，捞出后，晾干即可使用。

361. 进行防腐块材铺砌时，沥青胶泥和沥青砂浆在铺砌前应拌制好，当采用建筑石油沥青胶泥时，铺砌温度不得低于180℃，当采用普通石油沥青胶泥时，铺砌温度不得低于220℃，当采用两者的混合胶泥时，铺砌温度不得低于200℃。

362. 平面铺砌防腐块材时，不要出现十字缝。

363. 当铺砌两层或两层以上防腐块材时，阴阳角的立面和平面块材应互相交错。

364. 铺砌防腐块材前要对块材进行预热，当气温低于5℃时，应预热至40℃。

365. 平面防腐块材的铺砌可采用挤缝法或灌缝法。

366. 立面防腐块材的铺砌可用刮浆法或分段灌缝法。

1.2 单项选择题

1. 防水工程保修D年。

A. 2   B. 3   C. 4   D. 5

2. 《屋面工程质量验收规范》GB50207—2012规定"屋面工程应根据建筑物的性质、重要程度、使用功能要求以及防水层耐用年限，按不同等级进行设防。"并将屋面防水分为B个等级。

A. 3   B. 4   C. 5   D. 6

3. 《地下防水工程质量验收规范》GB50208—2011将地下工程的防水等级划分为B个等级。

A. 3   B. 4   C. 5   D. 6

4. 防水工程的分类按其采取的措施和手段不同，分为D两大类。

A. 建筑物防水和构筑物防水

B. 地上防水工程和地下防水工程

C. 防外水内渗和防内水外漏

D. 材料防水和构造防水

5. 下列属于Ⅰ级防水屋面标准的是A。

A. 特别重要或对防水有特殊要求的建筑

B. 防水层合理使用年限 20 年

C. 重要的建筑和高层建筑

D. 设防要求时采用三道防水设防

6. 下列属于Ⅲ级防水屋面标准的是D。

A. 重要的建筑和高层建筑

B. 防水层合理使用年限 15 年

C. 设防要求是采用两道防水设防

D. 设防要求是采用一道防水设防

7. 地下防水等级为Ⅰ级的标准是A。

A. 不允许渗水，结构表面无湿渍

B. 不允许漏水，结构表面可有少量湿渍

C. 有少量的漏水点，不得有线流和漏泥沙

D. 有漏水点，不得有线流和漏泥沙

8. 地下防水等级为Ⅱ级的，工业与民用建筑任意 $100m^2$ 防水面积上的湿渍不超过 1 处，单个湿渍的最大面积不大于A。

A. $0.1m^2$ B. $0.2m^2$ C. $0.3m^2$ D. $0.05m^2$

9. 地下防水等级为Ⅲ级时，单个湿渍面积不大于C。

A. $0.1m^2$ B. $0.2m^2$ C. $0.3m^2$ D. $0.4m^2$

10. 查阅建筑物图时应当首先查阅B。

A. 建筑平面图   B. 首页目录

C. 建筑剖面图   D. 建筑立面图

11. 在建筑物图中表示标高的单位是A。

A. m   B. dm   C. cm   D. mm

12. 防水工程质量评定等级分为B。

A. 优良、合格   B. 合格、不合格

C. 优良、合格、不合格   D. 优良、不合格

13. 建筑防水材料按C 的不同可分为卷材、涂料、密封材料、刚性材料、堵漏材料、金属材料六大系列及瓦片、夹层塑料板等排水材料。

A. 性质　　　B. 材质　　　C. 种类　　　D. 品种

14. 当索引出的详图与被索引的图样不在同一张图纸上时，应该在索引符号的C。

A. 上半圆中注明详图编号，下半圆划一段水平细实线

B. 下半圆中注明详图编号，上半圆划一段水平细实线

C. 上半圆中注明详图编号，下半圆用阿拉伯数字注明该详图所在图纸的图号

D. 下半圆中注明详图编号，上半圆用阿拉伯数字注明该详图所在图纸的图号

15. 当索引出的详图与被索引的图样在同一张图纸上时，应该在索引符号的A。

A. 上半圆中注明详图编号，下半圆划一段水平细实线

B. 下半圆中注明详图编号，上半圆划一段水平细实线

C. 上半圆中注明详图编号，下半圆用阿拉伯数字注明该详图所在图纸的图号

D. 下半圆中注明详图编号，上半圆用阿拉伯数字注明该详图所在图纸的图号

16. 比例为1:20，量得图上长为40mm，实物长应为D。

A. 2mm　　　B. 40mm　　　C. 80mm　　　D. 800mm

17. 下列关于定位轴线编号的说法正确的是A。

A. 水平方向采用阿拉伯数字，由左向右

B. 水平方向采用大写拉丁字母，由左向右

C. 垂直方向采用阿拉伯数字，由下而上

D. 垂直方向采用大写拉丁字母，由上而下

18. 总平面图中，各建筑物、构筑物、道路交叉点等均应标注D。

A. 相互关系　　　　　　B. 相对距离

C. 相对位置　　　　　　D. 绝对标高

19. 构件剖面图的剖切符号通常标注在构件的C上。

A. 总平面图　　　B. 剖面图　　　C. 平面图　　　D. 详图

20. 一般建筑施工图除了平、立、剖面图之外，为了表示某些部位的结构构造和详细尺寸，必须绘制A来说明。

A. 详图 　　B. 总平面图 　　C. 剖切图 　　D. 结构图

21. A节点详图与平面图相配合，作为定位放线、砌墙、装修、门窗立樘及施工材料配料的重要依据。

A. 墙身 　　B. 楼梯间 　　C. 墙柱 　　D. 门窗

22. 平面图的常用比例为B。

A. 1:100 　　B. 1:200 　　C. 1:500 　　D. 1:1000

23. 剖切位置线的长度一般为Bmm。

A. 5~8 　　B. 6~10 　　C. 8~12 　　D. 10~15

24. B是指导施工的重要图纸，一般标明建筑物的长度、宽度、高度、细部构造等，以及轴线的编号。

A. 总平面图 　　　　　　B. 建筑施工图

C. 结构施工图 　　　　　　D. 电气施工图

25. 绘制建筑施工图除遵循制图的一般要求外，还要考虑建筑平、立、剖面图的完整性和D。

A. 一致性 　　B. 普遍性 　　C. 同一性 　　D. 统一性

26. C一般都通过平面图、立面图、剖面图、结构大样图等标明结构的做法、尺寸、材料标号、构件编号以及结构配筋或钢结构部件、杆件的尺寸、型号、材质等。

A. 总平面图 　　　　　　B. 建筑施工图

C. 结构施工图 　　　　　　D. 电气施工图

27. 施工图中的引出线必须通过被引的各层，文字说明的次序应与构造层次一致，由上而下或从左到右，文字说明一般注写在线的C。

A. 上侧 　　B. 下侧 　　C. 一侧 　　D. 右侧

28. A表示建筑物的轮廓线、尺寸线。

A. 实线 　　B. 点划线 　　C. 虚线 　　D. 波浪线

29. B表示建筑物的轴线。

A. 实线 　　B. 点划线 　　C. 虚线 　　D. 波浪线

30. $\underline{D}$ 表示局部的构造层次。

A. 实线　　B. 点划线　　C. 虚线　　D. 波浪线

31. 建筑配件标准图是指与建筑设计有关的配件的建筑详图。配件是指门窗、屋面、楼地面、水池等，配件标准图的代号一般用 $\underline{C}$ 或"建"表示。

A. "B"　　B. "P"　　C. "J"　　D. "G"

32. 建筑构件标准图是指与结构设计有关构件的结构详图。构件就是指屋架、梁、板、基础等，构件标准图的代号一般用 $\underline{D}$ 或"结"表示。

A. "B"　　B. "P"　　C. "J"　　D. "G"

33. 会签栏是为了各工种负责人签字用的表格，放在图框线外的 $\underline{B}$ 或右上角，一个会签栏不够用时，可并列另加一个；不需要会签的图样，可不设会签栏。

A. 左下角　　B. 左上角　　C. 右下角　　D. 中央上面

34. 图样与图样相互之间又有紧密的联系，以便对照阅读，这就需要用一种简单而又一目了然的符号来表示，这种符号称为详图 $\underline{B}$ 标志。

A. 指引　　B. 索引　　C. 引导　　D. 重要

35. 建筑工程图中的尺寸是 $\underline{B}$ 的依据和准绳，图样中标注的尺寸应力求准确、完整和清晰。

A. 生产　　B. 施工　　C. 生活　　D. 工作

36. 建筑工程图是表达建筑物的建筑、结构和设备等方面的设计内容和要求的建筑工程图样，是建筑工程施工的主要 $\underline{A}$ 。

A. 依据　　B. 条件　　C. 内容　　D. 目标

37. 在建筑施工图中，$\underline{C}$ 做法主要采用剖面图或节点详图表示。因此，掌握绘制方法是非常必要的。

A. 施工　　B. 作业　　C. 防水　　D. 装饰

38. 建筑施工图简称 $\underline{B}$ ，主要表明建筑物的外部形状、内部布置和装饰构造等情况。

A. 建结图　　B. 建施图　　C. 建筑图　　D. 施工图

39. 建筑施工图的画法主要是根据C原理和建筑制图标准以及建筑、结构、水电、设备等设计规范中有关规定而绘制成的。

A. 平行投影
B. 斜投影
C. 正投影
D. 上下投影

40. A主要说明屋顶上建筑构造的平面位置，表明屋面排水情况，如排水分区、屋面排水坡度、天沟位置和水落管位置等，还表明屋顶出入孔的位置，卫生间通风通气孔位置及住宅的烟囱位置等。

A. 屋顶平面图
B. 屋顶结构图
C. 屋顶剖面图
D. 屋顶详图

41. 伸缩缝的宽度一般为B。

A. 10～20mm
B. 20～30mm
C. 30～40mm
D. 40～50mm

42. 下列不属于变形缝的是D。

A. 沉降缝
B. 伸缩缝
C. 抗震缝
D. 搭接缝

43. 在基础的最下层，直接与地基接触的是B。

A. 大放脚
B. 垫层
C. 防潮层
D. 勒脚

44. A承受屋面上各层的荷载，同时承受风载、雪载、活荷载等，并将各种荷载传到下面的结构上去。

A. 结构层
B. 找坡层
C. 找平层
D. 隔汽层

45. B是因为保温层高低不平和表面强度低而设置的。

A. 找坡层
B. 找平层
C. 保护层
D. 隔汽层

46. 为了保持屋面有一定的排水坡度，常设置A。

A. 找坡层
B. 找平层
C. 保护层
D. 隔汽层

47. 预制外墙板的接缝处设置一些线性结构属于C。

A. 柔性防水
B. 刚性防水
C. 构造防水
D. 材料防水

48. 在保温层与结构层之间设一道D，用以阻止水蒸气侵入而破坏保温层。

A. 找坡层
B. 找平层
C. 保护层
D. 隔汽层

49. 为了防止防水层A，在屋面上还常常配合隔汽层设置排气道或出气孔（洞）等。

A. 起鼓　　B. 开裂　　　C. 流淌　　D. 节点渗漏

50. 为了防止因气温变化而导致细石混凝土层开裂，大面积屋面必须设置D。

A. 伸缩缝　B. 沉降缝　　C. 抗震缝　　D. 分格缝

51. 做好结构找坡，坡度一般为B%或符合设计坡度要求。

A. 2　　　　B. 3　　　　C. 4　　　　　D. 5

52. 在不受水压的地下工程中，结构的变形缝要用D填塞。

A. 防腐木条　　　　　　B. 橡胶止水带

C. 塑料止水带　　　　　D. 防腐油麻

53. 在受水压的地下防水工程中，结构的变形缝应用B做防水处理。

A. 防腐油麻　　　　　　B. 橡胶止水带

C. 木条　　　　　　　　D. 钢板止水带

54. D找平层能增强防水层与基层的粘结，避免防水层膨胀，尤其适用于防水层冬期施工。

A. 水泥砂浆　　　　　　B. 混凝土

C. 混合砂浆　　　　　　D. 沥青砂浆

55. 划分屋面排水区时面积应相等，水落口位置要均匀，其间距决定于排水量，通常B一个。

A. 5～10m　B. 10～15m　C. 15～20m　D. 20～25m

56. 地下防水外防外贴临时性保护墙如铺两层卷材，其高度为A。

A. 30cm　　　B. 45cm　　　C. 50cm　　　D. 60cm

57. 平瓦、波形瓦的瓦头挑出封檐板的宽度宜为A。

A. 50～70mm　　　　　B. 70～90mm

C. 90～110mm　　　　　D. 110～120mm

58. 乳化沥青做防潮层的做法是先在基层上涂刷冷底子油一道，待冷底子油干燥后，刷一道乳化沥青，间隔C后，再刷第二道乳化沥青。

    A. 6h   B. 12h   C. 24h   D. 48h

    59. 油膏类及涂料防潮层应保证涂抹厚度不小于B mm，厚度均匀一致。

    A. 1   B. 1. 5   C. 2   D. 3

    60. 防水层采取满粘法施工时，找平层的分隔缝处宜空铺，空铺的宽度宜为C mm。

    A. 50   B. 80   C. 100   D. 120

    61. 在找平层与突出屋面结构的交接处和转角处均应做成圆弧。当使用合成高分子防水卷材时圆弧半径为B。

    A. 15mm   B. 20mm   C. 25mm   D. 30mm

    62. 卷材防水屋面在找平层与突出屋面结构的连接处，以及找平层的转角处均应做成圆弧。圆弧半径根据卷材种类选用；高聚物改性沥青防水卷材圆弧半径应为B mm。

    A. 20   B. 50   C. 80   D. 100 ~ 150

    63. 屋面檐沟、天沟的纵向坡度不应小于B。

    A. 2%   B. 1. 5%   C. 1%   D. 0. 5%

    64. 防水基层简易测试含水率方法，是将 $1m^2$ 防水卷材平坦地干铺在找平层上，静置C 后掀开卷材检查，如找平层覆盖部位与卷材上未见水印，即可认为基层达到干燥程度。

    A. 1 ~ 2h   B. 2 ~ 3h   C. 3 ~ 4h   D. 4 ~ 5h

    65. 在进行各类卷材防水或涂料防水施工A，均应对基层进行验收。

    A. 前   B. 中   C. 后   D. 完成

    66. 内防水是将防水层做在结构工程的背水面，它适用于A。

    A. 任何地下工程   B. 厕浴间防水

    C. 自防水屋面   D. 暗控的地下工程

    67. 采用卷材防水时，天沟、檐沟与屋面交接处的附加层宜空铺，空铺宽度应为C mm。

35

A. 100　　　B. 150　　　C. 200　　　D. 300

68. 建筑物中设置B，其基础部位不断开，其余上部结构均断开。

A. 变形缝　　B. 伸缩缝　　C. 沉降缝　　D. 抗震缝

69. 油毡瓦屋面的脊瓦与两坡面油毡瓦搭盖宽度每边不小于C mm。

A. 80　　　　B. 90　　　　C. 100　　　D. 110

70. 檐口要铺成一条直线，瓦头挑出檐口长度B。

A. 30～50mm　　　　　　B. 50～70mm

C. 70～90mm　　　　　　D. 90～100mm

71. 在做变形缝防水处理时，应先C，而后做防水层。

A. 刷冷底子油　　　　　B. 干铺一层油毡

C. 花铺一次油毡条　　　D. 刷一道防水涂料

72. 屋面变形缝处应将变形缝两侧的墙砌至B 高以上。

A. 30cm　　B. 20cm　　C. 15cm　　D. 10cm

73. 卫生间蓄水试验，其放水深度为A cm。

A. 6～10cm　　　　　　B. 10～15cm

C. 15cm　　　　　　　　D. 20cm

74. 瓦屋面的排水坡度一般为：平瓦B。

A. 10%～20%　　　　　　B. 20%～50%

C. 15%～25%　　　　　　D. 25%～30%

75. 架空屋面、倒置式屋面的柔性防水层上D 保护层。

A. 必须做　　B. 严禁做　　C. 可做　　　D. 可不做

76. 墙身防潮层位于室内地面标高处的墙身上，需在C 墙身上设置。

A. 下半部　　B. 1/3　　　　C. 全部　　　D. 不超过 1/3

77. 地下防水施工时，地下水位应降至防水工程底部最低标高以下B。

A. 20cm　　B. 30cm　　C. 50cm　　D. 60cm

78. 地下防水永久性保护墙的高度要比底板混凝土高出B。

A. 30~50cm   B. 50cm   C. 60cm   D. 100cm

79. 地面防潮层,当地面防潮要求较高时,地面B也要做防潮层。其位置设置在地面垫层混凝土和找平层之上,墙身防潮层之下的部位。

A. 底层上   B. 基础上   C. 基底上   D. 基础下

80. 卷材防水层开裂D,先将裂缝两边各500mm左右宽度内的保护层材料铲除扫净,再将裂缝中的残渣、灰尘吹净。待干燥后,在裂缝中嵌入防水密封材料,并高出表面约0.5mm,缝上干铺一层300mm左右宽的卷材做缓冲层,上面再铺卷材,粘结牢固,封边紧密。

A. 施工时   B. 竣工时   C. 铺贴时   D. 维修时

81. 天沟处的瓦要根据宽度及斜度弹线锯料,沟边瓦要按设计规定伸入天沟内Cmm。

A. 15~30   B. 30~50   C. 50~70   D. 70~90

82. 涂膜防水层C部位胎体增强材料应剪裁齐整,防水层应压入凹槽内,并用密封材料予以封严,再用水泥砂浆封压盖严,勿使露边。

A. 收尾   B. 边缘   C. 收头   D. 开头

83. 卷材接缝口应用密封材料封严,密封材料宽度不小于Bmm。

A. 5   B. 10   C. 15   D. 20

84. 上人屋面预制板块保护层,块体材料应按楼地面工程的质量要求选用,结合层水泥砂浆应选用B水泥砂浆。

A. 1:1   B. 1:2   C. 1:3   D. 2:3

85. 掺外加剂、掺和料等的水泥砂浆防水层厚度宜为Cmm。

A. 14~16   B. 16~18   C. 18~20   D. 20~22

86. 用防水砂浆做防潮层,即在水泥砂浆中掺入A%的防水粉,待搅拌均匀后用铁抹子抹在防潮部位,砂浆厚度不小于20mm,一般用于墙身防潮层或地下室外墙防潮层。

A. 3~5   B. 4~6   C. 5~7   D. 6~8

87. 墙的变形缝施工应逐段进行防水处理,每Amm高填缝一次。

  A. 300～500   B. 500～600
  C. 600～700   D. 700～800

88. 地下工程防水施工,金属防水层的拼接应采用焊接,拼接焊缝应严密。竖向金属板的垂直接缝,应B。

  A. 相互垂直   B. 相互错开
  C. 相互平行   D. 相互搭接

89. 从防水A上分,可分为柔性防水屋面和刚性防水屋面。

  A. 方法   B. 材料   C. 性质   D. 强度

90. 排汽屋面需设置排汽道及排汽孔。排汽通道A纵横交叉贯通,不能堵塞,并与屋面排汽孔相连通。

  A. 必须   B. 宜   C. 不宜   D. 不可

91. 工业厂房预制外墙板之间的接缝,必须做好A处理。对于有保温要求的外墙板,在接缝时还必须作好保温处理。外墙板接缝多采用构造防水与材料防水相结合的方法。

  A. 防水   B. 防寒   C. 装修   D. 密封

92. 屋面保温层以下,找平层之上的防潮层,又称隔汽层,通常需A防潮层。

  A. 满涂   B. 冷涂   C. 热涂   D. 条涂

93. 屋面防水D应留分格缝,间距不大于6m,采用沥青砂浆时不大于4m,缝宽一般为20mm。

  A. 防水层   B. 保温层   C. 保护层   D. 找平层

94. 在无保温层的装配式屋面,为避免结构变形将卷材拉裂,在屋面的端缝或分格缝处,卷材必须空铺,或加铺附加增强层(空铺),附加增强层宽度为Dmm。

  A. 50～100   B. 100～150   C. 150～200   D. 200～300

95. 在一些高温炎热地区,在屋面上或吊棚内设置通风隔热层,以利用流动空气带走大量热气。屋面上的通风隔热层通常称为C。一般用半砖或混凝土垫块作支墩,上铺预制混凝土板。

A. 防水层　　B. 结构层　　C. 架空层　　D. 保温层

96. 架空隔热屋面中架空隔热板与女儿墙的距离不宜小于B。

A. 200mm　　B. 250mm　　C. 300mm　　D. 350mm

97. 架空隔热屋面的架空隔热层高度宜为B。

A. 100mm　　B. 300mm　　C. 400mm　　D. 500mm

98. 地下室墙面的卷材铺贴应自下而上顺序进行。上层卷材应盖过下层卷材Bcm。

A. 20　　　　B. 15　　　　C. 10　　　　D. 8

99. 有压顶的女儿墙应将屋面防水层做至压顶层下面，卷材压入不小于B并用油膏将收头封严。

A. 50mm　　B. 100mm　　C. 150mm　　D. 200mm

100. A是我国传统的防水材料，目前在屋面工程中仍占主导地位。低温柔性差，防水层耐用年限较短，价格较低，适用于三毡四油、二毡三油、叠层铺设的屋面工程。

A. 石油沥青纸胎油毡　　　　B. 玻璃布胎沥青油毡

C. 玻纤毡胎沥青油毡　　　　D. 黄麻胎沥青油毡

101. B有良好的耐水性、耐腐蚀性和耐久性，柔性优于纸胎沥青油毡，常用作屋面或地下防水工程。

A. 玻璃布胎沥青油毡　　　　B. 玻纤毡胎沥青油毡

C. 黄麻胎沥青油毡　　　　　D. 铝箱胎沥青油毡

102. C系列卷材尤其适用于高层建筑物的屋面和地下工程的防水防潮以及桥梁、停车场、游泳池、隧道、蓄水池等建筑工程的防水。

A. 沥青防水卷材

B. 再生橡胶改性沥青防水卷材

C. SBS改性沥青防水卷材

D. 合成高分子防水卷材

103. B在建筑防水材料的应用中处于主导地位，在建筑防水的措施中起着重要作用。

A. 防水涂料　　　　　　　　B. 防水卷材

C. 密封材料　　　　　　　　　D. 刚性材料

104. 屋面坡度A 时，卷材宜平行屋脊铺贴。

A. <3%　　　　　　　　　　B. 3% ~5%

C. 5% ~15%　　　　　　　　D. 10% ~25%

105. 屋面坡度大于C 只能垂直于屋脊方向铺贴卷材。

A. 3%　　　B. 10%　　　C. 15%　　　D. 25%

106. 当屋面坡度为15% ~25%，温度为 38 ~40℃选用的玛蹄脂应为C。

A. S-60　　　B. S-70　　　C. S-80　　　D. S-85

107. 粘贴沥青防水卷材时，每层热沥青胶的厚度应为C。

A. 1mm　　B. 1.5mm　　C. 1 ~1.5mm　　D. 2mm

108. 在配制热沥青胶时，可掺入沥青重量C 的粉状填充料。

A. 10% ~15%　　　　　　　B. 10% ~20%

C. 10% ~25%　　　　　　　D. 15% ~25%

109. 测定石油沥青针入度的温度为B。

A. 20℃　　　B. 25℃　　　C. 30℃　　　D. 18℃

110. 当测定某石油沥青的针入度为25，其沥青标号为C。

A. 20 号　　　B. 25 号　　　C. 30 号　　　D. 40 号

111. 将石油沥青加热燃烧，其气味是C。

A. 没有气味　　　　　　　　B. 有大量油味

C. 有松香味　　　　　　　　D. 有刺激性臭味

112. 将煤沥青加热燃烧，其气味是D。

A. 没有气味　　　　　　　　B. 有大量油味

C. 有松香味　　　　　　　　D. 有刺激性臭味

113. 将沥青置于盛有酒精的透明瓶中，观察溶液颜色，煤沥青的颜色是D。

A. 无颜色　　　　　　　　　B. 黑色

C. 绿蓝色　　　　　　　　　D. 呈黄色，并带有绿蓝色荧光

114. 将沥青置于盛有酒精的透明瓶中，观察溶液颜色，煤沥青的颜色是A。

A. 无颜色   B. 黑色

C. 绿蓝色   D. 呈黄色，并带有绿蓝色荧光

115. 将石油沥青材料样品一小块（约 1g）投入 30～50 倍的煤油或汽油中，用玻璃棒搅动，充分溶解后观察，则B。

A. 样品基本溶解，溶液呈黄绿色

B. 样品基本溶解，溶液呈棕黑色

C. 样品基本不溶解，溶液稍呈黄绿色

D. 样品基本不溶解，溶解稍呈棕黑色

116. 将煤油沥青材料样品一小块（约 1g）投入 30～50 倍的煤油或汽油中，用玻璃棒搅动，充分溶解后观察，则C。

A. 样品基本溶解，溶液呈黄绿色

B. 样品基本溶解，溶液呈棕黑色

C. 样品基本不溶解，溶液稍呈黄绿色

D. 样品基本不溶解，溶解稍呈棕黑色

117. 下列关于石油沥青外观简易鉴别的说法，不正确的是B。

A. 对于固体的石油沥青，敲碎，检查新断口处，色黑而发亮的质量好

B. 对于半固体的石油沥青，取少许，拉成丝，较粗短的质量较好

C. 对于液体石油沥青，黏性强，有光泽，没有沉淀和杂质的较好

D. 对于液体石油沥青，用一根小木条插入液体内，搅拌几下后提起，成细丝愈长的质量较好

118. 简易鉴别石油沥青牌号时，用铁锤敲，不碎，只变形的是C。

A. 10   B. 30   C. 60   D. 100～140

119. 简易鉴别石油沥青牌号时，用铁锤敲，成为较小的碎块，表面黑色而有光的是A。

A. 10   B. 30   C. 60   D. 100～140

120. 简易鉴别石油沥青牌号时，用铁锤敲，成为较大的碎块的是B。

A. 10　　　　B. 30　　　　C. 60　　　　D. 100～140

121. 简易鉴别石油沥青牌号时，用铁锤敲，质软的是D。

A. 10　　　　B. 30　　　　C. 60　　　　D. 100～140

122. C是用低软化点的石油沥青浸渍原纸制成的一种无涂盖层的纸胎防水卷材。

A. 纸胎油毡　　　　　　B. 玻璃布胎油毡

C. 沥青油纸　　　　　　D. 高聚物油毡

123. A是用低软化点的石油沥青浸渍原纸，然后用高软化点的石油沥青涂盖油纸两面，再涂撒隔离材料，如石粉、云母片等类，而制成的一种防水卷材。

A. 纸胎油毡　　　　　　B. 玻璃布胎油毡

C. 沥青油纸　　　　　　D. 高聚物油毡

124. 纸胎石油沥青油毡的质量标准规定，每卷油毡的总面积为Am^2。

A. 20±0.3　B. 20±0.5　C. 30±0.3　D. 30±0.5

125. 纸胎石油沥青油毡的质量标准规定，成卷的油毡应卷紧、卷齐，卷筒两端直径差不得超过Bcm，端面进出不得超过cm。

A. 0.5、0.5　　B. 0.5、1　　C. 1、0.5　　D. 1、1

126. 纸胎石油沥青油毡的质量标准规定，油毡面应无孔洞、硌伤；疙瘩的最大长度不得大于B；油毡面不得出现浆糊状粉浆或水渍。

A. 1cm　　　B. 2cm　　　C. 3cm　　　D. 4cm

127. 运输或贮存卷材，必须立放，其高度不得超过A。

A. 2层　　　B. 3层　　　C. 4层　　　D. 5层

128. 油毡在运输与贮存时，D。

A. 不同品种的油毡可以混杂复合使用，不同标号的油毡不能混杂复合使用

B. 不同标号的油毡可以混杂复合使用，不同品种的油毡不能混杂复合使用

C. 不同品种、不同标号的均可以混杂复合使用

D. 不同品种、不同标号的均不可混杂复合使用

129. C 是由石油沥青的基料，用溶剂和复合填充料改性的溶剂型冷做胶结材料。

A. 冷玛蹄脂　　　　　　　B. 沥青玛蹄脂

C. 冷底子油　　　　　　　D. 沥青胶

130. B 是用 30 号或 10 号建筑石油沥青或软化点为 50～70℃的焦油沥青加入溶剂制成的溶液。

A. 冷玛蹄脂　　　　　　　B. 冷底子油

C. 沥青玛蹄脂　　　　　　D. 沥青胶

131. 沥青胶结材料是指 D。

A. 纯沥青液

B. 热沥青玛蹄脂

C. 冷玛蹄脂

D. 纯沥青液和沥青胶（沥青玛蹄脂）的统称

132. B 是由各种不同标号的沥青按一定比例熬制，并加入适量的填充料（粉状或纤维状），加热熔化并搅拌均匀而成，用于油毡与基层或油毡与油毡粘结，形成防水层。

A. 沥青胶结材料　　　　　B. 沥青玛蹄脂

C. 沥青砂浆　　　　　　　D. 纯沥青液

133. 沥青玛蹄脂的技术指标不包括 A。

A. 针入度　　B. 耐热度　　C. 柔韧性　　D. 粘结性

134. 沥青玛蹄脂的标号是用 B 表示的。

A. 针入度　　B. 耐热度　　C. 柔韧性　　D. 粘结性

135. 沥青玛蹄脂的熬制温度要严格控制，一般不应高于 D℃。

A. 190　　　　B. 210　　　　C. 230　　　　D. 240

136. 冷玛蹄脂外观呈 B，为有光泽的黏稠膏体。

A. 白色　　　B. 黑色　　　C. 黄色　　　D. 淡蓝色

137. 冷玛蹄脂的特点描述不正确的是A。

A. 热作工艺

B. 提高了劳动效率

C. 节约了材料

D. 延长了施工期限，一年四季均可施工

138. 沥青锅应放在工地的B，以防止火灾发生和减少沥青油烟对施工现场的污染。

A. 上风向　　　　　　　　B. 下风向

C. 中间位置　　　　　　　D. 无风时才可使用

139. 沥青锅距离建筑物和易燃物应在Cm以上。

A. 15　　　B. 20　　　C. 25　　　D. 30

140. 沥青锅距离电线应在A以上。

A. 10m　　　B. 15m　　　C. 20m　　　D. 25m

141. 沥青锅不得搭设在煤气管道及电缆管道的上方，最少应在Am之外的地方搭设，防止因高温引起煤气管道的爆炸和电缆管道受损。

A. 5　　　B. 8　　　C. 10　　　D. 15

142. 由于场地狭窄，熬沥青等作业不能满足距离易燃物、建筑物的尺寸要求时，可在沥青锅、炒盘附近砌筑防火隔离墙，隔离墙的高度应在C左右。

A. 1m　　　B. 1.5m　　　C. 2m　　　D. 2.5m

143. 下列不属于外防外贴法防水施工优点的是D。

A. 施工简单，容易修补

B. 受结构沉降引起的变形较小

C. 便于检查结构和防水层的质量

D. 减少了土方的开挖工程量

144. 外防外贴法施工，底板铺贴油毡必须弹线，铺贴要平直、舒展，粘贴牢固。平立面相交的部位应作两层同样材质的附加层。施工顺序是B。

A. 先近后远　　　　　　B. 先远后近

C. 先高后低　　　　　　D. 先低后高

145. 外防外贴法施工，平面铺贴卷材要自一端开始，立面铺贴应<u>A</u>进行，两手用力沿弹线将油毡压滚在基层上，避免铺斜、扭曲或折皱，应使油毡和沥青紧密地粘结在一起。

A. 自下而上　　　　　　B. 自上而下

C. 自远而近　　　　　　D. 自近而远

146. 外防外贴法施工，最后一层卷材铺贴好以后，应在表面上均匀的涂刷一层厚<u>B</u>的沥青胶。如作水泥砂浆保护层时，表面应趁热撒铺结合用的砂粒或麻刀。

A. 0.5~1mm　　　　　　B. 1~1.5mm

C. 1.5~2mm　　　　　　D. 2~2.5mm

147. 屋面防水层的施工顺序，当有高低跨屋面时，应先作<u>A</u>，并按____的顺序进行。

A. 高跨、先远后近　　　B. 高跨、先近后远

C. 低跨、先远后近　　　D. 低跨、先近后远

148. <u>B</u>即在油毡下满刷沥青胶结材料，全部进行粘结。一般多采用此法铺贴卷材。

A. 湿铺法　　B. 满铺法　　C. 花铺法　　D. 干铺法

149. 因工期要求，水泥砂浆找平层不能干燥而需在潮湿的基层上铺贴油毡，称为<u>A</u>。它的特点是在找平层砂浆抹压2~6h后，即喷涂冷底子油，稠度要稍大一些，待冷底子油干燥后即开始铺油毡。一般适用于有排气孔道的屋面。

A. 湿铺法　　B. 满铺法　　C. 花铺法　　D. 干铺法

150. <u>C</u>的特点是：在铺第一层油毡时，不满涂沥青胶结材料，而是采用条刷、点刷、或蛇形刷涂，使第一层油毡与基层之间有若干个互相串通的空隙。适用于在潮湿的屋面上施工。

A. 湿铺法　　B. 满铺法　　C. 花铺法　　D. 干铺法

151. 在屋面或屋脊处，应设置排气槽或出气孔，与花铺法共同形成排气屋面，以排出水汽，防止防水层<u>A</u>。

A. 鼓泡　　　B. 开裂　　　C. 流淌　　　D. 节点渗漏

152. 花铺第一层时操作要细致，搭接处的油毡要粘牢。往上铺第二层或第三层油毡时，全采用B。

A. 湿铺法　　B. 满铺法　　C. 花铺法　　D. 干铺法

153. 当第一层采用花铺时，长边搭接不应小于B，短边不小于____。

A. 10cm、10cm　　　　　B. 10cm、15cm

C. 15cm、10cm　　　　　D. 15cm、15cm

154. 坡度超过 15% 的工业厂房拱形屋面和天窗下的坡面上，应避免A，以免卷材下滑。如必须搭接时，可以在搭接部位用油膏或钉固定。

A. 短边搭接　　　　　　B. 长边搭接

C. 长边和短边搭接　　　D. 可以搭接

155. 垂直于屋脊铺贴时，卷材应搭接于屋脊对面至少在C以上。

A. 100mm　　B. 150mm　　C. 200mm　　D. 250mm

156. 预制大型屋面板、圆孔楼板、加气混凝土板上直接铺贴卷材时，应先用B灌缝，缝隙上部最好能灌以沥青玛蹄脂或嵌填油膏，然后再铺贴防水卷材。

A. 刚性材料　　　　　　B. 豆石混凝土

C. 密封材料　　　　　　D. 沥青砂浆

157. 烟囱根、管道根、通风道等这些部位均需作防水附加层，并将防水层铺至烟囱根、管道根以上C 高度。卷材端部收头处用油膏密封，外面用水泥砂浆作保护层

A. 15cm　　B. 20cm　　C. 25cm　　D. 30cm

158. 厕浴间防水施工，小便槽处立面的防水层必须与地面作好搭接，交圈密封。立面防水层上端要高于冲洗花管，两端的长度要大于小便槽C 以上。

A. 35cm　　B. 45cm　　C. 50cm　　D. 55cm

159. 玻璃纤维胎油毡冷玛蹄脂施工，铺油毡时要将冷玛蹄

脂按弹线部位刮到A上，厚度在 0.8～1mm，宽度与卷材宽度相同，涂层要均匀，不得有空白、麻点和气泡。

A. 找平层　　B. 找坡层　　C. 保温层　　D. 隔气层

160. 铺第一层玻璃纤维胎油毡时，要压住附加层，铺到立面的根部。做立墙时，应超出附加层C，平面部位压过附加层油毡____。第二层的做法与第一层相同，但立墙上的玻璃纤维布必须粘牢。

A. 3cm、2cm　　　　　　　B. 5cm、3cm

C. 5cm、2cm　　　　　　　D. 3cm、3cm

161. 玻璃纤维胎油毡屋面保护层一般采用云母粉。铺撒前，先在油毡面上涂刷一道 1～1.5mm 厚的B，边刷边将云母粉撒在面层上。

A. 冷底子油　　　　　　　B. 冷玛蹄脂

C. 沥青玛蹄脂　　　　　　D. 绿豆砂

162. 所谓B施工，系用喷灯将基层和卷材烤热，使卷材表面接近热熔状态，依靠其自身材料的黏性，使其粘贴于基层上，或使上下层卷材互相粘结在一起。

A. 热风焊接法　B. 热熔法　C. 压埋法　D. 机械钉压法

163. 在大面铺贴时，手持点燃的喷灯，调节好火焰，在基层与油毡交界处，进行烘烤。要根据火焰温度掌握烘烤距离，一般以C为宜。要____烘烤，趁柔性油毡熔化时，向前滚铺，并随即用铁滚压实、粘牢。

A. 15～25cm、往返

B. 15～25cm、按一个方向

C. 30～40cm、往返

D. 30～40cm、按一个方向

164. 关于水性石棉沥青防水涂料的技术特性的描述不正确的是D。

A. 可形成厚质防水涂膜，提高了防水工程质量

B. 热稳定性好，高温下沥青不易流淌

C. 与基层粘结力强，涂膜抗裂性好

D. 不可以在潮湿基层上施工

165. 基层采用混凝土结构时，其混凝土强度等级不应低于A。

A. C10　　　B. C15　　　C. C20　　　D. C30

166. 焦油沥青冷底子油中，只能使用C做溶剂。

A. 苯油　　　B. 煤油　　　C. 苯　　　D. 汽油

167. 沥青砂浆或沥青混凝土施工完毕，质量要求表面平整，用2m靠尺检查，凹处空隙不得大于A。

A. 6mm　　　B. 8mm　　　C. 10mm　　　D. 12mm

168. 找平层必须坚实、平整，用2m靠尺检查，凹凸不得超过B。

A. 10mm　　　B. 5mm　　　C. 3mm　　　D. 2mm

169. 石棉乳化沥青在气温低于D时涂料的成膜性不好，应采取必要措施。

A. 0℃　　　B. 4℃　　　C. 5℃　　　D. 10℃

170. SBS橡胶改性沥青油毡分不同的型号，作底层油毡应为A。

A. Ⅰ型　　　B. Ⅱ型　　　C. Ⅲ型　　　D. Ⅳ型

171. APP改性沥青具有优良的高温特性，耐热度可达C。

A. 70～90℃　　　　　　B. 90～110℃

C. 110～130℃　　　　　D. 130～150℃

172. 下列关于沥青的说法，正确的是D。

A. 沥青的标号是按针入度来划分的

B. 沥青的塑性与温度和沥青膜的厚度有关，温度高，塑性小

C. 沥青的塑性常用黏结度表示

D. 沥青常温下呈固体、半固体或黏性液体状态

173. 现场熬制沥青胶时，沥青投入量应不超过沥青锅容量的B。

A. 1/2   B. 2/3   C. 3/4   D. 3/5

174. 立面抹涂沥青砂浆时，每层厚度应B，最后一层要用烙铁烫平。

A. 不小于 7mm   B. 不大于 7mm

C. 不小于 10mm   D. 不大于 10mm

175. 下列说法不正确的是A。

A. 砖是一种吸湿性材料，所以砖墙不须设防潮层

B. 屋面防水工程，坡面与立面相交处，应先铺坡面，后铺立面

C. 地下工程防水施工方法有明挖法和暗挖法两种

D. 墙身防潮层的标高一般设在地坪下一皮砖处

176. 屋面变形缝处应将变形缝两侧的墙砌至B高以上。

A. 30cm   B. 20cm   C. 15cm   D. 10cm

177. 冷底子油干燥时间的测量应以涂刷量为 200g/m² 涂刷均匀，放在温度B 不受阳光直射的地方平放将涂刷时间与不留指痕时间记录下来即为干燥时间。

A. 16 ±2℃   B. 18 ±2℃   C. 20 ±2℃   D. 23 ±2℃

178. 卷材储存器不超过D，出料应掌握先进先出的原则。

A. 3 个月   B. 6 个月   C. 9 个月   D. 一年

179. 地下室防水混凝土基层，其表面必须平整，如不光滑可用B 刮涂。

A. 1:3 水泥砂浆   B. 1:2 水泥砂浆

C. 1:1 水泥 107 胶砂浆   D. 1:0.15 水泥 107 胶砂浆

180. 在坡度超过B 的工业厂房拱形屋面和天窗下的坡面上，应避免短边搭接，以免卷材下滑。

A. 20%   B. 15%   C. 10%   D. 5%

181. 平屋面排水如设计无规定，可在保温层上找D 的坡度。

A. 1%   B. 3%   C. 3% ~5%   D. 2% ~3%

182. 在配制沥青砂浆、沥青混凝土的配制过程中，要控制好沥青与骨料、粉料混合物的拌合温度，一般情况下，外界气

温高于5℃时，拌合温度控制在A，气温在-10~5℃时，拌合温度应控制在B。

A. 160~180℃   B. 170~190℃

C. 180~200℃   D. 190~210℃

183. 沥青混凝土的拌合温度在外界气温高于5℃时应控制在A。

A. 160~180℃   B. 170~190℃

C. 180~200℃   D. 190~210℃

184. 用30kg石油沥青配制快挥发性冷底子油应加B。

A. 柴油70kg   B. 汽油70kg

C. 柴油60kg   D. 汽油60kg

185. 沥青砂浆沥青重量为骨料重的B。

A. 5%~10%   B. 11%~14%

C. 15%~20%   D. 20%~30%

186. 聚合物水泥砂浆防水层单层施工厚度宜为Cmm。

A. 3~4 B. 4~6 C. 6~8 D. 8~12

187. 高聚物改性沥青防水涂料单独使用时厚度不小于B。

A. 2mm B. 3mm C. 4mm D. 5mm

188. 合成高分子防水涂料单独使用时厚度不小于B。

A. 1mm B. 2mm C. 3mm D. 4mm

189. 在熬制沥青过程中应用温度计测温，测温可用一支300℃棒式温度计插入锅心油面下C处，并不断搅拌。

A. 60mm B. 80mm C. 100mm D. 150mm

190. 改性沥青胶粘剂的剥离强度不应小于BN/mm。

A. 6   B. 8   C. 10   D. 15

191. 水泥砂浆防水层包括普通水泥砂浆、聚合物水泥砂浆、掺外加剂或掺和料水泥砂浆等，宜采用A抹压法施工。

A. 多层 B. 薄层 C. 厚层 D. 较厚层

192. 块体刚性防水层，以掺入防水剂的防水水泥砂浆为底层防水层，中间铺砌C砖等块材，再用防水水泥砂浆灌缝并抹防水面层。

　　A. 砂浆　　　B. 矿渣　　　C. 黏土　　　D. 混凝土

　　193. 沥青混合物的配制，细骨料选用粒径为A mm 的中粗石英砂。

　　A. 0.25 ~ 2.5　　　　　　B. 2.5 ~ 2.8

　　C. 2.8 ~ 3　　　　　　　D. 3 ~ 3.2

　　194. 地下工程防水，选用无机水泥基防水涂料，其厚度宜为C。

　　A. 0.5 ~ 1　　B. 1 ~ 1.5　　C. 1.5 ~ 2　　D. 2 ~ 2.5

　　195. 高聚物改性沥青防水涂料、合成高分子防水涂料等薄质涂料的涂膜防水层的厚度为B mm。

　　A. 1.2 ~ 2.4　　　　　　B. 1.5 ~ 3

　　C. 1.8 ~ 2.4　　　　　　D. 2 ~ 3

　　196. 将填充料放在铁板上预热干燥，预热温度在C ℃。待沥青完全熔化和脱水后，慢慢加入干燥的填充料，不断搅拌至均匀为止。

　　A. 80 ~ 100　　　　　　B. 100 ~ 120

　　C. 120 ~ 140　　　　　　D. 140 ~ 160

　　197. 水泥砂浆保护层每隔B m 设置纵横分格缝。

　　A. 2 ~ 4　　B. 4 ~ 6　　C. 3 ~ 5　　　D. 5 ~ 7

　　198. 塑料防水板幅宽宜为 2 ~ 4m、厚度宜为A mm。

　　A. 1 ~ 2　　　　　　　　B. 1.5 ~ 2.0

　　C. 2.0 ~ 2.5　　　　　　D. 2.5 ~ 3

　　199. 采用C 可节省玛蹄脂，减少鼓包和避免因基层变形而引起拉裂油毡防水层。

　　A. 冷粘法铺贴卷材　　　　B. 自粘法铺贴卷材

　　C. 空铺法铺贴卷材　　　　D. 满粘法铺贴卷材

　　200. 在摊铺沥青砂浆、沥青混凝土前，应在基层上先刷冷底子油，并涂一层沥青稀胶泥，其配合比可按沥青 100 份，掺B 的粉料配制。

A. 20%　　B. 30%　　　C. 35%　　D. 40%

201. 沥青砂浆、沥青混凝土施工时，摊铺温度一般要控制在A℃，压实后成活温度为110℃。

A. 150～160　　　　　　B. 160～170

C. 170～180　　　　　　D. 180～190

202. 沥青砂浆、沥青混凝土的摊铺温度在环境温度在0℃以下时，摊铺温度要适当高一些，以170～180℃为宜，成活温度不低于A。

A. 100℃　　B. 120℃　　C. 150℃　　D. 170℃

203. 绿豆砂（沥青防水卷材保护层用）宜选用粒径为Cmm石子，应色浅、清洁，经过筛选，颗粒均匀，并用水冲洗干净。

A. 1～2　　B. 2～3　　C. 3～5　　D. 5～6

204. 快挥发性冷底子油的干燥时间为D。

A. 8～12h　　B. 10～15h　　C. 12～24h　　D. 5～10h

205. 柏油即为C。

A. 天然沥青　　　　　　B. 石油沥青

C. 焦油沥青　　　　　　D. 地沥青

206. 为了增强沥青胶结材料的抗老化性能，可掺入一定的粉状物，如滑石粉，掺入量为B。

A. 10%～20%　　　　　　B. 10%～25%

C. 15%～20%　　　　　　D. 20%～30%

207. 划分沥青牌号的主要性能依据是B。

A. 粘结性　　B. 稠度　　C. 塑性　　D. 耐热性

208. 水落口周围500mm范围内的坡度不应小于C，并应用防水涂料涂封。

A. 2%　　B. 3%　　　C. 5%　　　D. 10%

209. 墙体有预留孔洞时，施工缝距孔洞边缘不宜小于Bmm。

A. 200　　B. 300　　　C. 400　　D. 500

210. C是以氯化聚乙烯树脂和合成橡胶混合为主体材料，加入适量硫化剂、促进剂、稳定剂、软化剂和填充料等配合剂，经过塑炼、混炼、压延、硫化等工序制成的高弹性防水卷材。

A. 聚氯乙烯防水卷材

B. 高密度聚乙烯防水卷材

C. 树脂橡胶共混类防水卷材

D. 氯化聚乙烯防水卷材

211. <u>A</u> 是以聚酯纤维无纺布为胎体，苯乙烯-丁二烯-苯乙烯热塑性弹性体为改性剂，面覆以隔离材料制成的建筑防水卷材。

A. SBS 改性沥青防水卷材

B. APP 改性沥青防水卷材

C. 三元乙丙橡胶防水卷材

D. 氯化聚乙烯防水卷材

212. <u>B</u> 是指以橡胶、树脂等高聚物为改性剂制成改性沥青为基料，以两种材料复合毡为胎体，聚酯膜、聚乙烯膜等为覆面材料，以浸涂、滚压工艺而制成的防水卷材。

A. SBS 改性沥青防水卷材

B. 沥青复合胎柔性防水卷材

C. APP 改性沥青防水卷材

D. 三元乙丙橡胶防水卷材

213. <u>B</u> 是高密度聚乙烯为主要原料，并加入抗氧化剂、热稳定剂等化学助剂，经混合、压延而成的一种防水卷材。

A. 聚氯乙烯防水卷材

B. 高密度聚乙烯防水卷材

C. 树脂橡胶共混类防水卷材

D. 氯化聚乙烯防水卷材

214. 在选择配合比时，应根据情况，从配合比、熬制温度、熬制时间等方面综合解决耐热度与柔韧性之间的关系，以确保沥青卷材防水层的<u>C</u>。

A. 数量　　B. 重量　　C. 质量　　D. 密度

215. 大面铺贴 SBS 要根据火焰温度掌握好烘烤距离，一般以<u>C</u>为宜。

    A. 10～20cm   B. 20～30cm

    C. 30～40cm   D. 40～50cm

    216. 纸胎石油沥青油毡允许有<u>A</u>处接头，其中较短的一段不小于____。

    A. 1处、2.5m   B. 2处、2.5m

    C. 1处、1.5m   D. 2处、1.5m

    217. 热风焊接法施工合成高分子防水卷材时，温度不低于<u>B</u>。

    A. -20℃   B. -10℃   C. 0℃   D. 5℃

    218. 合成高分子防水卷材采用粘结法满铺时，短边搭接宽度为<u>D</u>。

    A. 65mm   B. 70mm   C. 75mm   D. 80mm

    219. 屋面卷材平行于屋脊铺贴长边搭接不小于<u>A</u>。

    A. 7cm   B. 10cm   C. 15cm   D. 20cm

    220. 垂直于屋脊铺贴时，卷材应搭接于屋脊对面至少<u>C</u>以下。

    A. 500mm   B. 300mm   C. 200mm   D. 100mm

    221. 卷材收头用压条或垫片钉压固定时，钉距不应大于<u>C</u>。

    A. 700mm   B. 800mm   C. 900mm   D. 1000mm

    222. 两层卷材铺设时，应使上下两层的长边搭接缝错开<u>A</u>幅宽

    A. 1/2   B. 1/3   C. 1/4   D. 2/3

    223. 相邻两幅卷材的接头应相互错开<u>B</u>mm以上。

    A. 200   B. 300   C. 400   D. 500

    224. 地下防水工程平立面卷材的搭接不小于<u>D</u>。

    A. 15cm   B. 20cm   C. 30cm   D. 60cm

    225. <u>D</u>油毡既可以进行冷贴，又可用汽油喷灯进行热熔施工。

    A. 油纸   B. 玻璃布

C. 玻璃纤维　　　　　　　D. SBS 改性沥青

226. <u>A</u> 是为了保证施工正常进行而必须事先做好的工作，是工程项目全过程的重要阶段，也是确保工程项目管理目标顺利完成的先决条件。

A. 施工准备工作　　　　　B. 施工检查工作

C. 施工验收工作　　　　　D. 施工收尾工作

227. 石油沥青油毡的热稳定性是指<u>A</u>覆盖无滑动和集中性气泡。

A. 在 85±2℃受热 5h　　　B. 在 85±2℃受热 3h

C. 在 70℃受热 5h　　　　D. 在 70℃受热 3h

228. <u>D</u> 油毡质地柔软，在阴阳角部位施工时边角不易翘曲，易于粘贴牢固。

A. 玻璃布胎　　　　　　　B. 油纸

C. 纸胎　　　　　　　　　D. 玻璃纤维

229. 地下防水卷材的接缝应距阴阳角处<u>C</u>以上。

A. 10cm　　　B. 15cm　　　C. 20cm　　　D. 25cm

230. 玻璃纤维胎油毡屋面保护层一般采用<u>C</u>。

A. 绿豆砂　　　　　　　　B. 水泥砂浆

C. 云母粉　　　　　　　　D. AAS 涂料

231. 卷材数量应根据工程需要一次准备充足。可根据施工面积、卷材的宽度、搭接宽度，以及附加增强层的需要等因素确定，一般按施工面积的<u>D</u>倍数量准备。

A. 1. 1 ~ 1. 2　　　　　　B. 1. 11 ~ 1. 12

C. 1. 12 ~ 1. 21　　　　　D. 1. 15 ~ 1. 25

232. 卷材大面铺贴<u>A</u>应做好节点处理以及排水集中部位的处理，铺贴附加层及增强层，以保证防水质量，加快施工进度。

A. 前　　　B. 中　　　C. 后　　　D. 质量检查前

233. 绿豆砂应在卷材表面浇最后一层热沥青玛蹄脂时，迅速将均匀加热温度至<u>B</u>℃的绿豆砂铺洒在卷材上，并应全部嵌入沥青玛蹄脂中（1/2 粒径）。

A. 50 ~ 100 B. 100 ~ 150

C. 150 ~ 200 D. 200 ~ 220

234. 沥青玛蹄脂的加热温度不应高于B。

A. 150℃ B. 240℃ C. 280℃ D. 320℃

235. 在涂刷了冷底子油的找平层上弹线，确定油毡铺贴的A及搭接位置，避免铺贴歪斜、扭曲、皱折。

A. 基准 B. 基本 C. 基础 D. 方向

236. 油毡的搭接宽度必须符合规范要求，并应注意搭接的B，短边搭接应顺主导风向，长边搭接应顺流水方向。

A. 方法 B. 方向 C. 位置 D. 尺寸

237. 当屋面基层干燥施工有困难，而又急需铺贴卷材时，可采取B屋面的做法，但在外露单层防水卷材施工中，不宜采用。

A. 保温 B. 排汽 C. 上人 D. 非上人

238. 屋面工程如采用多种防水材料复合使用时，耐老化、耐穿刺的防水材料应放在A。

A. 最上面 B. 最下面 C. 中间 D. 边缘

239. 粘贴卷材的每层冷玛蹄脂的厚度宜为Bmm。

A. 0.5 ~ 0.7 B. 0.5 ~ 1

C. 0.5 ~ 1.2 D. 0.5 ~ 1.5

240. 沥青防水卷材采用实铺法是在涂刷了冷底子油并经12h以上的干燥基础上，满涂热沥青玛蹄脂（使用温度不低于190℃），厚度为Amm。

A. 1 ~ 1.5 B. 1.5 ~ 2 C. 2 ~ 2.5 D. 2.5 ~ 3

241. 自粘橡胶沥青防水卷材和自粘聚酯胎改性沥青防水卷材（铝箔覆面者除外）B用于外露的防水层。

A. 可以 B. 不可以 C. 必须 D. 比较适合

242. 沥青防水卷材冷粘贴施工时，面层厚度宜为Bmm。

A. 0.5 ~ 1 B. 1 ~ 1.5 C. 1.5 ~ 2 D. 2 ~ 2.5

243. 地下防水最后一层卷材铺好后，应在表面均匀涂刷一层厚Cmm 的沥青胶。

A. 1~2　　B. 2~3　　C. 1~1.5　　D. 2

244. 在平面与立面的转角处，卷材的接缝应留在平面上距立面不小于Amm 处。

A. 300　　B. 400　　C. 500　　D. 600

245. 涂膜防水胎体施工，搭接缝应错开，间距不应小于幅宽的C。

A. 1/5　　B. 1/4　　C. 1/3　　D. 2/5

246. 涂膜施工时，胎体增强材料应加铺在涂层中间，下面涂层厚度不小于1mm；上层的涂膜厚度不小于Amm。

A. 0.5　　B. 1　　C. 1.5　　D. 2

247. 涂膜施工，胎体增强材料长边搭接宽度不应小于Dmm。

A. 20　　B. 30　　C. 40　　D. 50

248. 涂膜施工，胎体增强材料短边搭接宽度不应小于Dmm。

A. 40　　B. 50　　C. 60　　D. 70

249. 涂膜施工，管道等根部直径500mm 范围内，找平层应抹出高度不小于30mm 的圆台，其根部四周应铺贴胎体增强材料，宽度和高度不应小于Bmm，管道上的涂膜收头处应用防水涂料多道涂刷，并应用密封材料封严。

A. 200　　B. 300　　C. 400　　D. 500

250. 涂膜施工，水落口杯与基层交接部位应做密封处理；水落口周围直径500mm 范围内的坡度不应小于5%，并用防水涂料或密封材料涂封，涂封厚度不应小于Bmm，涂膜防水层伸入水落口杯内不应小于50mm。

A. 1　　B. 2　　C. 3　　D. 4

251. 涂膜施工，变形缝内应填充聚苯板，上面铺设衬垫材料后再用卷材封盖，顶部宜加混凝土盖板或金属盖板；变形缝的泛水高度不应小于Bmm；防水涂料应涂至变形缝两侧砌体的上部。

A. 200　　B. 250　　C. 300　　D. 350

252. 各遍涂层之间的涂布方向应互相A，涂层间的每遍涂布的退槎和接槎应控制在 50～100mm。

A. 垂直　　　　　　　　B. 平行

C. 成钝角角度　　　　　D. 任意

253. 对Ⅰ级防水屋面，采用合成高分子防水涂料涂膜，厚度不应小于Bmm。

A. 1　　　B. 1. 5　　　C. 2　　　D. 2. 5

254. 对Ⅱ级防水屋面，采用合成高分子防水涂料涂膜，厚度不应小于Bmm。

A. 1　　　B. 1. 5　　　C. 2　　　D. 2. 5

255. 对Ⅲ级防水屋面，采用合成高分子防水涂料涂膜，厚度不应小于Cmm。

A. 1　　　B. 1. 5　　　C. 2　　　D. 2. 5

256. 对Ⅱ级防水屋面，采用高聚物改性沥青防水涂料，厚度不应小于Cmm。

A. 2　　　B. 2. 5　　　C. 3　　　D. 3. 5

257. 对Ⅲ级防水屋面，采用高聚物改性沥青防水涂料，厚度不应小于Cmm。

A. 2　　　B. 2. 5　　　C. 3　　　D. 3. 5

258. 对Ⅳ级防水屋面，采用高聚物改性沥青防水涂料，厚度不应小于Amm。

A. 2　　　B. 2. 5　　　C. 3　　　D. 3. 5

259. JG-2 防水涂料施工基层不得潮湿，含水率要求不大于B。

A. 10%　　　B. 13%　　　C. 15%　　　D. 17%

260. JG-2A 型防水涂料贮存期为C 个月。

A. 4　　　B. 5　　　C. 6　　　D. 7

261. A 是用石油沥青、石灰膏、石棉绒与水在热状态下用机械强力搅拌而成的一种灰褐色膏体，它是一种可在潮湿基层上冷施工的防水涂料。

A. 石灰乳化沥青　　　　B. 水性石棉沥青防水涂料

C. 膨润土乳化沥青　　　D. JG-1 型防水涂料

262. <u>B</u> 是以石油沥青为基料，以优质石棉纤维为增强材料，以水为分散介质，在机械作用下制成的一种水乳型防水涂料，其耐水性、耐候性、稳定性都优于其他类型乳化沥青。

A. 石灰乳化沥青　　　　B. 水性石棉沥青防水涂料

C. 膨润土乳化沥青　　　D. JG-1 型防水涂料

263. 由于石灰乳化沥青<u>C</u>较差，一般只用于无保温层屋面或保温层在防水层上面的屋面结构，而且需用柔性材料嵌填屋面板接缝。

A. 抗压性　　B. 抗拉性　　C. 抗裂性　　D. 耐老化性

264. 石灰乳化沥青施工时，清理基层后，应涂刷冷底子油。夏季施工时（日最高温度大于或等于 30℃）宜将屋面基层用水冲干净，然后刷稀释的乳化沥青冷底子油一道（乳化沥青与水的比例为<u>A</u>），春秋季施工时，宜在洁净的基层上刷汽油沥青冷底子油一道（汽油：沥青 =7:3）。

A. 1:1　　　B. 1:2　　　C. 1:3　　　D. 2:3

265. 水性石棉沥青防水涂料与玻璃网格布配合，做成<u>A</u>防水层。

A. 一布二油　　　　　　B. 一布四油

C. 二布四油　　　　　　D. 二布六油

266. 利用水性石棉沥青防水涂料施工时，待冷底子油干燥后，对较大裂缝部位及天沟、女儿墙、下水口等部位增涂一布二油附加层，附加层宽度<u>B</u>mm。

A. 300　　　　　　　　　B. 300 ~ 450

C. 450　　　　　　　　　D. 450 ~ 500

267. 利用水性石棉沥青防水涂料施工时，待涂膜干燥后，铺贴玻璃网格布。从流水坡度的下坡开始，布的纵向与流水方向<u>A</u>，搭接宽度不小于 100mm。

A. 垂直　　　　　　　　B. 平行

C. 呈锐角角度   D. 呈钝角角度

268. 利用水性石棉沥青防水涂料施工时，待附加层干燥后，按 A 的顺序满刮水性石棉沥青防水涂料一道，薄厚要均匀，用料量约 3kg/m^3。

A. 先立面后平面   B. 先平面后立面
C. 先低后高   D. 先高后低

269. 利用水性石棉沥青防水涂料施工时，在铺玻璃网格布的同时，即可刮涂 A。边铺布，边将涂料倒在上面，均匀涂刮，使涂料浸透布纹与底涂层密切结合。涂刮要均匀，用料量约 4kg/m^2。

A. 上涂层   B. 下涂层
C. 中间涂层   D. 保护层

270. 水性石棉沥青防水涂料不适于 D 施工。

A. 春季   B. 夏季   C. 秋季   D. 冬季

271. 水性石棉沥青冬期施工时需要采取适当的措施，下列哪一项不属于这些措施 D。

A. 多次薄涂法   B. 人工加速干燥法
C. 溶剂破乳法   D. 加热涂料法

272. 溶剂破乳法施工是指施工前搅拌涂料时，掺入 B 的溶剂（如汽油、苯、煤油等），待充分搅匀后，按 2kg/m^2 的用量涂刷，自然干燥。每道涂刷必须待前一道涂层干燥后方可进行（大约 10h 之后）。

A. 1%   B. 1% ~3%   C. 3%   D. 5%

273. 利用水性石棉沥青防水涂料施工时，保护层施工也可以涂刷浅色涂料，其配合比为水性石棉沥青涂料:水泥:石灰膏 = C。

A. 2:0.5:1   B. 2:1:1
C. 3:0.5:1   D. 3:1:1

274. 待冷底子油干燥后，立即铺抹石灰乳化沥青，总厚度为 B mm。

A. 3 ~ 5　　　B. 5 ~ 7　　　C. 7 ~ 10　　　D. 10 ~ 13

275. 钢筋混凝土自防水屋面，板端接缝应用油膏嵌填后，表面干铺油毡条，宽 150 ~ 200mm，然后用膨润土乳化沥青贴玻璃网格布，宽C mm，以起到加强的作用。

A. 150 ~ 200　　　　　　　B. 200 ~ 250

C. 250 ~ 300　　　　　　　D. 300 ~ 350

276. 膨润土乳化沥青施工时，基层如有 1mm 以上裂缝可采用乳化沥青与玻璃网格布贴缝，宽A mm。

A. 150 ~ 200　　　　　　　B. 200 ~ 250

C. 250 ~ 300　　　　　　　D. 300 ~ 350

277. 膨润土乳化沥青施工防水层构造分为无加筋层防水层和有加筋层防水层，有加筋层防水层的做法有三种，下列不属于这三种做法的是B。

A. 一布二油　　　　　　　B. 一布三油

C. 二布三油　　　　　　　D. 三布四油

278. 膨润土乳化沥青施工，冷底子油的配制为膨润土乳化沥青:水 = A，搅拌均匀后与基层满刷一道，涂刷要均匀，不得见白露底。

A. 1:1　　　B. 1:2　　　C. 1:3　　　D. 2:3

279. 膨润土乳化沥青施工，玻璃网格布铺贴时，上下两层要错开，网布与网布的搭接宽度为B mm。

A. 80　　　B. 100　　　C. 120　　　D. 150

280. 水乳型再生胶防水涂料施工涂刷第二道涂料应待第一道涂料实干，即D 方可施工。

A. 4h 后　　　B. 8h 后　　　C. 12h 后　　　D. 24h 后

281. 水乳型防水涂料施工的环境气温宜为C。

A. −5 ~ 35℃　　　　　　　B. 不低于 0℃

C. 5 ~ 35℃　　　　　　　D. 0 ~ 35℃

282. 油膏嵌缝涂料屋面施工，其屋面板的板缝宽应为D mm。

A. < 10　　　B. 10 ~ 20　　　C. 20 ~ 30　　　D. 20 ~ 40

283. 氯丁胶乳沥青防水涂料施工，厕所、卫生间防水一般采用B做法。

A. 只涂三道涂料　　　　B. 一布四油
C. 二布四油　　　　　　D. 二布六油

284. 膨润土乳化沥青乳液涂刷后B内不得在上面施工。

A. 3h　　　B. 6h　　　C. 12h　　　D. 24h

285. 厚质涂料防水层施工，涂膜厚度控制，中间各层厚1.3~1.5mm左右，表面≥1.5mm，防水层总厚度为Bmm。

A. 3~5　　B. 5~7　　C. 7~9　　D. 9~11

286. 膨润土乳化沥青施工时气温应在A以上，乳液涂刷后____内不得雨淋，冬期不能施工。

A. 5℃、6h　　　　　　B. 10℃、6h
C. 5℃、12h　　　　　D. 10℃、12h

287. 沥青乳液表面有Bmm左右水保护层，使用前要充分搅拌均匀。

A. 50　　　B. 100　　　C. 150　　　D. 200

288. 贮存沥青乳液应在B以上，应密封存放，避免日晒、雨淋、冰冻，以防变质。

A. -10℃　　B. 0℃　　C. 5℃　　D. 10℃

289. JG-1型防水涂料施工时，在基层满刷冷底子油一道，用JG-1型冷胶料加入50%的汽油稀释成冷底子油，用棕刷均匀涂刷在基层上，不得漏刷，一般厚度为Amm。

A. 0.2　　B. 0.5　　C. 0.8　　D.1

290. JG-1型防水涂料施工时，屋面基层有大于1mm宽的裂缝，应在裂缝部位铺贴一布二油附加层，附加层宽度不小于Bcm。

A. 8　　　B. 10　　　C. 12　　　D. 15

291. JG-1型防水涂料施工，玻璃丝布搭接宽度，长边、短边均不得小于Bmm。

A. 60　　　B. 80　　　C. 100　　　D. 120

292. JG-2 型防水涂料施工，防水层与基层粘结牢固，薄厚均匀，二布三油防水层厚度不得小于Bmm。

A. 1　　　　B. 1.5　　　　C. 2　　　　D. 2.5

293. JG-2 型防水涂料 A 液贮存期C，B 液贮存期____，混合液（在生产厂混合好的）贮存期 3 个月，应密封贮存，防止受冻、日晒、雨淋。

A. 3 个月、3 个月　　　　B. 3 个月、6 个月

C. 6 个月、3 个月　　　　D. 6 个月、6 个月

294. JG-2 型防水涂料表干时间约B，实干时间约 7~8h。

A. 10min　　B. 15min　　C. 20min　　D. 30min

295. 防水层的设置高度应高出室外地坪Cmm 以上。

A. 50　　　　B. 100　　　　C. 150　　　　D. 200

296. 厚质涂料涂布一般涂刷冷底子油一道，其配合比一般水/采用所涂刷的乳化沥青 = A（重量比）。

A. 0.5~1.0　　　　B. 1.0~1.1

C. 1.1~1.2　　　　D. 1.2~1.3

297. 再生胶沥青防水涂料防水层一般做法为B，防水涂料用量不少于 2.3kg/m²，干涂膜厚度为____。

A. 二布三油、1.6mm　　B. 二布六油、1.6mm

C. 二布三油、2mm　　　D. 二布六油、2mm

298. 再生胶沥青防水涂料施工，在天沟、女儿墙、阴阳角等部位铺贴一布二油附加层，水落口处铺贴二布三油附加层。附加层的铺贴应在大面涂刷B。

A. 前两天　　B. 前一天　　C. 完成当天　　D. 后一天

399. 氯丁胶乳沥青防水涂料为水乳型，雨天、风沙天、负温不得施工。施工温度以C 以上为宜。

A. -5℃　　B. 0℃　　C. 5℃　　D. 10℃

300. 油膏嵌缝涂料屋面施工，屋面板安装后，先检查板缝的宽窄，要求缝宽 20~40mm。过窄的板缝要用錾子凿开，否则缝不易灌实。当屋面板板缝宽度大于D 或上宽下窄时，板缝内

必须设置钢筋。

    A. 20mm   B. 30mm   C. 40mm   D. 50mm

301. 嵌缝材料品种很多，有热灌缝施工材料，有冷嵌板缝施工材料，下列哪一项不属于嵌缝材料<u>D</u>。

    A. 聚氯乙烯胶泥

    B. "湘潭" 塑料油膏

    C. 改性沥青防水嵌缝油膏

    D. 合成高分子防水嵌缝油膏

302. 冷嵌油膏嵌缝时应将油膏分两次嵌填在板缝内，使其与缝壁粘结牢固，防止油膏与缝壁留有空隙或裹入空气。油膏要高于板面 3~5mm，呈弧状并盖过板缝两次各<u>B</u>。

    A. 10mm   B. 20mm   C. 30mm   D. 40mm

303. 油膏加热熔化施工，将油膏块投入锅后，缓缓升温，不断搅拌，熔化的油膏其温度不宜超过<u>C</u>，保持油膏不起泡、不冒黄烟、浓烟。熔出的油膏可随时取用，连续作业。

    A. 80℃   B. 100℃   C. 120℃   D. 150℃

304. 防水工程评为合格除保证项目和基本项目应符合相应规定要求外，允许偏差项目应有<u>C</u>以上的实测值在相应质量标准允许偏差范围内。

    A. 50%   B. 60%   C. 70%   D. 80%

305. 防水工程评为合格，除其保证项目和基本项目达到要求外，允许偏差项目有<u>C</u>以上的实测差应在允许范围内。

    A. 50%   B. 60%   C. 70%   D. 80%

306. 会审纪录、设计核定单、隐蔽工程签证等均为重要的<u>D</u>，应妥善保管，作为施工决算的依据。

    A. 技术档案   B. 技术总结

    C. 技术资料   D. 技术文件

307. 地下室防水施工完工后，一般采用砖墙保护层，砖墙的厚度取决于砖墙的<u>C</u>。

    A. 长度   B. 宽度   C. 高度   D. 高程

308. 砖墙保护层必须贴紧防水层，空隙应随时用B填实，不得留有空隙，以免形成贮水槽。

A. 泥　　　　B. 砂浆　　　C. 水泥　　　D. 混凝土

309. A是今年来新研究的一种地下防水层的保护方法，这种方法与传统的砖墙保护层相比，具有保护效果好、省工、省料、缩短工期、对防水层无损害的特点。

A. 柔性保护层　　　　　B. 水泥砂浆保护层

C. 混凝土保护层　　　　D. 绿豆石保护层

310. C用于地下室立面防水层，一方面在施工时对防水层没有伤害，另一方面因其具有一定的强度和粘结性，能够与防水层紧密结合，除起保护作用外，还可起到一道防水防线的作用。

A. 砖墙保护层　　　　　B. 柔性保护层

C. 水泥砂浆保护层　　　D. 混凝土保护层

311. 当防水层做到B高时，经检查验收合格后，即可粘贴防水保护层，然后进行回填土，再依次向上进行流水循环作业。

A. 1.5～1.8m　　　　　B. 1.8～2m

C. 2m～2.5m　　　　　D. 2.5m 以上

312. 进行柔性保护层施工时，要根据柔性保护材料的大小，在防水层上采取局部点刷的方式，涂刷胶粘剂。涂点每0.5m左右一个，呈D，然后铺贴保护材料。

A. 三角形　　B. 矩形　　C. 菱形　　D. 梅花形

313. 在同一面积屋面上，应先铺离上料点较远的部位，再铺较近的部位，便于C成品，避免已铺过部分因受到施工人员的踩踏而损坏。

A. 保证　　　B. 爱护　　　C. 保护　　　D. 保险

314. 屋面防水层的保护层中，C的作用是保护防水层免受机械性损伤；反射太阳光的辐射热，降低屋面温度，防止或延缓防水材料的老化。

A. 绿豆石保护层　　　　B. 蛭石、云母粉保护层

C. 浅色涂料保护层　　　　D. 保护面层

315. 施工过程中可以通过合理安排防水施工顺序的方法进行成品保护措施，一般情况下顺序应该是A。

A. 先高后低，先远后近　　B. 先低后高，先远后近

C. 先高后低，先近后远　　D. 先低后高，先近后远

316. 防水施工后若遇D 可以免做蓄淋水试验。

A. 一场小雨　　　　　　　B. 两场小雨

C. 两场大雨　　　　　　　D. 一场大雨

317. 砂浆防水层完工后，养护期不少于C 天。

A. 7　　　　　B. 10　　　　　C. 14　　　　　D. 28

318. 严重流淌是指流淌面积大于屋面面积的 50%，卷材滑动距离大于B。

A. 100mm　　B. 150mm　　C. 250mm　　D. 300mm

319. 防腐块的铺砌，铺砌前应对块材进行预热，当气温低于 5℃时，块材应预热至C。

A. 60℃　　　B. 50℃　　　C. 40℃　　　D. 30℃

320. 地下防水临时性保护墙应用C 砌筑。

A. 水泥砂浆　　B. 混合砂浆　　C. 白灰砂浆　　D. 泥

321. 进行木砖防腐时，对锯好的木砖进行筛选并清理干净，投入C 内，然后投入木砖，浸泡 2min 左右，捞出控干后即可使用。

A. 沥青　　　　　　　　　B. 沥青玛蹄脂

C. 冷底子油　　　　　　　D. 冷玛蹄脂

322. 在制备油麻或油绳防腐时，首先应该将A 加热至 200℃，方可放入麻刀或麻绳，拌合均匀，捞出后直接放在容器内，以免弄脏，然后送至施工现场，进行填塞。

A. 沥青　　　　　　　　　B. 沥青玛蹄脂

C. 冷底子油　　　　　　　D. 冷玛蹄脂

323. 配制沥青胶泥时，需将沥青碎块加热至 160～180℃，脱水，去其杂质，不起泡沫时，继续加热，建筑石油沥青加热

至 200~230℃，普通石油沥青加热至C，按配合比，将预热的干粉料逐渐加入，不断搅拌，直至均匀为止。

　　A. 170~200℃　　　　　　B. 230~250℃

　　C. 250~270℃　　　　　　D. 270~300℃

　　324. 配制沥青砂浆或沥青混凝土时，首先应将沥青敲成碎块，放入沥青锅内加热至 160~180℃，经过搅拌、脱水，除去杂质，然后将预热的干燥粉料和骨料拌合均匀，待沥青熬制到B时，逐渐加入骨料、粉料混合物，并不断搅拌，直至骨料、粉料被全部覆盖均匀为止。

　　A. 160~180℃　　　　　　B. 200~240℃

　　C. 240~270℃　　　　　　D. 270~300℃

　　325. 在配制沥青砂浆、沥青混凝土的过程中，要掌握好沥青与骨料、粉料混合物的拌合温度，气温低时拌合温度应该A。

　　A. 增加　　　　　　　　　B. 减少

　　C. 基本无影响　　　　　　D. 不能拌合

　　326. 刮涂胶粘剂可用A。

　　A. 橡皮刮板　　　　　　　B. 木刮板

　　C. 钢板　　　　　　　　　D. 木压板

　　327. 沥青砂浆或细粒沥青混凝土每层压实厚度不超过B，中粒沥青混凝土不超过6cm，虚铺厚度需经试压确定，用平板振捣器时压实厚度与虚铺厚度可按 1:3 确定。

　　A. 2cm　　　B. 3cm　　　C. 4cm　　　　D. 5cm

　　328. 立面涂抹沥青砂浆时，每层厚度不应大于Cmm，最后一层要用烙铁烫平。

　　A. 5　　　　B. 6　　　　C. 7　　　　D. 8

　　329. 沥青砂浆或沥青混凝土表面如有空鼓、脱落、裂缝等现象，应将其缺陷铲除，清理干净后，涂一道A，然后用沥青砂浆或沥青混凝土填补压实。

　　A. 热沥青　　　　　　　　B. 冷底子油

　　C. 沥青玛蹄脂　　　　　　D. 冷玛蹄脂

330. 对木地板进行木龙骨防腐处理时，将沥青熬制200℃，然后将木龙骨放入，浸泡<u>D</u>，捞出后晾干，即可使用。也可以放在冷底子油中浸泡，做防腐处理。

A. 2min　　　B. 1h　　　C. 1.5h　　　D. 2h

331. 铺砌平面防腐块材时，先铺沥青胶泥或沥青砂浆，厚度为3~5mm，条石的结合层应采用沥青砂浆，厚度10~15mm。然后铺放块材，并斜向推挤块材，把胶泥挤入立缝中，做到严实饱满，这种铺砌块材的方法是<u>B</u>。

A. 灌缝法　　B. 挤缝法　　C. 刮浆法　　D. 分段灌缝法

332. 铺砌立面防腐块材时，用刮浆法先在7~8块块材的长度范围内，两端先铺砌一块，中间浮贴5~6块，依次类推，完成一层后，分段浇筑沥青胶泥，在浇筑时要防止块材外鼓，这种铺砌块材的方法是<u>D</u>。

A. 灌缝法　　B. 挤缝法　　C. 刮浆法　　D. 分段灌缝法

1.3 多项选择题

1. Ⅰ级防水屋面的防水层合理使用年限是<u>E</u>年，Ⅱ级防水屋面的防水层合理使用年限是<u>C</u>年，Ⅲ级防水屋面的防水层合理使用年限是<u>B</u>年，Ⅳ级防水屋面的防水层合理使用年限是<u>A</u>年。

A. 5　　B. 10　　C. 15　　D. 20　　E. 25

2. Ⅰ级防水屋面的设防要求是<u>D</u>，Ⅱ级防水屋面的设防要求是<u>B</u>，Ⅲ级防水屋面的设防要求是<u>A</u>，Ⅳ级防水屋面的设防要求是<u>A</u>。

A. 一道防水设防　　　　　B. 两道防水设防

C. 三道防水设防　　　　　D. 三道或三道以上防水设防

3. 下列属于Ⅲ级防水屋面的描述的是<u>C、D</u>。

A. 重要的建筑和高层建筑

B. 防水层合理使用年限15年

C. 采用一道防水设防

D. 一般的建筑

4. 防水工程主要包括A、C、D。

A. 防止外水向防水建筑工程渗透

B. 屋面防水工程

C. 建（构）筑物内部相互止水

D. 蓄水结构的水向外渗漏

5. 建筑防水的功能，就是使建（构）筑物，在设计耐久年限内，A、B、C。

A. 防止雨水及生产、生活用水的渗漏和地下水的侵蚀

B. 确保建筑结构、室内装潢和产品不受污损

C. 为人们提供一个舒适和安全的空间环境

D. 提供良好的技术经济效益

6. 防水材料按采用材料的不同分为柔性防水和刚性防水两大类。下列属于柔性防水做法的是A、B。

A. 卷材防水　　　　　B. 涂膜防水

C. 普通细石混凝土防水　D. 块体刚性材料防水

7. 通过各类防水工程的实践，在防水技术方面已经积累了许多有益的经验，下列属于这些有益的经验的是A、B、C、D。

A. 防水和排水相结合，以防为主、以排为辅的设计原则

B. 材料防水和构造防水相结合

C. 刚性防水和柔性防水相结合

D. 采用多道防水、多种材料复合使用的设计方法

8. 平屋面工程采用混凝土防水或块体刚性防水时，除依靠基面坡度排水外，防水面层设置A，在所有节点构造部位设置B，并在所有缝间嵌填密封材料或铺设柔性防水材料进行处理，可适应由于基层结构应力和温度应力产生结构层变形出现开裂引起的渗漏。

A. 分格缝　B. 变形缝　C. 搭接缝　D. 水平缝

9. B是说明房屋建筑各层平面布置、房屋的立面与剖面形

式、建筑各部构造和构造详图的图样；<u>C</u> 是说明房屋的结构构造类型、结构平面布置、构件尺寸、材料和施工要求等的图样；<u>A</u> 主要说明拟建建筑物所在地的地理位置和周围环境的平面布置图；<u>D</u> 是一栋房屋建筑中卫生设备、给排水管道、暖气管道、煤气管道、通风管道等布置和构造图。<u>E</u> 是说明房屋建筑内部电气线路的走向和电气设备的施工图样。

A. 建筑总平面图　　　　B. 建筑施工图

C. 结构施工图　　　　　D. 暖卫施工图

E. 电气设备施工图

10. 屋面防水做法在<u>B</u>中表示，厕浴间大样图做法在<u>B</u>中表示。

A. 总平面图　　　　　　B. 建筑施工图

C. 结构施工图　　　　　D. 电气施工图

11. 关于总平面图中的一些说法中正确的是<u>A</u>、<u>D</u>、<u>E</u>。

A. 新建工程周围的地形用等高线来表示，一般等高线为 1m 高差一根

B. 各建筑物、构筑物、道路交叉点等均应标注相对地表面的相对标高

C. 建筑工程的方位一般用指南针来表示，N 表示北，S 表示南

D. 主导风向用风玫瑰图来表示

E. 对于复杂的工程或新建筑群，可用较精确的坐标网来确定各建筑的方位和道路的位置，常用的坐标网有测量坐标和建筑坐标

12. 线条按形状分，有实线、点划线、虚线、折断线及波浪线五种，按粗细分有粗、中、细三种。按粗细分<u>A</u>、<u>B</u> 一般表示建筑物或节点大样的轮廓线，<u>C</u> 一般用作尺寸线、轴线、引出线等；按形状分<u>E</u> 表示建筑物轴线，<u>G</u> 表示建筑物或构件到此中断，<u>H</u> 表示局部的构造层次，<u>D</u> 表示建筑物轮廓线、尺寸线，<u>F</u> 表示被遮挡的建筑物轮廓线。

A. 粗线　　B. 中线　　C. 细线　　D. 实线

E. 点划线　F. 虚线　　G. 折断线　H. 波浪线

13. 下列关于建筑工程施工图的说法正确的是A、B、D。

A. 包括总平面图、建筑施工图、结构施工图、暖卫施工图、电气设备施工图

B. 建筑详图俗称大样图

C. 建筑施工图说明房屋的结构构造类型、结构平面布置、构件尺寸

D. 暖卫施工图在图标内应分别标上"水施、暖通"等

14. 识读平面图的顺序是B、E、D、A、C。

A. 通过剖切线的位置，来识读剖面图

B. 看图样的图标，了解图名、设计人员、图号、设计日期和比例等

C. 识读与安装工程有关的部位、内容，如暖气沟的位置、消火栓的位置等

D. 看房屋内部，了解房间的用途、地坪标高、内墙位置、厚度、内门、窗的位置、尺寸和型号、有关详图的编号和内容等

E. 看房屋的朝向，了解外围尺寸、轴线间距离尺寸、外门、窗等的尺寸及型号、窗间墙宽度、外墙厚度、散水宽度、台阶大小和水落管位置等

15. 读房屋建筑立面图的顺序是E、B、A、D、C。

A. 看门窗的位置、高度尺寸、数量及立面形式等

B. 看标高、层数和尺寸

C. 看局部小尺寸，如雨篷、檐口、窗台及勒脚、台阶做法及有无详图等

D. 看外墙装修做法及材料等

E. 看图标和比例

16. 识读建筑剖面图的顺序是B、C、A、D。

A. 看地面、楼面、屋面的做法、室内的构筑物的布置等。

B. 看平面图上的剖切面位置和剖切编号是否相同

C. 看楼层的标高及竖向尺寸、外墙及内墙门、窗和标高及竖向尺寸、最高处标高、屋顶的坡度等

D. 在剖面图上用圆圈画出详图标号

17. 关于建筑详图的说法，正确的是A、B、C、D。

A. 墙身节点详图实际上就是建筑剖面图的局部放大

B. 墙身节点详图主要表达了建筑物从基础上部的防潮层到檐口各主要节点构造

C. 在建筑施工图中门窗一般选用标准门窗图集

D. 查阅门窗标准图集时，首先弄清门窗代号的含义，然后找出该门窗的立面图，并查找相对的尺寸。然后根据立面图中节点代号，查阅节点详图进行门窗识图

18. 下列说法正确的是A、B、D。

A. 沥青玛蹄脂的标号以其耐热度的大小来表示

B. 煤油沥青溶于酒精溶液中，溶液呈黄色

C. 油膏类及涂料类防潮层应保证涂料厚度不小于1mm

D. 金属板材伸入檐沟内的长度不应小于50mm

19. 下列关于地下工程防水的说法，正确的是A、B、C、D。

A. 当设计常年最高地下水位低于地下工程底板标高，又无形成滞水可能时，可采用防潮做法，而不需要做防水处理

B. 当地下工程的墙体采用砖砌筑时，砌体必须用水泥砂浆砌筑

C. 地下工程的防水设计和施工应遵循防、排、截、堵相结合，刚柔相济，因地制宜，综合治理的原则

D. 地下工程设置在建（构）筑物室外地坪以下

20. 关于地下工程的防水构造的说法，正确的是B、C。

A. 柔性防水又称结构自防水

B. 刚性防水一般采用防水混凝土和水泥砂浆防水层

C. 地下工程柔性防水主要有卷材防水层和涂料防水层两种

D. 卷材防水层不能铺设在混凝土结构上主体的迎水面上

21. 关于地下工程涂料防水层的说法，正确的是B、C。

A. 涂料防水层包括无机防水涂料和有机防水涂料

B. 无机防水涂料宜用于结构主体的迎水面，有机防水涂料宜用于结构主体的背水面

C. 采用有机防水涂料时，应在阴阳角及底板增加一层胎体增强材料，并增涂2~4遍防水涂料

D. 无机水泥基防水涂料的厚度宜为3~4mm

22. 关于砖墙墙身防潮与防水的说法，正确的是A、B。

A. 砌筑墙体的砂浆强度等级有M10、M5、M2.5、M1 四种

B. 砖是一种吸湿性材料，为了防止潮汽上升，必须设置防潮层

C. 窗台的坡面必须坡向室内，在窗台下皮抹出滴水槽或鹰嘴，防止尿墙

D. 窗台与窗框之间可以用油膏嵌缝

23. 屋面变形缝一般分为A、B、C。

A. 伸缩缝　　B. 沉降缝　　C. 抗震缝　　D. 分格缝

24. 关于变形缝的说法，不正确的是CD。

A. 伸缩缝通常设置宽度为 20~30mm，在砖混结构中每60m 设置一条，在现浇钢筋混凝土结构中每50m 设置一道

B. 伸缩缝在基础部位不断开，其余上部结构均断开

C. 沉降缝可以作为伸缩缝使用，伸缩缝也可以作为沉降缝使用

D. 抗震缝的宽度与结构类型和建筑物的宽度有关

25. 关于大板建筑外墙面的说法，正确的是A、C。

A. 装配式大板建筑外墙防水做法通常有三种，即墙体构造防水、材料密封防水及构造与材料复合防水等

B. 大板建筑或外挂内浇大模板建筑的外墙，在南方地区多采用空腔构造防水做法，北方地区则采用材料防水做法

C. 构造防水就是在预制外墙板的接缝处设置一些线型构造

D. 上、下外墙板之间所形成的缝隙称为立缝

26. 关于屋面防水的说法，正确的是B、C。

A. 坡屋面可以分为上人屋面和不上人屋面

B. 从防水方法上分，平屋面可以分为柔性防水屋面和刚性防水屋面

C. 刚性防水屋面上可以不做保护层

D. 当屋面坡度大于5%时，称为坡屋面

27. 关于厂房屋面的说法，正确的是A、D。

A. 工业厂房屋面排水方式有有组织排水和无组织排水两种

B. 无组织排水系统主要由天沟、水落斗、水落管组成

C. 在寒冷地区及多跨厂房中宜采用无组织的排水

D. 边天沟设置在女儿墙内或设置在屋架挑出的牛腿上

28. 按建筑物承重结构材料分，房屋种类包括A、B、D。

A. 钢筋混凝土结构　　　B. 砖木结构

C. 水泥结构　　　　　　D. 混合结构

29. 按建筑结构的承重方式分，房屋可以分为A、B、C、D。

A. 墙体承重结构　　　　B. 框架式承重结构

C. 内框架承重式结构　　D. 空间结构承重式结构

30. 建筑物的屋面是经受雨水最直接、受水面积最大的部位。根据屋面的结构特点、使用条件和建筑艺术要求，从形式上主要分为A、B、D。

A. 坡屋面　　　　　　　B. 平屋面

C. 圆形屋面　　　　　　D. 拱形屋面

31. 外防外贴法防水的优点包括A、B、C。

A. 施工简单，容易修补

B. 受结构沉降引起的变形较小

C. 便于检查结构和防水层的质量

D. 减少了土方的开挖工程量

32. 沥青胶结材料的技术性能有三项，其中最为重要的两项是A、C。

A. 耐热度　　B. 针入度　　C. 柔韧性　　D. 粘结力

33. 我国生产的建筑防水材料，按材料特性和使用功能，可以分为A、B、C、D、E。

    A. 防水卷材类　　　　　　B. 防水涂料类

    C. 密封材料类　　　　　　D. 刚性防水材料类

    E. 堵漏止水材料类　　　　F. 沥青防水材料

34. 刚性防水材料类包括A、B、C。

    A. 砂浆、混凝土防水剂　　B. 防水砂浆

    C. 防水混凝土　　　　　　D. 密封材料

35. 防水砂浆亦称防水抹面材料，按其材料成分不同，通常可分为A、B、C。

    A. 普通防水砂浆　　　　　B. 外加剂防水砂浆

    C. 聚合物防水砂浆　　　　D. 合成高分子防水砂浆

36. 防水卷材类防水材料可以分为B、C、D。

    A. 沥青玛蹄脂油毡

    B. 高聚物改性沥青防水卷材

    C. 合成高分子防水卷材片材

    D. 沥青防水卷材

37. 防水涂料类防水材料可以分为A、B、C。

    A. 沥青基防水涂料　　　　B. 高聚物改性沥青防水涂料

    C. 合成高分子防水涂料　　D. 膨润土乳化沥青

38. 油毡分为A、C、D。

    A. 纸胎油毡　　　　　　　B. 石油沥青油毡

    C. 沥青油纸　　　　　　　D. 玻璃布胎油毡

39. 沥青玛蹄脂的熬制温度要严格控制。一般不高于D℃，使用温度不低于B℃。

    A. 150　　　　　B. 190　　　　　C. 210　　　　　D. 240

40. 关于高聚物改性沥青防水卷材的说法，正确的是A、C、D。

    A. SBS 改性沥青防水卷材是嵌段共聚橡胶，它既有橡胶性质，亦在热条件下具有热塑性塑料的流动性，易于和沥青混合

    B. APP 改性沥青具有优良的高温特性，耐热度可达 160℃，

但抗老化性能较差

C. SBS 和 APP 改性沥青卷材幅宽为 100mm

D. SBS 改性沥青防水卷材和 APP 改性沥青防水卷材按胎体分为聚酯胎（PY）和玻纤胎（G）两类

41. 关于合成高分子防水卷材的说法，正确的是B、D。

A. 三元乙丙橡胶防水卷材耐高温性能好，但不宜在较低气温条件下进行作业

B. 氯化聚乙烯防水卷材可采用冷施工，操作简便，无环境污染

C. 聚氯乙烯防水卷材价格较其他合成高分子卷材昂贵一些

D. 高密度聚乙烯防水卷材是一种新型的高档防水卷材，宜用于防水要求较高、耐用年限要求长的建筑或其他工程防水

42. 关于沥青玛蹄脂的制备过程，说法正确的是A、B、C。

A. 投料时，将沥青打成碎块，如果用两种以上标号的沥青进行熔合时，应先放软化点低的沥青，待其脱水后，再放软化点高的沥青

B. 在熬制过程中应用温度计测温，测温可用一支 300℃ 棒式温度计插入锅心油面下 10cm 处，并不断搅动

C. 加填充料时应将填充料放在铁板上预热干燥，预热温度在 120～140℃

D. 当沥青脱水接近完毕时，要快火升温，结束脱水过程

43. 沥青的技术性能中，E 是划分沥青牌号的主要性能依据；C 常用软化点表示；B 常用延度指标表示；D 是指出现闪火现象时的温度，是保证安全施工的温度控制指标。

A. 黏结性　　　 B. 塑性　　　 C. 温度稳定性　　　 D. 闪点

E. 稠度　　　　 F. 不透水性与耐化学腐蚀性

44. A、B、C 是石油沥青的特点。

A. 韧性较好　　　　　　 B. 温度稳定性差

C. 老化慢　　　　　　　 D. 可以与焦油沥青混用

45. C 是由各种不同标号的沥青按一定比例熬制，并加入适

量的填充料（粉状或纤维状），加热熔化并搅拌均匀而成；<u>D</u> 是以石油沥青为基料，用溶剂和复合填充料改性的溶剂型冷作胶结材料；<u>B</u> 是用石油沥青或焦油沥青与溶剂配制而成的一种稀释涂料。

A. 沥青胶结材料　　　　B. 冷底子油

C. 沥青玛蹄脂　　　　　D. 冷玛蹄脂

46. <u>B</u> 的作用是使其渗入水泥砂浆微孔，增加沥青胶结材料与基层的粘结力；<u>D</u> 的作用是改变了沥青自身的高温易溶、低温易脆的性能，提高了沥青的延伸率和低温柔韧性，不燃，易于保存和运输，并且有良好的抗裂性和耐老化性能；<u>C</u> 的作用是为了增强沥青胶结材料的抗老化性能，并改善其耐热度、柔韧性与粘结力。

A. 防水卷材　　　　　　B. 冷底子油

C. 沥青玛蹄脂　　　　　D. 冷玛蹄脂

47. 关于施工工具和安全防护用品的说法，正确的是<u>A、B、D</u>。

A. 熬制沥青的设备一般有两种：一种是在现场砌筑沥青锅灶、并安放用钢板焊成的沥青锅；另一种是工厂定型生产的节能消烟沥青锅

B. 沥青卷材热法施工操作工艺主要施工机具有棕扫帚、小平铲、钢丝刷、大平铲、鸭嘴壶、空气压缩机、油桶、加热保温沥青车、沥青锅等

C. 现场砌筑沥青锅灶分地上式和半地下式，均用水泥砂浆砌筑

D. 节能消烟沥青锅是一种全封闭式多回程沥青熔化锅

48. 下列说法正确的是<u>B、D</u>。

A. 沥青锅一旦着火，可用水扑灭

B. SBS 改性油毡可在负温下进行施工

C. 找平层混凝土的强度等级不低于 C15

D. 沥青温度稳定性差，易热淌、冷脆

49. 下列关于沥青防水卷材外观质量的说法，正确的是

<u>A、C</u>。

A. 孔洞、硌伤、露胎、涂盖不匀等是不允许的

B. 对于折纹、皱折现象规定，距卷芯 1000mm 以外，长度不大于 50mm

C. 对于裂口、缺边现象规定，边缘裂口小于 20mm；缺边长度小于 50mm，深度小于 20mm

D. 对于每卷卷材的接头规定是不允许的

50. 下列关于沥青防水卷材的外观要求的说法，正确的是 <u>A、C、D</u>。

A. 成卷的油毡、油纸应卷紧、卷齐，两端卷筒里进外出不得超过 10mm，油毡卷筒两端厚度差不得超过 5mm。

B. 成卷的油毡在环境温度 10～45℃ 时，应易于展开，因粘结而破坏毡面的长度不得大于 10mm，距卷心 1m 以外的裂纹长度不得大于 20mm。

C. 油毡、油纸的纸胎必须浸透，不应有未被浸渍的斑点和浅色夹层，油纸表面应无成片未压干的浸油。

D. 油毡涂盖材料宜均匀致密地涂盖在油纸两面，不应出现油纸外面和涂盖不均匀等现象。

51. <u>B</u> 是以玻璃纤维或聚酯无纺布为胎体，用改性沥青做涂盖材料及用砂粒、合成膜或金属箔做覆面材料制成的防水卷材。<u>C</u> 是一种片材，没有胎体。

A. 沥青防水卷材　　　　B. 高聚物改性沥青防水卷材

C. 合成高分子防水卷材　D. 刚性防水材料

52. 高聚物改性沥青防水卷材的外观质量要求有：孔洞、缺边<u>A</u>；边缘不整齐<u>C</u>；胎体露白、未浸透<u>A</u>；裂口<u>A</u>；卷材的接头<u>E</u>。

A. 不允许　　　　　　　B. 允许，无要求

C. 不超过 10mm　　　　D. 不超过 50mm

E. 不超过一处，较短的一段不应小于 1000mm，接头处应加长 150mm

53. 下列关于合成高分子防水卷材的外观质量要求说法，不正确的是A、C。

A. 不允许出现折痕

B. 杂质中大于 0.5mm 的颗粒是不允许的

C. 凹痕每卷不超过 3 处，深度不超过本身厚度的 30%；树脂类深度不超过 15%

D. 对于每卷卷材的接头规定，橡胶类每 20m 不超过 1 处，较短的一段不应小于 300mm，接头处应加长 150mm；树脂类 20m 长度内不允许有接头

54. 关于防水卷材的贮运和保管的说法，正确的是A、C、D。

A. 不同品种、标号、规格和等级的产品应分别堆放

B. 沥青防水卷材贮存环境温度不得高于 25℃

C. 卷材应直立堆放，其高度不宜超过两次，并不得倾斜或横压

D. 应避免与化学介质及有机溶剂等有害物质接触

55. 关于防水涂料的运输和贮存的说法，正确的是A、B。

A. 防水涂料必须密封

B. 防水涂料应按不同规格、不同品种分别存放

C. 聚氨酯（反应型）防水涂料为易燃易爆品，需谨慎运输

D. 水乳型涂料运输与贮存温度不得低于 10℃

56. 刚性防水材料中防水混凝土主要包括A、C、D。

A. 普通防水混凝土　　　B. 加钢筋的防水混凝土

C. 外加剂防水混凝土　　D. 膨胀水泥防水混凝土

57. 下列关于防水混凝土防水机理的说法中，正确的是A、B、C。

A. 普通防水混凝土的防水机理是通过调整材料的配合比和施工，来抑制和减少混凝土内部孔隙的生成，改变孔隙的形态和大小，从而堵塞漏水通道，达到防水的目的

B. 膨胀防水混凝土的防水机理是，加有膨胀剂或膨胀水泥

的混凝土，与水拌合后生成大量的膨胀结晶水化物，在一定的条件下，膨胀能转化为压应力，可抵消混凝土干缩时的拉应力，从而防止混凝土开裂，达到抗渗防水的目的

C. 外加剂混凝土的防水机理是以水泥、砂、石和水为原料，掺入少量的外加剂等材料，经调整配合比达到防水防渗微膨胀的效果

D. 加钢筋的混凝土是通过加强混凝土的抗拉强度，防止混凝土开裂，达到抗渗防水的目的

58. C、D 防潮层可用于各种部位的防潮层。

A. 水泥砂浆　　　　　　B. 一毡二油

C. 防水油膏　　　　　　D. 乳化沥青

59. 在选用保温材料时，应选择质量A、导热系数C、吸水率E 的保温材料。

A. 轻　　　B. 重　　　C. 小　　　D. 大

E. 低　　　F. 高

60. 冷玛蹄脂与沥青玛蹄脂相比，优点有A、B、C、D。

A. 减少了环境污染

B. 冷作施工有利于提高防水施工质量

C. 节约材料

D. 提高了劳动效率

61. 下列说法正确的是A、C。

A. 冷玛蹄脂延长了施工期限，一年四季均可施工

B. 任何沥青材料都不能在潮湿的基层上施工

C. 将沥青置于盛有沥青的透明瓶中，观察溶液无颜色的是石油沥青

D. 石油沥青同煤油沥青其标号相同时可混合使用

62. 关于卷材防水施工前基层验收的说法，正确的是A、B。

A. 在进行各类卷材防水或涂料防水施工前，均应对基层进行验收

B. 在女儿墙、屋面反梁、天窗、变形缝墙及垂直墙根等转

角泛水处应抹成圆弧形或钝角

C. 卷材防水的屋面基层不得有凹凸不平和严重裂缝(>1mm)，允许出现部分酥松、起砂、起皮现象

D. 基层平整度的检查应用 2m 长直尺，把直尺靠在基层表面，直尺与基层间的空隙不得超过 10mm

63. 关于卷材铺贴的基本施工条件的说法，正确的是A、B、C。

A. 基层要干燥，一般要求基层的混凝土或水泥砂浆的含水率控制在9%以下

B. 一般而言，卷材防水应选择在晴朗天气下施工，此时防水层铺贴效果最佳

C. 沥青防水卷材施工环境气温不低于5℃；热熔法施工的高聚物改性沥青在 -10℃以下不宜施工

D. 卷材防水层铺贴时间应为水泥类基层龄期不少于7d

64. 关于防水找平层的说法，正确的是A、D。

A. 防水找平层的种类有水泥砂浆找平层、细石混凝土找平层和沥青砂浆找平层

B. 制备水泥砂浆找平层时，水泥砂浆的配合比通常为1∶2.5 或 1∶3（砂子∶水泥），拌好后直接摊铺，厚度2cm，表面找平、压实

C. 通常采用豆石作骨料，铺设厚度 3～4cm，混凝土强度等级为 C15，表面要一次找平、压光

D. 沥青砂浆找平层能增加与防水层的粘结能力，避免防水层出现起鼓现象，尤其适合于防水层的冬期施工

65. 关于防潮层的部位设置的说法，正确的是A、C、D。

A. 墙身防潮层位于地面标高处的墙身上，需在全部墙身上设置

B. 屋面保温层以下，结构层之上的防潮层，又称隔汽层，通常需满涂防潮层

C. 当地面防潮要求较高时，地面基层上也要做防潮层

D. 在不设防水层的地下室外墙外部需要涂刷防潮层

66. 关于防潮层施工时注意事项的说法，正确的是<u>B、C、D</u>。

A. 油膏类和涂料类防潮层应保证涂抹厚度不小于 3mm，且厚度应均匀一致

B. 冷底子油应涂刷均匀，不露底

C. 防水砂浆要抹压密实、平整，与基层粘结牢固，无空鼓，无裂缝和起砂现象

D. 各种防水层要涂满所有防潮部位，并做到接缝严密

67. 关于找平层的施工要求的说法，正确的是<u>A、D</u>。

A. 找平层所用水泥强度等级不得低于 32.5 号，砂子宜采用中砂

B. 一般当面积大于 $20m^2$ 时，找平层宜设分格缝，缝宽 30 ~ 35mm，纵横最大间距为 6m

C. 铺筑水泥砂浆或细石混凝土应由近到远

D. 找平层一般为结构层或保温层与防水层之间的过渡层

68. 关于热粘贴法沥青防水卷材施工工艺的说法，正确的是<u>A、C</u>。

A. 沥青防水卷材防水层的施工工艺有热粘贴法和冷粘贴法两种

B. 冷底子油的涂刷方法有干刷法和湿刷法，一般采用湿刷法

C. 屋面坡度在 3% ~ 15% 之间时，防水卷材可平行或垂直屋脊铺设

D. 相邻两幅卷材的接头应错开 300mm 以上，上下两层长边应错开 1/2 卷材幅宽

69. 关于热粘贴法卷材铺贴顺序的说法，正确的是<u>A、B</u>。

A. 卷材大面铺贴前应先做好节点处理以及排水集中部位的处理，铺设附加层及增强层，以保证防水质量，加快施工进度

B. 对高低跨相邻的屋面，应先铺高跨后铺低跨

C. 在同一面积屋面上，应先铺离上料点较近的部位，再铺较远的部位，便于成品保护

D. 卷材铺贴前第一步是喷刷冷底子油

70. 关于热粘贴法卷材铺贴方法的描述，正确的是C、D。

A. 实铺法（满铺法）是在涂刷了冷底子油并经12h以上的干燥基础上，满涂热沥青玛蹄脂（使用温度不低于190℃）厚度3～4mm

B. 空铺法（花铺法、虚铺法）是仅用于第二层及以上各层，第一层油毡的铺贴仍需用满铺法

C. 排汽屋面在铺贴第一层油毡时，在基层将沥青玛蹄脂撒成条形、蛇形、点形等，避免油毡起鼓，也可以节约沥青胶

D. 在无保温层的装配式屋面，为避免结构变形将卷材拉裂，在屋面的端缝或分格缝处，卷材必须空铺，或加铺附加增强层空铺

71. 关于沥青防水卷材冷粘贴法的描述，正确的是A、C。

A. 冷粘贴法是用冷玛蹄脂将卷材粘贴叠层的

B. 冷粘贴法铺贴卷材前仍然需要清理基层和涂刷冷底子油

C. 粘贴卷材的每层冷玛蹄脂的厚度宜为0.5～1mm

D. 施工在涂刷冷玛蹄脂之后，应立即铺贴卷材，避免冷玛蹄脂出现问题

72. 关于热粘法铺贴防水卷材操作要点的描述，正确的是B、C、D。

A. 在涂刷了冷底子油的结构层上弹线，确定油毡铺贴的基准及搭接位置，避免铺贴歪斜、扭曲、皱折

B. 实铺法（满铺法）具体操作方法有浇油法、刷油法和刮油法

C. 刷油法一般是由四人组成操作小组，相互默契配合，刷油、铺毡、滚压、收边各由一人负责

D. 采用空铺法可节省玛蹄脂，减少鼓包和避免因基层变形而引起拉裂油毡防水层

73. 关于油毡卷材铺贴的注意事项的说法，正确的是A、D。

A. 应注意按屋面坡度确定的铺贴方向进行铺贴

B. 油毡的搭接宽度必须符合规范要求，并应注意搭接的方向，长边搭接应顺主导风向，短边搭接应顺流水方向

C. 沥青玛蹄脂的使用温度不低于240℃，熬制好的沥青胶应尽快用完

D. 沥青防水卷材铺贴严禁在雨雪天进行；五级及五级以上大风时不得施工；大雾天气及气温低于0℃时不宜施工

74. 关于保护层的施工的说法，正确的是B、C。

A. 绿豆砂保护层施工时，绿豆砂宜选用粒径为 5～6mm 的石子，颗粒均匀，并用水冲洗干净

B. 绿豆砂应在卷材表面浇最后一层热沥青玛蹄脂时，迅速将均匀加热温度至 100～150℃的绿豆砂铺洒在卷材上，并应全部嵌入沥青玛蹄脂中

C. 预制板块保护层适用于上人及非上人的防水层

D. 水泥砂浆、细石混凝土刚性保护层浇筑后应及时养护，时间不少于 10d

75. 关于卷材防水屋面常用的施工工艺的说法，正确的是 B、C。

A. 卷材防水屋面常用的施工工艺有热熔法施工、冷法施工和机械固定三大类

B. 热熔法适用于底层有热熔胶的高聚物改性沥青防水卷材，单层或叠层铺贴

C. 冷法施工工艺包括冷玛蹄脂或改性沥青冷胶料粘贴法、冷粘法、自粘法

D. 压埋法施工，是卷材与基层大部分粘结，上面采用卵石等压埋，但搭接缝及周边仍要全部粘结的施工方法

76. 关于安全生产的注意事项的说法，正确的是A、B。

A. 在熬制沥青时，投放锅内的沥青应不超过全部容积的

2/3

B. 当天用不完的沥青油料，需用盖子盖严，防止雨水尘土侵入

C. 熬制沥青时应站在上风口操作；用桶装运玛蹄脂，每次不能超过桶高的 2/3

D. 在高空作业时，如屋面较陡应设栏杆；当在屋面坡度超过 15% 的斜面上施工，必须在坚固的梯子上操作

77. 关于卷材防水屋面工程质量验收的说法，正确的是 B、D。

A. 各种屋面工程，均为每 100m² 抽一处，每处抽查面积 10m²，且不得少于 2 处

B. 屋面工程各分项工程检验批的质量按主控项目和一般项目进行验收

C. 接缝密封防水，每 50m 应抽查一处，每处 5m，且不得少于 2 处

D. 用水平仪（水平尺）、拉线和尺量检查的方法检查屋面（含天沟、檐沟）找平层的排水坡度

78. 下列关于防水术语的描述中，B 是建筑工程在施工单位自行质量检查评定的基础上，参与建设活动的有关单位共同对检验批、分项、分部单位工程质量进行抽样复验，根据相关标准以书面形式对工程质量达到合格与否做出确认；A 是对进入施工现场的材料、设备等按相关标准规定要求进行检验，对产品达到合格与否做出确认；C 对检验项目中的性能进行量测、检查、试验等，并将结果与标准规定要求进行比较，以确定每项性能是否合格所进行的活动。D 是按照规定的抽样方案，随机地从进场的材料、设备或建筑工程检验项目中，按检验批抽取一定数量的样本所进行的检验。

A. 进场验收　　　　　　　B. 验收

C. 检验　　　　　　　　　D. 抽样检验

79. 关于涂膜防水施工要求的说法，正确的是 A、D。

A. 涂膜防水层用 Ⅱ、Ⅳ 级防水屋面时均可单独采用一道设

防，也可用于Ⅰ、Ⅱ级防水屋面多道防水设防中的一道防水层

B. 沥青基厚质防水涂料的涂膜防水层厚度一般8~10mm

C. 高聚物改性沥青防水涂料、合成高分子防水涂料等薄质涂料的涂膜防水层的厚度为3~5mm

D. 防水涂膜在满足厚度的前提下，涂刷的遍数越多对成膜的密度越好。因此涂刷时应多遍涂刷

80. 关于涂膜防水的说法，正确的是B、C。

A. 涂膜防水屋面施工应"先高后低，先近后远"涂刷涂料，并先做水落口、天沟、檐沟等细部的附加层，后做屋面大面涂刷

B. 施工涂布时需待先涂的涂层干燥成膜后，方可涂布后一遍涂料

C. 大面积涂刷宜以变形缝为界分段作业，涂刷方向应顺屋脊进行

D. 防水层上设置水泥砂浆或块材的保护层时，应在涂膜与保护层之间设置隔离层，水泥砂浆保护层厚度不宜小于10mm

81. 关于涂膜防水胎体施工要求及防水节点增加胎体增强材料的附加层的说法，正确的是A、B。

A. 为了提高涂膜防水层的抗裂性和防水效果，防水涂料可与玻纤网格布、玻璃纤维毡等复合使用形成一布二涂、二布四涂或多布多涂的涂膜防水

B. 屋面坡度大于15%的，为防止胎体增强材料下滑，要求胎体垂直于屋脊铺设，且由屋面最低处向上操作，使胎体增强材料的搭接顺着流水方向

C. 采用两层胎体增强材料时，上下层宜互相垂直铺设

D. 水落口周围与屋面交接处应做密封处理，并加铺两层有胎体增强材料的附加层。涂膜伸入水落口的深度不得小于80mm

82. 关于沥青基厚质防水涂料的施工操作的说法，正确的是B、C、D。

A. 厚质涂料一般采用抹压法或刮涂法施工，主要以冷施工

为主，如塑料油膏和聚氯乙烯胶泥

B. 为了增强涂料与基层的粘结，在涂料涂布前，必须对基层进行处理，即先涂刷一道较稀的涂料作为基层处理剂，如冷底子油

C. 涂膜防水层施工必须在其他工程完工后进行

D. 涂膜防水层收头部位胎体增强材料应剪裁齐整，防水层应压入凹槽内，并用密封材料予以封严，再用水泥砂浆封压盖严，勿使露边

83. 水性石棉沥青防水涂料冬季施工通常需要采取 A、B、C。

A. 多次涂膜   B. 人工加速干燥

C. 溶剂破乳法   D. 加外加剂

84. 地下室防水层的保护层的做法有 A、B、C。

A. 砖墙保护层   B. 柔性保护层

C. 水泥砂浆保护层   D. 混凝土保护层

85. 屋面防水层的保护层的做法有 A、B、C、D。

A. 绿豆石保护层   B. 蛭石、云母粉保护层

C. 浅色涂料保护层   D. 保护面层

86. 在配制沥青砂浆、沥青混凝土的配制过程中，要控制好沥青与骨料、粉料混合物的拌合温度，一般情况下，外界气温高于5℃时，拌合温度控制在 A，气温在 −10~5℃时，拌合温度应控制在 B。

A. 160~180℃   B. 190~210℃

C. 220~250℃   D. 250~280℃

87. 沥青砂浆、沥青混凝土的摊铺厚度要预先定出标志，当沥青砂浆、沥青混凝土摊铺宽度在 20m 以内时，可以 A，大于20m 时可以 D。摊铺顺序应 E。

A. 横向齐头并进   B. 纵向齐头并进

C. 交叉摊铺   D. 分路摊铺

E. 自边部开始，逐渐移向中心

F. 自中心开始，逐渐向两边扩散

88. 铺砌平面防腐块材的方法有<u>A、C</u>，铺砌立面防腐块材的方法有<u>B、D</u>。

A. 灌缝法   B. 分段灌缝法

C. 挤缝法   D. 刮浆法

89. 下列关于安全防火的措施，说法正确的是<u>A、B</u>。

A. 沥青锅一旦着火，最好的办法是迅速将铁板盖在沥青锅上

B. 沥青混凝土施工缝在搭槎或用火辊滚压时，要掌握好温度

C. 因场地狭窄使沥青等作业不能满足与建筑物或易燃品间的安全距离时，应在沥青锅或炒盘附近砌筑防火隔离墙，其高度应在1m左右

D. 八级风以下时才可以在室外进行热熔防水施工

90. 关于沥青麻丝防腐的说法，正确的是<u>A、C</u>。

A. 沥青麻丝或油绳是用来填塞变形缝空隙的，也是一种防腐作业

B. 沥青需预热至100℃，方可加入麻丝或麻绳，并拌合均匀

C. 填塞前，要先将变形缝内的杂物清除干净，然后填塞背衬材料，再嵌塞沥青麻丝或油绳

D. 沥青麻丝或油绳嵌填密实度要根据变形缝的不同部位进行调整

91. 关于沥青砂浆、沥青混凝土的配制方法和技术指标的说法，正确的是<u>B、D</u>。

A. 配制沥青砂浆、沥青混凝土首先将沥青敲成碎块，放入沥青锅内加热至120℃，经过搅拌、脱水，除去杂质，到表面不能起泡为止

B. 干燥粉料和骨料在配制过程中需要进行预热

C. 加入骨料后的拌合温度要根据气温的不同进行调整，气

温低时要降低拌合温度

D. 沥青砂浆、沥青混凝土的主要技术指标包括抗压强度、饱和吸水率和浸酸安全性

92. 关于防腐块材铺砌的操作工艺要点的说法，正确的是A、C。

A. 块材的铺贴顺序应先做低处，后做高处；先做地沟、地槽，后做地面、墙裙

B. 当铺砌两层或两层以上块材时，阴角部位的立面块材要压住平面块材，阳角部位的平面块材要压住立面块材

C. 铺砌块材前应将块材进行预热，当气温低于5℃时，应预热至40℃左右

D. 平面块材铺砌时，可以出现十字缝，立面块材铺砌时不能出现十字缝

93. 瓦材防水屋面是传统屋面防水工程，它包括A、B、C、D。

A. 平瓦屋面　　　　　B. 油毡瓦屋面
C. 波形瓦屋面　　　　D. 压型钢板防水屋面

94. 关于平瓦屋面的施工方法的说法，正确的是A、B、C、D。

A. 在木基层上铺设防水卷材时，应自下而上平行屋脊干铺一层防水卷材，卷材搭接按顺流水方向

B. 瓦的堆放以点式分散每摞9块均匀摆开，两坡要对称，位置应相互交错

C. 脊瓦要在平瓦挂完后拉线铺放

D. 挂瓦时，操作人员应避免在瓦上行走

95. 关于油毡瓦防水屋面的构造要求的说法，正确的是A、C。

A. 油毡瓦防水屋面的排水坡度应≥20%。其基层应铺设一层沥青防水卷材垫毡。油毡瓦铺设，应不少于3层

B. 油毡瓦屋面与立墙及突出屋面结构交接处可以不做泛水

处理

C. 油毡瓦屋面的脊瓦与两坡面油毡瓦搭盖宽度每边不小于 100mm

D. 脊瓦与脊瓦的压盖面不小于脊瓦面积的 2/3；屋面与突出屋面结构的交接处铺贴高度不小于 250mm

96. 关于油毡瓦屋面的施工方法的说法，正确的是 A、C、D。

A. 油毡瓦应自檐口向上铺设

B. 每片油毡不应少于 6 个油毡钉

C. 屋面与突出屋面结构的交接处，油毡瓦应铺贴在立面上，其高度不应小于 250mm

D. 油毡瓦铺设完毕，整个屋面淋水 2h 不渗漏为合格

97. 关于金属防水屋面构造要求的说法，正确的是 A、D。

A. 金属板材屋面排水坡度应为 10% ~35%

B. 上下两排金属板材的搭接长度，应根据板型和板面波长确定，并不应小于 100mm

C. 金属板材檐口挑出长度不应小于 100mm

D. 采用镀锌钢板作天沟时，其镀锌钢板应伸入金属板材的底面长度不应小于 100mm，金属板材伸入檐沟内的长度不应小于 50mm

98. 关于波形薄钢板铺设的金属防水屋面施工方法的说法，正确的是 A、C。

A. 波形薄钢板轻面薄，应制备专用吊装工具吊装，吊点的最大间距不宜大于 5m

B. 每块泛水板的长度不宜大于 1m，与波形薄钢板的搭接宽度不应小于 100mm

C. 铺设时，应先在檩条上安装好固定支架，由下而上铺设

D. 相邻两块钢板应顺主导风向搭接，上下两排钢板的搭接长度不应小于 100mm

99. 关于平板形薄钢板防水屋面铺设的施工的说法，正确的

是<u>C、D</u>。

A. 平咬口背面应顺主导风向安装；立咬口背面应顺流水方向安装

B. 在屋面同一坡面上，平板形薄钢板立咬口的折边，应顺向流水方向

C. 无组织排水的平板形薄钢板屋面，其檐口的薄钢板宜固定在 T 形铁上，T 形铁用钉子钉牢在檐口垫板上，其间距不大于 700mm

D. 平板形薄钢板在安装前应预制成拼板，其长度根据屋面坡长和搬运条件确定

100. 关于卷材防水屋面质量问题的维护方法的说法，正确的是<u>A、B、C</u>。

A. 卷材起鼓处如果没有破裂，一般不会产生渗漏。起鼓较小时，可暂不修理

B. 维修防水层开裂时先将裂缝两边各 500mm 左右宽度内的保护层材料铲除扫净，再将裂缝中的残渣、灰尘吹净

C. 为了预防山墙、女儿墙部位开裂漏水，屋面结构层与山墙、女儿墙间应留出大于 20mm 的空隙，并用低标号砂浆填塞找平

D. 天沟应按设计要求做好找坡，纵向坡度不得小于 5%。在水落口杯要比四周低 20mm，安装时应紧贴基层

1.4 计算题

1. 某工程需要白灰乳化沥青 500kg，白灰乳化沥青配合比采用沥青：石灰膏：石棉绒：水 = 1：0.5：0.1：1.5（重量比）。问需沥青、石灰膏、石棉绒、水各多少？

解：沥青 $= 500 \times \dfrac{1}{1 + 0.5 + 0.1 + 1.5} = 161 \text{kg}$

$$石灰膏 = 500 \times \dfrac{0.5}{1 + 0.5 + 0.1 + 1.5} = 80.5 \text{kg}$$

$$石棉绒 = 500 \times \frac{0.1}{1 + 0.5 + 0.1 + 1.5} = 16.1kg$$

$$水 = 500 \times \frac{1.5}{1 + 0.5 + 0.1 + 1.5} = 241.5kg$$

答：需要沥青 161kg，石灰膏 80.5kg，石棉绒 16.1kg，水 241.5kg。

2. 某地下防水工程地下室长 5.5m、宽 4m、高 3m。作二布六油防水涂膜，问需各种材料各多少？材料用量参考见下表。

材料用量表（m^2）

材料名称	三道涂料	一布四涂	二布六涂
氯丁胶乳沥青防水涂料	1.5kg	2.0kg	2.5kg
玻璃丝布		1.13kg	2.25kg
膨胀蛭石粉		0.6kg	0.6kg

解：地下室需要做防水总面积为：
$$5.5 \times 4 + (4 + 5.5) \times 3 \times 2 = 79m^2$$

氯丁胶乳沥青防水涂料：$79 \times 2.5 = 197.5kg$

玻璃丝布：$79 \times 2.25 = 177.75m^2$

膨胀蛭石粉：$79 \times 0.6 = 47.4kg$

答：略。

3. 某屋面采用氯丁胶乳沥青防水涂料施工，屋面长 60m、宽 25m，作二布六油防水涂膜，问所需各种材料各为多少？材料用量表见下表。

材料用量表（m^2）

材料名称	三道涂料	一布四涂	二布六涂
氯丁胶乳沥青防水涂料	1.5kg	2.0kg	2.5kg
玻璃丝布		1.13kg	2.25kg
膨胀蛭石粉		0.6kg	0.6kg

解：屋面总面积：$60 \times 25 = 1500 \text{m}^2$

氯丁胶乳沥青防水涂料：$1500 \times 2.5 = 3750 \text{kg}$

玻璃丝布：$1500 \times 2.25 = 3375 \text{kg}$

膨胀蛭石粉：$1500 \times 0.6 = 900 \text{kg}$

答：略。

4. 某屋面工程屋面尺寸长150m，宽20m，问屋面找平层和防水层应分别检查几处？

解：屋面总面积为：$150 \times 20 = 3000 \text{m}^2$

每100m^2 检查一处，但不少于3处

找平层和防水层各检查：$3000 \div 100 = 30$ 处

答：找平层和防水层各检查30处。

5. 某地下防水工程面积为200m^2 作卷材防水二毡三油，问所需材料用量各为多少？材料用量表见下表。

解：沥青需要：$\dfrac{200}{100} \times 15 + 2 \times 570 = 1170 \text{kg}$

溶剂：$2 \times 30 = 60 \text{kg}$

油毡：$240 \times 2 = 480 \text{m}^2$

溶剂：$2 \times 0.6 = 1.2 \text{kg}$

材料用量表

施工方法	100m^2 材料用量				
	沥青（kg）	溶剂（kg）	油毡（m^2）	沥青玛蹄脂（kg）	豆石（m^2）
冷底子油	13~15	30			
二毡三油	570		240	0.6	1
每增一毡一油	160		120	0.17	

油毡：$2 \times 1 = 2 \text{m}^2$

沥青玛蹄脂：$2 \times 0.6 = 1.2 \text{kg}$

豆石：$2 \times 1 = 2 \text{m}^2$

答：略。

6. 某宿舍楼采用氯丁胶乳沥青防水涂膜，其防水部位为厕所及屋面，厕所长宽尺寸为4m×3m共8间；屋面尺寸为60m×4m，问需各种防水材料各多少？（厕所作一布四油，屋面作二布六油）材料用量表见下表。

材料用量表（m²）

材料名称	三道涂料	一布四涂	二布六涂
氯丁胶乳沥青防水涂料	1.5kg	2.0kg	2.5kg
玻璃丝布		1.13kg	2.25kg
膨胀蛭石粉		0.6kg	0.6kg

解：（1）厕所工程量：$3 \times 4 \times 8 = 96 m^2$

（2）屋面防水面积：$60 \times 4 = 240 m^2$

（3）厕所作一布四油需：

氯丁胶乳沥青涂料：$96 \times 2 = 192 kg$

玻璃丝布：$96 \times 1.13 = 108.48 m^2$

膨胀蛭石粉：$96 \times 0.6 = 57.6 kg$

（4）屋面作二布六油需：

氯丁胶乳沥青涂料：$240 \times 2.5 = 600 kg$

玻璃丝布：$240 \times 2.25 = 540 m^2$

膨胀蛭石粉：$240 \times 0.6 = 144 kg$

（5）共需：氯丁胶乳沥青涂料：$192 + 600 = 792 kg$

玻璃丝布：$108.48 + 540 = 648.48 m^2$

膨胀蛭石粉：$57.6 + 144 = 201.6 kg$

答：略。

7. 某建筑物屋面防水采用SBS改性柔性油毡，屋面尺寸长100m，宽20m，四周为女儿墙，采用Ⅰ型+Ⅱ型的铺贴方式，问需各种油毡多少？SBS柔性油毡规格见下表。

SBS 柔性油毡规格

柔性油毡型号	厚度	宽度	重量（kg/卷）	长度（m/卷）
I	1	1	20	20
II	2	1	25	10
III .	3	1	35	10

解：需铺设总的面积为：$100 \times 20 + (100 + 20) \times 0.2 \times 2$

$$= 2048 m^2（女儿墙至少 20cm）$$

需 I 型油毡：$\dfrac{2048}{20} = 103$ 卷

需 II 型油毡：$\dfrac{2048}{10} = 205$ 卷

答：略。

8. 某防水工程需配制玛蹄脂 S-70，300kg，采用 10 号、60 号沥青，烃石粉、石棉绒配制以硫酸铜为催化剂，其配合比为 10 号沥青:60 号沥青:滑石粉:石棉绒 = 60:10:20:10，硫酸铜为沥青重量的 1.5%，问需各种材料各多少？

解：10 号沥青为：$300 \times \dfrac{60}{60 + 10 + 20 + 10} = 180kg$

60 号沥青为：$300 \times \dfrac{10}{60 + 10 + 20 + 10} = 30kg$

滑石粉为：$300 \times \dfrac{20}{60 + 10 + 20 + 10} = 60kg$

石棉绒为：$300 \times \dfrac{10}{60 + 10 + 20 + 10} = 30kg$

硫酸铜为：$210 \times 0.015 = 3.15kg$

答：略。

9. 某防水工程其保证项目符合相应质量标准规定，其基本项目有 9 项，其中 6 项为优良，3 项为合格；允许偏差项目抽检了 50 个点，其中 46 个点在相应的质量标准范围内。试评定该防水工程的质量。

解：基本项优良率为：$\dfrac{6}{9} = 66.7\% > 50\%$

允许偏差项目在偏差范围内的点有：$\dfrac{46}{50} = 92\% > 10\%$

该工程评定为优良。

答：该工程评定为优良。

1.5 简答题

1. 什么是防水工程？

答：所谓防水工程，系指为防止雨水、地下水、滞水以及人为因素引起的水文地质改变而产生的水渗入建（构）筑物，或防水蓄水工程向外渗漏所采取的一系列结构、构造和建筑物（构筑物）内部相互止水三大部分。

2. 防水工程的功能是什么？

答：建筑防水功能就是使建（构）筑物，在设计耐久年限内，防止雨水及生产、生活用水的渗漏和地下水的侵蚀，确保建筑结构、室内装潢和产品不受污损，为人们提供一个舒适和安全的空间环境。

3. 防水工程的任务是什么？

答：建筑防水工程是一个系统工程，它涉及材料、设计、施工、管理等各个方面。建筑防水工程的任务就是综合上述诸方面的因素，进行全方位的评价，精心组织、精心施工，进一步提高各方面的质量和技术水平，以满足建（构）筑物的防水耐用年限和使用功能，并有良好的技术经济效益。因此，建筑防水技术在建（构）筑物工程中占有重要的地位。

4. 防水工程有哪些分类？

答：（1）就土木工程类别而言，分建筑物防水和构筑物防水。

（2）就防水工程的部位而言，分地上防水工程和地下防水工程，又可具体分为屋面防水工程、外墙板缝防水工程、厕浴间防水工程、地下室防水工程等。

（3）就渗漏流向而言，分防外水内渗和防内水外漏。

（4）防水工程的分类按其采取的措施和手段不同，分为材料防水和构造防水两大类。

5. 通过各类防水工程的实践，在防水技术方面积累了哪些经验？

答：（1）防水和排水相结合以防为主、以疏为辅的设计原则；

（2）以材料防水和构造防水相结合、刚性防水和柔性防水相结合的手段；

（3）采用多道防水、多种材料复合使用的设计方法。

这些都为提高防水工程的可靠性发挥了重要作用。

6. 什么是材料防水？材料防水是如何具体分类的？

答：材料防水是依靠防水材料经过施工形成整体防水层阻断水的通路，以达到防水的目的或增强抗渗漏水的能力。

材料防水按采用材料的不同，分为柔性防水和刚性防水两大类。柔性防水又分卷材防水和涂膜防水，均采用柔性防水材料，主要包括各种防水卷材和防水涂料，经施工将防水材料附着在防水工程的迎水面，达到防水目的。刚性防水指混凝土防水，其采用的材料主要有普通细石混凝土、补偿收缩混凝土和块体刚性材料等。混凝土防水是依靠增强混凝土的密实性及采取构造措施达到防水目的。

7. 什么是构造防水？试举例说明。

答：构造防水是采取正确与合适的构造形式阻断水的通路和防止水侵入室内的统称。如对墙板的接缝，各种部位、构件之间设置的温度缝、变形缝，以及节点细部构造的防水处理均属构造防水。

8. 屋面防水有几个等级？其含义和设防要求分别是什么？

答：屋面防水有 4 个等级。

（1）Ⅰ级屋面防水的含义：1）建筑物的类别：特别重要或对防水有特殊要求的建筑。2）防水层合理使用年限：25 年。3）设防要求：三道或三道以上防水设防。4）防水层选用材料：宜选用合成高分子防水卷材板材、合成高分子防水涂料、细石防水混凝土等材料。

（2）Ⅱ级屋面防水的含义：1）建筑物类别：重要的建筑和高层建筑。2）防水层合理使用年限：15 年。3）设防要求：二道防水设防。4）防水层选用材料：宜选用高聚物改性沥青防水卷材、合成高分子防水卷材、金属板材、合成高分子防水涂料、高聚物改性沥青防水涂料、细石防水混凝土、平瓦、油毡瓦等材料。

（3）Ⅲ级屋面防水的含义：1）建筑物类别：一般建筑。2）防水层合理使用年限：10 年。3）设防要求：一道防水设防。4）防水层选用材料：宜选用高聚物改性沥青防水卷材、合成高分子防水卷材、二毡四油沥青防水卷材、金属板材、高聚物改性沥青防水涂料、合成高分子防水涂料、细石防水混凝土、平瓦、油毡瓦等材料。

（4）Ⅳ级屋面防水的含义：1）建筑物类别：非永久性建筑。2）防水层合理使用年限：5 年。3）设防要求：一道防水设防。4）防水层选用材料：可选用二毡三油沥青防水卷材、高聚物改性沥青防水涂料等材料。

9. 地下防水工程分几个等级？各等级含义是什么？

答：地下防水工程分 4 个等级。

（1）1 级：不允许渗水，结构表面无湿渍；

（2）2 级：不允许漏水，结构表面可有少量湿渍。（工业与民用建筑：湿渍总面积不大于总防水面积的 1‰，单个湿渍面积不大于 0.1m²，任意 100m² 防水面积不超过 1 处；其他地下工程：湿渍总面积不大于总防水面积的 6‰，单个湿渍面积不大于

$0.2m^2$，任意 $100m^2$ 防水面积不超过 4 处）；

（3）3 级：有少量漏水点，不得有线流和漏泥砂。（单个湿渍面积不大于 $0.3m^2$，单个漏水点的漏水量不大于 $2.5L/d$，任意 $100m^2$ 防水面积不超过 7 处）

（4）4 级：有漏水点，不得有线流和漏泥砂。（整个工程平均漏水量不大于 $2L/m^2 \cdot d$，任意 $100m^2$ 防水面积的平均漏水量不大于 $4L/m^2 \cdot d$）

10. 大板建筑物的材料防水是指什么？大板建筑物的构造防水是指什么？

答：大板建筑物的材料防水就是采用防水密封膏或防水砂浆嵌塞于接缝内，防止雨水进入。

大板建筑物的构造防水就是在预制外墙板的接缝处设置一些线型构造，如披水、挡水台、排水坡、滴水槽等形成空腔，防止雨水进入，并把进入墙内的雨水排出。

11. 防水工程方案有什么重要性？

答：（1）防水施工方案是防水施工的主要依据。

（2）防水工程施工方案是防水质量的有国保证。

（3）防水工程施工方案在安全生产方面的作用。

（4）经济效益是对防水工程施工方案的检验。

12. 屋面防水等级为什么不能和建筑物等级等同起来？

答：屋面防水等级不能和建筑物等级等同起来是因为：

（1）建筑物的等级是根据建筑物的不同使用功能，按有关设计规范规定的。

（2）屋面防水等级则是按照建筑物的性质、重要程度、使用功能要求、防水层合理使用年限等，将屋面防水分为 4 个等级，并按不同等级规定了设防要求。也就是说屋面防水等级是专门针对屋面工程防水功能的不同而划分的。

（3）因此不能将屋面防水等级与建筑物的等级等同起来。不能认为某种建筑物等级为Ⅰ级，就必须选定屋面防水等级为Ⅰ级。因为建筑物的等级与屋面防水等级是两个不同的概念，屋面防水等级不能按建筑物等级来认定，而只能按建筑物的性质、重要程度、使用功能要求、防水层合理使用年限来确定。

13. 防水层合理使用年限为什么不能和建筑物的耐用年限等同起来？

答：防水层合理使用年限不能同建筑物的耐用年限等同起来是因为：

（1）防水层合理使用年限，在规范中定义为"屋面防水层能满足正常使用的年限"。也就是说防水层在不遭受特殊自然灾害或人为破坏情况下的防水层寿命，防水层在合理使用年限内，屋面不允许出现渗漏。根据不同屋面防水等级、设防构造、防水材料档次等将屋面防水层合理使用年限划分为 4 个年限规定，是指不同屋面防水等级的保证期。

（2）建筑物的耐久年限是根据《民用建筑设计通则》GB50352—2005，将建筑物的耐久年限分为 4 个等级，即Ⅰ级 100 年以上，Ⅱ级 50～100 年，Ⅲ级 25～50 年，Ⅳ级 15 年以下。

（3）因此不能将防水层的合理使用年限与建筑物的耐用年限等同起来。因为这两者所涵盖的不是同一个内容，不能说建筑物耐用年限是多少年，就要求屋面防水层耐用年限是多少年。

14. 屋面防水工程要合理设防的根据和内容是什么？

答：屋面防水工程合理设防的根据和内容包括：

（1）合理设防的根据。合理设防就是要根据建筑物的性质、重要程度，使用功能要求及防水层合理使用年限，确定屋面等级，并按不同的防水等级，进行合理设防，做到既要满足防水等级的要求，又不会盲目提高设防标准，造成浪费。

（2）合理设防的具体内容：

1）设几道防水设防最合理；

2）可采用多种防水层复合使用：发挥各种防水层的优点，做到"优势互补，刚柔结合，以柔适变，节点密封"。

3）复合防水时，防水层的层次布置要合理，即哪层在上，哪层在下，材料之间的材性是否相容。

15. 什么是建筑工程施工图？它有哪些分类？

答：建筑工程施工图就是建筑工程中能十分准确地表达出建筑物的外形轮廓、大小尺寸、结构和材料做法的图样。

建筑工程施工图分为建筑总平面图、建筑施工图、结构施工图、暖卫施工图、电气设备施工图。

16. 什么是建筑施工图？

答：建筑施工图一般泛指建筑物的平面图、立面图、剖面图、建筑详图（或称大样图）以及材料作法表或文字说明。

17. 什么是结构施工图？结构施工图应包括哪些图样？

答：结构施工图是说明房屋的结构构造类型、结构平面布置、构件尺寸、材料和施工要求等的图样。

结构施工图包括基础平面图和基础详图，各层结构平面布置图、结构构造详图、构件图等。结构施工图样在图标内应标注"结施××号图"。

18. 什么是暖卫施工图？

答：暖卫施工图是一栋房屋建筑中卫生设备、给排水管道、暖气管道、煤气管道、通风管道等的布置和构造图。

暖卫施工图主要有平面布置图、轴测图（立体图）、构造详图等。

暖卫施工图在图标内应分别标上"水施、暖通"等。

19. 识图的方法是什么？

答：识图的方法一般是"先粗后细，从大到小，建筑、结构相互对照"。同时，看图还必须掌握扎实的基本功，即掌握正投影的原理，熟悉构造知识和施工方法，了解结构的基本概念。

20. 识图的步骤是怎样的？

答：识图步骤如下：

（1）清理图纸一套图纸总共多少张，各类图样各多少张，有残缺或模糊不清的图纸要查明原因并补齐。

（2）粗看一遍，按目录先后次序阅读。

（3）对照阅读，从建筑施工图、结构施工图到水、电、暖通等施工图样反复对照阅读。

（4）图样会审。

21. 平面图上能标出哪些部位的标高？

答：平面图虽然仅能表示长、宽二个方向的尺寸，但为了区别图中各平面的高差，可用标高来表示。一般平面图应标注下列标高：室内地面标高、室外地面标高、走道地面标高、大门室外台阶标高、卫生间地面标高、楼梯平台标高等。

22. 建筑施工图中比例是怎样的？试举例说明。比例的标注位置在哪里？

答：比例反映了建筑制图与建筑物实际大小之间的比值关系，一般用阿拉伯数字表示。如 1:100，即图上的 1cm 尺寸，代表实际建筑物的 100cm。比例的标注位置常放在某一图名的右侧，当一张图纸为同一比例时，标注在图标栏内。

23. 图线按线型和粗细分为哪几种？

答：图线按线型分为五种，为实线、点划线、虚线、折断线、波浪线；

图线按粗细分为粗、中、细三种；

24. 简述定位轴线、剖面的剖切线、中心线、尺寸线、指引线分别用哪种图线以及它们的作用。

答：定位轴线：采用细点划线表示。它用于表示建筑物的主要结构或墙体的位置，亦可作为标示尺寸的基线。

剖面的剖切线：一般采用粗实线。剖切线用于表示剖面的剖切位置和剖视方向。

中心线：用细点划线或中粗点划线绘制，用于表示建筑物或构件、墙身的中心位置。

尺寸线：多数用细实线绘出。在图上表示各部位的实际尺寸。

指引线：用细实线绘制。为了注释图纸上某一部分的标高、尺寸、做法等而需要文字说明时，因为图面上书写部位尺寸有限，因而用指引线将文字引到适当部位加以注解。

25．剖面图的剖切位置和剖切符号怎样表示？

答：剖面图的剖切位置，应在平面图中表示其位置，以便剖面图与平面图对照阅读。剖切符号用短粗线画在平面图形之外，剖切时可转折一次（阶梯剖切），便于在剖切时更能反映建筑内部构造。

26．什么是建筑详图？怎样看建筑详图？

答：建筑详图就是在建筑图的平、立、剖面图上，虽然看到建筑物的平面构造、外线及内部构造，但是由于比例较小，不能清晰、详细的表示局部构造，因此不便于指导施工，为了准确清楚地表达这些局部构造作法，通常将它们的比例放大，绘制成较为详细的图纸，这种图就称为建筑详图，也称大样图。

看建筑详图时，首先要对号入座，即要了解什么工程部位，就要查找什么部位的建筑详图。其次是要学会查找索引编号，按索引编号所注明的标记认真查阅。

27．建筑施工图中如何编写索引符号？

答：（1）索引出的详图与被索引的图样在同一张图纸上，应在索引符号的上半圆中用阿拉伯数字注明该详图的编号，并在下半圆内画一段水平细实线；

（2）索引出的详图与被索引的图样不在同一张图纸时，应在索引符号的下半圆中用阿拉伯数字注明该详图所在图纸的图纸号；

（3）索引出的详图，如果是标准图，应在索引符号水平直径的延长线上加注该标准图册的符号；

（4）详图的位置和编号，要用详图符号表示，详图符号以粗实线绘制，直径14mm。

28．建筑施工图中定位轴线是如何编注的？

答：建筑施工图中定位轴线一般都要编号，水平方向采用阿拉伯数字，由左向右依次编注；垂直方向采用大写拉丁字母，由下而上编注。通过这些编号就可以知道有多少轴线，并顺轴线找出相应的详图或标注。

29. 什么是建筑平面图？主要表达什么内容？有哪些分类？

答：建筑平面图也可以称作建筑平剖面图，其表达的意思是沿建筑物的某一个水平面，一般是在门窗口的水平面上横向剖开，其下面的平面构造就是建筑平面图。

建筑平面图主要表示：建筑物的外形轮廓及长、宽尺寸、开间、进深尺寸、墙体轴线编号及内外墙厚度，材料做法表，各个房间的名称及楼梯间、卫生间的平面位置，门窗尺寸及型号等。并附有节点详图，以及文字说明等。

建筑平面图一般分为基础和地下室平面图、一层平面图、标准层平面图、屋面平面图等。

30. 什么是建筑立面图？主要表达什么内容？有哪些分类？

答：建筑立面图是建筑物外貌的真实写照。它分为正立面图、背立面图和侧立面图。

建筑立面图标明建筑物的总高度、楼层高度及层数，外立面的装饰作法，以及檐口、门窗套、腰线、雨篷、阳台、门廊、勒脚等位置及作法。

31. 什么是建筑剖面图？主要表达什么内容？

答：建筑剖面图是从建筑物的某一部位，一般是楼梯间和外墙门窗口位置，竖向剖开，其剖切部位的立面构造图即为剖面图。

建筑剖面图除标明建筑物的层数、总高及竖向各部位尺寸外，还标明从地面到屋顶的各层构造及特征，如地面、楼面、屋面各层的做法、楼梯、楼板、内外门窗的高度及做法和使用材料要求。

32. 应该按照什么顺序读建筑剖面图？

答：（1）看平面图上的剖切位置和剖切编号是否相同。

（2）看楼层的标高及竖向尺寸、外墙及内墙门、窗和标高及竖向尺寸、最高处标高、屋顶的坡度等。

（3）看地面、楼面、屋面的做法、室内的构筑物的布置等。

在剖面图上用圆圈画出详图标号。

33. 应该按照什么顺序读建筑立面图？

答：（1）看图标和比例等；

（2）看标高、层数和尺寸；

（3）看门窗的位置、高度尺寸、数量及立面形式等；

（4）看外墙装修做法及材料等；

（5）看局部小尺寸，如雨篷、檐口、窗台及勒脚、台阶做法及有无详图等。

34. 编制屋面防水工程施工方案，一般应包括哪些内容？

答：编制屋面防水工程施工方案，其内容如下：

（1）工程概况

1）整个工程简况：工程名称、所在地、施工单位、设计单位、建筑面积、屋面防水面积、工期要求；

2）屋面防水等级、防水层构造层次、设防要求、防水材料选用、建筑类型和结构特点、防水层合理使用年限等；

3）屋面防水材料的种类和技术指标要求；

4）需要规定或说明的其他问题。

（2）质量工作目标

1）屋面防水工程施工的质量保证体系；

2）屋面防水工程施工的具体质量目标；

3）屋面防水工程各道工序施工的质量预控标准；

4）防水工程质量的检验方法与验收；

5）有关防水工程的施工记录和归档资料内容与要求。

（3）施工组织与管理

1）明确该项屋面防水工程施工的组织者和负责人；

2）负责具体施工操作的班组及其资质；

3）屋面防水工程分工序、分层次检查的规定和要求；

4）防水工程施工技术交底的要求；

5）现场平面布置图：材料堆放、油锅位置、运输道路；

6）分工序、分阶段的施工进度计划。

（4）防水材料及其使用

1）防水材料的名称、类型、品种；

2）防水材料的特性和各项技术经济指标，施工注意事项；

3）防水材料的质量要求，抽样复验要求，施工用的配合比设计；

4）所用防水材料运输、贮存的有关规定；

5）所用的防水材料的使用注意事项。

（5）施工操作技术

1）屋面防水工程施工准备工作，如室内资料准备，施工工具准备等；

2）防水层的施工程序和针对性的技术措施；

3）基层处理和具体要求；

4）屋面防水工程的各种节点处理做法要求；

5）确定防水层的施工工艺和做法：如采用满粘法、条粘法、点粘法、空铺法、热熔法、冷粘法等；

6）所选定施工工艺的特点和具体的操作方法；

7）施工技术要求：如玛蹄脂熬制的温度、配合比控制、铺设厚度、卷材铺贴方向、搭接缝宽度及封边处理等；

8）防水层施工的环境条件和气候要求；

9）防水层施工中与相关工序之间的交叉衔接要求；

10）有关成品保护的规定。

（6）安全注意事项

1）操作时的人身安全、劳动保护和防护设施；

2）防火要求、现场点火制度、消防设备的设置等；

3）加热熬制时的燃烧监控、火患隔离措施、消防道路灯；

4）其他有关防水施工操作安全的规定。

35. 屋面防水设防构造的原则是什么？

答：屋面防水设防构造的原则，包括如下四点：

（1）在合成高分子卷材或涂膜上，不应采用热熔型卷材或涂料。否则温度可高达 200℃ 左右，会烧坏下边卷材或涂料，且又易引起火灾。

（2）当卷材与涂膜复合使用时，最好将涂膜放在最下边，能将找平层上的各种缝隙和细部构造全部封闭，形成一道连续的、整体防水层，而且可提高涂膜的耐久性，延缓涂膜老化。这样卷材在上面，涂膜在下面，弥补了各自的不足，优势得到互补。

（3）当采用涂膜、卷材与刚性防水层复合使用时，刚性防水层有优良的耐穿刺和耐老化性能，可对下边柔性防水层起保护作用；而柔性防水层有良好的适应基层变形的能力，弥补了刚性防水层易开裂的弱点，这样做也省去了柔性防水层上的保护层。

（4）在聚氨酯涂料上面复合高分子卷材，采用热熔 SBS 改性沥青涂料上复合 SBS 改性沥青卷材的做法，也就是说反应型涂料和热熔性材料，它本身能形成一道防水层，而且又可作为卷材的胶粘剂，实现一举两得。

36. 房屋按照建筑用途和建筑物承重结构材料如何分类？

答：房屋按照建筑用途分为民用建筑、工业建筑和农业建筑。

房屋按照建筑物承重结构材料分为砖木结构、混合结构、钢筋混凝土结构和钢结构。

37. 民用建筑一般由什么构造组成？

答：各种民用建筑，由于用途不同，他们的形式和构造各不相同。但一般都由基础、墙或柱、楼地层、楼梯、屋顶和门窗六大部分组成。

38. 屋顶按外形可分为哪几种？

答：屋顶的形式很多，从外形看主要有平屋顶、坡屋顶、曲面屋顶和折板屋顶四大类。

39. 什么是架空屋面？什么是倒置式屋面？

答：架空屋面是指在屋面防水层上采用薄型制品架设一定高度的空间，起到隔热作用的屋面。倒置式屋面是指将保温层设置在防水层上的屋面。

40. 架空隔热屋面施工要求是什么?

答:架空隔热屋面施工要求如下:

(1) 架空隔热层施工,应先将屋面清扫干净,并根据架空板尺寸弹出支座中心线。

(2) 在支座底面的卷材防水层或涂膜防水层上应采取加强措施,防止支座下的防水层损坏。支座宜采用水泥砂浆砌筑,其强度等级应为 M5。

(3) 铺设架空板时,应将灰浆刮平,随时扫净屋面防水层上的落灰、杂物等,以保证架空隔热层气流畅通。操作时不得损伤已完工的防水层。

(4) 架空板的铺设应平整、稳固,缝隙宜用水泥砂浆或水泥混合砂浆嵌填密实,并按设计要求留变形缝。

41. 什么是满粘法?什么是条粘法?什么是自粘法?

答:满粘法是指铺贴防水卷材时,卷材与基层采用全部粘结的施工方法。

条粘法是指铺贴防水卷材时,卷材与基层采用条状粘结的施工方法。

自粘法是指采用带有自粘胶的防水卷材进行粘结的施工方法。

42. 规范中提出"热粘"法与传统的热玛蹄脂铺贴石油沥青纸胎油毡的做法有何不同?

答:热粘法与传统的热玛蹄脂铺贴石油沥青纸胎油毡的做法不同之处如下:

(1) 粘结的材料不一样,热粘法使用的粘结材料是"热熔型改性沥青胶";而石油沥青纸胎油毡使用的粘结材料是"热玛蹄脂"。

(2) 粘结材料的材性不一样,"热熔型改性沥青胶"是由工厂生产,用高聚物对沥青进行了改性,有较好的耐热度和低温柔性,能与高聚物改性沥青防水卷材的材性相适应;而玛蹄脂则是在沥青中加入滑石粉等填充料，一般在现场熬制，沥青没有经过改性处理。

（3）加热方法不一样，"熔化热熔型改性沥青胶"时，宜采用专用的导热油炉加热；而热玛蹄脂则是在现场用沥青锅加热熬制。

（4）加热温度和使用温度不一样，热熔型改性沥青胶的加热温度不应高于200℃，使用温度不应低于180℃；而热玛蹄脂的加热温度不应高于240℃，使用温度不宜低于190℃。

（5）粘结的对象不一样，热熔型改性沥青胶粘结的对象是高聚物改性沥青防水卷材，而热玛蹄脂粘结的对象是石油沥青纸胎油毡。

43. 外墙窗台怎样进行防水处理？

答：窗台的坡面必须坡向室外，在窗台下皮抹出滴水槽或鹰嘴，以防止尿墙。窗台与窗框之间必须用麻刀和水泥砂浆缝隙塞严。

44. 伸缩缝的作用是什么？其设置要求及防水做法有哪些？

答：伸缩缝是为了防止建筑物因气温变化产生的热胀冷缩可能造成的损坏而设置的。通常伸缩缝的设置宽度为 20～30mm，在砖混结构中每60m设置一条，在现浇钢筋混凝土结构中每50m设置一道。伸缩缝在基础部位不断开，其余上部结构均断开。伸缩缝内要填塞油麻；当缝口较宽时，可用镀锌薄钢板或铝板盖缝。

45. 沉降缝的作用是什么？其设置要求及防水做法有哪些？

答：当建筑物的相邻部位高低不同，荷载不同或结构形式不同，以及土质不同时，建筑物会产生不均匀沉降，为了防止因沉降不均而出现建筑物裂缝，就必须设置沉降缝，以使建筑物相邻各部分能自由沉降，互不影响。沉降缝可以作为伸缩缝使用，但沉降缝与伸缩缝的功能和做法不同。沉降缝的基础部位必须是断开的，沉降缝的宽度与地基情况和建筑物的高度有关。

46. 什么情况下需要设置抗震缝？

答：设计烈度为 7 度以上的地区，当建筑物立面高差较大，各建筑部分结构刚度有较大的变化，或荷载相差悬殊时，要设置抗震缝。

47. 屋面变形缝如何做防水处理？

答：屋面变形缝两侧均需用砖砌至高于屋面防水层以上 250mm，加强层和防水层铺至墙顶，密封要严实，上面空铺一层油毡、然后罩以镀锌薄钢板。也可以用油毡防水层将伸缩缝两侧小墙全部包严封实，上面用现浇豆石混凝土加以保护。

48. 屋面卷材防水层搭接缝的技术要求有哪些？

答：屋面卷材防水层搭接缝的技术要求有：

（1）平行于屋脊的搭接缝应顺流水方向搭接；

（2）垂直于屋脊的搭接缝应顺年最大频率风向搭接；

（3）高聚物改性沥青防水卷材、合成高分子防水卷材的搭接缝，宜用材料相容的密封材料封严；

（4）叠层铺贴时，上下层卷材间的搭接缝应错开 1/3 幅宽；

（5）叠层铺设的各层卷材，在天沟与屋面的连接处，应采用叉接法搭接，搭接缝应错开；

（6）天沟、檐沟处的卷材搭接缝，宜留在屋面或天沟侧面，不宜留在沟底。

49. 屋面女儿墙如何做防水处理？

答：女儿墙分有压顶和无压顶两种防水做法。有压顶的女儿墙应留好压毡层，然后将屋面防水层做至压毡层下面，并用油膏将收头封严。无压顶的女儿墙，需在墙上留出凹槽或凸檐，然后将防水层铺至凹槽或凸檐下，用油膏将收头粘结密封。

50. 地下室的墙体和底板变形缝如何进行防水施工？

答：在不受水压的地下防水工程，结构的变形缝要用防腐油麻填塞，墙的变形缝随施工进度逐段进行防水处理，每 30 ~ 50cm 高填缝一次。在变形缝处，除原有的卷材防水层外，应加铺两层抗拉强度较高的卷材。

在受水压的地下防水工程中，结构的变形缝应采用橡胶或塑料止水带做防水处理。止水带位置必须准确，其中心圆环应在变形缝中部。

在作变形缝处理，应需铺一次油毡条，而后做防水层，防水层外再需铺一次油毡条。

51. 柔性屋面防水构造由什么组成？各起什么作用？

答：柔性屋面防水构造一般由结构层、隔汽层、找坡层、保温层、找平层、防水层、保护层等组成。各组成层的作用如下：

（1）结构层：承受屋面上各层的荷载，同时承受风载、雨载、活荷载等，并将各种荷载传到下面的结构上去。

（2）隔汽层：阻止室内水蒸气进入保温层而破坏防水层。

（3）找坡层：为了找出屋面的坡度，以利于排水。

（4）保温层：起保持室内温度平衡，防止室外冷、热空气侵入，减少屋面热传递的作用。

（5）找平层：起找平基层，以便铺贴防水卷材的作用。

（6）防水层：防止雨、雪、水进入室内，起防水作用。

（7）保护层：保护防水层，免遭外界环境损坏及影响。

52. 地下室防水层做内防水为什么效果不好？

答：地下室内防水效果不好的主要原因是，防水层做在结构工程的背水面上，防水层受水的压力后，容易和结构分离，还需在防水层外面再作一道刚性内衬，以压紧防水层，抵抗水的压力。故在建筑工程中较少使用。常用于地铁、隧道、人防工程、暗挖地下工程等。

53. 地下防水柔性保护层如何施工？

答：根据柔性保护材料的大小，在防水层上采取局部点刷的方式，刷涂料粘剂，涂点每 0.5m 左右一个，呈梅花状后铺贴保护材料。保护层要铺贴平整，接缝严密，如胶粘剂初期强度低，可用木材临时支顶，待回填土时再取掉木材。回填土时应将砖头、石块捡出，以防碾坏保护层，在夯土时不得破坏保护层。

54. 地下防水砖墙保护层施工时应注意什么问题

答：砌筑临时性保护墙时要在墙下干铺一层油毡，永久性保护墙的高度要比底板混凝土高出 30～50cm，内面抹好水泥砂浆后找平。

临时性保护墙要用白灰砂浆砌筑，以便拆除内墙面用白灰砂浆作找平层，临时性保护墙的高度由油毡层数决定，每一层油毡留出 15cm 的搭接高度，另加 15cm，即油毡层数×(15+15)，如铺两层油毡时，保护墙高为 2×(15+15)，铺三层油毡时，保护墙高为 3×(15+15)。

外放内贴法砌筑永久性保护墙时，应与需作防水的结构砌在同一个垫层上。

55. 炉渣保温层如何选料和施工？

答：炉渣不能含有机杂质和未烧尽的煤块，以及白灰块、土块等杂质，如粒径过大应先进行破碎后再使用。炉渣保温层常与水泥白灰拌合在一起。水泥炉渣配合比 1:8（水泥:炉渣）。水泥:白灰:炉渣配合比为 1:1:8。

炉渣必须浇水闷透。用水泥白灰渣，必须先用白灰浆将炉渣闷透，闷透时间不少于 5d，然后将材料拌合均匀。虚铺与压实厚度为 1.25:1。用手扳振捣器拍实并注意浇水养护。水泥炉渣最少养护 2d，水泥白灰炉渣最少养护 7d。

56. 找平层的种类有哪几种？所用的材料要求是什么？

答：找平层的种类有水泥砂浆找平层、细石混凝土找平层和沥青砂浆找平层。找平层所用原材料要求，水泥强度等级不得低于 32.5 级，砂子宜采用中砂，砂子的净度要达到相应的要求。如采用特细砂时，其砂浆强度等级应适当提高。

57. 找平层的质量要求有哪些？

答：（1）找平层的材料及配合比，必须符合设计要求和施工规范规定；

（2）屋面找平层的玻璃，必须符合设计要求；

（3）找平层必须坚实平整，用 2m 靠尺检查，凹凸不得超过

5mm，表面不得有裂缝、起砂和麻面；

（4）突出屋面的结构，必须在根部抹成圆弧状或钝角。

58. 屋面找平层质量检验主控项目及其检验方法是什么？

答：屋面找平层质量检验主控项目及其检验方法主要有以下两点：

（1）找平层的材料质量及配合比，必须符合设计要求。

检验方法：检查出厂合格证、质量检验报告和计量措施。

（2）屋面（含天沟、檐沟）找平层的排水坡度，必须符合设计要求。

检验方法：用水平仪（水平尺）、拉线和尺量检查。

59. 屋面找平层质量检验一般项目及其检验方法是什么？

答：屋面找平层质量检验一般项目及其检验方法如下：

（1）基层与突出屋面结构的交接处和基层的转角处，均应做成圆弧形，且整齐平顺。

检验方法：观察和尺量检查。

（2）水泥砂浆、细石混凝土找平层应平整、压光，不得有酥松、起砂、起皮现象；沥青砂浆找平层不得有拌和不匀、蜂窝现象。

检验方法：观察检查。

（3）找平层分格缝的位置和间距应符合设计要求。

检验方法：观察和尺量检查。

（4）找平层表面平整度的允许偏差为5mm。

检验方法：用2m靠尺和楔形塞尺检查。

60. 屋面保温层和防水层施工环境气温多少度为宜？

答：屋面保温层和防水层施工环境气温如下：

（1）粘结保温层时，施工环境气温宜为热沥青施工不低于−10℃；水泥砂浆施工不低于5℃。

（2）沥青防水卷材施工时，环境气温宜为不低于5℃。

（3）高聚物改性沥青防水卷材施工环境气温宜为冷粘法不低于5℃；热熔法不低于−10℃。

（4）合成高分子防水卷材施工环境气温，冷粘法不低于5℃；热风焊接法不低于－10℃。

61. 对卷材防水屋面水泥砂浆找平层的技术要求有哪些？

答：卷材防水屋面对水泥砂浆找平层的技术要求作如下规定：

（1）配合比：1:（2.5～3）（水泥:砂）体积比，水泥强度等级不低于32.5级。

（2）厚度：基层为整体混凝土时，其厚度为15～20mm；基层为整体现浇或板状保温材料时，其厚度应为20～25mm；基层为装配式混凝土板时，其厚度应为20～30mm。

（3）坡度：结构找坡不应小于3%；材料找坡宜为2%；天沟纵坡不应小于1%，沟底水落差不得超过200mm。

（4）分格缝：位置应留设在板端缝处；纵向间距不宜大于6m；横向间距不宜大于6m；缝宽应为20mm。

（5）泛水处圆弧半径：当为沥青防水卷材时应为100～150mm；当为高聚物改性沥青卷材时应为50mm；当为合成高分子防水卷材时应为20mm。

（6）表面平整度：用2m直尺检查，不应大于5mm。

（7）含水率：将1m²卷材平坦地干铺在找平层上，静置3～4h，掀开检查，覆盖部位与卷材上未见水印，即可。

（8）表面质量：应平整、压光，不得有酥松、起砂、起皮现象及过大裂缝。

62. 建筑工程中哪些位置需要设置防潮层？应该如何设置？

答：建筑工程需要在以下位置设置防潮层：

（1）墙身防潮层：位于室内地面标高处的墙身上，需在全部墙身上设置。

（2）墙基防潮层：位于路基下部、地下室地面标高部位。

（3）地下室外墙防潮层：在不设防水层的地下室外墙外皮上涂刷防潮层。一般做法为：外墙外侧用防水砂浆做防潮层，或用水泥砂浆抹面，从大放角一直抹到散水处以上30cm，然后做防潮层。防潮层外侧用2:8灰土夯实。

(4) 屋面保温层以下结构找平层以上，称为隔汽层，通常按防潮层做法处理。

(5) 地面防潮层：当地面防潮要求较高时，地面基层上也要做防潮层，位置设在地面垫层混凝土和找平层之上、墙身防潮层之下的部位。

63. 砖墙的防潮层应设在什么部位？怎样设置？

答：砖墙防潮层有墙身防潮层，设在室内外地面标高处；墙基防潮层，位于墙基下部，地下室外墙外皮上涂刷防潮层。

常见的做法有防水砂浆、一毡二油、防水油膏乳化沥青、地圈梁代替防潮层。

64. 防潮层施工通常有哪几种方法，简述其施工工艺及适用条件。

答：防潮层的施工通常用以下四种方法。

(1) 用防水砂浆做防潮层。即在水泥砂浆中掺入3%~5%的防水粉，待搅拌均匀后，用铁抹子抹在防潮部位，砂浆厚度不小于2cm，一般用于墙身防潮层或地下室外墙防潮层。

(2) 用一毡二油做防潮层。首先应将石油沥青油毡按墙体宽度裁剪好，然后在设防潮层部位水泥砂浆找平层达到施工条件要求后，浇筑沥青胶结材料，趁热铺好油毡，最后再在上面铺一道沥青胶结材料即可。一般此种做法防潮层用于墙身、墙基及屋面隔汽层。

(3) 用防水油膏做防潮层。即用油膏在需做防潮层的部位刮涂1~2遍，厚度约为1.5~2mm左右。一般此种做法可用于各种部位的防潮层。但要注意一般在刮涂油膏前要涂刷冷底子油。

(4) 用乳化沥青做防潮层。此做法是先在基层上涂刷冷底子油一道。冷底子油可以用乳化沥青配制，将乳化沥青和干净水按1:1调兑均匀即可。待冷底子油干燥后，刷一道乳化沥青，间隔24h后，再刷第二道乳化沥青，每层厚度控制在0.8~

1mm。施工温度须在 5℃以上。此种做法可用于各种部位的防潮层。

65. 防潮层施工有哪些注意事项？

答：（1）防潮层的基层应当平整、坚实，表面洁净，无粉尘和起砂现象。

（2）冷底子油应当涂刷均匀、不露底。

（3）防水砂浆要抹压密实、平整，与基层粘结牢固，不空鼓，无裂缝和起砂现象。

（4）油膏类及涂料防潮层应保证涂抹厚度不小于 1.5mm，厚度均匀一致。

（5）各种防水层要涂满所有防潮部位，做到接缝严密。

66. 屋面保温隔热材料有哪些？

答：屋面保温隔热材料分为有机类保温材料、无机类保温材料和金属类保温隔热材料三种。有机类保温材料主要为植物类秆秸及其制品，如稻草、甘蔗纤维、木屑等。它们密度小，来源广，价格低廉，但容易腐烂，使用前必须做好防腐处理。无机类保温材料目前应用较为广泛，主要品种有：膨胀珍珠岩、膨胀蛭石、浮石、炉渣、泡沫混凝土等。它们多属天然资源，可以散铺，也可以做成预制板块施工。金属类保温隔热材料有铝箔及铝箔泡沫板，在一般建筑物中很少使用。

67. 屋面保温材料品种如何选用？

答：屋面保温材料品种选用应注意以下几点：

（1）选用保温材料时，应根据建筑物的使用功能和重要程度，选用与其相匹配的保温材料。

（2）在选用保温材料时，应选择质量轻、导热系数小、吸水率低的保温材料。

（3）选用保温材料时，还要结合当地的自然条件、经济发展水平和保温层的习惯做法，选用与其相适应的保温材料。

（4）选用不同种类的保温材料，还要求应具有一定的抗压强度和抗折强度，以保证在运输过程或施工过程中不致被损坏。

（5）不得选用现场需加水拌合的整体现浇水泥膨胀蛭石、水泥膨胀珍珠岩做屋面保温层。

68. 屋面板状材料保温层施工如何铺设？

答：屋面板状材料保温层施工铺设过程如下：

（1）基层应平整，干燥和干净。

（2）干铺板状保温材料，应紧靠在需要保温的基层表面上，并应铺平垫稳。分层铺设的板块上下层接缝应相互错开；板间缝隙应采用同类材料嵌填密实。

（3）粘贴的板状保温材料应贴严、粘牢。分层铺贴的板块，上下层接缝应相互错开，并应符合下列要求：

1）当采用沥青玛蹄脂及其他粘结材料粘贴时，板状保温材料相互之间应满涂胶结材料，使之互相粘牢。玛蹄脂加热温度不应高于240℃，使用温度不宜低于190℃。采用冷玛蹄脂粘贴时应搅拌均匀，稠度太大时可加少量溶剂稀释搅匀。

2）当采用水泥砂浆粘贴板状保温材料时，板间缝隙应采用保温灰浆填实并勾缝。保温灰浆的配合比宜为1∶1∶10（水泥∶石灰膏∶同类保温材料的碎粒，体积比）。

69. 保温层施工时有哪些注意事项？

答：（1）施工前应对保温材料进行检查，其表观密度、导热系数要符合设计要求，并注意做好防雨防潮处理。

（2）基层应平整、干净，无裂缝，使用蛭石、珍珠岩、浮石作保温层时，由于其吸水率大，基层表面应刷一道防潮层。

（3）使用块材材料作保温层时，其接缝应严实。运输块状保温材料时，应防止摔碰，保持棱角整齐。

70. 屋面隔汽层设计有哪些要求？

答：屋面隔汽层设计时有以下要求：

（1）在我国纬度40℃以北地区，且室内空气湿度大于75%时，保温屋面应设置隔汽层。

（2）其他地区室内空气湿度常年大于80%时，保温屋面应设置隔汽层。

（3）有恒温、恒湿要求的建筑物屋面应设置隔汽层。

（4）隔汽层的位置应设在结构层上，保温层下。

（5）隔汽层应选用水密性、汽密性好的防水材料。可采用单层防水卷材铺贴，不宜用汽密性不好的水乳型薄质涂料。

（6）当用沥青基防水涂料做隔汽层时，其耐热度应比室内或室外的最高温度高出 20～25℃。

（7）屋面泛水处，隔汽层应沿墙面向上连续铺设，高出保温层上表面不得小于 150mm，以便严密封闭保温层。

71. 在无保温层的装配式屋面，当端缝采用卷材时，应该如何做好防水处理？

答：在无保温层的装配式屋面，端缝防水处理：

为避免结构变形将卷材拉裂，在屋面的端缝或分格缝处，卷材必须空铺，或加铺附加增强层空铺，附加增强层宽度 200～300mm；如直接空铺，需涂刷隔离剂或贴隔离纸，宽度为 200～300mm。

72. 什么是泛水？泛水应该如何施工？

答：屋面防水层与垂直墙面相交处的防水构造处理称为泛水，如女儿墙、出屋面的管道根等处的防水构造。

泛水与屋面相交的基层，须用水泥砂浆或混凝土做成圆弧（半径 $R=50～100mm$）或钝角（大于 135°），防止在粘贴卷材时因直角转弯而折断或不能铺实。卷材在竖直墙面上的粘贴高度，不应小于 250mm，通常为 300mm。为了增加防水能力，一般采用叉接法将泛水处的卷材与屋面防水层的卷材连接，并在底层加铺一层卷材。卷材的上端固定在墙上，有的还要加薄钢板泛水覆盖。薄钢板泛水上端用钉子固定在埋在墙内的木条上。泛水上部与墙间的间隙用水泥砂浆填平。

73. 屋面泛水防水构造应遵守哪些规定？

答：（1）铺贴泛水处的卷材应采用满粘法。泛水收头应根据泛水高度和泛水墙体材料确定其密封形式。

1）墙体为砖墙时，卷材收头可直接铺至女儿墙压顶下，用压条钉压固定并用密封材料封闭严密，压顶应做防水处理；卷材收头也可压入砖墙凹槽内固定密封，凹槽距屋面找平层高度不应小于250mm，凹槽上部的墙体应做防水处理。

2）墙体为混凝土时，卷材收头可采用金属压条钉压，并用密封材料封固。

（2）泛水宜采取隔热防晒措施，可在泛水卷材面砌砖后抹水泥砂浆或浇筑细石混凝土保护。也可采用涂刷浅色涂料或粘贴铝箔保护。

74. 引起泛水部位损坏的原因是什么？

答：卷材收口没有钉牢或封口密封膏开裂后进水，经干湿、冻融交替循环，天长日久，密封膏剥落；压顶抹灰砂浆强度等级太低或产生干缩裂缝后进水，反复冻融而剥落，压顶滴水线破损，雨水沿墙进入卷材；山墙、女儿墙与屋面板缺乏牢固拉结，转角处没有做成钝角，墙面卷材与屋面卷材没有分层搭接，山墙、女儿墙外倾或不均匀沉陷；墙面上卷材的保护层未做，使卷材露面，且该处易积雪积灰，卷材容易老化腐烂。

75. 混凝土墙体泛水收头卷材张口、脱落如何维修？

答：混凝土墙体泛水处收头卷材张口、脱落，应将卷材收头端部裁齐，用压条钉压固定，密封材料封严。

76. 平屋面采用结构找坡的优点有哪些？

答：因为平屋面是以防为主，以排为辅的防水设防方式，因此，必须在屋面上形成一个滴水不漏的整体防水层，防止雨水从屋面进入室内，同时排水也是必不可少的手段，如排水坡度不够，低洼处会形成局部积水，给霉菌繁殖创造了有利条件，防水层易被霉菌腐蚀。雨天积水，晴天逐渐干燥，这种局部的干湿交替，会使积水部位表面产生龟裂现象，加速防水层老化。为此，平屋面必须设计一定的排水坡度。

平屋面找坡分为材料找坡和结构找坡。材料找坡是在水平的结构层表面采用轻质材料做出排水坡度。与结构找坡相比，材料找坡增加了结构的荷载，尤其当建筑进深较大时，找坡厚度很大，荷载增加更多，因此，规范将材料找坡的排水坡度定的较低为不小于2%。结构找坡即将屋面结构层表面制作成一定的斜坡，找平后就形成排水所需要的坡度，结构找坡具有屋面荷载轻，施工简便，坡度易于控制、省工省料、造价低等优点。因此，平屋面强调采取结构找坡，坡度不小于3%。

77. 屋面构件自防水有哪几种做法？简述其构造及做法。

答：屋面构件自防水有三种做法：嵌缝式、脊带式和搭接式。

嵌缝式构造及做法：是利用大型屋面板做防水构件，板缝内灌砂浆或混凝土，上面嵌填防水油膏。脊带式构造及做法：在嵌缝式作法的基础上，在缝隙上面铺贴1～2层防水卷材。搭接式构造及做法：与挂瓦的原理相似，即用上面的板盖压下面的板，以排除雨水。

78. 地下室的阴阳角如何施工？

答：地下室阴阳角部位均需先作附加层，在平面与立面相交的阴角处必须有两层附加层，其他阴角处作1～2层同材质的附加层，平立面油毡卷材搭接不少于60cm，在转角处不得进行油毡接缝，接缝位置应距阴阳角20cm以上。

外放内贴施工，为了防止因结构与保护墙不能同步沉降而可能导致防水层的撕裂，在阴角部位，可将油毡虚铺使其有一定的伸缩度。

79. 地下工程防水的设计和施工应遵循哪些原则、符合哪些要求？这些要求应如何合理确定？地下防水工程的防水施工方法和构造形式有哪些？

答：地下工程防水的设计和施工应遵循"防、排、截、堵相结合，刚柔相济，因地制宜，综合治理"的原则。地下工程防水的设计和施工要符合确保质量、技术先进、经济合理、安全适用的要求。地下工程的设防要求，应根据使用功能、结构形式、环境条件、施工方法及材料性能等因素来合理确定。

地下工程的防水施工方法有两种：明挖法和暗挖法。

地下工程防水构造形式有刚性防水、柔性防水和多道防线、刚柔结合的复合防水做法。另外还有塑料防水板防水层和金属板防水层。

80. 屋面水落口防水构造应符合哪些规定？

答：屋面水落口防水构造应符合下列规定：

（1）水落口宜采用金属或塑料制品；

（2）水落口埋设标高，应考虑水落口设防时增设的附加层和柔性密封层的厚度及排水坡度加大的尺寸。

（3）水落口周围直径 500mm 范围内坡度不应小于 5%，并应用防水涂料涂封，其厚度不应小于 2mm。水落口与基层接触处，应留宽 20mm、深 20mm 凹槽，嵌填密封材料。

81. 刚性防水屋面对刚性防水材料选用有哪些要求？

答：屋面刚性防水材料选用要求如下：

（1）防水层的细石混凝土宜用普通硅酸盐水泥或硅酸盐水泥。当采用矿渣硅酸盐水泥时，应采取减小泌水性的措施，水泥强度等级不宜低于 42.5 号，并不得使用火山灰质水泥。膨胀水泥主要用于补偿收缩混凝土防水层。水泥贮存时应防止受潮，存放期不超过三个月。如超过存放期限，应重新检验，确定水泥强度等级。

（2）防水层内配置的钢筋宜采用冷拔低碳钢丝。

（3）防水层的细石混凝土和砂浆中，粗骨料的最大粒径不宜大于 15mm，含泥量不应大于 1%；细骨料应采用中砂或粗砂，含泥量不应大于 2%；拌合用水应采用不含有害物质的洁净水。

（4）对防水层细石混凝土使用的膨胀剂、减水剂、防水剂等外加剂，应根据不同品种的适用范围、技术要求加以选择。外加剂应分类保管、不得混杂，并应存放于阴凉、通风、干燥处。运输时，应避免雨淋、日晒和受潮。

（5）块体刚性防水层使用的块材应无裂纹，无石灰颗粒，无灰浆泥面，无缺棱掉角，质地密实，表面平整。

82. 卷材防水屋面天沟、檐沟的防水构造有什么规定？

答：天沟、檐沟的防水构造应符合下列规定：（1）天沟、檐沟应增铺附加层。当采用沥青防水卷材时，应增铺一层卷材；当采用高聚物改性沥青防水卷材或合成高分子防水卷材时，宜设置防水涂膜附加层。（2）天沟、檐沟与屋面交接处的附加层宜空铺，空铺宽度不应小于200mm。（3）天沟、檐沟卷材收头应固定密封。（4）高低跨内排水天沟与立墙交接处，应采取能适应变形的密封处理。

83. 屋面上哪些构造不能作为一道防水层？

答：在下列情况下，不得作为屋面的一道防水设防：

（1）混凝土结构层；

（2）现喷硬质聚氨酯等泡沫塑料保温层；

（3）装饰瓦以及不搭接瓦的屋面；

（4）隔汽层；

（5）卷材或涂膜厚度不符合规范规定的防水层。

84. 金属板材防水屋面施工操作工艺流程是怎样的？

答：金属板材防水屋面施工工艺流程如下：清理基层→配制钢板瓦→铺钉钢板瓦→检查修整→淋水试验→检查验收。

85. 对金属防水层有什么技术要求？

答：金属防水层的技术要求如下：

（1）金属防水层所用的金属板和焊条的规格及材料性能，应符合设计要求。金属板的拼接应采用焊接，拼接焊缝应严密。竖向金属板的垂直接缝，应相互错开。

（2）结构施工前在其内侧设置金属防水层时，金属防水层应与围护结构内的钢筋焊牢，或在金属防水层上焊接一定数量的锚固件。

（3）在结构外设置金属防水层时，金属板应焊在混凝土或砌体的预埋件上。金属防水层经焊缝检查后，应将其与结构间的空隙用水泥砂浆灌实。

86. 对塑料防水板防水层有什么技术要求？

答：塑料防水板防水层的技术要求是，塑料防水板可选用乙烯—醋酸乙烯共聚物（EVA）、乙烯—共聚物沥青（ECB）、聚氯乙烯（PVC）、高密度聚乙烯（HDPE）、低密度聚乙烯（LDPE）类或其他性能相近的材料。塑料防水板幅宽宜为2～4m，厚度宜为1～2mm；耐穿刺性好、耐久性、耐水性、耐腐蚀性、耐菌性好。

87. 简要说明屋面工程设计的要求有哪些？

答：屋面工程设计的要求有：

（1）遵循规范，综合考虑。做到设计合理经济适用、确保质量。

（2）必须满足屋面防水功能要求。确保在防水层合理使用年限内不发生渗漏。

（3）符合当地的自然条件。

（4）强调复合用材。要充分发挥不同防水材料自身的优点，尽量避免其弱点，共同工作，做到技术可靠，经济合理。

（5）保证屋面排水畅通。

（6）避免对人身及环境的污染。

（7）要有利于施工操作和维修清理。

（8）屋面工程施工图纸要完整系统，具备一定深度。

88. 防水材料分为哪几大系列？

答：防水材料可分为防水卷材、防水涂料、密封材料、刚性防水材料四大系类。

89. 防水卷材是如何分类的？

答：防水卷材可以分为沥青防水卷材、高聚物改性沥青防水卷材和合成高分子防水卷材片材。

90. 怎样鉴别石油沥青和煤油沥青？

答：将沥青置于盛有沥青的透明瓶中观察，石油沥青无色，煤沥青呈黄色并带用绿蓝色荧光。

将沥青材料加热燃烧仅有少量油味或松香味，烟无色为石油沥青。有刺激性触鼻臭味，烟呈黄色为煤油沥青。

91. 怎样鉴别石油沥青的好坏？

答：石油沥青有固体、半固体和液体三种状态。对于固体石油沥青，应在敲碎后检查断裂处，如果断口处暗淡，说明质量不好；如果色黑而发亮，则说明质量较好。对于半固体石油沥青，应取少许拉成线丝，丝越细长．说明质量越好。对于液体石油沥青，则黏性强且有光泽，没有沉淀和杂质的质量为好。

92. 建筑石油沥青的标号和技术指标有哪些？

答：建筑石油沥青主要分为30甲、30乙、10号三个标号，其主要技术性能指标有针入度、延伸度、软化点、溶解度和闪光点。

93. 沥青的运输和贮存应注意哪些问题？

答：（1）贮存沥青时要防止品种和标号混杂，同一品种和标号的沥青应单独存放，并注意防止混入杂质；

（2）桶装沥青应立放、避免流淌；

（3）存放地点应在阴凉、干净的地方，最好能放在棚内或进行遮盖，防止暴晒和雨淋。

（4）存放时间不宜过长。

94. 搭设沥青锅要注意哪些问题？

答：（1）沥青锅应放在工地的下风向，以防止火灾发生和减少沥青油烟对施工现场的污染；

（2）沥青锅距离建筑物和易燃物应在25m以上，距离电线在10m以上；

（3）沥青锅不得搭设在煤气管道及电缆管道的上方，最少应在5m之外的地方搭设，防止因高温引起煤气管道的爆炸和电缆管道受损；

（4）沥青锅周围场地要平整，以便于操作；

（5）沥青锅附近应搭设更衣及存放工具用的小棚；

（6）沥青锅附近应有适当空地堆放沥青和其他掺加料、燃料等物，并备有烘干料用的铁板及场地。

95. 什么是沥青胶？什么是沥青玛蹄脂？它们分别有什么作用？

答：沥青胶是以沥青为主体的防水施工胶结材料的总称。

它包含纯石油沥青热胶、焦油沥青热胶、玛蹄脂、冷玛蹄脂、石油沥青冷胶结材料等。沥青胶既可用作沥青防水卷材的粘贴，又可用作沥青防水涂料和沥青砂浆防水层的底层，还可作为密封材料用于接头的填缝等。

沥青玛蹄脂是用沥青加上惰性粉状或纤维状的填充料配制而成的胶粘剂，其用途是粘贴卷材，嵌缝补漏及作为防水、防腐蚀涂料。

96. 屋面卷材施工的沥青胶选用什么沥青最适宜？

答：屋面防水卷材施工对沥青胶选用应与被粘结材料的沥青种类相同，一般选用 10 号、30 号建筑石油沥青和 60 号道路石油沥青或混合使用。

97. 沥青胶结材料的耐热度为什么要改用测试软化点？

答：大部分施工现场测试沥青胶结材料的耐热度比较困难，这是因为：（1）测试耐热度的时间太长，一般从取样到测试结果的得出大约需要 6～7h 之间，如果等到测试出其结果为不合格时，其材料此时早已用完，此时其测试已经失去作用；（2）测试所需设备较为复杂，如需要的恒温箱等一般工地上都没有。

鉴于上述具体情况，施工现场把测试耐热度改为测试软化点。主要原因是测试软化点时间短，设备简单，易于测试。当沥青胶结材料和配合比选定后，耐热度与软化点有相应的关系，可以根据这种关系推算出沥青胶结材料的耐热度。

98. 沥青玛蹄脂的质量指标主要有哪些？

答：沥青玛蹄脂的质量主要有耐热度、柔韧性和粘结力三项指标。其中耐热度和柔韧性最重要。

99. 什么是改性沥青？什么是高聚物改性沥青？

答：改性沥青是指通过吹氧氧化、加催化剂氧化、加非金属硫化剂硫化等手段对沥青进行改性后的产品。在沥青中存在小分子碳氢化合物，如石蜡等，使沥青的物理性能对温度敏感性大，温度低沥青变脆，温度高沥青易变形、流淌；另外过多的活性基团，降低了沥青的耐老化性能。因此，通过上述手段改性后使小分子碳氢化合物聚合，减少沥青中的活性基团，改善了沥青的物理性能，起到降低沥青的温度敏感性、提高耐热和耐低温性能的作用；同时，还提高了沥青分子抗降解裂变能力，延长了材料的使用寿命。

高聚物改性沥青是以高聚物为改性剂对沥青进行改性后的产物。通过改性，可以大大提高沥青类防水材料的物理和力学性能，这是沥青在建筑防水工程中应用的方向之一。使用最多的是 SBS 橡胶和 APP 树脂两种，此外还有氯丁橡胶、丁基橡胶和三元乙丙橡胶等。这些高聚物分子量大，分子极性基团和活性基团少，相对稳定，具有脆点温度低、熔点温度高、对高低温适应能力强、耐老化性能好的优点，因此，可以改善沥青的耐高低温性能及耐老化性能。

100. 什么是冷玛蹄脂？如何配置冷玛蹄脂？

答：冷玛蹄脂是以石油沥青为基料，用溶剂和复合填充料改性的溶剂型冷做胶结材料。

配制冷玛蹄脂的方法是：先将沥青熔化、脱水、沉淀、清除杂质，然后冷却至 140℃ 左右（用快挥发性溶剂要冷却到 110℃）。然后加入溶剂（溶剂预加定量酸油），进行搅拌。开始加入 2~3L，以后每次加 5L，待溶剂全部加完，搅拌均匀（注意边加溶剂边搅拌）。当温度降至 70~80℃ 时，再加入已预热和干燥过的填充料，充分搅拌均匀。

101. 冷玛蹄脂与热玛蹄脂相比有什么特点？

答：（1）冷胶料以冷作代替热作工艺，消除了熬制热沥青时的油烟污染及火灾、烫伤事故。

（2）冷作，可以克服担心热沥青变冷的紧张心理，便于精心操作，有利于提高防水施工质量。

（3）提高了劳动效率，比热玛蹄脂施工可提高效率 95%，每个油毡工每天可施工 25m^2。

（4）节约材料，从而降低了工程成本。

（5）延长了施工期限，一年四季均可施工。

102. 油毡分为纸胎油毡、玻璃布胎油毡和沥青油纸三种。纸胎油毡是如何制成的？玻璃布胎油毡是如何制成的？沥青油纸是如何制成的？

答：纸胎油毡是用低软化点的石油沥青浸渍原纸，然后用高软化点的石油沥青涂盖油纸两面，再涂撒隔离材料，如石粉、云母片等类，而制成的一种防水卷材。

玻璃布胎油毡是用石油沥青涂盖材料，浸涂玻璃纤维布的两面，再涂撒隔离材料而制成的一种防水卷材。

沥青油纸是用低软化点的石油沥青浸渍原纸制成的一种无涂盖层的纸胎防水卷材。油纸可用于防潮，或作多层防水层的下层。

103. 纸胎石油沥青油毡的质量标准是什么？

答：（1）每卷油毡的总面积为 $20 \pm 0.3 m^2$。

（2）成卷的油毡应卷紧卷齐，卷筒两端直径差不得超过 0.5cm，端面进出不得超过 1cm。

（3）油毡卷在气温 10~45℃ 时，应易于展开，粘结破坏面最大长度不超过 1cm，距卷芯 1m 以外的裂缝长度不得大于 1cm。

（4）纸胎必须浸透，不应有浅色夹层和未被浸透的斑点。涂盖材料应均匀致密地涂盖在油毡的上下两面，不应有油纸外露和涂油不均现象。

（5）油毡面应无孔洞、硌伤；疙瘩的最大长度不得大于 2cm；油毡面不得出现浆糊状粉浆或水渍；允许有 2cm 以下的边缘裂口或长 5cm、深 2cm 以下的缺边共四处。

（6）每卷油毡中允许有一处接头，但其中较小的一段不短于 2.5cm，并加长 15cm 作搭接用，接头处应剪切整齐。

104. 什么是冷底子油？

答：在铺设沥青卷材防水层或隔汽层之前，为了使沥青玛蹄脂与基层黏结牢固，应在基层涂刷冷底子油，即基层处理剂。

105. 在基层涂刷冷底子油的作用是什么？

答：在基层涂刷冷底子油的作用是：

（1）封闭基层的毛细孔隙，沥青薄膜封闭基层，使上面的水分渗不下去，成为防水的一道防线，同时又能阻隔下面的水汽渗透上来，从而减轻防水卷材的鼓泡缺陷。

（2）增加防水卷材与基层的附着力，也就是黏着力。冷底子油渗透到基层中，相当于"沥青钉"钉入基层，使沥青胶和基层黏结得更好、更牢固。

（3）调和基层与防水层的亲和性。

（4）养护基层。

106. 调制冷底子油有哪几种方法？

答：调制冷底子油的方法主要有三种：

（1）将沥青加热熔化，使其脱水到不再起泡，再将熔好的沥青按配合比倒入桶中，放到背离火源25m以外，待其冷却。然后，将沥青慢慢成细流状注入按配合比规定数量的溶剂中，并不停地搅拌，直至规定的沥青加完后，溶解均匀为止。

（2）将熔化好的沥青按配合比倒入桶或壶中，待其冷却到方法之一中的温度后，将溶剂按配合比要求分批注入沥青溶液中，开始每次2~3L，以后每次5L左右，边加边不停地搅拌，直至加完，溶解均匀为止。

（3）将沥青打成5~10mm大小的碎块，按质量比加入溶剂中，不停地搅拌，直至全部溶解均匀。

107. 冷底子油的干燥时间如何测定？

答：将冷底子油涂刷在玻璃板上，涂刷量为$200g/m^2$，注意涂刷均匀，将玻璃平放在温度为$18 \pm 2℃$且不受阳光直射的地方。用手指轻轻按在冷底子油层上，将涂刷时间和不留指痕时间记录下来，其间隔时间即为干燥时间。

108. 慢挥发性冷底子油的干燥时间是多少？快挥发性冷底子油的干燥时间是多少？

答：慢挥发性冷底子油的干燥时间一般为12~24h。快挥发性冷底子油的干燥时间一般为5~10h。

109. 什么是冷底子油的湿刷法和干刷法？

答：冷底子油湿刷法，即在基层水泥凝结过程中涂刷，涂刷后在水泥砂浆表面形成一层憎水薄膜。一般在水泥砂浆抹完后 2~6h 进行。

涂刷冷底子油一般采用干刷法，即在干燥的基层上进行涂刷，在基层上形成薄的涂层，应均匀周到，不得露底。

110. 如何拌制沥青砂浆和沥青混凝土？

答：首先将沥青敲成碎块，放入沥青锅内加热至 160~180℃，经过搅拌、脱水，除去杂质，到表面不再起泡为止。然后将预热的干燥粉料和骨料按照相应的配合比拌合均匀，待沥青熬制到 200~240℃ 时，逐渐加入骨料、粉料混合物，并不断地搅拌，直至骨料、粉料被全部覆盖均匀为止。

111. 怎样进行沥青砂浆、沥青混凝土的施工？

答：沥青砂浆、沥青混凝土一般按照下列顺序进行施工：清理基层→刷冷底子油→涂抹稀释过的沥青胶→沥青砂浆、沥青混凝土的拌制、摊铺→找平、压实→检查验收。

112. 沥青砂浆、沥青混凝土施工要达到什么样的质量标准？

答：沥青砂浆、沥青混凝土施工质量要达到下列标准：

（1）沥青砂浆、沥青混凝土表面必须密实，无裂缝、空鼓等缺陷。

（2）表面平整，用 2m 靠尺检查，凹处空隙不得大于 6mm。

（3）坡度合适，允许偏差为坡长的 0.2%，最大偏差值不大于 30mm。浇水试验时，水应顺利排出，无明显存水之处。

（4）原材料符合设计要求，各项配合比准确。

113. 如何做到沥青砂浆、沥青混凝土的平整？

答：摊铺后要及时用搂耙找平，要随铺随搂，搂平时要掌握以搂找平、以摊找补的原则。搂耙时要稳、轻、匀、快，尤其要注意两人交接部位的平整和颗粒均匀，虚铺厚度准确，互相紧密配合。在摊铺找平后，要用铁滚或平板振捣器及时压实。要捣或压实至表面平整、稳定，密实度达到要求，表面无明显痕迹后即可。

114. 沥青砂装、沥青混凝土的摊铺温度、成活温度应是多少？

答：沥青砂浆或沥青混凝土的摊铺温度一般要控制在150~160℃，压实后成活温度为110℃。当环境温度在0℃以下时，摊铺温度要适当高一些，以170~180℃为宜，成活温度不低于100℃。

115. 什么是沥青复合胎柔性防水卷材？

答：沥青复合胎柔性防水卷材是指以橡胶、树脂等高聚物为改性剂制成改性沥青为基料，以两种材料复合胎为胎体，聚酯膜、聚乙烯膜等为覆面材料，以浸涂、滚压工艺而制成的防水卷材。

116. 什么是高密度聚乙烯防水卷材？

答：高密度聚乙烯（HDPE）防水卷材，是由高密度聚乙烯为主要原料，并加入抗氧化剂、热稳定剂等化学助剂，经混合、压延而成的一种防水卷材。

117. 合成高分子防水卷材（片材）常用品种有哪些？合成高分子密封材料常用品种有哪些？

答：合成高分子防水卷材常用品种有：三元乙丙橡胶防水卷材、聚氯乙烯防水卷材、氯化聚乙烯防水卷材、氯化聚乙烯—橡胶共混防水卷材、丁基橡胶防水卷材、氯磺化聚乙烯防水卷材。

合成高分子密封材料常用品种有：硅酮密封膏、聚硫建筑密封膏、聚氨酯建筑密封膏、丙烯酸酯建筑密封膏、聚氯乙烯建筑防水接缝材料、氯磺化聚乙烯建筑密封膏。

118. 简述石灰乳化沥青的操作要求？

答：基层应清理干净涂刷冷底子油，夏季施工宜刷稀释的乳化沥青，春季施工基层上刷汽油沥青冷底子油一道，冷底子油不宜过夜，以免落下灰尘而影响质量。

铺抹石灰乳化沥青应掌握好抹压时间，为了便于抹压应按屋面板纵向间隔施工，在表面水尚未结膜时就要用铁抹子进行抹压。铺抹时不应使用刚拌合好的热石灰乳化沥青，应待其冷却到接近大气温度才可铺抹。

在刚铺抹好的石灰乳化沥青表面，立即均匀地撒一层中砂或银白色云母粉。

119. 简述石棉乳化沥青施工操作工艺要点。

答：（1）清理基层。

（2）涂刷冷底子油：将水性石棉沥青防水涂料用一倍量的水稀释，搅拌均匀配成冷底子油。在基层上满刷一道。涂刷要均匀，不得见白露底。

（3）接缝及细部构造附加层：待冷底子油干燥后，对较大裂缝部位及天沟、女儿墙、下水口等部位增涂一布二油附加层。附加层宽度 300~450mm。

（4）刮涂下涂层：待附加层干燥后，按先立面后平面的顺序满刮水性石棉沥青防水涂料一道，薄厚要均匀，用料量 3kg/m²。

（5）铺贴玻璃网格布：待涂膜干燥后，铺贴玻璃网格布。从流水坡度的下坡开始，布的纵向与流水方向垂直，搭接宽度不小于100mm。

（6）刮涂上涂层：在铺玻璃网格布的同时，即可刮涂上涂层。边铺布，边将涂料倒在上面，均匀刮涂，使涂料浸透布纹与底涂层密切结合。涂刮要均匀，用料量约 4kg/m²。

（7）保护层施工：待防水层干燥后，涂上稀释涂料一道，随即撒上细砂或云母粉作为保护层。

（8）质量验收。

120. 石棉乳化沥青冬季施工应采用什么措施？

答：石棉乳化沥青冬季施工可采用以下三种方法中的任意一种：

（1）多次薄涂：多次薄涂，可以减少涂层在干燥过程中的收缩，使涂膜质量达到预期效果。

（2）人工加速干燥：用热风机吹风或红外线照射，加速防水层干燥。

（3）溶剂破乳法：施工前搅拌涂料时，掺入1%～3%的溶剂（汽油、苯等）待充分搅匀后，按2kg/m²的用量涂刷。

121. 膨润土乳化沥青施工操作工艺顺序是怎样的？

答：清理基层→涂刷冷底子油→防水层施工→保护层施工→质量验收。

122. 采用膨润土乳化沥青施工防水层时，过程是怎样的？

答：待冷底子油干燥后进行防水层施工。将膨润土沥青乳液倒在基层上，涂刷均匀。随涂刷随铺贴玻璃网格布。待第一道乳液网格布干燥后，可刷第二道乳液、铺贴第二道玻璃网格布。干燥后再涂刷第三道乳液，形成二布三油防水层。要求网布铺贴平整，无折皱鼓泡。乳液涂刷均匀、密实。玻璃网格布铺贴时上下层要错开，网布与网布的搭接宽度为100mm。

123. 高分子卷材防水施工有哪些特点？

答：（1）耐候性好，使用寿命长。

（2）延伸性好，对基层开裂、变形的适应性强。

（3）防水层重量轻，一般高分子防水卷材为单层施工，重量约2kg/m²，与油毡相比可大大减轻屋面自重。

（4）一般高分子卷材采用冷贴施工，不需要加热熬制胶料，减少环境污染，避免烫伤，施工文明。

（5）高分子防水卷材施工工序简单，可提高工效，缩短工期。

124. SBS改性沥青防水卷材有什么特点？

答：SBS改性沥青防水卷材具有以下特点：

（1）SBS是嵌段共聚橡胶，它既有橡胶性质，亦在热条件下具有热塑性塑料的流动性，易于和沥青混合。

（2）在温度和机械力的作用下SBS与沥青形成均匀的混合体，改性沥青除保持沥青原有的防水性外，亦具有弹性、延展性、耐寒性等橡胶的特性。

（3）SBS改性沥青防水卷材，耐低温性能有较明显的提高。

（4）还提高了卷材的弹性和耐疲劳性，并可进行冷施工。

125. 对 SBS 改性沥青防水卷材的外观质量要求有哪些？

答：SBS 改性沥青防水卷材外观质量要求：

（1）成卷卷材应卷紧卷齐，端面里进外出不得超过 10mm。

（2）任一产品的成卷卷材在 4～50℃温度下展开，在距卷芯 1000mm 长度外不应有 10mm 以上的裂纹或粘结。

（3）胎基应浸透，不应有未被浸渍的条纹。

（4）卷材表面必须平整，不允许有孔洞、缺边和裂口，矿物粒（片）料粒度应均匀一致，并紧密地粘附于卷材表面。

（5）每卷接头不应超过一个，较短的一段不应少于 1150mm，其中 150mm 为搭接宽度，搭接边应剪切整齐。

126. APP 改性沥青防水卷材最突出的特点是什么？

答：APP 改性沥青防水卷材具有优良的高温特性，耐热度可达 160℃；对紫外线老化及热老化有耐久性；适合我国南方高温地区使用。

127. SBS、APP 改性沥青防水卷材的品种和规格有哪些？

答：SBS、APP 改性沥青防水卷材的品种规格：

（1）按胎体分为聚酯胎（PY）和玻纤胎（G）两类。

（2）按表面隔离材料分为聚乙烯膜（PE）、细砂（S）、矿物粒料（M）三种。

（3）按物理力学性能分为Ⅰ型和Ⅱ型。

（4）SBS、APP 改性沥青防水卷材幅宽为 1000mm。厚度有聚酯胎卷材 3mm 和 4mm 两种；玻纤胎卷材有 2mm、3mm 和 4mm 三种。每卷面积分为 15m²、10m²、7.5m²。

128. 什么是纸胎沥青油毡？其规格、品种、标号、等级有哪些？

答：纸胎沥青油毡是先将原纸用低软化点的石油沥青浸渍成油纸，然后用高软化点的石油沥青涂盖在油纸两面，再在表面涂刷或铺撒隔离层材料制作而成。

（1）规格：按幅宽的不同分为 915mm 和 1000mm2 种。常用的是后一种。

（2）品种：按隔离层材料的不同分为粉状面油毡和片状面油毡 2 种。

（3）标号：按浸涂材料的总量的不同分为 200 号、300 号和500 号 3 种。

（4）等级：按浸涂材料的总量和物理性能的不同分为合格品、一等品和优质品 3 种。

129. 氯化聚乙烯防水卷材有什么特点？

答：氯化聚乙烯防水卷材的特点：（1）弹性高、伸长率大，能满足基层伸缩变化、开裂变形的需要。（2）适应温度变化范围大、耐严寒、耐暑热。（3）耐酸碱腐蚀，耐臭氧老化，使用寿命长。（4）可采用冷施工，操作简便，无环境污染。

130. 氯化聚乙烯—橡胶共混防水卷材的特点是什么？

答：氯化聚乙烯—橡胶共混防水卷材的特点：

（1）综合性能优异，兼有氯化聚乙烯的高强度、耐臭氧、耐老化性能和橡胶类材料的高弹性、高延伸性、低温柔性等特性。

（2）良好的耐高低温性，在 -40 ～ +80℃ 温度范围内能正常使用。

（3）良好的阻燃性和粘结性，由于含氯量高，难以燃烧，粘结性良好。

（4）施工简单方便，可冷作业施工，操作安全、工效高。

（5）大气温稳定性好、耐油、耐酸碱，使用寿命长。

（6）宜用于单层外露屋面防水。

131. 什么是三元乙丙橡胶防水卷材？其特点是什么？

答：三元乙丙橡胶防水卷材是由三种单体共聚合成的三元乙丙橡胶为主体，掺入适量的丁基橡胶、硫化剂、促进剂、补强填充剂等经密炼、拉片后用挤出法或压延法成形、硫化等工序加工制成的一种高弹性防水卷材。

其特点是抗拉强度高、伸长率大，对基层的伸缩及开裂变形的适应性强。耐高低温性能好、耐热性能好、冷脆温度低，可在较低气温条件下进行作业，并能在严寒或酷热的气候环境中使用。可采用单层防水做法进行冷施工。

132. 防水涂料分为哪几类？

答：防水涂料分为乳化沥青类防水涂料、改性沥青类防水涂料、橡胶类防水涂料、合成树脂类防水涂料四大类。

133. 防水涂料按照形成涂膜的厚度可以分为哪几种？合成高分子防水涂料和高聚物改性沥青防水涂料的常用品种有哪些？

答：防水涂料按涂膜形成厚度不同可分为两种：厚质防水涂料和薄质防水涂料。合成高分子防水涂料常用品种主要有：聚氨酯防水涂料、硅橡胶防水涂料、水型三元乙丙橡胶复合防水涂料、CB 型丙烯酸酯弹性防水涂料、氯磺化聚乙烯防水涂料。

高聚物改性沥青防水涂料常用品种有：溶剂型弹性沥青防水涂料（包括氯丁橡胶、丁基橡胶、丁苯橡胶改性沥青防水涂料）、水性改性煤焦油防水涂料、水乳型弹性沥青防水涂料、水乳型再生胶沥青防水涂料。

134. 有机防水涂料有什么特点？

答：有机防水涂料的特点有如下几点：

（1）与混凝土、砂浆材性不一致，必须在基面形成整体防水层，才能起到良好的防水效果。涂层的成型、涂膜的力学性能受环境温度、湿度的影响较大。

（2）延伸性、弹塑性好，随基层变形的能力强。

（3）形成致密、一定厚度的防水膜后起防水作用。

（4）耐穿刺能力强。

（5）水乳型涂料无毒。但以苯、甲醛等为溶剂的有机防水涂料有毒，对环境造成污染，人体易受侵害。

（6）溶剂型、反应型涂料易燃，贮运时应注意防水。

（7）除水乳型涂料外，溶剂型、反应型涂料不能在潮湿基层施工。

135. 无机防水涂料有什么特点？

答：无机防水涂料有如下特点：

（1）与混凝土、砂浆材性一致，与基面具有良好的粘结性能，只需堵塞基面的毛细孔隙，就能起到防水效果，特别是背水面防水尤其如此。涂层受温度、湿度的影响与基层相同。

（2）无延伸性，随基层变形的能力差。

（3）形成一定厚度的涂层后起防水作用。

（4）耐穿刺能力强。

（5）基本无毒，对环境不会造成污染。

（6）不燃。

（7）可在潮湿基层施工。

136. 屋面和地下工程涂膜防水层应采用什么防水涂料？

答：屋面防水涂料应采用高聚物改性沥青防水涂料、合成高分子防水涂料。地下防水工程涂料包括有机防水涂料和无机防水涂料。有机防水涂料可选用反应型、水乳型、聚合物水泥防水涂料，主要包括合成橡胶类、合成树脂类和橡胶沥青类。无机防水涂料可选用聚合物改性水泥基防水涂料、水泥基渗透结晶型涂料。

137. 为什么不能在高温下进行防水涂料施工？

答：防水涂料不能在高温（35℃以上）下进行施工的原因如下：

（1）环境气温过高时，水性防水涂料或溶剂型防水涂料施工时水分或溶剂挥发太快，涂料在施工过程中逐渐变稠，涂刷困难，影响施工质量；在成膜过程中，温度过高造成涂层表面水分或溶剂挥发过快，而底层涂料中水分或溶剂得不到充分挥发，成膜反而困难，容易被误认为涂膜已干燥可继续施工，水分埋在涂层下，发生起泡现象，同时涂膜易产生收缩而出现裂纹。

（2）反应型涂料是两种组分发生化学反应而固化，温度高反应速度快，固化时间短，施工可操作时间缩短，提高了施工操作的难度，增加了出现施工质量问题的可能性。

138. 每道涂膜防水层厚度有什么要求？

答：（1）高聚物改性沥青防水涂料用于Ⅱ、Ⅲ级屋面防水其厚度不应小于3mm；用于Ⅳ级屋面防水其厚度不应小于2mm。

（2）合成高分子防水涂料和聚合物水泥防水涂料用于Ⅰ、Ⅱ级屋面防水其厚度不应小于1.5mm；用于Ⅲ级屋面防水其厚度不应小于2mm。

139. JG-1型防水涂料施工操作工艺顺序是怎样的？

答：操作工艺顺序：清理基层→涂刷冷底子油→铺贴附加层→刷第一道防水涂料→铺第一层玻璃丝布→刷第二道防水涂料→铺第二层玻璃丝布→涂刷第三道防水涂料→蓄水试验→保护层施工→质量验收。

140. JG-2型防水涂料施工操作工艺顺序是怎样的？

答：操作工艺顺序：清理基层→涂刷底层涂料→铺贴附加层→铺贴二布三油防水层→蓄水试验→保护层施工→质量验收。

141. JG-1与JG-2防水涂料有什么区别？施工时应注意什么问题？

答：JG-1型是溶剂型防水涂料，可在负温下施工。JG-2型是水乳型防水涂料，可在常温下施工。

JG-1施工中应注意严禁烟火，以免发生火灾。

施工温度为-10~40℃，大风天气不得施工。

施工中一定要待上道涂料干后，再刷下道涂料，以确保质量。

JG-2应在0℃以上施工。粘有防水涂料的工具，用完后放在肥皂水中浸泡，防水层施工后一周内不得上人。JG-2A液贮存6个月；B液贮存3个月；混合液贮存3个月，应密封贮存，防止受冻、日晒、雨淋。

142. 再生胶沥青防水涂料施工操作工艺顺序是怎样的？

答：操作工艺顺序是：清理基层→铺贴附加层→涂刷第一

道涂料贴玻璃丝布→涂刷第二道涂料→涂刷第三道涂料→涂刷第四道涂料贴第二层玻璃丝布→涂刷第五道涂料→涂刷第六道涂料→蓄水试验→保护层施工→质量验收。

143. 简述氯丁胶乳沥青防水涂料及其特点和适用范围。

答：氯丁胶乳沥青防水涂料是以阳离子氯丁胶乳和沥青为主要原料经加工合成的一种水乳型防水涂料。它兼有橡胶和沥青的双重优点，具有防水、抗渗、不延燃、无毒等优点。冷作施工，配以玻璃丝布一起铺贴形成无缝的整体防水层。适用于屋面、厕浴间、地下室等防水工程，尤其适合于平面较为复杂的结构面上进行防水施工。

144. 氯丁胶乳沥青防水涂料施工操作工艺顺序是怎样的？

答：操作工艺顺序是：清理基层→刷第一道涂料→铺第一层玻璃丝布同时刷第二道涂料→刷第三道涂料→铺第二层玻璃丝布同时刷第四道涂料→刷第五道涂料→蓄水试验→屋面保护层施工→质量验收。

145. 进行厕浴间聚氨酯涂膜防水施工的工艺顺序是什么？

答：操作工艺顺序为：清理基层→涂刷基层处理剂→涂刷附加层聚氨酯涂料→涂刮第一道涂料→涂刮第二道涂料→涂刮第三道涂料→稀撒砂粒→蓄水试验→质量验收→保护层施工→第二次蓄水试验。

146. 进行聚氨酯涂膜防水施工时应注意哪些问题？

答：（1）聚氨酯有毒，存放材料的地点及操作现场必须通风良好。

（2）二甲苯等稀释剂易燃，存料、配料及施工现场严禁烟火。

（3）施工时用过的机具在下班前应用稀释剂清洗干净。

（4）已配好的聚氨酯防水涂料必须当天用完，避免过夜后变稠、凝固造成浪费。

（5）施工人员操作时应穿工作服、戴手套、穿软底鞋。

147. 厕浴间管道根部如何进行防水施工？

138

答：（1）立管定位后，在立管四周用水泥砂浆（最好用防水砂浆）或豆石混凝土堵严。

（2）热水管、暖气管等需要加套管。可根据立管的实际尺寸加钢套管，套管高 20~40mm，留管缝 2~5mm，上缝用建筑密封膏封严。套管高出地面 20mm。

（3）套管防水层收头处应用建筑密封膏封严。防水层可按设计要求采用涂膜防水材料。

（4）面层采用 20mm 厚的 1:2.5 水泥砂浆抹平压光，也可以根据设计要求采用其他装饰材料。

（5）管道根部高于地面 20mm，以便排水。

（6）设在转角处的下水管的防水做法，应内高外低，向外坡度为 5%。

148. 厕浴间防水完工后应怎样进行质量验收？

答：（1）厕浴间经蓄水试验，不得有渗漏现象。

（2）涂膜防水材料进场复验后应符合有关技术标准。

（3）涂膜防水层应达到所要求的厚度，表面平整、薄厚均匀一致。

（4）有胎涂膜防水层的玻璃纤维布与基层及各涂层防水层之间应粘结牢固，不得有空鼓、翘边、折皱及封口不严等现象。

149. 为什么水塔、水箱采用结构自防水或防水砂浆等刚性防水做法？

答：因刚性防水材料具有以下特点：

（1）具有较高的抗压、抗拉强度及一定的抗渗透能力，是一种既可防水又可兼作承重、围护结构的多功能材料。

（2）可根据不同的工程构造部位，采用不同的做法，如：1）工程结构自身采用防水混凝土，使结构承重和防水功能合为一体；2）在结构表面加做防水砂浆面层，可提高其防水、抗裂性；3）地下建筑物表面及贮水、输水构筑物表面可采用防水砂浆做法。

（3）抗冻、抗老化性能能满足耐久性要求。

（4）材料易得，造价低廉，施工简便，且易于查找渗漏水源，便于修补，综合经济效果好。

（5）一般为无机材料，不燃烧，无毒、无异味，有透气性。

水塔、水箱一般平面尺寸较小，其结构稳定，不易产生变形、开裂。因此，宜采用结构自防水或防水砂浆等刚性防水做法。

150. 注浆止水材料常用品种有哪些？

答：堵漏止水注浆材料常用品种有：水泥浆体、水泥水玻璃浆材、氧凝注浆补强补漏材料、丙凝注浆补强补漏材料、氰凝注浆补漏材料、水溶性聚氨酯注浆材料、环氧糠醛浆材。

151. 进场卷材的抽样复验应符合哪些规定？

答：进场的卷材抽样复验应符合下列规定：

（1）同一品种、型号和规格的卷材，抽样数量：大于1000卷抽取5卷；500~1000卷抽取4卷；100~499卷抽取3卷；小于100卷抽取2卷。

（2）将受检的卷材进行规格尺寸和外观质量检验，全部指标达到标准规定时，即为合格。其中若有一项指标达不到要求，允许在受检产品中另取相同数量卷材进行复验，全部达到标准规定为合格。复检时仍有一项指标不合格，则判定该产品外观质量为不合格。

（3）在外观质量检验合格的卷材中，任取一卷做物理性能检修，若物理性能有一项指标不符合标准规定，应在受检产品中加倍取样进行该项复验，复验结果如仍不合格，则判定该产品为不合格。

152. 进场防水涂料和胎体增强材料的抽样复验应符合哪些规定？

答：（1）抽取数量。同一规格、品种的防水涂料，每10t为一批，不足10t者按一批进行抽样；胎体增强材料，每3000m²为一批，不足3000m²者按一批进行抽检。

（2）防水涂料物理性能应检验下列项目：延伸率、固体含

140

量、柔性、不透水性和耐热度；胎体增强材料应验收拉力和延伸率。

153. 什么是防水密封材料，有哪些类型，适应性如何？

答：防水密封材料是用于填充缝隙、密封接头或能将配件、零件包起来，具备防水这一特定功能（防止外界液体、气体、固体的侵入，起到水密、气密作用）的材料。

防水密封材料按基材类型分为合成高分子密封材料和高聚物改性沥青密封材料两大类。

防水密封材料适用范围如下：

（1）刚性细石混凝土分格缝嵌缝密封，水落口、下水管口、泛水、穿过防水层管道接口及钉孔的嵌缝密封，防水卷材搭接和接头的收口密封，室内预埋件和螺钉孔密封。

（2）地下工程变形缝的嵌缝密封和其他各种裂缝的防水密封。

（3）建筑工程中的幕墙安装，建筑物的窗户玻璃安装及门窗密封以及嵌缝，混凝土和砖墙墙体伸缩缝及桥梁、道路、机场跑道伸缩缝嵌缝，污水及其他给排水管道的对接密封。

（4）电器设备制造安装中的绝缘和密封，仪器仪表电子元件的封装，线圈电路的绝缘防潮。

154. 什么是改性沥青密封材料？

答：改性沥青密封材料是以石油沥青为基料，加入适量改性材料（例如橡胶、树脂），助剂、填料等配制而成的黑色膏状密封材料。

155. 什么是高分子密封材料？高分子密封材料比高聚物改性材料相比有哪些优点？

答：高分子密封材料是以合成高分子（橡胶、树脂）为主体，加入适量的助剂、填充材料和着色剂等，经过特定的生产工艺加工制成的膏状密封材料或密封胶带。

高分子密封材料是依靠化学反应固化、与空气中的水分交链固化、依靠溶剂或水蒸发固化，成为与接缝两侧粘结牢固，密封牢固的弹性体或弹塑性体。与改性沥青密封材料相比，具有优越的耐高、低温性能和耐久性。该材料主要用于建筑结构接缝密封、卷材搭接密封，以及玻璃幕墙接缝密封、金属彩板密封等特殊场合的密封。

156. 进场的密封材料应符合哪些规定？

答：（1）对改性沥青密封材料：同一规格、品种的密封材料应每 2t 为一批，不足 2t 者按一批进行抽检。改性沥青密封材料应检验粘结性、柔性和耐热度。

（2）对合成高分子密封材料：同一规格、品种的密封材料应每 1t 为一批，不足 1t 者按一批进行抽检。合成高分子密封材料应检验柔性、粘结性。

157. 刚性防水材料有哪些种类？

答：刚性防水材料一般包括两类，一类是组成基准混凝土或基准砂浆的水泥、砂、石等普通基准材料，由基准材料浇筑成的防水混凝土叫做普通防水混凝土；另一类是在基准材料中掺入的各类外加剂，如：混凝土膨胀剂、防水剂、渗透型结晶剂、引气剂、减水剂、密实剂、复合型外加剂、掺合料等，由各类外加剂浇筑成的防水混凝土叫做掺外加剂防水混凝土。按要求配制的这两类混凝土都能使混凝土致密，水分子难以通过，其中，外加剂防水混凝土能按不同的使用要求，配制成不同性能的防水混凝土。

158. 进场卷材的物理性能应检验哪些项目？

答：进场的卷材物理性能应检验下列项目：

（1）沥青防水卷材：纵向拉力，耐热度，柔度，不透水性。

（2）高聚物改性沥青防水卷材：可溶物含量，拉力，最大拉力时延伸率，耐热度，低温柔度，不透水性。

（3）合成高分子防水卷材：断裂拉伸强度，扯断伸长率，低温弯折，不透水性。

159. 改性沥青胶粘剂有何作用？

答：改性沥青胶粘剂是沥青油毡和改性沥青类卷材的粘结

材料，主要用于卷材与基层、卷材与卷材之间的粘结，也可以替代改性沥青密封材料用于水落口、管道根、女儿墙、拼接缝等易渗部位、细部构造处做增强嵌缝密封处理，或作卷材搭接边接缝口的封边处理，当代替密封材料作嵌缝密封处理时，应采用薄涂多遍涂刷的施工方法，以使溶剂充分挥发。

160. 进场的卷材胶粘剂和胶粘带的物理性能应检验哪些项目？

答：进场的卷材胶粘剂和胶粘带物理性能应检验下列项目：

（1）改性沥青胶粘剂：剥离强度。

（2）合成高分子胶粘剂：剥离强度和浸水 168h 后的保持率。

（3）双面胶粘带：剥离强度和浸水 168h 后的保持率。

161. 砂浆、混凝土防水剂常用品种有哪些？堵漏止水材料类防水剂常用品种有哪些？

答：砂浆、混凝土防水剂常用品种主要有：无机铝盐防水剂、氯化物金属盐类防水剂、氯化铁防水剂、金属皂类防水剂、有机硅类防水剂、氯丁胶乳聚合物、丙烯酸共聚乳液防水砂浆。

堵漏止水材料类防水剂常用品种主要有：硅酸钠防水剂、无机高效防水粉（堵漏灵、堵漏停、堵漏能、防水宝等）、Ml31 快速止水剂、M1500 水泥密封防水剂。

162. 油毡瓦屋面安装质量标准是什么？

答：油毡瓦屋面安装质量标准如下：

（1）油毡瓦所用固定钉必须钉平、钉牢，严禁钉帽外露油毡瓦表面。

（2）分层铺设方法应正确，切槽指向无误，油毡瓦之间对缝上下层重合。接缝严密，表面平顺洁净无损伤。

（3）油毡瓦应与基层紧贴，瓦面平整，檐口顺直。泛水做法应符合设计要求，顺直整齐，结合紧密，无渗漏。

（4）脊瓦铺设顺主导风向，搭接正确，固定牢固，屋脊顺直，无起伏现象。搭接两坡面油毡瓦接缝和脊瓦的压盖面积符合施工规范规定。

163. 地下室卷材防水施工的质量验收标准是什么?

答:因为地下室渗漏很难修补,所以地下室防水卷材铺贴完毕必须认真进行检查验收,以确保防水层的质量。

(1) 防水卷材及配套的胶粘剂应有产品合格证。防水材料进入现场须经取样复验,应符合设计要求并能达到有关规定的技术指标。

(2) 卷材防水层及其变形缝、穿墙管道、预埋件等细部做法必须符合设计要求和施工规范的规定。

(3) 卷材防水层不得有渗漏现象。

(4) 卷材防水层的基层应牢固、平整、洁净,无起砂和松动现象,阴阳角处应呈圆弧形或钝角。

(5) 卷材防水层的铺贴和搭接、收头应符合设计要求和施工规范的规定,应粘结牢固,接缝严密,无空鼓、损伤、滑移、翘边、起泡、折皱等缺陷。

(6) 卷材防水层的保护层应粘结牢固,结合紧密、厚度均匀一致。

164. 地下防水工程设计的依据是什么?在什么情况下设计防水层?什么情况下设计防潮层?

答:(1) 地下防水工程的设计必须以工程所处地区的地质水文条件、建筑物的功能、防水要求及建筑物(或构筑物)基础底面与地下水位的关系为依据。

(2) 当地下水位高于地下工程的基础底面时,地下工程的基础与外墙必须做防水处理。

(3) 当地下水位低于地下工程的基础底面时,地下工程的基础与外墙可不做防水层,只做防潮处理。

165. 卷材的贮运、保管应符合哪些规定?

答:卷材的贮运、保管应符合下列规定:

(1) 不同品种、型号和规格的卷材应分别堆放;

(2) 卷材应贮存在阴凉通风的室内,避免雨淋、日晒和受潮，严禁接近火源。沥青防水卷材贮存环境温度，不得高于 45℃；

（3）沥青防水卷材宜直立堆放，其高度不宜超过两层，并不得倾斜或横压，短途运输平放不宜超过四层；

（4）卷材应避免与化学介质及有机溶剂等有害物质接触。

166. 刚性防水材料的特点是什么？

答：（1）具有较多的抗拉强度和一定的抗渗能力，因此，是一种既可用于防水又可作为承重、维护结构的多功能材料。

（2）可根据不同的工程结构构造选取用不同的防水做法，作为承重结构的地下基础部分就可采用防水混凝土，使结构承重和防水合为一体。

（3）抗冻、抗老化性能好、并能满足耐久性要求、其耐老化在 20 年以上。

（4）材料来源广、造价低、施工方便、施工进度快。

（5）一旦出现渗漏情况，漏水源易于查找，便于修补。

167. 卷材胶粘剂和胶粘带的贮运、保管应符合哪些规定？

答：卷材胶粘剂和胶粘带的贮运、保管应符合下列规定：

（1）不同品种、规格的卷材胶粘剂和胶粘带，应分别用密封桶或纸箱包装；

（2）卷材胶粘剂和胶粘带应贮存在阴凉通风的室内，严禁接近火源和热源。

168. 什么情况下，所使用的材料应具有相容性？

答：在下列情况下，所使用的材料应具相容性：

（1）防水材料（指卷材、涂料，下同）与基层处理剂；

（2）防水材料与胶粘剂；

（3）防水材料与密封材料；

（4）防水材料与保护层的涂料；

（5）两种防水材料复合使用；

（6）基层处理剂与密封材料。

169. 什么情况下，不得作为屋面的一道防水设防？

答：在下列情况下，不得作为屋面的一道防水设防：

（1）混凝土结构层；

（2）现喷硬质聚氨酯等泡沫塑料保温层；

（3）装饰瓦以及不搭接瓦的屋面；

（4）隔汽层；

（5）卷材或涂膜厚度不符合规范规定的防水层。

170. 高低跨屋面设计时，有哪些要求？

答：高低跨屋面设计有以下要求：

有高低跨屋面的建筑，高低跨间经常设置变形缝来满足结构设计的要求。而且高低跨屋面设计时，往往将高跨屋面的雨水通过低跨屋面排走，因此，高低跨屋面设计应符合下列规定：

（1）高低跨变形缝的防水处理，应采用有足够变形能力的材料和构造措施，必要时应严密封闭；

（2）高跨屋面为无组织排水时，其低跨屋面受水冲刷的部位，应加铺一层整幅卷材，上铺通长预制 300～500mm 宽的 C20 混凝土板材加强保护；

（3）高跨屋面为有组织排水时，水落管下应加设水簸箕。

171. 什么叫水泥砂浆抹面防水施工？其适用范围是什么？

答：利用不同配合比的水泥浆和水泥砂浆分层分次施工，相互交替抹压密实，充分切断各层次毛细孔网，构成一个多层防线的整体防水层，达到一定防水效果的施工方法称为水泥砂浆抹面防水施工。

水泥砂浆抹面防水适用于埋置深度不大、使用时不会因结构沉降、温度和湿度变化以及振动产生裂缝的地上及地下防水工程；不宜用在长期受冲击荷载和较大振动作用下的防水工程，也不适用于受腐蚀、高温（100℃以上）以及遭受反复冻融的砖砌体工程。

172. 为什么对不同的卷材要规定不同的厚度？

答：不同的卷材应规定不同的厚度，分析如下：

（1）对于合成高分子防水卷材，因为其本身厚度就较薄，铺到屋面上后要经受人们的踏踩、机具的压轧、穿刺、紫外线的辐射及酸雨、臭氧的侵蚀，所以规范规定了卷材防水层要求的最小厚度，以确保在使用过程中的防水功能。

（2）对于高聚物改性沥青防水卷材，此类卷材以沥青为基料，单层施工，而且绝大多数是采用"热熔法"施工工艺，如果厚度过薄，在热熔施工时，容易将卷材烧穿，破坏了卷材的防水功能，因为此种卷材的底面，是一层热熔胶，施工时是将"热熔胶"烤化，当作粘结层来粘结卷材。所以，规定其厚度在Ⅲ级屋面上单独使用时不得小于4mm，在Ⅰ、Ⅱ级屋面上复合使用时，因已有二或三道设防，整体防水功能大为提高，所以厚度可适当减薄，但不得小于3mm。

（3）沥青复合胎柔性防水卷材和纸胎沥青卷材是一个档次，只能在Ⅲ、Ⅳ级屋面上叠层使用，绝不容许在Ⅰ、Ⅱ级屋面上单独使用。

173. 沥青防水卷材常用品种有哪些？为什么不宜在温度过低时进行卷材施工？

答：沥青防水卷材常用品种有：石油沥青纸胎油毡、石油沥青油纸、石油沥青麻布油毡、石油沥青玻璃纤维胎油毡、带孔油毡、煤沥青纸胎油毡。

改性沥青类卷材的温度敏感性强，温度过低使卷材柔度降低、变硬、变脆，不易开卷；热熔法或热粘贴施工能量消耗大，卷材粘贴面温度降低快，施工困难，难以保证卷材的粘贴质量。合成高分子卷材大都采用胶粘剂冷粘施工，温度过低时胶粘剂稠度会增大，不利于涂刮，其中溶剂很难挥发，影响卷材的粘结。故规范规定温度过低时卷材不宜进行施工。

174. 防水卷材铺贴的基本施工条件是什么？

答：（1）基层验收合格：铺贴卷材防水层前，基层验收应合格，这是卷材铺贴施工条件的第一步。

（2）基层干净：基层表面的灰尘、水泥砂浆、木屑、铁锈等微细物均有碍于防水层与基层的粘结，需要彻底清除。

（3）基层干燥：一般要求基层的混凝土或水泥砂浆的含水率控制在6%～9%以下。

（4）适当温度：基层表面温度与气候条件等密切相关。一般而言，卷材防水应选择在晴朗天气下施工。此时防水层铺贴效果最佳。宜避开寒冷和酷暑季节，严禁在雨天、雪天施工，五级风及其以上也不得施工。

（5）一定龄期：防止水泥类材料体积收缩引起防水层的开裂。

175. 沥青油毡卷材防水屋面的施工，对设置排汽屋面有什么要求？

答：屋面保温层干燥有困难时，宜采用排汽屋面，排汽屋面的设置应符合下列规定：

（1）找平层设置的分格缝可兼作排汽道；铺贴卷材时宜采用空铺法、点粘法、条粘法。

（2）排汽道应纵横贯通，并与大气连通的排汽管相通；排汽管可设在檐口下或屋面排汽道交叉处。

（3）排汽道宜纵横设置，间距宜为6m。屋面面积每36m²宜设置一个排汽孔，排汽孔应做防水处理。

（4）在保温层下也可铺设带支点的塑料板，通过空腔层排水、排汽。

176. 卷材防水施工前基层验收程序是什么？基层平整度有什么简单检查方法？

答：验收程序一般是在进行防水施工前，由土建单位与专业防水施工队或工程项目部与防水施工班组之间办理交接验收手续。

基层平整度的检查方法可应用2m长直尺，把直尺靠在基层表面，直尺与基层间的空隙不得超过5mm。且空隙仅允许平缓变化，在每米长度内不得多于一处。

177. 卷材防水施工基层含水率应控制在多少为宜？

答：一般要求基层的混凝土或水泥砂浆的含水率应控制

6% ~9%以下。

178. 卷材防水施工应避开什么样的天气?

答:卷材防水施工应避开寒冷和酷暑季节,严禁在雨天、雪天施工,五级风及其以上也不得施工。

179. 屋面卷材防水层的施工顺序是怎样的?

答:当有高低跨屋面时,应先做高跨,后做低跨,并按先远后近的顺序进行施工。

在同一层屋面施工时,应按由最低部向高处的顺序进行。先铺贴水落口、檐口、天沟、阴阳角、出屋面的烟道、通风管道等处的加强层,而后再铺贴大面。

坡面与立面相交处的卷材,应先铺坡面,由坡面向上铺至立面。

180. 屋面油毡应按什么工艺顺序铺贴?

答:铺贴屋面油毡的操作工艺顺序如下:清理基层→冷底子油→檐口、阴阳角、管根等局部进行附加层油毡铺贴→屋面大面防水层油毡分层铺贴→质量验收→蓄水试验→浇沥青胶,撒铺豆石保护层。

181. 采用冷玛蹄脂、玻璃纤维脂油毡如何进行施工?

答:清理基层→涂刷冷底子油→细部节点作加强层→刷冷玛蹄脂,铺第一层玻璃纤维脂油毡→依次刷铺第二层冷玛蹄脂,玻璃纤维油毡→蓄水试验→隐检验收→刷面层冷玛蹄脂并随即撒铺保护层。

182. 简述沥青防水卷材热粘贴法和冷粘贴法施工过程。

答:热粘贴法施工过程:基层检查清理→喷刷冷底子油→节点附加增强处理→浇刮热沥青玛蹄脂→卷材的分层铺贴→卷材收头处理→清理检查修整→浇刮面层热沥青玛蹄脂→铺撒屋面保护层→检查验收。

冷粘贴法施工过程:基层检查清理→节点密封处理→喷刷冷沥青玛蹄脂→卷材的分层铺贴→卷材收头处理→喷刷面层冷玛蹄脂→铺撒面层保护层→检查验收。

183. 什么叫卷材屋面的点粘法？

答：卷材屋面的点粘法即屋面在铺贴防水卷材时，卷材或打孔卷材与基层用点状粘结的方法，每平方米粘结不少于5点，每点面积为100mm×100mm。

184. 简述沥青防水卷材的铺贴方法，通常采用哪种铺贴方法，其优点是什么？

答：沥青防水卷材一般有两种铺贴方法：实铺法和空铺法。

实铺法是指在找平层和以上各层满铺热沥青玛蹄脂，使油毡全面粘牢、没有孔隙的做法。

空铺法是在铺第一层油毡时，仅在油毡侧边150~200mm宽的范围内满铺，而中间部分采用条形、蛇形或点形花撒沥青玛蹄脂进行铺贴，铺贴后形成贯通的空隙，使防水层下的潮汽能通畅的由檐口部位的出气孔或沿屋脊设置的排气槽排出。

通常采用空铺法，因为采用空铺法可以节省玛蹄脂，减少鼓色和避免因基层变形而引起拉裂油毡防水层。

185. 屋面卷材铺贴方向与屋面坡度是什么关系？

答：屋面卷材铺贴的方向，应根据屋面坡度或屋面是否受振动来确定。

屋面坡度小于3%时，宜平行屋脊铺贴。

屋面坡度在3%~15%之间时，可平行或垂直屋脊铺贴。

屋面坡度大于15%或屋面受振动时，应垂直于屋脊铺贴。

屋面坡度大于25%时，屋面不宜使用卷材防水层。

186. 油毡搭接尺寸有什么规定？

答：油毡卷材的长向和短向的各种接缝应互相错开，上下两层油毡不准互相垂直铺贴，必须将接缝处错开1/3~1/2的幅宽。平行于屋脊铺贴时，长边搭接应不小于7cm，短边不小于10cm，坡屋面不小于15cm。相邻两幅卷材短边接缝应错开50cm以上。当第一层采用花铺时，长边搭接边不应小于10cm，短边不应小于15cm。

坡度超过15%的工业厂房拱形屋面和天窗下的坡面上应避

免短边搭接，以免卷材下滑，如必须搭接时，可以在搭接部位用油膏或钉固定。

垂直于屋脊铺贴时，卷材应搭接于屋脊对面至少在200mm以上。

187. 铺贴卷材时机械固定工艺有哪些？

答：卷材铺贴机械固定工艺有：

（1）机械钉压法：机械钉压法是采用镀锌钢钉或钢钉等固定卷材防水层的施工方法。适用于木基层上铺设高聚物改性沥青防水卷材。

（2）压埋法：压埋法施工，是卷材与基层大部分不粘结，卷材上面采用卵石等压埋，但搭接缝及周边仍要全部粘结的施工方法。适用于空铺法、倒置式屋面。

188. 铺贴油毡时应该注意什么？

答：（1）沥青防水卷材铺贴严禁在雨雪天进行；五级风及其以上时不得施工；大雾天气及气温低于0℃时不宜施工。

（2）应注意按屋面坡度确定的铺贴方向进行铺贴。

（3）油毡的搭接宽度必须符合规范要求，并应注意搭接的方向，短边搭接应顺主导风向，长边搭接应顺流水方向。

（4）沥青玛蹄脂的使用温度不应低于190℃，熬制好的沥青胶应尽快用完。

189. 地下工程卷材的铺贴方法，按其保护墙施工先后顺序及卷材铺设位置，可分为"外防外贴法"和"外防内贴法"两种。什么是外防外贴法？

答：外防外贴法是先在垫层上铺贴底层卷材，四周留出接头，待底板混凝土和立面混凝土浇筑完毕，将立面卷材防水层直接铺设在防水结构的外墙外表面。

190. 外防外贴法的施工工艺是什么？

答：外防外贴法工艺顺序：铺设地下垫层→砌筑部分保护墙→铺贴防水卷材→平面保护层施工→浇筑混凝土结构→继续铺贴防水层卷材→立面保护层施工→回填土。

191. 什么是外防内贴法？

答："外防内贴法"是地下工程卷材铺贴的方法之一。"外防内贴法"是先浇筑混凝土垫层，在垫层上将永久性保护墙全部砌好，抹水泥砂浆找平层，将卷材防水层直接铺贴在垫层和永久性保护墙上的一种卷材施工方法。

192. 外防内贴法的施工工艺是什么？

答：外防内贴法工艺顺序：铺设地下垫层→砌筑永久保护墙→抹水泥砂浆找平层→铺贴防水卷材→保护层施工→浇筑混凝土结构→回填土。

193. 外防外贴法的优缺点有哪些？

答：外防外贴法优点是，防水效果好，卷材防水层粘贴在地下结构工程的迎水面上，可使防水层与结构共同工作以抵抗地下水的压力，防水层受地下水压力后，更紧地贴在结构表面。施工简单，容易修补，受结构沉降引起的变形小，便于检查结构和防水层的质量。

外防外贴法的缺点是，增加土方的开挖工程量。

194. 外放内贴法的优缺点有哪些？

答：外放内贴法的优点是，可以连续进行防水层施工，减少开挖土方工程量，节约墙体混凝土的外侧模板。

外防内贴法的缺点是，受结构沉降变形影响较大，对防水层的保护需倍加注意，对墙体结构施工的质量不易检查。

195. 什么叫热熔法？什么卷材应用热熔法施工？

答：热熔法就是采用火焰加热器熔化热熔型防水卷材底层的热熔胶进行粘结的施工方法。热熔法可用于带有热熔底胶的高聚物改性沥青防水卷材的施工。

196. 热熔卷材防水施工的工艺顺序是什么？

答：操作工艺顺序：清理基层→涂刷基层处理剂→铺贴卷材附加层→热熔铺贴大面防水卷材→热熔封边→蓄水试验→保护层施工→质量验收。

197. 热熔铺贴卷材施工时应注意什么？

答：（1）幅宽内应均匀加热，烘烤时间不宜过长，防止烧坏胎层材料。

（2）热熔后立即滚铺，滚压排气，使之平展、粘牢、无褶皱。

（3）滚压时，以卷材边缘溢出少量的热熔胶为宜，溢出的热熔胶应随即刮封接口。

（4）整个防水层粘贴完毕，所有搭接缝用密封材料予以密封。

198. 简述 SBS 橡胶改性沥青油毡施工的操作要点？

答：基层应清理干净，涂刷冷底子油 1～2 道。在阴阳角、挑檐管道、地漏处先刷氯丁胶乳化沥青胶，然后粘贴加强层。在大面铺贴前，要弹好线，按线截割油毡、卷材待用，铺粘时要根据火焰温度掌握烘烤距离。一般以 30～40cm 为宜。太近，容易烧坏油毡；太远则烘烤效果不好。柔性油毡接槎的部位要注意将油毡边烘烤边压实。

199. 自粘型卷材施工时注意的要点有哪些？

答：（1）铺贴卷材前，基层表面应均匀涂刷基层处理剂，干燥后及时铺贴卷材。

（2）铺贴卷材时，应将自粘胶底面隔离纸撕净。

（3）卷材滚铺时，高聚物改性沥青防水卷材要稍拉紧一点，不能太松弛。应排除卷材下面的空气，并辊压粘结牢固。

200. 卷材防水层施工完毕，经清理检查后应及时做好面层的保护层。铺设绿豆砂保护层要注意什么问题？

答：（1）绿豆砂宜选用粒径为 3～5mm 石子，应色浅、清洁，经过筛选，颗粒均匀，并用水冲洗干净。

（2）绿豆砂应在卷材表面浇最后一层热沥青玛蹄脂时，迅速将均匀加热温度至 100～150℃ 的绿豆砂铺洒在卷材上，并应全部嵌入沥青玛蹄脂中。可用小木板由下而上摊铺，并用木板拍压，或用小铁辊滚压，使其粘结牢固。

（3）施工要快速连贯趁热进行，要保证热玛蹄脂的厚度均匀（2~3mm），绿豆砂要保证嵌入沥青玛蹄脂内1/2粒径，并注意立面部位要认真粘结。

201. 屋面卷材防水层工程质量验收主控项目及方法是什么？

答：（1）卷材防水层所用卷材及其配套材料，必须符合设计要求。

检验方法：检查出厂合格证、质量检验报告和现场抽样复验报告。

（2）卷材防水层不得有渗漏或积水现象。

检验方法：雨后或淋水、蓄水检验。

（3）卷材防水层在天沟、檐沟、檐口、水落口、泛水、变形缝和伸出屋面管道的防水构造，必须符合设计要求。

检验方法：观察检查和检查隐蔽工程验收记录。

202. 屋面卷材防水层工程质量验收一般项目及检验方法是什么？

答：屋面卷材防水层工程验收一般项目内容主要有以下四点：

（1）卷材防水层的搭接缝应粘（焊）结牢固，密封严密，不得有皱折、翘边和鼓泡等缺陷；防水层的收头应与基层粘结并固定牢固，缝口封严，不得翘边。

检验方法：观察检查。

（2）卷材防水层上的撒布材料和浅色涂料保护层应铺撒或涂刷均匀，粘结牢固；水泥砂浆、块材或细石混凝土保护层与卷材防水层间应设置隔离层；刚性保护层的分格缝留置应符合设计要求。

检验方法：观察检查。

（3）排汽屋面的排汽道应纵横贯通，不得堵塞。排汽管应安装牢固，位置正确，封闭严密。

检验方法：观察检查。

（4）卷材的铺贴方向应正确，卷材搭接宽度的允许偏差为－10mm。

检验方法：观察和尺量检查。

203. 进行油毡防水作业应采取哪些安全防火措施？

答：油毡防水作业是热施工作业，安全防火极为重要，主要措施如下。

（1）现场熬制沥青、玛蹄脂、拌制沥青砂浆、沥青混凝土时，必须远离建筑物和易燃物 25m 以上，并设在下风向，与电源线、地下电缆、煤气管道等都必须保持适当的距离。

（2）沥青锅附近必须准备好消防器材和灭火工具。沥青锅一旦着火，必须迅速将铁板盖在沥青锅上，待与空气隔绝后，火焰即会自行熄灭。也可以用灭火器进行扑救，严禁用水灭火。

（3）汽油、煤油以及苯类、丙酮等清洗剂都是易燃物，必须存放在专用仓库内，并远离火源。

（4）调兑冷底子油时，一定要控制沥青温度，调兑时要徐徐倒入，严防速度过快引起火灾。

（5）使用喷灯烘烤基层时，必须将易燃物远离火源，并设专人看火，动火前必须申请。

（6）沥青砂浆或沥青混凝土施工缝接茬时或用铁滚滚压时，都要掌握温度，防止引起火灾。

（7）由于场地狭窄，熬沥青等作业不能满足距离易燃物、建筑物的距离要求时，可在沥青锅、砂盘附近砌筑防火隔离墙，隔离墙的高度应在 2m 左右。

204. 防水作业应采取哪些防毒措施？

答：（1）熬制沥青胶或玛蹄脂以及进行防腐蚀沥青胶泥作业的工人，特别当采用焦油沥青时，必须带好防毒口罩，脸上涂防毒药膏或凡士林油。

（2）用苯类、丙酮、汽油做清洗剂擦洗时，或在地下室、沟槽内作业时，要注意通风换气，一要用机械送风；二要每隔 2h 到室外空气新鲜的地方适当休息。

（3）接触石棉粉、石棉纤维的工人应戴好口罩和塑料手套。注意轻拿轻放，防止粉尘飞扬，影响健康。

（4）在密封房间内进行防水施工，当出入口在上方时，要设置牢固可靠、防火性能好的上下梯道。

205. 进行高空作业时，应采取哪些安全防护措施？

答：（1）在进行高空作业时，尤其在挑檐、雨罩处进行防水施工时，必须搭好脚手架、安全网和护身栏。操作者在这些部位施工时，必须面向外或侧身操作，防止造成高空坠落。同时严禁在同一平面上进行立体交叉作业。

（2）严禁从高空往下扔东西，防止物体打击伤人。

（3）在熬制沥青和运输、施工过程中，要防止热沥青外溢，操作者要戴好护脚或穿球鞋，穿好工作服，精神集中，防止烫伤。

206. 屋面防水卷材施工时的安全环保措施有哪些？

答：（1）城市市区不得使用沥青卷材防水；郊外使用，施工前必须经当地环保部门审批。

（2）必须在施工前做好施工方案，做好安全技术交底。热熔法施工前应持有动火证。

（3）卷材、沥青均系易燃品，存放及施工中严禁明火；熬制沥青时，必须备齐防火设施及工具。

（4）铺贴卷材时，人应站在上风向；操作者必须戴好口罩、袖套、鞋盖、布手套等劳保用品。

207. 简述蓄、淋水试验方法及一般规定。

答：屋面、厕所、卫生间防水工程完工后，验收之前需进行蓄水或淋水试验。

对于有女儿墙的屋面防水工程和厕所、卫生间防水工程，将水落口、地漏封严，然后放水，水深约 6～10cm，蓄水时间 24h，然后检查有无渗漏，不渗漏即为合格，如有渗漏，应及时进行修补。

如屋面为挑檐，无法蓄水时，可以进行淋水试验。将花管置于屋面最高处，通水时间不少于 2h，然后检查渗漏情况。

若施工后遇到两场中雨或一场大雨，可以免作蓄淋水试验，但要在雨后及时检查渗漏情况。

208. 防水涂料具有哪些特点？其施工顺序是怎样的？

答：防水涂料具有冷施工性能、涂层整体无接缝、构造节点便于防水处理、水性防水涂料能在潮湿基层施工等特点。

涂膜防水施工顺序是：

（1）涂膜防水屋面施工应"先高后低，先远后近"涂刷涂料，并先做水落口、天沟、檐沟等细部的附加层，后做屋面大面涂刷。

（2）大面积涂刷宜以变形缝为界分段作业，涂刷方向应顺屋脊进行。屋面转角与立面涂层应该薄涂，遍数要多，并达到要求厚度。涂刷应均匀，不堆积、不流淌。

209. 厚质涂料防水层施工前对基层有什么要求？

答：厚质涂料防水层施工前对基层的要求，将基层杂物、浮浆清理干净，不得有酥松、起砂、起皮等现象。厚质涂料防水层采用湿铺法施工，即在头遍涂层表面刮平后，立即铺贴胎体增强材料。铺贴时应做到平整、不起皱，也不能拉伸太紧，并使网孔中充满涂料。待干燥后继续进行第二遍涂料施工。

210. 厚质涂料防水层施工当采用湿铺法时应该如何施工？

答：施工程序为：施工准备工作→板缝处理及基层施工→基层检查及处理→细部节点和特殊部位附加增强处理→涂布防水涂料、铺贴胎体增强材料→防水层清理与检查整修→保护层施工→工程验收。

211. 油膏嵌缝涂料屋面的施工顺序及施工要点是什么？

答：油膏嵌缝涂料层面操作工艺顺序：基层处理→油膏嵌缝→涂刷防水涂料→蓄水试验→保护层施工→质量验收。其施工要点基层必须清理干净。

油膏嵌缝可分为热灌施工及冷嵌施工，热灌应控制好热灌温度并作好盖缝层，冷嵌应分两次嵌填油膏要高于板面3～5mm。

涂料要刷匀，采用玻璃丝布铺贴要平整，无翘边折皱及粘接不良现象。

212. 怎样选择厕浴间涂膜防水涂料？

答：涂膜防水材料的选择可根据工程性质、特点及使用标准，选择不同档次的涂膜防水材料。如大型公共建筑可选用高档的聚氨酯涂膜防水材料；一般的住宅工程可选用氯丁胶乳沥青或 SBS 橡胶改性沥青等中档防水涂料；低档工程可选用 JG 型再生胶性沥青防水涂料等。这些不同档次的防水材料，只要认真施工，合理安排工序均能起到良好的防水作用。

213. 厕浴间涂膜防水施工之前对基层有哪些要求？

答：（1）防水层施工前，所有管件、卫生设备、地漏等必须安装牢固、接缝严密。上水管、热水管、暖气管应加套管，套管应高出基层 20~40mm。管道根部应用水泥砂浆或豆石混凝土填实，并用密封膏嵌严。管道根部应高出地面 20mm。

（2）地面坡度为 2%，向地漏处排水。地漏处排水坡度，以地漏周围半径 50mm 之内排水坡度为 5%，地漏处一般低于地面 20mm。

（3）水泥砂浆找平层应平整、坚实、抹光，无麻面、起砂、松动及凹凸不平现象。

（4）阴阳角、管道根处应抹成半径为 100~150mm 的圆弧形。

（5）基层应干燥，含水率不大于 9%。

（6）自然光线较差的厕浴间，应准备足够的照明。通风较差时，应增设通风设备。

（7）涂膜防水层施工时，环境温度应在 5℃以上。

214. 地下防水工程应选用什么质量的防水涂料？

答：地下防水工程属长期浸水部位，涂料防水层应选用具有良好的耐水性、耐久性、耐腐蚀性和耐菌性的涂料。

215. 地下防水工程选用有机防水涂料时应该选用什么类型的？当选用无机防水涂料时应该选用什么类型的？

答：地下防水工程采用有机防水涂料时应选用反应型、水乳型、聚合物水泥防水涂料，主要包括合成橡胶类、合成树脂类和橡胶沥青类。地下防水工程采用无机防水涂料对应选用聚合物改性水泥基防水涂料、水泥基渗透结晶型防水涂料。

216. 对涂膜的固化时间应该如何掌握？

答：各种防水涂料都有不同的干燥时间，干燥有表干和实干之分。后一遍涂料的施工必须等前遍涂料干燥后方可进行，即涂膜层涂刷后需要一定的间隔时间。因此，在施工前必须根据气候条件，经试验确定每遍涂刷的涂料用量和间隔时间。

薄质涂料施工时，每遍涂刷必须待前遍涂膜实干后才能进行，否则单组分涂料的底层水分或溶剂被封固在上涂层下不能及时挥发，而双组分涂料则尚未完全固化，从而形不成有一定强度的防水膜，而且后遍涂刷时容易将前一遍涂膜刷破起皮而破坏。一旦雨水渗入易冲刷或溶解涂膜层，破坏涂膜的整体性。

薄质涂料每遍涂层表干时实际上已基本达到了实干，因此，可用表干时间来控制涂刷间隔时间。涂膜的干燥快慢与气候有较大关系，气温高，干燥就快，湿度小，且有风时，干燥也快。一般在北方常温下 2~4h 即可干燥，而在南方湿度较大的季节，2~3 天也不一定能干燥。因此，涂刷的间隔时间应根据气候条件来确定。

217. 涂膜防水层施工有哪些注意事项？

答：（1）涂膜防水层施工必须在其他工程完工后进行，以免在其他工程施工时损坏防水层。

（2）雨天、雪天、五级风及其以上时不得施工，气温低于5℃或施工时高于35℃时不宜施工，夏季宜选择早晚施工。

（3）厚质防水涂料使用前应特别注意搅拌均匀。如搅拌不均匀，不仅涂刷困难，而且当未抹匀的颗粒杂质残留在涂层内，将成为渗漏的隐患。

（4）施工顺序先做节点、附加层，然后再进行大面积施工。

（5）玻璃纤维网格布的搭接宽度不得小于 100mm，应铺平均匀，不得起皱。

（6）施工人员不得穿皮鞋、高跟鞋施工。

218. 如何维修涂膜防水层的老化和无规则裂缝问题？

答：涂膜防水层无规则裂缝维修，应铲除损坏的涂膜防水层，清除裂缝周围浮灰及杂物，沿裂缝涂刷基层处理剂，待其干燥后，铺设涂膜防水层。防水涂膜应由两层以上涂层组成。新铺设的防水层与原防水层粘结牢固并封严。

涂膜防水层老化维修，将剥落、露胎、腐烂、严重失油部分的涂膜防水层清除干净，修整或重做找平层。重做带胎体增强材料的涂膜防水层，新旧防水层搭接宽度不应小于100mm，外露边缘应用涂料多遍涂刷封严。

219. 为什么防水涂料在施工时要薄涂多遍才能确保质量？

答：防水涂料在施工时要薄涂多遍才能确保质量，是因为：

04规范规定"防水涂膜应分遍涂布，待先涂布的涂料干燥成膜后，方可涂布后一遍涂料"。因为涂料在成膜过程中，要释放出水分或气体，所以涂膜越薄，则水分和气体容易挥发，并缩短了成膜的时间。但是由于水分和气体的挥发会在防水涂膜上留下一些毛细孔，会形成渗水的通道，所以在涂第二遍防水涂料时，涂料会将第一遍涂膜中的毛细孔封闭，堵塞第一遍膜中的渗水通道。涂刷第三遍防水涂料时，涂料又会将第二遍涂膜上的毛细孔堵塞。经过这样多次涂刷，用上边一遍涂料堵住下边一层涂膜的毛细孔，从而提高了涂膜防水层的整体防水功能。所以，一般冷施工的防水涂料，都要经过多遍涂刷才能达到所需要的涂膜厚度，而不能一次就涂刷到规定厚度。

220. 防水施工过程中应如何注意成品保护？

答：（1）在安排施工进度时，要尽量将防水作业作为最后一道工序安排；

（2）各工种交叉施工中，应注意妥善保护防水层；

（3）合理安排防水施工顺序；

（4）在进行防水施工时，或在防水层上铺撒豆石，铺设面层运料手推车的支腿要用麻袋或泡沫包裹；

（5）防水作业完成后，应尽快进行检查验收，及时进行保护层施工；

（6）地下室回填土，要防止大块石块、钢材、混凝土等冲破保护层。

221. 如何维修卷材防水层无规则裂缝和大面积的折皱、卷材拉开脱空、搭接错动的问题？

答：卷材防水层出现无规则裂缝，应将裂缝处面层浮灰和杂物清除干净，宜沿裂缝铺贴宽度不应小于 250mm 卷材或铺设带有胎体增强材料的涂膜防水层。满粘满涂，贴实封严。防水层出现大面积的折皱、卷材拉开脱空、搭接错动，应将折皱、脱空卷材切除，修整找平层，用耐热性相适应的卷材维修。卷材铺贴宜垂直屋脊，避免卷材短边搭接。

222. 刚性防水屋面防水层裂缝渗漏维修，采用防水卷材如何维修？

答：采用防水卷材贴缝维修，应将高出板面的原有板缝嵌缝材料及板缝两侧板面的浮灰或杂物清理干净。铺贴卷材宽度不应小于 300mm，沿缝设置宽度不应小于 100mm 隔离层，而层贴缝卷材周边与防水层混凝土有效粘结宽度应大于 100mm，卷材搭接长度不应小于 100mm，卷材粘贴应严实密封。

223. 刚性防水屋面工程质量检验主控项目有哪些？

答：刚性防水屋面工程质量检验主控项目包括：

（1）细石混凝土的原材料及配合比必须符合设计要求。

检验方法：检查出厂合格证、质量检验报告、计量措施和现场抽样复验报告。

（2）细石混凝土防水层不得有渗漏或积水现象。

检验方法：雨后或淋水、蓄水检验。

（3）细石混凝土防水层在天沟、檐沟、檐口、水落口、泛水、变形缝和伸出屋面管道的防水构造，必须符合设计要求。

检验方法：观察和检查隐蔽工程验收记录。

224. 卷材防水层开裂，采用防水涂料如何进行维修？

答：采用防水涂料维修裂缝，应沿裂缝清理面层灰尘、杂物，铺设两层带有胎体增强材料的涂膜防水层，其宽度不应小于 300mm，宜在裂缝与防水层之间设置宽度为 100mm 的隔离层，接缝处应用涂料多遍涂刷封严。

225. 沥青浸渍砖如何采用湿法浸渍？

答：沥青浸渍砖采用湿法浸渍，就是先将黏土砖浸入水中，充分吸水无气泡时取出晾至不滴水时再放入沥青锅内，熬煮 2h 左右，取出晾干待用。

226. 屋面防水层的基层（找平层）"五要"、"四不"、"三做到"具体指什么内容？

答：找平层"五要"是指：一要坡度准确、排水流畅；二要表面平整；三要坚固；四要干净；五要干燥。"四不"是指表面不起砂、表面不起皮、表面不酥松、不开裂。"三做到"是指做到混凝土或砂浆配合比正确；做到表面二次压光；做到充分养护。

227. 大面积严重渗漏水处理措施是什么？

答：（1）衬砌后和衬砌内注浆止水或引水，待基面干燥后，用掺外加剂防水砂浆、聚合物水泥砂浆、挂网水泥砂浆或防水涂层等加强处理；

（2）引水孔最后封闭；

（3）必要时采用贴壁混凝土衬砌加强。

228. 阳台、雨篷与墙面交接处裂缝渗漏如何维修？

答：阳台、雨篷与墙面交接处裂缝渗漏维修，应在板与墙连接处沿上、下板面及剁立面的墙上剔成 20mm × 20mm 沟槽，清理干净，嵌填密封材料，压实刮平。

229. 地下工程混凝土裂缝渗漏水的防治方法有哪些？

答：地下工程混凝土裂缝渗漏水的防治方法如下：

（1）预防措施

1）按工程功能及使用要求进行配合比选择，严格控制水泥品种及用量、砂石级配比及含泥量，严格控制水灰比。

2）控制混凝土的入模温度，分层浇筑，采取挡风或遮阳措施。

3）加强机械振捣，要充分、密实、不得漏振。

4）加强混凝土覆盖，保湿、保温，严格进行浇水养护。

（2）处理方法

1）分析裂缝的性质，会同有关部门共同处理。

2）塑性裂缝可用水泥砂浆薄抹处理。干缩裂缝的处理方法与塑性裂缝相同。温度裂缝当缝宽大于 0.1mm 时，根据可灌程度，采用水泥灌浆或化学灌浆方法，或者灌浆与表面封闭同时采用；当缝宽小于 0.1mm 时，可只做表面处理或不处理。

230. 地下工程混凝土施工缝渗漏水的防治方法是什么？

答：地下工程混凝土施工缝渗漏水的防治方法如下：

（1）预防措施

2）施工缝应尽量不留或少留。必须留时应与变形缝统一起来。

2）施工缝留设的位置及施工方法要按规定要求严格执行。

3）设计钢筋布置与墙体厚度时，应考虑施工的方便。

（2）处理方法

1）根据施工缝渗漏情况和水压大小，采取注浆、嵌填密封材料及设置排水暗槽等方法处理，表面增设水泥砂浆、涂料防水层等加强措施。

2）对渗漏的施工缝，也可沿缝剔成八字凹槽，刷洗干净后，用水泥素浆打底，抹 1∶2.5 聚合物水泥砂浆找平压实。

231. 施工现场事故处理原则"四不放过"是什么？

答：（1）事故原因未查明不放过；

（2）责任人未处理不放过；

（3）整改措施未落实不放过；

（4）有关人员未受到教育不放过。

232. 发生流淌的主要原因是什么？

答：沥青玛蹄脂耐热度偏低；配料时没有按配合比严格称量；铺设卷材时，沥青玛蹄脂涂刷太厚（超过 2mm）。流淌一般发生在最上一层卷材，过 1~2 年后可以趋向稳定，待稳定后即可维修。

233. 引起卷材防水层鼓泡的主要原因是什么?

答：基层在鼓泡处较潮湿；基层面不平，铺贴卷材时在基层凹陷处粘结不良或卷材局部含有水分等。当气温升高时，水分气化，造成一定气压，致使卷材鼓泡。

234. 引起卷材防水层开裂的原因有哪些?

答：（1）屋面基层变动、温度作用下热胀冷缩、建筑物不均匀下沉等引起屋面板端头缝处卷材防水层呈直线开裂。

（2）保温层铺设不平，水泥砂浆找平层厚薄不匀，在屋面基层变动时找平层开裂而引起卷材防水层不规则开裂。

（3）卷材搭接处搭接长度较少、收头不好而拉裂。

（4）卷材防水层老化龟裂、鼓泡的破裂、卷材有外伤、卷材质量不良、卷材延伸度较小、卷材抗拉力较差等引起卷材开裂。

（5）冬季环境温度低，容易引起卷材脆裂。

（6）在屋面板端头缝处没有平铺一层卷材条，屋面板变动时，卷材没有伸缩余地而引起开裂。

235. 屋面工程质量的验收主控项目含义是什么?

答：屋面工程质量的验收主控项目是对建筑工程的质量起决定作用的检验项目，反映了屋面工程的重要技术性能，主控项目中所有子项必须全部符合施工验收规范规定的指标，才能判定该分项工程合格。

236. 屋面工程质量的检验批量中规定接缝密封防水内容是什么?

答：屋面工程质量的检验批量规定，接缝密封防水，每50m 应抽查一处，每处 5m 且不得少于 3 处。

237. 防水工程验收应提交哪些文件?

答：防水工程验收应提交以下技术文件：

（1）防水材料合格证与试验报告；

（2）防水施工中重大技术问题的处理记录和工程洽商变更记录；

（3）现场质量检查及隐蔽工程验收记录；

（4）蓄、淋水试验检查记录。

238. 屋面卷材防水层的主要质量通病有哪些？

答：屋面卷材防水层的主要质量通病有鼓包、开裂、流淌、老化、节点渗漏等。

239. 防水找平层有缺陷，坡度不足或不平整而积水对防水层会带来哪些危害？

答：防水找平层有缺陷，坡度不足或不平整而积水对防水层的危害：长期积水，增加渗漏概率；使卷材、涂料、密封材料长期浸泡降低性能，在太阳或高温下水分蒸发，使防水层处于高热、高湿环境，并经常处于干湿交替环境，使防水层加速老化。

240. 对地下室卷材防水层如何进行成品保护？

答：（1）底板防水层完工后，应及时做好混凝土保护层，并防止在浇筑保护层过程中损坏防水层。小车或吊斗不得碰坏防水层。推小车时应铺好马道，小车脚、梯子脚应用橡胶卷材垫好，并绑扎牢固。防水层表面的石子、砂浆颗粒应清扫干净，操作人员不得穿钉子鞋在防水层表面施工。

（2）立面防水层完工后应及时做好保护层，然后再进行绑扎钢筋等工序。在浇筑墙体混凝土之前应检查立面防水层是否被钢筋破坏，若有损坏，应设专人检查、修补。

（3）穿墙管不得损伤或变位。

（4）变形缝等处施工中临时堵塞用的废纸、麻绳、塑料布等杂物，完工后应及时清除出去，保持管内清洁、畅通。

（5）墙体混凝土浇筑完毕，应将螺栓孔用防水砂浆逐个堵严、填实，以防渗漏。

（6）防水层、保护层施工完成后，应认真进行回填土。要求土中不得有石块、碎砖、灰渣及有机杂物，并按要求分步回填夯实。在夯实过程中注意不得碰坏已完工的防水保护层及防水层，以免发生渗漏。

241. 高聚物改性沥青防水卷材外观质量有哪些要求？

答：高聚物改性沥青防水卷材外观质量要求有如下几点：

（1）孔洞、缺边、裂口质量要求不允许；

（2）边缘不整齐，质量要求，不超过 10mm；

（3）胎体露白，未浸透，质量要求不允许；

（4）撒布材料粒度、颜色，质量要求均匀；

（5）每卷卷材的接头，质量要求不超过 1 处，较短的一段不应小于 1000mm，接头处应加长 15mm。

242. 合成高分子防水卷材外观质量要求有哪些？

答：合成高分子防水卷材外观质量要求有如下几点；

（1）折痕，质量要求每卷不超过 2 处，总长度不超过 20mm；

（2）杂质，质量要求颗粒不允许大于 0.5mm，每 $1m^2$ 不超过 $9mm^2$；

（3）胶块，每卷不超过 6 处，每处面积不大于 $4mm^2$；

（4）凹痕，质量要求每卷不超过 6 处，深度不超过本身厚度的 30%；树脂类深度不超过 5%；

（5）每卷卷材的接头，质量要求橡胶类每 20m 不超过 1 处，较短的一段不应小于 3000mm，接头应加长 150mm；树脂类 20m 长度内不允许有接头。

243. 沥青防水卷材外观质量要求有哪些？

答：沥青防水卷材外观质量要求有如下几点：

（1）孔洞、硌伤、露胎、涂盖不均，质量要求不允许；

（2）折纹、皱折，质量要求距卷芯 1000mm 以外，长度不大于 100mm；

（3）裂纹，质量要求距卷芯 1000mm 以外长度不大于 10mm；

（4）裂口、缺边，质量要求边缘裂口小于 20mm；缺边长度小于 50mm，深度小于 20mm；

（5）每卷卷材的接头，质量要求不超过 1 处，较短的一段不应小于 2500mm，接头处应加长 150mm。

244. 冷底子油外观质量有哪些要求？

答：冷底子油外观质量应具有以下要求：

（1）沥青应全部溶解，不应有未溶解的沥青硬块。

（2）所用溶剂应洁净，不应有木屑、碎草、砂土等杂质。

（3）在符合配合比的前提下，冷底子油宜稀不宜稠，以便于涂刷。

（4）所用溶剂应易于挥发。

（5）涂刷于基层的冷底子油经溶剂挥发后，沥青应具有一定的软化点。

245. 木地板施工应如何进行防腐处理？

答：木地板施工的防腐处理：

（1）木龙骨防腐。将沥青熬热至200℃，然后将木龙骨放入，浸泡2h，捞出后晾干，即可使用。也可以放在冷底子油中浸泡，做防腐处理。

（2）木地板施工时的防腐处理。当木地板直接铺贴在地面时，应在地面上涂刷一道冷底子油。如用沥青玛蹄脂做结合层，应随涂玛蹄脂随铺贴木地板。为了保持玛蹄脂的温度，可以在施工的房间内，生一火炉或电炉加热玛蹄脂，使其温度保持在200~240℃，将本地板背面边涂热沥青，边进行粘结，结合层的厚度不要大于2mm，否则，容易污染板面，并注意随时将木地板边部溢出的玛蹄脂刮去。

246. 木砖和沥青麻丝防腐处理施工工艺顺序是什么？

答：木砖防腐处理施工工艺：冷底子油加热→投入木砖→浸泡→捞出控干。

沥青麻丝防腐处理施工工艺：沥青加热→投入麻丝或麻绳→翻拌均匀→捞出→填塞。

247. 沥青麻丝如何拌制与堵塞？

答：沥青需加热至200℃，方可放入麻丝或麻绳，翻拌时用力要轻，但要拌合均匀。捞出后要直接放在容器内，以免弄脏，然后送至施工现场，进行填塞。

填塞前，要先将变形缝内的杂物清除干净，然后填塞背衬材料，再嵌塞沥青麻丝或油绳。沥青麻丝外皮距建筑物外皮0.5cm左右，用镏子镏平即可。

248. 防腐块材铺砌应准备哪些工具？其施工工艺顺序是怎样的？

答：防腐块材铺砌所用工具有：无齿锯用于切割石材、瓷砖类材料，事先要接通电源、装好安全防护罩。另外常用工具有瓦刀、铁锹、靠尺板、线坠、盒尺、小线、手推车等。

施工工艺顺序：基层检查、清理→涂刷隔离剂→码砖试排→块材预热→砌筑→养护固化→砌筑→养护固化支护→检查验收。

249. 防腐块材铺砌如何处理错缝问题？

答：处理错缝问题：平面铺砌块材时，不要出现十字缝。在阴角部位，立面块材要压住平面块材，阳角处平面块材要压住立面块材。当铺砌两层或两层以上时，阴阳角的立面和平面块材应互相错开，不宜出现重、叠缝。

250. 防腐块材铺砌质量标准是什么？

答：防腐块材铺砌的质量标准：

（1）各种块材的品种、规格、质量应符合设计要求。

（2）块材缝隙的胶结料应严实饱满，粘结牢固，不得有起鼓、裂缝现象。

（3）块材表面平整度用2m靠尺检查，不得大于4~8mm，相邻块材和高低差<1.5~3mm。

（4）地面及沟槽的坡度应符合设计要求，排水顺畅，砌筑外观整齐、平整。

251. 乳化沥青涂料和膨润土乳化沥青涂料施工应准备哪些工具？

答：乳化沥青涂料施工应准备的工具有：料桶、开刀、扫帚、抹子等。

膨润土乳化沥青涂料施工的工具有料桶、棕刷、橡胶刮板、剪刀、盒尺等。

252. 油膏嵌缝涂料屋面防水施工应准备哪些工具？沥青砂浆、沥青混凝土施工应准备哪些工具？

答：油膏嵌缝涂料屋面防水施工应有以下工具：钢錾、手锤、钢丝刷、吹尘器、开刀、嵌缝枪、抹子、扫帚、鸭嘴壶、钢板锅、镏子、扁铲等。

沥青砂浆、沥青混凝土施工必备工具有，铁滚要提前预热，并在铁滚内放入燃烧的焦炭。烙铁也要提前预热，其他工具有铁锹、铁耙、棕刷、扫帚、平板振捣器和运输小车等。

253. 铺贴防腐块材应注意哪些安全问题？

答：（1）沥青浸渍砖往锅内投料时，要轻轻放入，防止被溅出的热沥青烫伤。在捞出浸渍砖时必须采用笊篱，防止沥青砖回落锅内，溅出热沥青伤人。

（2）沥青浸渍砖的制备，以及拌制、运输沥青胶泥、沥青砂浆的操作者，必须穿戴工作服、护脚布和防护眼镜。

（3）用无齿锯切割防腐块材时，机械设备应装好防护罩，操作人员要配戴眼镜和口罩，防止粉尘伤害眼睛和吸入肺部。

（4）立面铺砌块材时，其铺砌高度、砌筑速度必须与沥青胶泥或沥青砂浆的固化速度相适应。防止因胶泥或砂浆未固化或强度不足而造成坍塌。对于立面较薄的陶瓷材料的铺砌，过高时应加以支持。

1.6　实际操作题

1. 三毡四油防水层平屋面施工操作见下表。

考核项目及评分标准

序号	考核项目	评分标准	满分	检测点					得分
				1	2	3	4	5	
1	基层处理	清洁，基层平整度符合要求，冷底子油喷均匀	20						

序号	考核项目	评分标准	满分	检测点					得分
				1	2	3	4	5	
2	卷材粘贴	各层粘贴牢固，不空鼓、翘边，搭接合理，顺序方向正确	30						
3	保护层	豆砂均匀牢固	10						
4	文明施工	不浪费材料，工完场清	15						
5	安全生产	重大事故不合格，小事故扣分	10						
6	工效	根据项目，按照劳动定额进行，低于定额90%本项无分，在90%～100%之间酌情扣分，超过定额酌情加1～3分	15						

注：做蓄水实验，24h不渗漏为合格，有渗漏者不合格，本操作无分。

2. SBS改性沥青柔性油毡屋面施工操作见下表。

考核项目及评分标准

序号	考核项目	评分标准	满分	检测点					得分
				1	2	3	4	5	
1	基层处理	清洁、坚实、平整、无空翘，冷底子油均匀，处理剂加强层符合要求	20						
2	卷材铺贴	顺序方法方向搭接正确，粘贴密实无翘空	30						
3	边缝	严密不翘折	10						
4	坡度	流畅平整合理	10						
5	文明施工	不浪费，工完场清	10						

序号	考核项目	评分标准	满分	检测点 1	2	3	4	5	得分
6	安全	重大事故不合格,小事故扣分	10						
7	工效	根据项目,按照劳动定额进行,低于定额90%本项无分,在90%~100%之间酌情扣分,超过定额酌情加1~3分	10						

注:做蓄水实验,24h 不渗漏为合格,有渗漏者不合格,本操作无分。

3. 玻璃纤维胎油毡冷玛蹄脂屋面施工操作见下表。

考核项目及评分标准

序号	考核项目	评分标准	满分	检测点 1	2	3	4	5	得分
1	基层处理	基础坚实平整,无起砂、空鼓,转角符合要求,加强层合理	20						
2	防水工艺	铺贴顺序方向搭接合理,各层密实无鼓泡平展	20						
3	坡度	顺畅、无积水、下水口通畅	10						
4	保护层	玛蹄脂及布撒物均匀布物嵌牢	10						
5	文明施工	不浪费、不污染,工完场清	10						
6	安全	重大事故不合格,小事故扣分	10						
7	工效	根据项目,按照劳动定额进行,低于定额90%本项无分,在90%~100%之间酌情扣分,超过定额酌情加1~3分	10						

注:做蓄水实验,24h 不渗漏为合格,有渗漏者不合格,本操作无分。

4. JG-1 型防水涂料施工（厕浴间）操作见下表。

考核项目及评分标准

序号	考核项目	评分标准	满分	检测点					得分
				1	2	3	4	5	
1	基层处理	清洁、坚实、平整、无空翘，冷底子油均匀，处理剂加强层符合要求	20						
2	工艺	顺序搭接合理，涂刷厚度符合要求，贴布适时无皱，各层粘结牢固均匀严密	30						
3	保护层	布撒均匀嵌入牢固不堵下水	10						
4	文明施工	不浪费、不污染、工完场清	10						
5	安全生产	重大事故不合格，小事故扣分	10						
6	工效	根据项目，按照劳动定额进行，低于定额 90% 本项无分，在 90%～100% 之间酌情扣分，超过定额酌情加 1～3 分	10						

注：做蓄水实验，24h 不渗漏为合格，有渗漏者不合格，本操作无分。

5. 加筋型一布二涂膨润土乳化沥青层面施工操作见下表。

考核项目及评分标准

序号	测定项目	评分标准	满分	检测点					得分
				1	2	3	4	5	
1	基层	清洁、坚实不起砂，空鼓、坡度、转角符合要求，冷底子油均匀	30						

序号	测定项目	评分标准	满分	检测点					得分
				1	2	3	4	5	
2	防水层工艺	各道涂刷铺贴适时均匀，平展牢固，铺贴方向搭接正确	30						
3	保护层	涂刷均匀平顺	10						
4	文明施工	不浪费、不污染、工完场清	10						
5	安全生产	重大事故不合格，小事故扣分	10						
6	工效	根据项目，按照劳动定额进行，低于定额90%本项无分，在90%～100%之间酌情扣分，超过定额酌情加1～3分	10						

注：做蓄水实验，24h 不渗漏为合格，有渗漏者不合格，本操作无分。

173

第二部分 中级防水工

2.1 填空题

1. 比例宜注在图名的<u>右侧</u>，字的底线应取平；比例的字高，应比图名的字高小一号或二号。

2. 绘制建筑施工图除遵循制图的一般要求外，还要考虑建筑平、立、剖面图的完整性和<u>统一性</u>。

3. <u>建筑剖面图</u>主要表示建筑物内部的结构和构造形状，沿高度方向的分层情况，各层层高、门窗洞高和总高度等尺寸。

4. <u>建筑立面图</u>主要是表示建筑物的外貌，它反映了建筑立面的选型、门窗形式及位置，各部分的标高、外墙面的装修材料和做法。

5. <u>屋顶平面图</u>主要说明屋顶上建筑构造的平面位置，表明屋面排水情况，如排水分区、屋面排水坡度、天沟位置和水落管位置等，还表明屋顶出入孔的位置，卫生间通风通气孔位置及住宅的烟囱位置等。

6. 一般建筑施工图除了平、立、剖面图之外，为了表示某些部位的结构构造和详细尺寸，必须绘制<u>详图</u>来说明。

7. 建筑配件标准图是指与建筑设计有关的配件的建筑详图。配件是指门窗、屋面、楼地面、水池等，配件标准图的代号一般用<u>J</u>或"建"表示。

8. 建筑构件标准图是指与结构设计有关构件的结构详图。构件就是指屋架、梁板、基础等，构件标准图的代号一般用<u>G</u>或"结"表示。

174

9. 立面图和剖面图相应的高度关系必须一致，立面图和平面图相应的宽度关系必须一致。

10. 建筑施工图的画法主要是根据正投影原理和建筑制图标准以及建筑、结构、水电、设备等设计规范中有关规定而绘制成的。

11. 墙身节点详图采用较大的比例，一般为1:20。

12. 按防水材料的不同特性，建筑防水材料通常可以分为防水卷材、防水涂料、密封材料以及刚性防水材料。

13. 汽油喷灯的热熔卷材施工时，将汽油喷灯点燃，手持喷灯加热基层与卷材的交界处。加热要均匀，喷灯口距交界处约0.3m，要往返加热。趁卷材熔融时向前滚铺，随后用自制工具将其压实。

14. 防水技术按防水材料的不同，可分为柔性防水和刚性防水两大类。

15. 柔性防水是采用柔性防水材料，主要包括各种卷材、防水涂料、密封材料等。这些材料经过施工形成整体防水层，附着在建筑构件表面，以达到防水的目的。

16. 高分子卷材防水施工方法大致可分为三种；即冷贴卷材防水施工、热熔（或热焊接）卷材防水施工及自粘型卷材防水施工。

17. 自粘型卷材防水施工：施工时在基层表面刷一道冷底子油，将卷材背面的隔离纸撕掉即可粘贴于基层。冷粘施工操作简便，速度快，但这种施工方法对基层要求较为严格。

18. 屋面防水等级为Ⅰ级的特别重要的民用建筑和对防水有特殊要求的工业建筑，防水耐用年限为25年以上，设防要求为三道或三道以上设防，其中必须有一道合成高分子防水卷材；且只能有一道2mm以上厚的合成高分子涂膜。

19. 屋面防水等级为Ⅱ级的重要的工业与民用建筑、高层建筑，设防要求为二道防水设防，其中必须有一道卷材，也可采用压型钢板进行一道设防。

20. 屋面防水等级为Ⅲ级的一般工业与民用建筑，防水耐用年限为10年以上，设防要求为一道防水设防，或两种防水材料复合使用。

21. 屋面防水等级为Ⅳ级的非永久性的建筑，防水耐用年限为5年以上，设防要求为一道防水设防。

22. 整个卷材防水屋面是个综合体，各构造层次互相依存、互相制约，其中防水层起着主导的作用。

23. 对屋面结构层，采用拱形屋架时，屋架端部的坡度不应大于25%。

24. 高分子卷材防水施工一般采用冷贴施工，不需要加热熬制胶料，减少环境污染，避免烫伤，文明施工。

25. 找平层施工完工后，屋面凡有可能爬水的部位，均应抹滴水线，如槽口、女儿墙等。

26. 找平层应干燥，含水率不大于9%。

27. 保护层的作用是保护防水层，延长防水层的寿命。

28. 在总的施工程序确定之后，就要确定卷材的铺贴顺序。在里面构造节点部位应根据需要增加卷材的层数，增加的卷材层称为附加层。

29. 屋面卷材铺贴的方向，应根据屋面坡度或屋面是否受振动来确定。

30. 卷材铺贴的方向，屋面坡度小于3%时，宜平行于屋脊铺贴；屋面坡度在3%～15%之间时，可平行或垂直于屋脊铺贴；屋面坡度大于15%或屋面受振动时，应垂直于屋脊铺贴；屋面坡度大于25%时，屋面不宜使用卷材防水层，如不得已用卷材时应尽量避免短边搭接，如必须短边搭接时，在搭接处应采取固定措施，如在搭接处钉压、嵌条等，防止卷材下滑。

31. 下层卷材不允许垂直铺贴，因为垂直铺贴后的卷材重缝多，容易漏水。

32. 各层卷材的长边搭接及短边搭接的宽度均不应小于100mm，上下两层及相邻两幅卷材的搭接缝应错开。

33. 垂直于屋脊的卷材铺贴，铺贴时每幅卷材都应铺过屋脊不少于200mm。

34. 卷材接缝钻接：卷材接缝100mm宽范围内，用于基橡胶胶粘剂按A：B＝1：1的比例配合搅拌均匀，将油漆均匀涂刷在卷材接缝处的两个粘接面上，涂胶后20mm左右（手感不粘手时）即可进行粘贴。粘贴从一端开始，顺卷材<u>长边</u>（填"长边、短边"）方向粘贴，并用手持压辊滚压粘牢。

35. 屋面防水层完工后，应做蓄水或淋水试验。一般有女儿墙的平屋面做<u>蓄水</u>试验，坡屋面做<u>淋水</u>试验。

36. 屋面卷材防水层施工完毕，经蓄水试验合格后，<u>应立</u>即进行<u>保护层</u>施工，及时保护卷材免受损伤。

37. 热熔铺贴大面防水卷材：将卷材定位后，重新卷好，点燃火焰喷枪（喷灯）烘烤卷材底面与基层的交接处，使卷材底面的沥青熔化，边加热，边向前滚动卷材并用压辊滚压，使卷材与基层粘结牢固。应注意调节火焰的大小和移动速度，以卷材表层刚刚熔化为好（此时沥青的湿度在200～230℃之间）。火焰喷枪与卷材的距离0.5m左右。

38. 热熔封边，把卷材搭接缝处用抹子挑开，用火焰喷枪（喷灯）烘烤卷材搭接处，火焰的方向应与施工人员前进的方向<u>相反</u>，随即用抹子将接缝处熔化的沥青抹平。

39. 高聚物改性沥青卷材热熔法铺贴施工时，将热熔胶用<u>火焰喷枪</u>加热作为胶粘剂，把卷材铺贴于基层上做防水层。

40. 卷材底面热熔胶加热后，随即趁热进行<u>压辊滚压</u>工序，排净卷材下面的空气，使之粘贴牢固，不得皱折。

41. 在清理基层、涂刷基层处理剂干燥后，按设计要求在构造节点部位铺贴<u>增强</u>层卷材，然后热熔铺贴大面积防水卷材。

42. 热熔铺贴卷材，展铺法主要适用于<u>条贴法</u>铺贴的卷材。

43. APP改性沥青防水卷材每个标号分别有<u>优</u>等品、<u>一等品</u>、<u>合格品</u>三个质量等级。

44. 热熔卷材防水施工受季节限制的影响较<u>小</u>。

45. 女儿墙防水做法一般分有<u>压顶</u>和<u>无压顶</u>两种。

46. 砖砌女儿墙墙体较低时，一般不超过500mm，卷材可直接铺到女儿墙压顶下并伸入墙顶宽度的<u>1/3</u>。

47. 女儿墙为混凝土墙时，卷材收头高度不小于<u>250mm</u>处，用水泥钉和金属压条钉压，并用密封材料封边，再在上面用合成高分子材料或金属片覆盖保护。

48. 山墙或女儿墙可采用<u>现浇混凝土</u>压顶或预制混凝土板做压顶，为避免混凝土开裂渗水，应在压顶上再用彩色合成高分子卷材，或高延伸性防水涂料进行防水处理。

49. 檐口防水做法一般有<u>薄钢板檐口</u>和<u>混凝土檐口</u>两种做法。

50. 沥青作为一种防水材料，它除具有较强的防水性能外，还具有一定的抗冻性和弹性，将其融化成液态状后，还可用于涂刷。沥青的颜色为黑色或黑褐色，在常温下，沥青呈<u>固体</u>、<u>半固体或液体</u>状态。

51. 油毡在使用时，应将其表面的<u>防粘材料</u>清除干净，否则会造成油毡与基层的粘结不牢。

52. 刚性防水材料是指以水泥、砂子、石子为原料，混合搅拌时掺入少量的外加剂、高分子聚合物等材料，通过调整各组成成分的配合比，增加各材料间的密实性能，从而使原有的混凝土、砂浆具有了一定的<u>抗渗防水</u>能力。

53. 普通防水砂浆中，水泥最常用的是普通水泥，其次可选择矿渣水泥和火山灰水泥，还可根据工程的需要选用特种水泥。应注意的是，不同强度等级、不同品种的水泥<u>不可以</u>（填"可以、不可以"）混用，无论何种水泥，其强度等级不得低于<u>M32.5</u>。

54. 丙烯酸密封材料的接缝最大宽度乘以深度为<u>20mm×15mm</u>。

55. XM-43丁基密封腻子的耐水性测试是在25℃自来水浸泡<u>15d</u>，增重不大于6%为合格。

178

56. XM-43 丁基腻子为非硫化粘弹性体，由于长期保持弹性和可塑性，因此，可随结构变形和热胀冷缩产生可逆的塑性流动，从而保证建筑物结构的密封性。

57. 磷酸是固化过快时作缓凝剂的用料。

58. 二月桂酸是固化过慢时作促凝剂的用料。

59. 聚氨酯涂膜防水的粘结过渡层要使用砂，砂粒径应为 2~3mm。

60. 氯化聚乙烯防水卷材外观质量要求：卷材表面应无气泡、疤痕、裂纹、粘结和孔洞。卷材的平直度不应大于 50mm，平整度不应大于10mm。卷材允许有一处接头，接头处应剪切整齐，并应加长 150mm 备作搭接。

61. 氯化聚乙烯-橡胶共混防水卷材具有良好的耐高低温性能，可在 −40~80℃ 温度范围内正常使用。

62. 密封材料是指用于填充、密封建筑物的板缝、分格缝、檐口与屋面的交接处、水落口周围、管道接头或其他裂缝所用的材料。

63. 密封材料和水泥等碱性成分发生反应而产生变色称为污染性。

64. 防水密封材料是一种新型的优质材料，其具有弹性、粘结性及耐久性，在长期经受拉伸与压缩或振动的疲劳性破坏而保持其粘附性。

65. 冷贴三元乙丙橡胶卷材防水层施工时遇阴阳角、管子根、排水口等易发生渗漏的部位应在粘贴卷材前 24h 用聚氨酯涂膜做增补层。

66. 自粘型彩色三元乙丙卷材弯曲疲劳指标为弯曲6 万次不裂。

67. 阳离子氯丁胶乳防水砂浆对水泥砂浆制品为光滑面基层的粘结强度比普通水泥砂浆提高6 倍。

68. 自粘型彩色三元乙丙防水卷材，耐碱性指标为饱和碱溶液浸泡 168h，保持抗拉强度为97% 。

69. 三元乙丙橡胶防水卷材表面折痕缺陷，允许每块不超过2处，总长不超过200mm。

70. 有压顶的女儿墙防水做法是将卷材做至女儿墙檐底压毡层下。

71. 架空隔热屋面是在屋面增设架空层，利用空气流通进行隔热，效果较好。

72. 墙体接缝的复合防水法，施工完成后要求养护2～3昼夜。

73. 三元乙丙卷材施工时基层处理剂一般用低黏度聚氨酯，其配比为甲料：乙料：甲苯＝1：1.5：1.5。

74. 自粘型彩色三元乙丙防水卷材延伸率检测是在80℃、168h，其延伸率为101%。

75. 聚硫密封膏分为双组分型和单组分型，双组分型由主剂和固化剂组成。

76. 粘贴软木前先将软木放入热沥青中，使其五面沾满沥青，然后铺贴底层上。

77. 配制乳化沥青前，沥青液的熬制是先将10号石油沥青加热熔化，再把60号石油沥青放入搅拌加热至180～200℃，沥青全部脱水，去杂质，温度保持在150℃待用。

78. 墙体接缝的复合防水施工时，刷第一道防水胶厚度应控制在0.5～0.7mm，宽度要求在缝宽两侧各加宽10mm。

79. 找平层应坚实、平整、无麻面起砂等现象，其平整度用2m靠尺检查缝隙不大于5mm，且允许平缓变化。

80. 冷贴三元乙丙防水卷材时涂刷胶粘剂后，需晾置20min左右方可进行粘贴。

81. 喷灯又称喷火灯、冲灯，主要用于热熔卷材的施工。按所用燃料的不同，又分为汽油喷灯和煤油喷灯。

82. 热熔卷材是一种在卷材底面涂有一层软化点较高的改性沥青热熔胶的防水卷材。

83. 卷材铺贴的质检，按施工面积每100m² 抽查一处，但不少于 3 处，每处10m²。

84. 铺贴三毡四油卷材屋面时，贴第一层卷材应先贴一条 1/2幅宽的油毡条。

85. 卷材起鼓较小时应采用抽气灌胶法处理。

86. 屋面防水的基本方法归纳起来只有两个字排、防。一般情况下，排是主要的。

87. 在进行屋面防水设计时，不同建筑等级的屋面有着不同的设计要求，重要的建筑物采用多道防水，一般工业与民用建筑物采用一道防水设防。

88. 在屋面防水工程中，为保证防水层达到设计的防水效果，应设置不同的构造层。

89. 对于卷材防水屋面，为使保温材料达到设计要求的含水率，在设计时应采取与室外空气相通的排湿措施。

90. 坡屋顶，屋面坡度大于 25% 时，应采取防下滑的措施。

91. 坡屋顶，屋面坡度大于50%时，应采取固定加强措施。

92. 找平层是防水层的基层，其设计是否合理，施工质量是否符合要求，对防水层的质量影响很大。

93. 保温层设置在防水层上部时，宜做保护层，保温层设置在防水层下部时，应做找平层。

94. 当采用封闭式保温层时，保温层的含水率应相当于该材料在当地自然风干状态下的平衡含水率。当采用有机胶凝材料时，不得超过5%；当采用无机胶结材料时，不得超过20%。

95. 屋面坡度较大时，保温层应采取防滑措施。

96. 刚性防水屋面的可用于屋面防水等级为Ⅲ级的屋面工程。

97. 刚性防水屋面不能（填"能、不能"）用于设置有松散保温层的屋面。

98. 刚性防水屋面不能（填"能、不能"）用于受较大振动或有冲击荷载的屋面。

99. 刚性防水屋面一般为平屋顶，坡度为2% ~3%。

100. 刚性防水层的结构层宜用整体现浇混凝土。

101. 刚性防水屋面，当板缝宽度超过 40mm 或上窄下宽时，应在板缝内设置直径为 12~14mm 的构造钢筋。

102. 刚性防水层与山墙、女儿墙及突出屋面结构的交接处，均应做柔性密封处理。

103. 屋面防水层在坡度较大和垂直面上粘贴防水卷材时，宜采用机械固定和对固定点进行密封的方法。

104. 屋面排水方式可分为有组织排水和无组织排水。有组织排水时，宜采用雨水收集系统。

105. 高程建筑屋面宜采用内排水；多层建筑屋面宜采用有组织外排水；低层建筑及檐高小于 10m 的屋面，可采用无组织排水。多跨及汇水面积较大的屋面宜采用天沟排水，天沟找坡较长时，宜采用之间内排水和两端外排水。

106. 暴雨强度较大地区的大型屋面，宜采用虹吸式屋面雨水排水系统。

107. 湿陷性黄土地区宜采用有组织排水，并应将雨水直接排至排水管网。

108. 檐沟、天沟的过水断面，应根据屋面汇水面积的雨水流量经计算确定。钢筋混凝土檐沟、天沟净宽不应小于 300mm，分水线处最小深度不应小于 100mm，沟内纵向坡度不应小于 1%，沟底水落差不得超过 200mm；檐沟、天沟排水不得流经变形缝和防火墙。

109. 坡屋面檐口宜采用有组织排水，檐沟和水落口可采用金属或塑胶成品。

110. 为保证在下暴雨时能及时将雨水排走，天沟、檐沟沟底的水落差不得超过 200mm，亦即水落口离沟底分水线的距离不得超过 20m。

111. 卷材在铺贴前应保持干燥，其表面的撒布料应预先清洗干净，并避免损伤卷材。

112. 选择不同胎体和性能的卷材复合使用时，高性能的卷材应放在面层。

113. 高低跨变形缝处的防水处理，应采用有足够变形能力的材料和构造措施。

114. 高跨屋面为无组织排水时，其低跨屋面受水冲刷的部位，应加铺一层卷材附加层，上铺300~500mm宽的C20混凝土板材加强保护。

115. 无组织排水檐口800mm范围内的卷材应采用满粘法。

116. 水落口杯埋置标高应考虑水落口设防时增加的附加层和密封材料的厚度，以及排水坡度加大的尺寸。

117. 屋面防水工程，当材料找坡时，可用轻质材料或保温层找坡，坡度宜为2%。

118. 在外观质量检验合格的卷材中，任取一卷做物理性能检验，若物理性能有一项指标不符合标准规定，应在受检产品中加倍取样进行该项复验，复验结果如仍不合格，则判定该产品为不合格。

119. 进场的合成高分子胶粘剂物理性能应检验剥离强度和浸水168h后的保持率。

120. 需经常维护的设施周围和屋面出入口至设施之间的人行道应铺设刚性保护层。

121. 水落口周围直径500mm范围内坡度不应小于5%，并应用防水涂料涂封，其厚度不应小于2mm。

122. 屋面留置的过水孔高度不应小于150mm，宽度不应小于250mm，采用预埋管道时其管径不得小于75mm。

123. 伸出屋面管道周围的找平层应做成圆锥台，管道与找平层间应留凹槽，并嵌填密封材料；防水层收头处应用金属箍箍紧，并用密封材料填严。

124. 现场配制玛琋脂的配合比及其软化点和耐热度的关系数据，应由试验部门根据所用原料试配后确定。在施工中按确定的配合比严格配料，每个工作班均应检查与玛琋脂耐热度相应的软化点和柔韧性。

125. 在无保温层的装配式屋面上，应沿屋面板的端缝先单边点粘一层卷材，每边的宽度不应小于100mm，或采取其他能增大防水层适应变形的措施，然后再铺贴屋面卷材。

126. 反梁过水孔的孔底标高，一般找坡后的孔底标高应高于挑檐沟底标高。

127. 反梁过水孔进水孔口处的屋面标高应高于出水孔口处的屋面标高。

128. 反梁过水孔的孔底标高最好应按排水坡度找坡后再留设。

129. 水落口杯与基层接触处，应留宽度20mm，深20mm的凹槽，并嵌填密封材料。

130. 泛水处的卷材应采用满粘法。

131. 混凝土结构层宜采用结构找坡，坡度不应小于3%；当采用材料找坡时，宜采用质量轻、吸水率低和有一定强度的材料，坡度宜为2%。

132. 卷材、涂膜的基层宜设找平层。

133. 当严寒及寒冷地区屋面结构冷凝界面内侧实际具有的蒸汽渗透阻小于所需值，或其他地区室内湿气有可能透过屋面结构层进入保温层时，应设置隔汽层。

134. 保温层上面宜采用块体材料或细石混凝土做保护层。

135. 封闭式保温层或保温层干燥有困难的卷材屋面，宜采取排汽构造措施。

136. 装配式钢筋混凝土屋面板相邻板高差不大于10mm，靠非承重墙的一块应离开20mm。

137. 装配式钢筋混凝土屋面板，板缝要均匀一致，上口宽不应小于20mm，并用不小于C20、掺微膨胀剂的细石混凝土灌缝，振捣密实，加强养护，以保证屋面的整体刚度。

138. 装配式钢筋混凝土屋面板，当缝宽大于40mm时，应在缝下吊模板，铺放构造钢筋，再灌细石混凝土，灌缝前应使用压力水冲洗干净板缝。

139. 屋面防水工程找平层面积大时应留设分格缝，缝宽20mm。分格缝兼做排气屋面，排气通道时可适当加宽，并与保温层连通，其最大间距为6m。

140. 屋面防水工程，当需要设置隔气层时，在屋面与女儿墙的连接处、伸出屋面的管道处或其他突出屋面的连接处，隔汽层应沿立面向上连续铺设，高出防水层上表面不得小于150mm。

141. 种植土四周应设挡墙，挡墙下部应设泄水孔，并应与排水出口连通。

142. 种植隔热层的屋面坡度大于20%时，其排水层、种植土应采取防滑措施。

143. 种植隔热屋面的防水层应选择耐穿刺防水卷材。

144. 复合防水层防水涂膜宜设置在防水卷材的下（填"上、下"）面。

145. 屋面防水工程中，防水卷材接缝应采用搭接缝。

146. 上下层胎体增强材料的长边搭接缝应错开，且不得小于幅宽的1/3。

147. 屋面接缝应按密封材料的使用方式，分为位移接缝和非位移接缝。

148. 应根据屋面接缝变形大小以及接缝宽度，选择位移能力相适应的密封材料。

149. 接缝的相对位移量不应大于（填"大于、小于"）可供选择密封材料的位移能力。

150. 密封材料的嵌填深度宜为接缝宽度的50%~70%。

151. 块体材料、水泥砂浆、细石混凝土保护层与女儿墙或山墙之间，应预留宽度为30mm的缝隙，缝内宜填塞聚苯乙烯泡沫塑料，并应用密封材料嵌填。

152. 块体材料、水泥砂浆、细石混凝土保护层与卷材、涂膜防水层之间，应设置隔离层。

153. 烧结瓦、混凝土瓦应采用干法挂瓦，瓦与屋面基层应固定牢靠。

154. 沥青瓦屋面的坡度不应小于20%。

155. 金属板屋面在保温层的下面宜设置隔汽层，在保温层的上面宜设置防水透汽膜。

156. 金属檐沟、天沟的伸缩缝间距不宜大于30m；内檐沟及内天沟应设置溢流口或溢流系统，沟内宜按0.5%找坡。

157. 金属板的伸缩变形除应满足咬口锁边连接或紧固件连接的要求外，还应满足檩条、檐口及天沟等使用要求，且金属板屋面伸缩变形量不应超过100mm。

158. 金属板在主体结构的变形缝处宜断开，变形缝上部应加扣带伸缩的金属盖板。

159. 采光带设置宜高出金属板屋面250mm。采光带的四周与金属板屋面的交接处，均应作泛水处理。

160. 玻璃采光顶应采用支承结构找坡，排水坡度不宜小于5%。

161. 玻璃采光顶支承结构选用的金属材料应做防腐处理，铝合金型材料应做表面处理；不同金属构件接触面之间应采取隔离措施。

162. 细部构造中容易形成热桥的部位均应进行保温处理。

163. 檐口、檐沟外侧下端及女儿墙压顶内侧下端等部位均应做滴水处理，滴水槽宽度和深度不宜小于10mm。

164. 卷材防水屋面檐口800mm范围内的卷材应满粘，卷材收头应采用金属压条钉压，并应用密封材料封严。檐口下端应做鹰嘴和滴水槽。

165. 双组分密封材料的固化剂与基料拌合后黏度不适合填充作业时所需的时间称有效使用时间。

166. 氯磺化聚乙烯密封膏在 −20~110℃ 的温度范围内，该材料可以长期连续使用并能保持其柔韧性。

167. 双组分有机硅密封膏施工时，当用酒精洗基层时要酒精完全挥发后才能施工。

168. 卷材防水屋面施工，合成高分子防水卷材采用单缝焊接法时，长短边搭接宽度应为60mm，但有效焊接宽度不小于25mm。

169. 卷材防水屋面施工，合成高分子防水卷材采用双缝焊接法时，长短边搭接宽度应为80mm，但有效焊接宽度为 10×2 ＋空腔宽。

170. 卷材防水屋面施工，合成高分子防水卷材采用胶粘剂满粘铺贴法时，短边搭接宽度应为80mm，长边搭接宽度为80mm。

171. 卷材防水屋面施工，合成高分子防水卷材采用胶粘剂空铺法（点粘、条粘法）时，短边搭接宽度应为100mm，长边搭接宽度应为100mm。

172. 卷材防水屋面施工，合成高分子防水卷材采用胶粘带满粘铺贴法时，短边搭接宽度应为50mm，长边搭接宽度为50mm。

173. 卷材防水屋面施工，合成高分子防水卷材采用胶粘带空铺法（点粘、条粘法）时，短边搭接宽度应为60mm，长边搭接宽度应为60mm。

174. 屋面垂直出入口防水层卷材收头，应压在混凝土压顶圈下。

175. 屋面水平出入口处防水层收头，应压在混凝土踏步下，防水层的泛水并应设护墙挤压保护。

176. 厂房屋面防水的方式常见的有卷材防水和构件自防水。

177. 厂房构件自防水是利用钢筋混凝土板自身的密实件，对板缝进行局部防水处理而形成防水的屋面。

178. 屋面防水层上放置设施时，设施下部的防水层应增设附加增强层，还应在附加层上浇筑厚度大于50mm的细石混凝土保护层，附加层应比细石混凝土四周宽出100mm。

179. 卷材防水屋面，采用空铺、点粘、条粘第一层卷材或第一层为打孔卷材时，在檐口、屋脊和屋面的转角处及突出屋面的交接处，沥青防水卷材应满涂玛蹄脂，其宽度不得小于800mm。当采用热玛蹄脂时，应涂刷冷底子油。

180. 卷材防水屋面，沥青防水卷材铺贴经检查合格后，应将防水层表面清扫干净。用绿豆砂做保护层时，应将清洁的绿豆砂预热至100℃左右，随刮涂热玛蹄脂，随铺撒热绿豆砂。绿豆砂应铺撒均匀，并滚压使其与玛蹄脂粘结牢固。未粘结的绿豆砂应清除。

181. 合成高分子防水卷材屋面施工，采用冷粘法铺贴卷材，接缝口应用密封材料封严，宽度不应小于10mm。

182. 合成高分子防水卷材屋面施工，采用热风焊接法铺贴卷材，焊接时应先焊长边（填"长边、短边"）搭接缝，后焊短边搭接缝。

183. 合成高分子防水卷材屋面施工，天沟、檐沟、檐口、泛水和立面卷材收头的端部应裁齐，塞入预留凹槽内，用金属压条钉压固定，最大钉距不应大于900mm，并用密封材料嵌填封严。

184. 合成高分子防水卷材的外观质量指标是：折痕：每卷不超过2处，总长度不超过20mm；杂质中不允许出现大于0.5mm的颗粒，杂质每1m² 不超过9mm²；胶块每卷不超过6处，每处面积不大于4mm²；凹痕每卷不超过6处，深度不超过本身厚度的30%，树脂类深度不超过15%；每卷卷材接头，橡胶类每20m不超过1处，较短的一段不应小于3000mm，接头处应加长150mm，树脂类20m长度内部允许有接头。

185. 合成高分子防水卷材屋面施工，为确保防水屋面的质量，所有卷材均应采用搭接法，卷材搭接缝是防水质量的关键。

186. 合成高分子防水卷材屋面施工，卷材搭接缝施工的关键是搭接宽度和粘结密封性。

187. 合成高分子防水卷材屋面施工，采用冷粘法铺贴卷材，卷材搭接部位采用胶粘带粘结时，粘合面应清理干净，必要时可涂刷与卷材及胶粘带材性相容的基层胶粘剂。撕去胶粘带隔离纸后应及时粘合上层卷材，并辊压粘牢。低温施工时，宜采用热风机加热，使其粘贴牢固，封闭严密。

188. 合成高分子防水卷材屋面施工，采用机械固定法铺设卷材时，固定件应与结构层固定牢固，固定件间距应根据当地的使用环境与条件确定，并不宜大于600mm。距周边800mm范围内的卷材应满粘。

189. 合成高分子防水卷材屋面施工，对于高低跨墙、女儿墙、天窗下泛水及收头处理：屋面与立墙交接处应做成圆弧形或钝角，涂刷基层处理剂后，再涂100mm宽的密封膏一层，铺贴大面积卷材前顺交角方向铺贴一层200mm宽的卷材附加层，搭接长度不少于100mm。

190. 合成高分子防水卷材屋面施工，卷材的铺贴方向应正确，卷材搭接宽度的允许偏差为±10mm。

191. 将受检的卷材进行规格尺寸和外观质量检验，全部指标达到标准规定时，即为合格。其中若有一项指标达不到要求，允许在受检产品中另取相同数量卷材进行复验，全部达到标准规定为合格。复验时仍有一项指标不合格，则判定该产品外观质量为不合格。

192. 檐沟防水层和附加层应由沟底翻上至外侧顶部，卷材收头应用金属压条钉压，并应用密封材料封严，涂膜收头应用防水涂料多遍涂刷。

193. 檐沟外侧高于屋面结构板时，应设置溢水口。

194. 檐沟和天沟防水层伸入瓦内的宽度不应小于150mm，并应与屋面防水层或防水垫层顺流水方向搭接。

195. 天沟采用搭接式或编织式铺设时，沥青瓦下应增设不小于1000mm宽的附加层。

196. 女儿墙压顶可采用混凝土或金属制品。压顶向内排水坡度不应小于5%，压顶内侧下端应做滴水处理。

197. 虹吸式排水的水落口防水构造应进行专项设计。

198. 变形缝内应预填不燃保温材料，上部应采用防水卷材封盖，并放置衬垫材料，再在其上干铺一层卷材。

199. 等高变形缝顶部宜加扣混凝土或金属盖板。

200. 变形缝有等高和高低跨变形缝，不管屋面采用什么材料，变形缝处均必须做密封防水处理。

201. 地下防水工程结构施工前，应先在穿墙管道位置埋设套管。

202. 变形缝一般做成平缝，在缝的两侧，墙厚的中央埋止水带，并在缝内堵塞嵌缝材料。

203. 烟囱与屋面的交接处，应在迎水面中部抹出分水线，并应高出两侧各 30mm。

204. 设施基座与结构层相连时，防水层应包裹设施基座的上部，并应在地脚螺栓周围做密封处理。

205. 找坡层找坡材料应分层铺设和适当压实，表面宜平整和粗糙，并应适时浇水养护。

206. 找平层应在水泥初凝前压实抹平，水泥终凝前完成收水后应二次压光，并应及时取出分格条。养护时间不得少于7d。

207. 卷材防水层的基层与突出屋面结构的交接处，以及基层的转角处，找平层均应做成圆弧形，且应整齐平顺。

208. 找坡层和找平层的施工环境温度不宜低于5℃。

209. 喷涂硬泡聚氨酯保温层施工一个作业面应分遍喷涂完成，每遍喷涂厚度不宜大于15mm，硬泡聚氨酯喷涂后20min 内严禁上人。

210. 现浇泡沫混凝土保温层施工，泡沫混凝土的浇筑出料口离基层的高度不宜超过1m，泵送时应采取低（填"高、低"）压泵送。

211. 泡沫混凝土应分层浇筑，一次浇筑厚度不宜超过200mm，终凝后应进行保湿养护，养护时间不得少于7d。

212. 蓄水池的防水混凝土完工后，应及时进行养护，养护时间不得少于14d，蓄水后不得断水。

213. 蓄水池的所有孔洞应预留，不得后凿。所设置的溢水管、排水管和给水管等，应在混凝土施工前安装完毕。

214. 每个蓄水区的防水混凝土应一次浇筑完毕，不得留置施工缝。

215. 卷材防水层施工时，应先进行细部构造处理，然后由屋面最低标高向上铺贴。

216. 细部附加层处理，先在阴阳角、管根、地漏、大便器等部位都铺贴胎体纤维布，做一布二涂处理。

217. 细部附加层固化后，进行三遍以上大面积涂刷防水涂料，其涂刷方法是前遍涂膜表干后，在进行后遍涂刷，后遍与前遍涂刷方向互相垂直。

218. 蓄水试验合格后，即可按设计要求进行保护层或铺贴饰面施工。

219. 铺设找平层时，应沿管根抹成半径为10mm的均匀一致的平滑小圆角。

220. 铺设找平层时，应在地漏周边50mm范围内做坡度为3%~5%的凹坑。

221. 胎体增强材料铺设采用搭接接头，搭接长度不小于50mm，搭接方向宜顺排水方向；两层胎体铺设方向应一致，不得相互垂直铺设，且上下层搭接缝应错开。

222. 玻璃钢的施工方法有手糊、模压、缠绕和喷射等几种，施工现场一般采用手糊的方法。

223. 卷材宜平行屋脊铺贴，上下层卷材不得相互垂直铺贴。

224. 立面或大坡面铺贴卷材时，应采用满粘法，并宜减少卷材短边搭接。

225. 同一层相邻两幅卷材短边搭接缝错开不应小于500mm。

226. 叠层铺贴的各层卷材，在天沟与屋面的交接处，应采用叉接法搭接，搭接缝应错开；搭接缝宜留在屋面与天沟侧面，不宜留在沟底。

227. 冷粘法铺贴卷材应根据胶粘剂的性能与施工环境、气温条件等，控制胶粘剂涂刷与卷材铺贴的间隔时间。

228. 热熔法铺贴卷材，熔化热熔型改性沥青胶结料时，宜采用专用导热油炉加热，加热温度不应高于200℃，使用温度不宜低于180℃。

229. 热熔法铺贴卷材，火焰加热器的喷嘴距卷材面的距离应适中，幅宽内加热应均匀，应以卷材表面熔融至光亮黑色为度，不得过分加热卷材；厚度小于3mm的高聚物改性沥青防水卷材，严禁采用热熔法施工。

230. 溶剂型再生橡胶沥青防水涂料以石油沥青与废橡胶粉为原料，加温熬制，然后掺入一定量的汽油加工而成。

231. 石油沥青在氯丁橡胶沥青防水涂料中起着溶剂的作用。

232. 溶剂型氯丁橡胶沥青防水涂料是以氯丁橡胶和沥青为基料，加填料、有机溶剂等，经过充分搅拌而制成的冷施工防水涂料。

233. 硅橡胶防水涂料是以硅橡胶乳液及其他乳液的复合物为主要原料，加入各种无机填料和助剂等配置而成的乳液型防水涂料。

234. 焦油聚氨酯防水涂料为黑色，有较大臭味，耐久性差，性能也不如无焦油聚氨酯防水涂料。

235. 改性沥青密封材料专用于屋面与地下工程接缝的密封。

236. 改性石油沥青密封材料按耐热度和低温柔性分为Ⅰ类、Ⅱ类。

237. 水乳型丙烯酸建筑密封膏无（填"有、无"）毒、不可（填"可、不可"）燃。粘结性能、延伸性能良好，耐低温性、耐高温性较好。可在潮湿基层上施工，施工方便，施工机具便于清洗。

238. 聚氯酯建筑密封膏，根据组分不同，有单组分和双组分两种；按流变性不同分为非下垂型和自流平型。

239. 高聚物改性沥青卷材冷粘法施工，基层上必须涂刷基层处理剂，做到涂刷均匀、不堆积、不露底。

240. 沥青防水卷材屋面用水泥砂浆做保护层时，表面应抹平压光，并应设表面分格缝，分格面积宜为$1m^2$。

241. 高聚物改性沥青防水卷材屋面施工，采用冷粘法铺贴卷材时应平整顺直，搭接尺寸准确，不得扭曲、皱折。搭接部位的接缝应满涂胶粘剂，辊压粘贴牢固。

242. 高聚物改性沥青防水卷材屋面防水层施工，当采用满贴法空铺、点粘、条粘法施工，搭接长度均为短边100mm，长边80mm，其误差不大于10mm，采用热熔法施工时，卷材厚度不得小于3mm。

243. 高聚物改性沥青防水卷材外观质量要求每卷卷材的接头不超过1处，较短的一般不应小于2500mm，接头处应加长150mm。

244. 高聚物改性沥青防水卷材屋面防水层施工，当采用热熔法施工时，气温不低于-5℃，环境温度不低于-10℃。

245. 采用叠层铺贴沥青防水卷材的粘贴层厚度：热玛蹄脂宜为$1\sim1.5$mm，冷玛蹄脂宜为$0.5\sim1$mm；面层厚度：热玛蹄脂宜为$2\sim3$mm，冷玛蹄脂宜为$1\sim1.5$mm。玛蹄脂应涂刮均匀，不得过厚或堆积。

246. 铺贴立面或大坡面卷材时，玛蹄脂应满涂，并尽量减少卷材短边搭接。

247. 水落口应牢固地固定在承重结构上。当采用金属制品时，所有零件均应做防锈处理。

248. 高聚物改性沥青卷材冷粘法施工顺序是先高后低（填"高、低"），先远后近（填"远、近"）。天沟里的铺贴，应从沟底开始纵向延伸铺贴。

249. 高聚物改性沥青卷材冷粘法施工，卷材表面复合有铝箔层，可不必另做保护层。

250. 高聚物改性沥青卷材自粘法施工时，当铺贴面积比较大，隔离纸易于撕剥时可采用滚铺法。

251. 高聚物改性沥青自粘型防水卷材，施工温度应在5℃以上。

252. 高聚物改性沥青自粘型防水卷材应存放在通风干燥、温度不高于35℃的室内。

253. 高聚物改性沥青自粘型防水卷材，贮存中注意防潮、防热、防压、防火，卷材应立放，叠放层数不超过5层。

254. 高聚物改性沥青自粘型防水卷材，在立面或坡度较大的屋面上铺贴，或在较低温度下施工，可用喷灯适当加热卷材底面胶粘剂，再粘贴滚压，以增加与基层的粘结力，方便粘贴并防止卷材下滑。

255. 高聚物改性沥青自粘型防水卷材，在卷材大面积排气并压实后，即应进行搭接缝的粘贴操作。

256. 热熔法铺贴卷材，卷材表面沥青热熔后应立即滚铺卷材，滚铺时应排除卷材下面的空气。

257. 自粘法铺贴卷材，铺贴卷材时应将自粘胶底面的隔离纸完全撕净。

258. 焊接法铺贴卷材，应先焊长（填"长、短"）边搭接缝，后焊短边搭接缝。

259. 双组分或多组分防水涂料应按配合比准确计量，应采用电动机具搅拌均匀，已配制的涂料应及时使用。配料时，可加入适量的缓凝剂或促凝剂调节固化时间，但不得混合已固化的涂料。

260. 涂膜防水层施工，防水涂料应多遍均匀涂抹，涂膜总厚度应符合设计要求。

261. 涂膜防水层施工，涂膜间夹铺胎体增强材料时，宜边涂抹边铺胎体；胎体应铺贴平整，应排除气泡，并应与涂料粘结牢固。在胎体上涂抹涂料时，应使涂料浸透胎体，并应覆盖完全，不得有胎体外露现象。最上面的涂膜厚度不应小于1.0mm。

262. 改性沥青密封材料防水施工，采用冷嵌法施工时，宜分次将密封材料嵌填在缝内，并应防止裹入空气。

263. 改性沥青密封材料防水施工，采用热灌法施工时，应由下向上（填"上、下"）进行，并宜减少接头；密封材料熬制及浇灌温度，应按不同材料要求严格控制。

264. 合成高分子密封材料防水施工，密封材料嵌填后，应在密封材料表干前用腻子刀嵌填修整。

265. 施工完的防水层应进行雨后观察、淋水或蓄水试验，并应在合格后再进行保护层和隔离层的施工。

266. 块体材料保护层铺设，在水泥砂浆结合层上铺设块体时，应先在防水层上做隔离层，块体间应预留10mm的缝隙，缝内应用1:2水泥砂浆勾缝。

267. 细石混凝土铺设不宜留施工缝；当施工间隙超过时间规定时，应对接搓进行处理。

268. 浅色涂料保护层的施工，浅色涂料应与卷材、涂膜兼容，材料用量应根据产品说明书的规定使用。浅色涂料应多遍刷涂，当防水层为涂膜时，应在涂膜固化后进行。

269. 檐口、屋脊等屋面边沿部位的沥青瓦之间、起始层沥青瓦与基层之间，应采用沥青基胶结材料满粘牢固。

270. 沥青瓦屋面与立墙或伸出屋面的烟囱、管道的交接处应做泛水，在其周边与立面250mm的范围内应铺设附加层，然后在其表面用沥青基胶结材料满粘一层沥青瓦片。

271. 防水是利用防水材料的致密性、憎水性构成一道封闭的防线，隔绝水的渗透。

272. 厕浴间和地面的防水等级，通常可划分为三个等级。

273. 厨房、厕浴间采用防水材料复合时，刚性防水材料与柔性涂料复合使用时，刚性材料宜放在下（填"上、下"）部。

274. 厨房、厕浴间采用防水材料复合时，两种柔性材料复合使用时，应具有兼容性。

275. 厨房、厕浴间地面向地漏处排水坡度（含找坡层）应为2%。

276. 厨房、厕浴间地漏处排水坡度，从地漏边缘向外50mm内排水坡度为5%。

277. 厨房、厕浴间，地面与墙面阴阳角处先做附加层处理，再做四周立墙防水层。

278. 厨房、厕浴间，管根平面与管根周围立面转角处应做涂膜防水附加层。

279. 厨房、厕浴间防水施工应先做立墙、后做地面。

280. 厨房、厕浴间防水工程保修期定为五年。

281. 厨房应设排水沟，其坡度应不小于3%，并有一道刚性防水和一道柔性防水。

282. 厕浴间、厨房的地面标高低于门外地面标高应不少于20mm。

283. 厕浴间、厨房应采取迎水面防水，地面防水层设在结构层面上，并延伸到四周墙面边角，高出地面150mm。

284. 铺设厕浴间找平层前，必须对立管、套管、地漏及卫生器具的排水与楼板节点之间进行密封处理。

285. 厕浴间穿楼板立管的设置应符合设计要求，一般情况下，大口径的冷水管、排水管可不设套管；小口径管和热水管、蒸汽管必须设套管，并高出楼地面20mm。

286. 厕浴间、厨房的墙裙应铺贴最低高度为1500mm的瓷砖，瓷砖上部做涂膜防水层，也可满铺瓷砖。

287. 为了保证涂膜防水层的质量，防水涂料进入现场时应由产品合格证，并按国家保证进行抽样复检。

288. 水泥砂浆找平层应做到平整坚实，无麻面、起砂、起壳、松动及凹凸不平现象。阴阳角、管根处应抹成半径为100～150mm圆弧。

289. 单组分聚氨酯防水涂料施工工艺流程为：清理基层→细部附加层施工→第一遍涂膜防水层→第二遍涂膜防水层→第三遍涂膜防水层→第一次蓄水试验→保护层、饰面层施工→第二次蓄水试验→工程质量验收。

290. 单组分聚氨酯防水涂料第二遍涂膜施工，在第一遍涂膜固化后，再进行第二遍聚氨酯涂刮。对平面的涂刮方向应与第一遍刮涂方向相垂直，涂刮量与第一遍相同。

291. 配制乳化沥青时乳化剂的配制比例为肥皂：洗衣粉：烧碱：水 = 1.1：0.9：0.4：97.6。

292. 采用架空隔热保护层后，室内温度可降低5℃，且维修简便，价格低。

293. 墙体接缝复合施工时，刷第二道防水胶应在刷第一道防水胶后2h，其厚度控制在0.6~0.8mm。

294. 氯磺化聚乙烯密封膏是一种粘结度高的嵌缝材料，其拉伸强度为0.6MPa。

295. 铺贴软木前应对块材的规格尺寸进行挑选加工，按其厚度进行分类。

296. 沥青的稠度与塑性等性能，随温度的改变而改变，这种现象叫温度稳定性。

297. 简单测试防水层基层含水率的方法是将 $1m^2$ 的卷材盖在基层表面，静置3~4h，然后掀开视其有无水珠、水印。

298. 对弹性密封材料表示其表面抵抗压针压入能力的量称为硬度。

299. 无机铝盐防水砂浆施工，如遇表面光滑的基层应凿毛处理以提高防水砂浆与基层的粘附力。

300. 聚氨酯涂膜防水层耐热性测试时为80℃，涂膜不流淌。

301. 无压顶女儿墙的防水做法是将卷材作至女儿墙腰线凹槽内，用密封膏嵌严密。

302. 立面铺贴软木时，要随铺随支撑，防止翘起和空鼓。

303. 找平层如有麻面等缺陷，一般采用107胶水泥砂浆修平，107胶的掺量为水泥用量的10%~15%。

304. 由于气温的变化及地震、风力、沉降等外力的影响，外墙的接缝会随之变化，防水密封材料必须有良好的弹塑性以适应这些变化。

305. JFX-1型氯化丁基弹性防水胶施工后的淋水试验为无风时2h，五、六级风时为0.5h。

306. 防水材料施工后，在持续的时间里，能保持其性能的性质或程度称耐久性。

307. 铺贴软木砖的石油沥青的标号与防潮层石油沥青的标号应相同。

308. 阳离子氯丁胶乳防水砂浆的抗拉强度为5.2~6.6MPa。

309. LYX-603防水卷材施工的最佳施工温度为10~30℃。

310. 外墙防水密封材料抵抗暴晒、冰冻、紫外线及大气的破坏等的能力叫耐候性。

311. 填充在挤桶内的密封材料挤出的难易程度称挤出性。

312. 聚氨酯涂膜防水材料的技术指标测试中，直角撕裂强度为50N/cm左右。

313. 聚氨酯涂膜防水材料的技术指标测试中，抗裂性指涂膜厚度1mm、基层裂缝1.2mm涂膜不裂。

314. 当涂膜固化完全并经蓄水试验验收合格才可进行保护层、饰面层施工。

315. 抗渗堵漏防水材料与聚合物水泥防水涂料刚柔复合施工，涂膜厚度应不小于1.2mm。

316. 改性聚脲防水涂料施工，第一次蓄水试验在第二遍涂膜干固2h后蓄水24h，无渗漏为合格。

317. 界面渗透型防水液与柔性防水涂料复合施工工艺规程为，清理基层→基层湿润→大面喷涂防水液（刚性防水层）→细部附加层（柔性防水涂料）→局部涂刷柔性防水涂料→第一次蓄水试验→保护层、面层施工→第二次蓄水试验→工程质量验收。

318. 界面渗透型防水液与柔性防水涂料复合施工，防水液使用前，应加入微量酚酞（粉红色酸碱指示剂），并用力摇匀溶液至产生泡沫时喷涂于混凝土表面。（粉红色4h后自动消失）

319. 地下工程防水的设计和施工应遵循"防、排、截、堵相结合，刚柔相济，因地制宜，综合治理"的原则。

320. 地下室工程遵循以防为主、以排为辅的基本原则来确定地下室防水工程的设计方案，努力做到因地制宜，防水可靠，经济合理。

321. 由于地下防水工程的防水设防要考虑地下水的影响，若防水措施不当，往往容易出现渗漏，不仅影响地下工程的正常施工使用，甚至危及工程安全。

322. 单建式的地下工程，宜采用全封闭、部分封闭的防排水设计；附建式的全地下或半地下工程的防水设防高度，应高出室外地坪高程500mm以上。

323. 地下工程迎水面主体结构应采用防水混凝土，并应根据防水等级的要求采取其他防水措施。

324. 地下工程的排水管沟、地漏、出入口、窗井、风井等，应采取防倒灌措施；寒冷及严寒地区的排水沟应采取防冻措施。

325. 处于冻融侵蚀环境中的地下工程，其混凝土抗冻融循环不得少于300次。

326. 防水混凝土可通过调整配合比，或掺加外加剂、掺合料等措施配制而成，其抗渗等级不得小于P6。

327. 防水混凝土的施工配合比应通过试验确定，试配混凝土的抗渗等级应比设计要求提高0.2MPa。

328. 防水混凝土的环境温度不得高于80℃。

329. 用于防水混凝土的砂、石宜选用坚固耐久、粒形良好的洁净石子，最大粒径不宜大于40mm，泵送时其最大粒径不应大于输送管径的1/4；吸水率不应大于1.5%；不得使用碱活性骨料。

330. 防水混凝土应分层连续浇筑，分层厚度不得大于500mm。

331. 防水混凝土拌合物应采用机械搅拌，搅拌时间不宜小于2min。

332. 防水混凝土拌合物在运输后如出现离析，必须进行二次搅拌。当坍落度损失后不能满足施工要求时，应加入原水胶比的水泥浆或掺加同品种的减水剂进行搅拌，严禁直接加水。

333. 防水混凝土应采用机械振捣，避免漏振、欠振和超振。

334. 水泥砂浆防水层不得在雨天、五级及以上大风中施工。冬期施工时，气温不应低于5℃。夏季不宜在30℃以上或烈日照射下施工。

335. 水泥砂浆防水层终凝后，应及时进行养护，养护温度不宜低于5℃，并应保持砂浆表面湿润，养护时间不得少于14d。

336. 聚合物水泥防水砂浆未达到硬化状态时，不得浇水养护或直接受雨水冲刷，硬化后应采用干湿交替的养护方法。潮湿环境中，可在自然条件下养护。

337. 卷材防水层应铺设在混凝土结构的迎水面。

338. 卷材防水层用于建筑物地下室时，应铺设在结构底板垫层至墙体防水设防高度的结构基面上；用于单建式的地下工程时，应从结构底板垫层铺设至顶板基面，并应在外围形成封闭的防水层。

339. 阴阳角处应做成圆弧或45°坡角，其尺寸应根据卷材品种确定。在阴阳角等特殊部位，应增做卷材加强层，加强层宽度宜为300~500mm。

340. 铺贴聚氯乙烯防水卷材，接缝采用焊接法施工时，单焊缝搭接宽度应为60mm，有效焊接宽度不应小于30mm；双焊缝搭接宽度应为80mm，中间应留设10~20mm的空腔，有效焊接宽度不宜小于10mm。

341. 涂料防水层应包括无机防水涂料和有机防水涂料。

342. 采用有机防水涂料时，基层阴阳角应做成圆弧形，阴角直径宜大于50mm，阳角直径宜大于10mm，在底板转角部位应增加胎体增强材料，并应增涂防水涂料。

343. 掺外加剂、掺合料的水泥基防水涂料厚度不得小于3.0mm；水泥基渗透结晶型防水涂料的用量不应小于1.5kg/m²，且厚度不应小于1.0mm；有机防水涂料的厚度不得小于1.2mm。

344. 涂料防水层严禁在雨天、雾天、五级及以上大风时施工，不得在施工环境温度低于5℃及高于35℃或烈日暴晒时施工。

345. 塑胶防水板防水层应由塑胶防水板与缓冲层组成。

346. 塑胶防水板防水层应牢固的固定在基面上，固定点的间距应根据基面平整情况确定，拱部宜为 0.5~0.8m、边墙宜为 1.0~1.5m、底部宜为 1.5~2.0m。局部凹凸较大时，应在凹处加密固定点。

347. 两幅塑胶防水板的搭接宽度不应小于 100mm。

348. 膨润土防水材料包括膨润土防水毯和膨润土防水板及其配套材料，采用机械固定法铺设。

349. 破损部位应采用与防水层相同的材料进行修补，补丁边缘与破损部位边缘的距离不应小于 100mm。

350. 地下工程种植顶板的防水等级应为 I 级。

351. 变形缝处混凝土结构的厚度不应小于 300mm。

352. 穿墙管线较多时，宜相对集中，并应采用穿墙盒方法。

353. 预留孔（槽）内的防水层，宜与孔（槽）外的结构防水层保持连续。

354. 预留通道接头处的最大沉降差值不得大于 30mm。

355. 不同沟、槽、管应连接牢固，必要时可外加无纺布包裹。

356. 卷材、涂膜与刚性材料复合使用时，刚性材料应设置在柔性材料的上部。

357. 卷材与涂膜复合使用时，涂膜宜放在下部。

358. 涂膜防水屋面主要适用于防水等级为 III 级、IV 级的屋面防水，也可用作 I 级、II 级屋面多道防水设防中的一道防水层。

359. 涂膜防水屋面施工，需铺设胎体增强材料时，胎体增强材料长边搭接宽度不得小于 50mm，短边搭接宽度不得小于 15mm。

360. 铺贴卷材时，应随刮涂热熔改性沥青胶随滚铺卷材，并展平压实。

361. 冷库工程防潮层所有转角处均应加铺一层附加层。

362. 在构造防水处理的基础上，将板缝表面再涂1~2遍防水胶，称为复合防水施工。

2.2 单项选择题

1. 施工图是房屋建筑施工的A，同样也是进行企业管理的重要技术文件。

A. 重要依据　　B. 重要文件　　C. 重要资料　　D. 工作方针

2. 建筑工程图是表达建筑物的建筑、结构和设备等方面的设计内容和要求的建筑工程图样，是建筑工程施工的主要A。

A. 依据　　　B. 条件　　　C. 内容　　　D. 目标

3. 会审记录、设计核定单、隐蔽工程签证等均为重要的技术文件，应妥善保管，作为施工决算的C。

A. 资料　　　B. 根据　　　C. 依据　　　D. 文件

4. D一般写在建筑施工图的首页，它用文字简单介绍工程的概况和各部分构造的做法。

A. 总说明　　B. 设计文件　　C. 设计资料　　D. 设计说明

5. A包括建筑物的名称、平面形式、层数、建筑面积、绝对标高，以及其与相邻建筑物（或道路中心等）的距离。

A. 工程概况　　B. 建筑总平面图　　C. 说明书　　D. 首页图

6. 在施工过程中，房屋的定位放线、砌墙、安装门、安装窗框、安装设备、装修等以及编制概算预算、备料，都要使用B图。

A. 设计说明　　B. 平面图　　　C. 结构图　　　D. 总平面图

7. 平面图的C一般标注三道尺寸。外包尺寸为总长、总宽（外墙边到边）；中间尺寸为轴线尺寸，即表示开间、进深尺寸；里面尺寸为门、窗洞口及窗间墙尺寸，便于门窗定位放线。

A. 内墙尺寸　　B. 细部尺寸　　C. 外墙尺寸　　D. 轮廓尺寸

8. 平面图的D是指建筑物的内墙门窗洞口尺寸、门洞边墙垛的尺寸等。一般相同尺寸可以只标注一个,其余可以不注。

A. 轮廓尺寸　B. 外墙尺寸　C. 细部尺寸　D. 内墙尺寸

9. 图纸的长边 A 按标准规定的尺寸加长,短边＿＿＿加长,图纸以短边作垂直边称为横式,以短边作水平边称为立式。

A. 可以、不得　　　B. 可以、可以

C. 不可以、不得　　D. 不可以、可以

10. 建筑防水材料按C 的不同可分为柔性防水材料和刚性防水材料。

A. 材质　B. 种类　C. 性质　D. 品种

11. 建筑防水材料按A 的不同可分为有机防水材料和无机防水材料。

A. 材质　B. 种类　C. 性质　D. 品种

12. 建筑防水材料按A 的不同可分为卷材、涂料、密封材料、刚性材料、堵漏材料、金属材料六大系列及瓦片、夹层塑料板等排水材料。

A. 种类　B. 材质　C. 性质　D. 品种

13. B 在建筑防水材料的应用中处于主导地位,在建筑防水的措施中起着重要作用。

A. 防水涂料　B. 防水卷材　C. 密封材料　D. 刚性材料

14. 正确连接微型燃烧器与供油罐间油路与气路后,起动空气压缩机,当压缩空气压力大于A MPa 时,立即打开总气管接嘴开关,供油罐内压力迅速上升,但不得超过＿＿＿MPa。

A. 0.5、0.7　B. 0.4、0.7　C. 0.5、0.6　D. 0.4、0.6

15. 隔汽层应是整体、连续的。在屋面与垂直面连接的部位,隔汽层应延伸到保温层顶部并高出D,以便与防水层相接。

A. 15cm　B. 15cm　C. 15cm　D. 15cm

16. 对找坡层的要求:一般平屋面,坡度为B,最好由结构找坡。若结构层为水平时,可在结构与保温层中设找坡层。其做法一般用焦油、干炉渣、或1:4 的白灰炉渣做找坡层。

A. 4%～6%　B. 1%～3%　C. 2%～4%　D. 3%～5%

17. 对找平层的要求:一般为水泥砂浆找平层。做法是D 的水泥砂浆。水泥强度等级不得低于____。找平层应洒水养护。

A. 1:3、42.5　B. 2:5、32.5　C. 2:5、42.5　D. 1:3、32.5

18. 对水泥砂浆找平层的厚度要求,找平层的基层种类为整体混凝土时,找平层厚度为C。

A. 20~30mm　B. 10~15mm　C. 15~20mm　D. 25~30mm

19. 对水泥砂浆找平层的厚度要求,找平层的基层种类为整体或板状材料保温层时,找平层厚度为D。

A. 20~30mm　B. 10~15mm　C. 15~20mm　D. 25~30mm

20. 对水泥砂浆找平层的厚度要求,找平层的基层种类为装配式混凝土板时,找平层厚度为A。

A. 20~30mm　B. 10~15mm　C. 15~20mm　D. 25~30mm

21. 细石混凝土上找平层,基层为松散材料保温层,找平层厚度为B,混凝土强度等级为____。

A. 20~30mm、C25　　　B. 30~35mm、C15
C. 15~20mm、C15　　　D. 25~30mm、C25

22. 沥青砂浆找平层,基层为装配式混凝土板、整体或板状材料保温层,找平层的厚度为Amm,沥青:砂的重量比为____。

A. 20~25、1:8　　　　B. 20~25、1:6
C. 15~20、1:8　　　　D. 20~25、1:6

23. 沥青材料分为A和焦油沥青两大类。

A. 地沥青　　B. 石油沥青　C. 煤沥青　　D. 天然沥青

24. 下列不是高聚物改性沥青卷材的特点是D。

A. 高温不流淌　　　　B. 低温不脆裂

C. 抗拉强度高　　　　D. 延伸率小

25. 高分子卷材防水施工,防水层重量B,一般高分子卷材为____层施工,重量约2kg/m²,和油毡相比可大大减轻屋面自重。

A. 轻、多　　B. 轻、单　　C. 重、多　　D. 重、单

26. 下面哪种属于合成高分子防水卷材C。

A. SBS   B. APP

C. 聚乙烯丙纶复合卷材   D. 油毡

27. 在沥青砂浆找平层中，沥青与砂的重量比为B。

A. 1 : 5   B. 1 : 8   C. 1 : 10   D. 1 : 2

28. 冷贴三元乙丙橡胶卷材防水层施工时遇阴阳角、管子根、排水口等易发生渗漏的部位应D。

A. 用水泥砂浆做增补层

B. 用卷材附加增补层

C. 在粘贴卷材同时用聚氨酯涂膜做增补层

D. 在粘贴卷材前24h用聚氨酯涂膜做增补层

29. 下列关于三元乙丙橡胶卷材的叙述错误的是C。

A. 耐老化性能好，使用寿命长

B. 抗拉强度高、延伸率大

C. 耐高、低温性能差

D. 可采用单层防水做法，冷贴施工

30. 三元乙丙橡胶防水卷材表面折痕缺陷允许范围是每块不超过2处，总长不超过Dmm。

A. 50   B. 100   C. 150   D. 200

31. 下列关于氯化聚乙烯-橡胶共混防水卷材的叙述错误的是C。

A. 它是以氯化聚乙烯树脂和合成橡胶为主体制成

B. 强度高、耐老化性能好

C. 卷材的粘接性和阻燃性差

D. 高弹性、高延伸以及良好的耐低温性能

32. LYX-603 防水卷材施工的最佳温度是B。

A. 5～10℃   B. 10～30℃   C. 负温   D. 正温

33. 关于 LYX-603 防水卷材的叙述错误的是D。

A. 以氯化聚乙烯为基料，以玻璃网格布为胎，经压延制而成

B. 增加了胎体，提高了抗拉强度,耐高低温(-40～+100℃)性

能优异

C. 具有耐老化性、耐湿性、耐酸碱、耐燃等优点

D. 采取单层施工，冷作业，施工简便但对环境有污染

34. 下列关于聚氯乙烯（PVC）防水卷材的叙述错误的是<u>B</u>。

A. 以聚氯乙烯树脂为主要原料

B. 不能在较低气温下施工

C. 拉伸强度高、延伸性好、低温柔性好

D. 热熔性好，卷材接缝时，既可用胶粘剂粘结，又可以采用热熔焊接工艺进行接缝施工，确保接缝严密。

35. 禹王牌沥青基防水卷材搭接采取热熔自粘，卷材与基层之间可采用热熔，也可采用冷贴，其<u>D</u>。

A. 施工繁琐，对环境有污染

B. 施工简便，对环境有污染

C. 施工繁琐，但减少对环境污染

D. 施工简便，且减少环境污染

36. 关于禹王牌沥青基防水卷材叙述错误的是<u>A</u>。

A. 抗老化性能差，使用寿命不长

B. 具有良好的低温柔韧性

C. 耐高温性能好

D. 断裂延伸率大、具有良好的不透水性、自燃点高

37. 自粘型彩色三元乙丙防水卷材的特点叙述错误的是<u>B</u>。

A. 能冷贴、自粘，只要撕开卷材背面的隔离纸就可以将卷材粘贴于基层

B. 对环境有污染

C. 施工方便，功效高

D. 卷材面层具有色彩，增加了建筑美观，具有防水、装饰双重效果

38. 自粘型彩色三元乙丙防水卷材弯曲疲劳指标的测试为<u>D</u>不裂。

A. 2 万次 　　B. 3 万次 　　C. 5 万次 　　D. 6 万次

39. 自粘型彩色三元乙丙防水卷材耐老化指标的测试试验为 C℃，168h 抗拉强度为 115%，延伸率为 101%。

A. 60　　　　　B. 70　　　　　C. 80　　　　　D. 90

40. 自粘型彩色三元乙丙防水卷材耐碱性是在饱和碱溶液浸泡 168h，其抗拉强度为 B%。

A. 85　　　　　B. 97　　　　　C. 109　　　　　D. 136

41. 自粘型彩色三元乙丙防水卷材延伸率检测是在 C℃、168h 其延伸率为 101%。

A. 50　　　　　B. 60　　　　　C. 80　　　　　D. 90

42. 聚氨酯涂膜防水层的延伸率为 A。

A. 300%～400%　　　　　B. 200%～300%

C. 100%～200%　　　　　D. 0～100%

43. 聚氨酯涂膜防水层具有很好的耐热性在 B℃不流淌。

A. 90　　　　　B. 80　　　　　C. 100　　　　　D. 110

44. 聚氨酯涂膜防水层的技术指标抗裂性试验为涂膜后 1mm，基层裂缝 C mm，涂膜不裂。

A. 0.5　　　　　B. 1　　　　　C. 1.2　　　　　D. 2

45. 下列关于硅橡胶涂料的叙述错误的是 D。

A. 兼有涂膜防水和渗透性防水材料的优点

B. 具有良好的防水性、防渗透性、成膜性、弹性、粘结性和耐高温性能

C. 适应基层变形能力强，能渗入基层与基地粘结牢固

D. 冷施工，操作方便，可涂刷或喷涂，无毒、无味、易燃易爆

46. 下列关于 SBS 弹性沥青防水涂料的叙述错误的是 D。

A. 具有良好的防水性、抗裂性、低温柔韧性

B. 可冷作施工，操作方便

C. 可与玻璃丝布或无纺布配合使用，形成防水层

D. 价格较高

47. 下列关于聚氨酯密封膏叙述错误的是 C

A. 聚氨酯密封膏分为单组分型和双组分型两种

B. 具有较易触变的黏度特性，不易流淌，施工性能好

C. 耐寒性能差，在 -15℃ 失去弹性

D. 具有优异的耐疲劳性能，延伸率大，可适应基层的较大形变

48. 保温层一般采用密度<u>A</u>、变形____，具有一定强度的无机材料或有机材料，其厚度应由热工计算确定。

A. 小、小　　　B. 小、大　　　C. 大、小　　　D. 大、大

49. 加气混凝土块、泡沫混凝土块、沥青珍珠岩块、矿棉板、再生聚苯板、聚苯乙烯是属于<u>D</u>保温层。

A. 涂料　　B. 整体现浇　　C. 松散材料　　D. 板、块状材料

50. 炉渣、膨胀经石、膨胀珍珠岩、矿棉、浮石等是属于<u>C</u>保温层。

A. 涂料　　B. 整体现浇　　C. 松散材料　　D. 板、块状材料

51. 水泥珍珠岩、水泥经石、沥青珍珠岩、炉渣混凝土等属于<u>B</u>保温层。

A. 涂料　　B. 整体现浇　　C. 松散材料　　D. 板、块状材料

52. 找平层应坚实、平整，无麻面、起砂等现象。其平整度用 2m 靠尺检查，缝隙不大于 5mm，且允许有平缓变化。每米长度不多于<u>A</u>处。

A. 一　　　　　B. 二　　　　C. 三　　　　D. 四

53. 找平层与突出屋面结构连接处应抹成圆弧或钝角，半径为<u>A</u>。

A. 100 ~ 150mm　　　　　B. 150 ~ 200mm

C. 200 ~ 250mm　　　　　D. 50 ~ 100mm

54. 找平层排水坡度符合设计要求。天沟坡度不小于<u>D</u>‰，水落口周围应做成略低的凹坑。

A. 2　　B. 3　　C. 4　　D. 5

55. 找平层宜留分格缝。缝宽 20mm、纵横向最大间距不小于<u>A</u>。若分格缝兼作排汽道时应加宽，与保温层连通，分格缝应

附加____宽的油毡或卷材，单边点贴覆盖。

A. 6m、200～300mm　　B. 6m、100～200mm

C. 5m、200～300mm　　D. 5m、100～200mm

56. 架空层铺设时，距离山墙或女儿墙不小于D，以免因温度变形而推裂墙体，架空层砖垛下应铺贴附加层，施工过程中要保护防水层不受破坏。

A. 70mm　　B. 60mm　　C. 40mm　　D. 50mm

57. 倒置屋面构造是把原屋面的防水层在C，保温层在____的设置构造颠倒过来，形成防水层在下，保温层在上的构造。

A. 上、上　　B. 下、下　　C. 上、下　　D. 下、上

58. 防水层的基层（找平层）应干燥，含水率不大于D%。

A. 6　　　B. 7　　　C. 8　　　D. 9

59. 找平层不得有凹坑、麻面、裂缝等缺陷。如果有，应进行处理。一般采用掺107胶的水泥浆刮平，107胶的掺量为水泥用量的C。

A. 5%～10%　　　B. 15%～20%

C. 10%～15%　　　D. 20%～25%

60. 合成高分子防水卷材A类品种有三元乙丙橡胶防水卷材、氯磺化聚乙烯防水卷材、氯化聚乙烯防水卷材、氯丁橡胶防水卷材等。

A. 合成橡胶　　　B. 合成树脂

C. 橡塑共混　　　D. 弹性体

61. A是生产沥青基防水材料、高聚物改性沥青防水材料的重要材料。

A. 沥青　　B. SBS　　C. 煤沥青　　D. 木沥青

62. 氯化聚乙烯-橡胶共混防水卷材具有良好的耐高低温性能，可在D范围内正常使用。

A. 5～80℃　B. 10～80℃　C. 20～80℃　D. 40～80℃

63. C是指用于填充、密封建筑物的板缝、分格缝、檐口与屋面的交接处、水落口周围、管道接头或其他裂缝所用的材料。

A. 防水砂浆　　　B. 堵漏材料

C. 密封材料　　　D. 防水涂料

64. 防水涂料品种的选择应根据当地历年最高气温、最低气温、屋面坡度和使用条件等因素，选择耐热性和低温柔性<u>D</u>的涂料。

A. 相配合　　　B. 相符合

C. 相适应　　　D. 相匹配

65. 屋面防水卷材的铺贴必须遵守一定的施工程序。例如在高低跨屋面相连的建筑物要先铺高跨屋面，后铺低跨屋面，在同高度的大面积屋面上，要先铺距离较<u>A</u>的部位，后铺距离较____的部位。

A. 远、近　B. 远，远　C. 近、远　D. 近、近

66. 防水卷材的铺贴应采用<u>C</u>。

A. 平接法　　B. 顺接法　　C. 搭接法　　D. 层叠

67. 高聚物改性沥青防水卷材施工中，采用冷胶粘剂进行卷材与基层、卷材与卷材粘结的施工方法称为<u>C</u>。

A. 条粘法　　B. 自粘法　　C. 冷贴法　　D. 热熔法

68. 在相同高度的大面积屋面铺贴卷材时，还应注意从檐口处向屋脊处铺贴；从水落口处向两边"分水岭"处铺贴，也就是从<u>B</u>施工，使防水卷材____接槎。

A. 低处向高处、逆水　　　B. 低处向高处、顺水

C. 高处向低处、顺水　　　D. 高处向低处、逆水

69. 在总的施工程序确定之后，就要确定卷材的铺贴顺序。在屋面构造节点部位应根据需要增加卷材的层数，增加的卷材层称为附加层。例如在檐口、屋面与突出结构的连接角、屋脊等部位应加铺<u>D</u>卷材附加层。在天沟、水落口周围应加铺一至二层卷材附加层。

A. 四层　　B. 三层　　C. 二层　　D. 一层

70. 平行于屋脊铺贴的卷材搭接缝，应<u>B</u>方向搭接，垂直于屋脊铺贴的卷材搭接缝，应顺____搭接。

A. 逆水流、主导风向　　　B. 顺流水、主导风向
C. 顺流水、顺流水　　　　D. 逆水流、顺流水

71. 铺贴附加层卷材：在檐口、屋面与立面的转角处、水落口周围、管道根部等构造节点部位应先铺贴D卷材作为附加层。天沟宜铺____卷材。

　　A. 二层、一层　　　　　　B. 一层、一层
　　C. 二层、二层　　　　　　D. 一层、二层

72. 屋面与立面结构的转角部位铺贴卷材时应横向铺贴，卷材宽度上下均不得小于A，应尽量减少接头，卷材搭接宽度不少于____。

　　A. 150mm、150mm　　　　B. 100mm、150mm
　　C. 150mm、100mm　　　　D. 100mm、100mm

73. 屋面防水层完工后，应做蓄水或淋水试验，蓄水高度根据工程而定，在屋面重量不超过荷载的前提下，尽可能使水没过屋面，蓄水时间B 以屋面无渗漏为合格。若进行淋水试验，淋水时间不少于____，屋面无渗漏为合格。

　　A. 24h、4h　　B. 24h、2h　　C. 12h、2h　　D. 12h、4h

74. 上人屋顶抗拉设计要求铺砌预制块（如水泥方砖等）保护层。预制块下铺干砂 $1 \sim 2$cm，预制块之间的缝隙用水泥砂浆灌实。在女儿墙周围及每隔一定距离应留置适当宽度的A。

　　A. 伸缩缝　　B. 分格缝　　C. 沉降缝　　D. 变形缝

75. 氯化聚乙烯—橡胶共混防水卷材一般用于高档工程，单层防水施工。卷材厚度宜选用B 厚。

　　A. 1mm　　　B. 1. 5mm　　　C. 2mm　　　D. 2. 5mm

76. 热熔卷材防水施工，成卷卷材应卷紧卷齐，卷筒两端厚度相差不得超过A，端面里进外出不得超过____。

　　A. 5mm、10mm　　　　　　B. 5mm、5mm
　　C. 3mm、15mm　　　　　　D. 3mm、20mm

77. 成卷卷材在环境温度B 时应易于展开，不得粘结或产生裂纹。

A. -5 ~ +45℃　　　　B. -10 ~ +45℃

C. -10 ~ +30℃　　　　D. -5 ~ +50℃

78. 胎体与涂盖层应粘结牢固，热熔卷材胎体应位于卷材上部D处。

　　A. 1/6　　　B. 1/5　　　C. 1/4　　　D. 1/3

79. 基层处理剂一股为溶剂型橡胶改性沥青防水涂料或橡胶改性沥青冷胶粘剂。将基层处理剂均匀涂刷在基层，要求薄厚均匀，形成一层厚度C的整体防水层。

　　A. 4 ~5mm　B. 3 ~4mm　C. 1 ~2mm　D. 2 ~3mm

80. 热熔卷材施工可在A的温度施工，施工不受季节限制。雨天、风天不得施工。

　　A. -10℃　　B. -5℃　　C. 0℃　　D. 5℃

81. 自粘型防水卷材施工温度以D以上为宜，温度低不易于粘结。雨天、风沙天、负温均不得施工。

　　A. -10℃　　　B. -5℃　　　C. 0℃　　D. 5℃

82. 屋面构造节点防水，卷材立面铺贴高度不小于B，上口用密封膏嵌严，外用水泥砂浆抹面。

　　A. 200mm　　B. 250mm　　C. 150mm　　D. 100mm

83. 薄钢板烟囱、透气管的防水做法，管道根部附加卷材一层，卷材立面铺贴高度不小于A，贴至镀锌薄钢板护伞下面的根部，附加层水平面的宽度不小于200mm，卷材立面上口用密封膏嵌严，外抹水泥砂浆保护。

　　A. 300mm　　B. 200mm　　C. 100mm　　D. 250mm

84. 做薄钢板檐口时，将檐口下部做好滴水、上部做好保护棱，伸入屋面的薄钢板至保护棱的宽度不得小于C，卷材应紧密地与保护棱相衔接，接缝处用密封膏嵌严。

　　A. 300mm　　B. 200mm　　C. 100mm　　D. 250mm

85. 内排水水落口处防水卷材施工时应先铺贴C附加卷材，卷材收头处用密封膏嵌严。

　　A. 四层　　B. 三层　　C. 二层　　　D. 一层

86. 水落口处附加卷材的铺贴方法是：裁一条 250mm 宽的卷材，长度比排水口径大出 C 搭接宽度，卷成圆筒并粘结好，深入排水口中____，涂胶后粘接牢固。露出管口的卷材用剪刀裁口，翻开，涂胶后平铺在水落口四周的平面上，粘牢。

A. 300mm、100mm　　　B. 200mm、150mm

C. 100mm、150mm　　　D. 250mm、100mm

87. 水落口防水卷材铺贴完防水卷材后，水落口周围应比屋面平面至少低 A，以利于排水。

A. 20mm　　B. 10mm　　C. 15mm　　D. 25mm

88. 沥青防水卷材任温度低于 45℃ 的环境中应立放，高度以 B 为限，并不得倾斜或横压放置。应放置在阴凉通风的室内，并且应远离火源。沥青防水卷材的存放时间不应超过一年。

A. 一层　　B. 两层　　C. 三层　　D. 四层

89. 高聚物改性沥青防水卷材应在低于 50℃ 的环境下立放，高度以 B 为限，横放时高度不得超过____。

A. 一层、1m　　　　　B. 两层、1m

C. 三层、3m　　　　　D. 四层、3m

90. 合成高分子防水卷材应存放在温度为 B、相对湿度为 50% ~80% 的干净库房环境中；卷材应直立堆放，堆积高度不能超过二层；横放时高度不超过 1m；卷材应远离火源，禁止与有腐蚀性的有害物质接触；氯化聚乙烯卷材应平放，堆积高度为____卷材高度。

A. 0~35℃、四个　　　B. 0~35℃、五个

C. 0~45℃、五个　　　D. 0~45℃、四个

91. 水乳型和溶剂型防水涂料的运输与贮存温度都不得低于 C。

A. -10℃　　B. -5℃　　C. 0℃　　D. 5℃

92. 聚氯乙烯防水接缝材料按施工工艺的不同它分为 A 两种。

A. 热塑型、热熔型　　　B. 热熔型、热固型

213

C. 热固型、热熔型 D. 热塑型、热固型

93. 聚氯乙烯防水接缝材料具有良好的直接性、防水性。弹性较好，即使在D温度下也不会发生脆裂，耐腐蚀性能和抗老化性能好，对钢筋混凝土中的钢筋无腐蚀作用。

A. −30 ~ −45℃ B. −40 ~ −50℃
C. −20 ~ −40℃ D. −20 ~ −30℃

94. 配置普通防水混凝土，其水灰比为B；粗集料最大粒径小于____，采用中砂或细砂。

A. 0.4 ~ 0.5、30mm B. 0.5 ~ 0.6、40mm
C. 0.5 ~ 0.6、30mm D. 0.4 ~ 0.5、40mm

95. 膨胀剂防水混凝土初凝时间不早于C，终凝时间不迟于10h。

A. 60min B. 50min C. 45min D. 30min

96. 普通防水砂浆中，要求所选砂子的粒径一般在 1 ~ 3mm 之间，砂子要洁净，含泥量不得大于A，硫化物和硫酸盐含量不得大于 1%。

A. 3% B. 4% C. 2% D. 1%

97. 热压焊接法是将两片 PVC 防水卷材搭接A，通过焊嘴吹风加热，利用聚氯乙烯材料的热塑性，使卷材边缘部分达到熔融状态，然后用压辊加压，将两片防水卷材熔合为一体。

A. 40 ~ 50mm B. 20 ~ 30mm
C. 30 ~ 40mm D. 50 ~ 60mm

98. 隔汽层设置在B。

A. 结构层以下 B. 保温层以下
C. 保温层以上 D. 找平层以下

99. 当采用沥青防水涂料做隔汽层时，其耐热度应比室内或室外的最高温度高出D。

A. 30 ~ 45℃ B. 40 ~ 50℃
C. 20 ~ 40℃ D. 20 ~ 25℃

100. 在屋面泛水处，隔汽层应沿墙面连续铺设，高出保温

层上表面不得小于C，以便严密封闭保温层。

A. 200mm　B. 100mm　C. 150mm　D. 250mm

101. 平屋顶，卷材防水屋面的结构找坡坡度为大于等于D%；材料找坡的坡度为大于等于____%。

A. 2、1　　B. 2、2　　C. 3、1　　D. 3、2

102. 平屋顶，涂膜防水屋面的结构找坡坡度为大于等于D%；材料找坡的坡度为大于等于____%。

A. 2、1　　B. 2、2　　C. 3、1　　D. 3、2

103. 在涂膜防水屋面施工的工艺流程中，基层处理剂干燥后的第一项工作是B。

A. 基层清理　　　　　B. 节点部位增强处理

C. 涂布大面防水涂料　D. 铺贴大面胎体增强材料

104. 在涂膜防水屋面施工的工艺流程中，基层处理剂干燥后的紧后工作是B。

A、基层清理　　　　　B、节点部位增强处理

C、涂布大面防水涂料　D、铺贴大面胎体增强材料

105. 防水涂膜可在D进行施工。

A. 气温为20℃的雨天

B. 气温为 -5℃的雪天

C. 气温为38℃的无风晴天

D. 气温为25℃且有三级风的晴天

106. 平屋顶，刚性防水屋面的坡度为大于等于B。

A. 1% ~ 3%　　　　　B. 2% ~ 3%

C. 2% ~ 4%　　　　　D. 3% ~ 5%

107. 坡屋顶，卷材防水屋面坡度为D；平瓦屋面坡度为__；油毡瓦屋面坡度为 10% ~ 50%；压型钢板屋面坡度为大于等于20%。

A. 5% ~ 25%、10% ~ 20%

B. 10% ~ 15%、20% ~ 50%

C. 10% ~ 15%、10% ~ 20%

D. 5% ~ 25% 、20% ~ 50%

108. 找平层上宜做分格缝，缝宽<u>A</u>，分格缝的纵、横间距有以下要求：采用水泥砂浆、细石混凝土时不大于6mm；采用沥青砂浆时不大于4m。

A. 20mm　　B. 30mm　　C. 40mm　　D. 10mm

109. 刚性防水层的结构层为装配式钢筋混凝土板时，板缝应用<u>B</u>细石混凝土嵌填密实，细石混凝土内宜掺微膨胀剂。

A. C15　　B. C10　　C. C25　　D. C30

110. 普通细石混凝土防水层，应视屋面跨度、结构类型、地区特点等具体情况，确定防水层厚度，一般为40~60mm。细石混凝土强度等级不应低于<u>C</u>。

A. C15　　B. C10　　C. C20　　D. C30

111. 普通细石混凝土防水层，钢筋网应设置在细石混凝土防水层的中间偏上，距表面不小于<u>D</u>。

A. 20mm　　B. 30mm　　C. 40mm　　D. 10mm

112. 细石混凝土防水层应设置<u>B</u>，分格缝应设在屋面板的支撑端、屋面转折处、防水层与突出屋面结构的交接处，并与板缝对接，分格缝的纵横间距不应大于6m。

A. 伸缩缝　　B. 分格缝　　C. 沉降缝　　D. 变形缝

113. 在细石混凝土防水层的<u>B</u>中。均应设置背衬材料，再用密封材料封严。

A. 伸缩缝　　B. 分格缝　　C. 沉降缝　　D. 变形缝

114. 屋面防水工程应根据建筑物的类别、重要程度、使用功能要求确定防水等级，并应按相应等级进行防水设防，对防水有特殊要求的建筑屋面，应进行专项防水设计。一级屋面防水等级应该有<u>D</u>防水设防。二级屋面防水等级应该有____防水设防。

A. 一道、一道　　　　B. 一道、两道

C. 两道、两道　　　　D. 两道、一道

115. 当屋面坡度小于3%时，沥青防水卷材的铺贴方向

宜<u>C</u>。

 A. 与屋脊成 45°角

 B. 垂直于屋脊

 C. 平行于屋脊

 D. 下层平行于屋脊，上层垂直于屋脊

116. 当屋面坡度大于 15% 或受振动时，沥青防水卷材的铺贴方向应<u>A</u>。

 A. 垂直于屋脊   B. 与屋脊成 45°角

 C. 平行于屋脊   D. 上下层相互垂直

117. 屋面防水卷材铺贴应采用搭接法进行，不正确的做法是<u>B</u>。

 A. 平行于屋脊的搭接缝顺水流方向搭接

 B. 平行于屋脊的搭接缝顺年最大频率风向搭接

 C. 垂直于屋脊的搭接缝顺年最大频率风向搭接

 D. 上下层卷材的搭接缝错开

118. 当屋面坡度大于<u>D</u> 时，应采取防止沥青卷材下滑的固定措施。

 A. 3%   B. 10%   C. 15%   D. 25%

119. 对屋面是同一坡面的防水卷材，最后铺贴的应为<u>D</u>。

 A. 水落口部位   B. 天沟部位

 C. 沉降缝部位   D. 屋面大面材料

120. 采用重力式排水时，屋面每个汇水面积内，雨水排水立管不宜少于<u>B</u> 根。

 A. 1   B. 2   C. 3   D. 4

121. 严寒地区应采用<u>A</u>，寒冷地区宜采用____。

 A. 内排水、内排水   B. 内排水、外排水

 C. 外排水、内排水   D. 外排水、外排水

122. 檐沟、天沟的过水断面，应根据屋面汇水面积的雨水流量经计算确定。钢筋混凝土檐沟、天沟净宽不应小于<u>A</u>，分水线处最小深度不应小于____，沟内纵向坡度不应小于 1%，沟底

水落差不得超过 200mm；檐沟、天沟排水不得流经变形缝和防火墙。

A. 300mm、100mm 　　B. 200mm、100mm

C. 200mm、200mm 　　D. 300mm、200mm

123. 金属檐沟、天沟的纵向坡度宜为A%。

A. 0. 5　　B. 1　　C. 1. 5　　D. 2

124. 屋面防水工程，水泥砂浆找平层的厚度应按基层不同分别确定，基层为整体现浇混凝土板，厚度为C，技术要求 1∶2. 5 水泥砂浆。

A. 30 ~ 35mm　　　　B. 20 ~ 25mm

C. 15 ~ 20mm　　　　D. 25 ~ 30mm

125. 屋面防水工程，水泥砂浆找平层的厚度应按基层不同分别确定，基层为整体材料保温层，厚度为B，技术要求用 1∶2. 5 水泥砂浆。

A. 30 ~ 35mm　　　　B. 20 ~ 25mm

C. 15 ~ 20mm　　　　D. 25 ~ 30mm

126. 屋面防水工程，细石混凝土找平层的厚度应按基层不同分别确定，基层为装配式混凝土板，厚度为A，要求为 C20 混凝土，宜加钢筋网片。

A. 30 ~ 35mm　　　　B. 20 ~ 25mm

C. 15 ~ 20mm　　　　D. 25 ~ 30mm

127. 屋面防水工程，细石混凝土找平层的厚度应按基层不同分别确定，基层为板状材料保温层，厚度为A，技术要求 C20 混凝土。

A. 30 ~ 35mm　　　　B. 20 ~ 25mm

C. 15 ~ 20mm　　　　D. 25 ~ 30mm

128. 保温层上的找平层应留设分格缝，缝宽宜为 5mm ~ 20mm，纵横缝的间距不宜大于D。

A. 3m　　B. 4m　　C. 5m　　D. 6m

129. 隔汽层应沿周边墙面A，高出保温层上表面不得小于

218

_____。

A. 向上连续铺设、150mm

B. 向下连续铺设、150mm

C. 向上连续铺设、200mm

D. 向下连续铺设、200mm

130. 倒置式屋面保温层的坡度宜为<u>D</u>%。

A. 4　　B. 1　　C. 2　　D. 3

131. 架空隔热层的高度宜为180~300mm，架空板与女儿墙的距离不应小于<u>C</u>；

A. 150mm　　B. 200mm　　C. 250mm　　D. 300mm

132. 当屋面宽度大于<u>B</u>时，架空隔热层中部应设置通风屋脊。

A. 8m　　　　B. 10m　　　　C. 12m　　　　D. 14m

133. 架空隔热屋面是在增设<u>A</u>，利用空气流通进行隔热，效果较好。

A. 架空层　　B. 结构层　　C. 加强层　　D. 保温层

134. 种植隔热层的屋面坡度大于<u>C</u>%时，其排水层、种植土应采取防滑措施。

A. 15　　B. 25　　C. 20　　D. 30

135. 屋面防水工程中，找平层设置的分格缝可兼作排气道，排气道的宽度宜为<u>C</u>。

A. 20mm　　B. 30mm　　C. 40mm　　D. 50mm

136. 排汽道纵横间距宜为<u>A</u>m，屋面面积每36m² 宜设置一个排汽孔，排汽孔应做防水处理。

A. 6　　B. 8　　C. 10　　D. 12

137. 倒置式屋面的坡度宜为<u>D</u>%。

A. 4　　B. 1　　C. 2　　D. 3

138. 排水层材料应根据屋面功能及环境、经济条件等进行选择，过滤层宜采用<u>D</u>的土工布，过滤层应沿种植土周边向上铺设至种植土高度。

A. $100 \sim 300 \mathrm{g/m^2}$　　　B. $200 \sim 300 \mathrm{g/m^2}$

C. $300 \sim 500 \mathrm{g/m^2}$　　　D. $200 \sim 400 \mathrm{g/m^2}$

139. 当采用混凝土板架空隔热层时，屋面坡度不宜大于B%。

A. 4　　B. 5　　C. 2　　D. 3

140. 蓄水隔热层的蓄水池应采用强度等级不低于C、抗渗等级不低于 P6 的现浇混凝土，蓄水池内宜采用 20mm 厚防水砂浆抹面。

A. C15　　B. C10　　C. C25　　D. C30

141. 蓄水隔热层的排水坡度不宜大于A%。

A. 0.5　　B. 1　　C. 1.5　　D. 2

142. 复合防水层设计选用的防水卷材与防水涂料应B；挥发固化型防水涂料作为防水卷材粘结材料使用。

A. 相容、可以　　　　B. 相容、不得

C. 不相容、不得　　　D. 不相容、可以

143. 复合防水层设计防水涂膜宜设置在防水卷材的C；水乳型或合成高分子类防水涂膜____，不得采用热熔型防水卷材。

A. 下面、上面　　　　B. 下面、下面

C. 上面、下面　　　　D. 上面、上面

144. 屋面防水工程防水等级为Ⅰ级时，合成高分子防水卷材防水层最小厚度为Amm，自粘聚酯胎最小防水厚度为__mm。

A. 1.2、2.0　　　　B. 1.2、1.5

C. 1、2.0　　　　　D. 1、1.5

145. 屋面防水工程防水等级为Ⅱ级时，合成高分子防水卷材防水层最小厚度为Cmm。

A. 0.5　　B. 1　　C. 1.5　　D. 2

146. 屋面防水工程防水等级为Ⅱ级时，合成高分子防水涂膜防水层最小厚度为Dmm。

A. 0.5　　B. 1　　C. 1.5　　D. 2

147. 屋面防水工程防水等级为Ⅰ级时，合成高分子防水涂

膜防水层最小厚度为C mm。

A. 0.5　　B. 1　　C. 1.5　　D. 2

148. 屋面防水工程防水等级为Ⅰ级时，合成高分子防水涂膜防水层最小厚度为1.5mm，聚合物水泥防水涂膜最小厚度为C mm，高聚物改性沥青防水涂膜最小厚度为2.0mm。

A. 0.5　　B. 1　　C. 1.5　　D. 2

149. 屋面防水工程防水等级为Ⅱ级时，合成高分子防水涂膜防水层最小厚度为2.0mm，聚合物水泥防水涂膜最小厚度为D mm，高聚物改性沥青防水涂膜最小厚度为3.0mm。

A. 0.5　　B. 1　　C. 1.5　　D. 2

150. Ⅲ级屋面防水要求防水层耐用年限为C 年。

A. 25　　B. 15　　C. 10　　D. 5

151. 要求设置三道或三道以上防水的屋面防水等级是D。

A. Ⅳ　　B. Ⅲ　　C. Ⅱ　　D. Ⅰ

152. 屋面找平层分格缝等部位，宜设置卷材空铺附加层，其空铺宽度不宜小于C mm。

A. 60　　B. 80　　C. 100　　D. 120

153. 合成高分子防水卷材附加层最小厚度1.2 高聚物改性沥青防水卷材（聚酯胎）最小厚度为3.0mm，高聚物改性沥青防水涂料最小厚度为D mm，合成高分子防水涂料、聚合物水泥防水涂料最小厚度为1.5mm。

A. 0.5　　B. 1　　C. 1.5　　D. 2

154. 粘贴高聚物改性沥青防水卷材，使用最多的是B。

A. 热粘结剂法　B. 热熔法　C. 冷粘法　D. 自粘法

155. 冷粘法是指用B 粘贴卷材的施工方法。

A. 喷灯烘烤　　　　　　B. 胶粘剂

C. 热沥青胶　　　　　　D. 卷材上的自粘胶

156. 屋面防水工程中，合成高分子防水卷材胶粘剂的搭接宽度为B。

A. 60　　B. 80　　C. 100　　D. 120

157. 屋面防水工程中，合成高分子防水卷材单焊缝搭接宽度为A mm，有效焊接宽度不小于25mm。

A. 60　　B. 80　　C. 100　　D. 120

158. 胎体增强材料长边搭接宽度不应小于A，短边搭接宽度不应小于70mm。

A. 50　　B. 70　　C. 100　　D. 120

159. 进行屋面涂膜防水胎体增强材料施工时，正确的做法是C。

A. 铺设按由高向低顺序进行

B. 多层胎体增强材料应错缝搭接

C. 上下层胎体相互垂直铺设

D. 同层胎体增强材料的搭接宽度应大于50mm

160. 接缝处的密封材料底部应设置背衬材料，背衬材料应大于接缝宽度B%，嵌入深度应为密封材料的设计厚度。

A. 40　　B. 20　　C. 30　　D. 10

161. 填充在挤筒内的密封材料挤出的难易程度称D。

A. 和易性　　B. 柔润性　　C. 滑爽性　　D. 挤出性

162. 外墙防水密封材料抵抗暴晒、冰冻、紫外线及大气的破坏等的能力叫D。

A. 水密性　　B. 气密性　　C. 耐腐蚀性　　D. 耐候性

163. 由于气温的变化及地震、风力、沉降等外力的影响，外墙的接缝会随之变化，防水密封材料必须有良好的A以适应这些变化。

A. 弹塑性　　B. 刚度　　C. 强度　　D. 粘结力

164. 采用块体材料做保护层时，宜设分格缝，其纵横间距不宜大于10m，分格缝宽度宜为B mm，并应用密封材料嵌填。

A. 40　　B. 20　　C. 30　　D. 10

165. 采用水泥砂浆做保护层时，表面应抹平压光，并应设表面分格缝，分格面积宜为B m²。

A. 0.5　　B. 1　　C. 1.5　　D. 2

166. 采用细石混凝土做保护层时，表面应抹平压光，并应设分格缝，其纵横间距不应大于 6m，分格缝宽度宜为 <u>A</u>，并应用密封材料嵌填。

A. 10～20mm   B. 20～30mm

C. 30～40mm   D. 50～60mm

167. 瓦屋面与山墙及突出屋面结构的交接处，均应做不小于 <u>C</u> 高的泛水处理。

A. 150mm   B. 200mm   C. 250mm   D. 300mm

168. 防水垫层宜采用自粘聚合物沥青防水垫层、聚合物改性沥青防水垫层，其最小厚度和搭接宽度为：自粘聚合物沥青防水垫层最小厚度 <u>B</u>，搭接宽度为 ____ mm；聚合物改性沥青防水垫层 2.0mm；搭接宽度为 100mm。

A. 2、80   B. 1、80   C. 1、100   D. 2、100

169. 烧结瓦、混凝土瓦屋面的坡度不应小于 <u>C</u>%。

A. 40   B. 20   C. 30   D. 10

170. 沥青瓦的固定方式应以 <u>A</u>。每张瓦片上不得少于 4 个固定钉；在大风地区或屋面坡度大于 100% 时，每张瓦片不得少于 __ 个固定钉。

A. 钉为主、粘结为辅、6   B. 钉为主、粘结为辅、4

C. 粘结为主、钉为辅、6   D. 粘结为主、钉为辅、4

171. 天沟部位铺设的沥青瓦采用搭接式、编织式铺设时，沥青瓦下应增设不小于 1000mm 宽的附加层；敞开式铺设时，在防水层或防水垫层上应铺设厚度不小于 0.45mm 的防锈金属板材，沥青瓦与金属板材应用沥青基胶结材料粘结，其搭接宽度不应小于 <u>C</u>。

A. 60   B. 80   C. 100   D. 120

172. 金属板屋面防水等级为Ⅰ级时，其防水做法是：<u>B</u>。

A. 压型金属板   B. 压型金属板 + 防水垫层

C. 防水垫层   D. 金属面绝热夹芯板

173. 压型金属板采用咬口锁边连接时，屋面的排水坡度不宜小于A%；压型金属板采用紧固件连接时，屋面的排水坡度不宜小于____%。

　　A. 5、10　　　B. 5、20　　　C. 10、10　　　D. 10、20

174. 压型金属板采用咬口锁边连接的构造，在大风地区或高度大于Cm 的屋面，压型金属板应采用360°咬口锁边连接。

　　A. 40　　　B. 20　　　C. 30　　　D. 10

175. 单坡尺寸过长或环境温差过大的屋面，压型金属板宜采用滑动式支座的D 咬口锁边连接。

　　A. 90°　　　B. 180°　　　C. 270°　　　D. 360°

176. 金属板屋面铺装金属板檐口挑出墙面的长度不应小于B。

　　A. 150mm　　　B. 200mm　　　C. 250mm　　　D. 300mm

177. 金属板伸入檐沟、天沟内的长度不应小于D。

　　A. 150mm　　　B. 200mm　　　C. 250mm　　　D. 100mm

178. 金属泛水板与突出屋面墙体的搭接高度不应小于C。

　　A. 150mm　　　B. 200mm　　　C. 250mm　　　D. 100mm

179. 金属泛水板、变形缝盖板与金属板的搭盖宽度不应小于B。

　　A. 150mm　　　B. 200mm　　　C. 250mm　　　D. 100mm

180. 金属屋脊盖板在两坡面金属板上的搭盖宽度不应小于C。

　　A. 150mm　　　B. 200mm　　　C. 250mm　　　D. 100mm

181. 玻璃钢的施工有手糊、模压法、和喷射法等几种方法，现场一般采用A。

　　A. 手糊　　　B. 模压　　　C. 缠绕　　　D. 喷射

182. A 止水带对于构件变形的适应力差，目前较少使用。

　　A. 金属　　　B. 橡胶　　　C. 塑料　　　D. 橡塑

183. 沥青瓦屋面的瓦头挑出檐口的长度宜为A，金属滴水板应固定在基层上，伸入沥青瓦下宽度不应小于80mm，向下延伸长度不应小于60mm。

A. 10~20mm   B. 20~30mm

C. 30~40mm   D. 50~60mm

184. 金属板屋面檐口挑出墙面的长度不应小于B；屋面板与墙板交接处应设置金属封檐板和压条。

A. 150mm   B. 200mm   C. 250mm   D. 100mm

185. 卷材或涂膜防水屋面檐沟和天沟的防水层下应增设附加层，附加层伸入屋面的宽度不应小于C。

A. 150mm   B. 200mm   C. 250mm   D. 100mm

186. 檐沟和天沟防水层下应增设附加层，附加层伸入屋面的宽度不应小于D。

A. 200mm   B. 300mm   C. 400mm   D. 500mm

187. 烧结瓦、混凝土瓦伸入檐沟、天沟内的长度，宜为A。

A. 50~70mm   B. 40~60mm

C. 30~50mm   D. 20~40mm

188. 沥青瓦伸入檐沟内的长度宜为A。

A. 10~20mm   B. 20~30mm

C. 30~40mm   D. 50~60mm

189. 天沟采用敞开式铺设时，在防水层或防水垫层上应铺设厚度不小于0.45mm的防锈金属板材，沥青瓦与金属板材应顺流水方向搭接，搭接缝应用沥青基胶结材料粘结，搭接宽度不应小于A。

A. 100mm   B. 150mm   C. 200mm   D. 250mm

190. 女儿墙压顶可采用混凝土或金属制品。压顶向内排水坡度不应小于D%，压顶内侧下端应做滴水处理。

A. 4   B. 3   C. 6   D. 5

191. 女儿墙泛水处的防水层下应增设附加层，附加层在平面和立面的宽度均不应小于D。

A. 100mm   B. 150mm   C. 200mm   D. 250mm

192. 有压顶的女儿墙防水做法是将卷材做至D。

A. 女儿墙檐底阴角   B. 女儿墙檐底阳角

C. 女儿墙檐口上阳角　　　D. 女儿墙檐底压毡层下

193. 高女儿墙泛水处的防水层泛水高度不应小于D，泛水上部的墙体应做防水处理。

A. 100mm　　B. 150mm　　C. 200mm　　D. 250mm

194. 山墙压顶可采用混凝土或金属制品。压顶应向B排水，坡度不应小于____%，压顶内侧下端应做滴水处理。

A. 内、2　　B. 内、5　　C. 外、2　　D. 外、5

195. 山墙泛水处的防水层下应增设附加层，附加层在平面和立面的宽度均不应小于D。

A. 100mm　　B. 150mm　　C. 200mm　　D. 250mm

196. 烧结瓦、混凝土瓦屋面山墙泛水应采用聚合物水泥砂浆抹成，侧面瓦伸入泛水的宽度不应小于B。

A. 100mm　　B. 50mm　　C. 200mm　　D. 150mm

197. 金属板屋面山墙泛水应铺钉厚度不小于0.45mm的金属泛水板，并应顺流水方向搭接；金属泛水板与墙体的搭接高度不应小于D，与压型金属板的搭盖宽度宜为1～2mm。

A. 100mm　　B. 150mm　　C. 200mm　　D. 250mm

198. 变形缝泛水处的防水层下应增设附加层，附加层在平面和立面的宽度不应小于D；防水层应铺贴或涂刷至泛水墙的顶部。

A. 100mm　　B. 150mm　　C. 200mm　　D. 250mm

199. 烟囱泛水处的防水层或防水垫层下应增设附加层，附加层在平面和立面的宽度不应小于D。

A. 100mm　　B. 150mm　　C. 200mm　　D. 250mm

200. 反梁过水孔宜采用预埋管道，其管径不得小于B。

A. 50mm　　B. 75mm　　C. 100mm　　D. 150mm

201. 在防水层上放置设施时，防水层下应增设卷材附加层，必要时应在其上浇筑细石混凝土，其厚度不应小于A。

A. 50mm　　B. 75mm　　C. 100mm　　D. 150mm

202. 烧结瓦、混凝土瓦屋面的屋脊处应增设宽度不小于D

的卷材附加层。

 A. 100mm B. 150mm C. 200mm D. 250mm

203. 烧结瓦、脊瓦下端距坡面瓦的高度不宜大于<u>B</u>。

 A. 50mm B. 80mm C. 100mm D. 150mm

204. 烧结瓦、脊瓦在两坡面瓦上的搭盖宽度,每边不应小于<u>A</u>mm;脊瓦与坡瓦面之间的缝隙应采用聚合物水泥砂浆填实抹平。

 A. 40 B. 20 C. 30 D. 10

205. 沥青瓦屋面的屋脊处应增设宽度不小于 250mm 的卷材附加层。脊瓦在两坡面瓦上的搭盖宽度,每边不应小于<u>B</u>。

 A. 100mm B. 150mm C. 200mm D. 250mm

206. 找坡层当板缝宽度大于<u>A</u>mm 或上窄下宽时,板缝内应按设计要求配置钢筋。

 A. 40 B. 20 C. 30 D. 10

207. 找坡层嵌填细石混凝土的强度等级不应低于<u>C</u>,填缝高度宜低于板面 10~20mm,且应振捣密实和浇水养护。

 A. C15 B. C10 C. C20 D. C30

208. 找坡应按屋面排水方向和设计坡度要求进行,找坡层最薄处厚度不宜小于<u>B</u>mm。

 A. 40 B. 20 C. 30 D. 10

209. 蓄水池的防水混凝土施工时,环境气温宜为<u>C</u>,并应避免在冬期和高温期施工。

 A. 0~35℃ B. 5~45℃ C. 5~35℃ D. 0~45℃

210. 上下层卷材长边搭接缝应错开,且不应小于幅宽的<u>A</u>。

 A. 1/3 B. 1/4 C. 1/5 D. 1/6

211. 采用热熔法粘贴 SBS 改性沥青防水卷材的施工工序中不包括<u>A</u>。

 A、铺撒热沥青胶   B、滚铺卷材

 C、排气辊压   D、刮封接口

212. 热熔法铺贴卷材,熔化热熔型改性沥青胶结料时,宜采用专用导热油炉加热，加热温度不应高于<u>D</u>，使用温度不宜低于____。

    A. 250℃、200℃   B. 250℃、180℃

    C. 230℃、200℃   D. 200℃、180℃

213. 粘贴卷材的热熔型改性沥青胶结厚度宜为<u>C</u>。

    A. 1.2~1.8mm   B. 1.2~1.5mm

    C. 1.0~1.5mm   D. 1.0~1.8mm

214. 热熔法铺贴卷材，火焰加热器的喷嘴距卷材面的距离应适中，幅宽内加热应均匀，应以卷材表面熔融至光亮黑色为度，不得过分加热卷材；厚度小于 3mm 的高聚物改性沥青防水卷材，<u>A</u>采用热熔法施工。

    A. 严禁   B. 宜   C. 可以   D. 必须

215. 搭接缝部位宜以溢出热熔的改性沥青胶结料为度，溢出的改性沥青胶结料宽度宜为<u>B</u>，并宜均匀顺直；当接缝处的卷材上有矿物粒或片料时，应用火焰烘烤及清除干净后再进行热熔和接缝处理。

    A. 10mm   B. 8mm   C. 6mm   D. 5mm

216. 焊接法铺贴卷材，对热塑性卷材的搭接缝采用<u>C</u>，焊接应严密。

    A. 单缝焊   B. 双缝焊

    C. 单缝焊或双缝焊   D. 两者都不可

217. 卷材防水层的施工环境温度，热熔法和焊接法不宜低于<u>A</u>℃。

    A. -10℃   B. -5℃   C. 0℃   D. 5℃

218. 卷材防水层的施工环境温度，冷粘法和热粘法不宜低于<u>B</u>℃。

    A. -10℃   B. -5℃   C. 0℃   D. 5℃

219. 卷材防水层的施工环境温度，自粘法不宜低于<u>A</u>℃。

    A. -10℃   B. -5℃   C. 0℃   D. 5℃

220. 涂膜施工应先做好<u>C</u>处理，再进行____涂布。

A. 无顺序　　　　　　　B. 大面积、细部

C. 细部、大面积　　　　D. 同时进行

221. 涂膜防水层的施工环境温度，水乳型及反应型涂料宜为C。

A. 0~35℃　　　　　　B. 5~45℃

C. 5~35℃　　　　　　D. 0~45℃

222. 涂膜防水层的施工环境温度，溶剂型涂料宜为A。

A. -5~35℃　　　　　B. 5~45℃

C. -5~35℃　　　　　D. 0~45℃

223. 涂膜防水层的施工环境温度，热熔型涂料不宜低于A。

A. -10℃　　B. -5℃　　C. 0℃　　D. 5℃

224. 涂膜防水层的施工环境温度，聚合物水泥涂料宜为C。

A. 0~35℃　　　　　　B. 5~45℃

C. 5~35℃　　　　　　D. 0~45℃

225. 采用挤出枪嵌填时，应根据接缝的宽度选用口径合适的挤出嘴，应均匀挤出密封材料嵌填，并应由B逐渐充满整个接缝。

A. 顶部　　B. 底部　　C. 中间　　D. 任何地方

226. 接缝沥青密封材料和溶剂型合成高分子密封材料宜为A，乳胶型及反应型合成高分子密封材料宜为5~35℃。

A. 0~35℃　　　　　　B. 5~45℃

C. 5~35℃　　　　　　D. 0~45℃

227. 块体材料保护层铺设，在砂结合层上铺设块体时，砂结合层应平整，块体间应预留A的缝隙，缝内应填砂，并应用1:2水泥砂浆勾缝。

A. 10mm　　B. 8mm　　C. 6mm　　D. 5mm

228. 浅色涂料贮运、保管环境温度，反应型及水乳型不宜低于D℃，溶剂型不宜低于0℃。

A. -10℃　　B. -5℃　　C. 0℃　　D. 5℃

229. 干铺塑料膜、土工布、卷材时，其搭接宽度不应小于

A；铺设应平整，不得有皱折。

    A. 50mm   B. 80mm   C. 100mm   D. 150mm

    230. 隔离层的施工环境温度应符合：（1）干铺塑料膜、土工布、卷材可在负温下施工；（2）铺抹低强度等级砂浆宜温度为C。

    A. 0～35℃   B. 5～45℃   C. 5～35℃   D. 0～45℃

    231. 水泥砂浆或细石混凝土持钉层可不设分格缝；持钉层与突出屋面结构的交接处应预留Cmm 宽的缝隙。

    A. 40   B. 20   C. 30   D. 10

    232. 厨房、厕浴间使用高分子防水涂料、聚合物水泥防水涂料时。防水层厚度不应小于Bmm。

    A. 1   B. 1. 2   C. 0. 8   D. 1. 5

    233. 大面积公共厕浴间地面应分区，每一个分区设一个地漏。区域内排水坡度为B%，坡度直线长度不大于3m。

    A. 1   B. 2   C. 3   D. 4

    234. 厨房、厕浴间防水基层（找平层），用配合比1:2.5 或1:3.0 水泥砂浆找平，厚度B，抹平压光。

    A. 10mm   B. 20mm   C. 30mm   D. 40mm

    235. 厨房、厕浴间，地面防水层应做在地面找平层之上，饰面层以下。地面四周与墙体连接处，防水层往墙面上做D以上。

    A. 100mm   B. 150mm   C. 200mm   D. 250mm

    236. 厨房、厕浴间，管根孔洞在立管定位后，楼板四周缝隙用1:3 水泥砂浆堵严。缝大于B 时，可用细石防水混凝土堵严，并做底模。

    A. 10mm   B. 20mm   C. 30mm   D. 40mm

    237. 厨房、厕浴间，墙面与顶板应做防水处理。有淋浴设施的厕浴间墙面，防水层高度不应小于D，并与楼地面防水层交圈。顶板防水处理由设计确定。

    A. 0. 5m   B. 0. 8mm   C. 1m   D. 1. 8m

238. 厨房、厕浴间的防水基层（找平层）使用水乳型防水涂料，施工温度应在D以上。

A. 10℃　　B. 5℃　　C. 0℃　　D. 5℃

239. 厨房、厕浴间防水层完工后，应做D蓄水试验。蓄水高度在最高处为 20～30mm。确认无渗漏时再做保护层或饰面层。设备与饰面层施工完毕还应在其上继续做第二次 24h 蓄水试验，达到最终无渗漏和排水畅通为合格，方可进行正式验收。

A. 2h　　　B. 4h　　　C. 12h　　　D. 24h

240. 单组分聚氨酯防水涂料第一遍涂膜施工，以单组分聚氨酯涂料用橡胶刮板在基层表面均匀涂刮，厚度一致，涂刮量以A为宜。

A. 0.6～0.8kg/m²　　　B. 0.1～0.3kg/m²

C. 0.2～0.4kg/m²　　　D. 0.5～0.7kg/m²

241. 厨房、厕浴间防水层经多遍涂刷，单组分聚氨酯涂膜总厚度应大于等于Cmm。

A. 0.5　　B. 1　　C. 1.5　　D. 2

242. 单组分聚氨酯防水涂料的施工条件正确的是：涂刷单组分聚氨酯，一般施工环境温度应在C以上。（可在潮湿或干燥的基面上施工。材料必须密封储存于阴凉干燥处，严禁与水接触。施工的环境温度在 5～35℃ 之间，混凝土表面温度不低于 2℃。）

A. -10℃　　B. -5℃　　C. 0℃　　D. 5℃

243. 聚氨酯密封膏是以异氰酸基为基料的含有活性氢化物的固化物组成的一种常温固化的A密封材料。

A. 弹性　　B. 塑性　　C. 柔性　　D. 刚性

244. 聚氨酯涂膜防水层耐热性的测试是在80℃时A。

A. 不流淌　　B. 微软化　　C. 流淌　　D. 表面结膜

245. 聚合物水泥防水涂料的细部附加层：在地漏、管根、阴阳角和出入口等易发生漏水的薄弱部位，可加一层增强胎体材料，材料宽度不小于 300mm，搭接宽度应不小于A。施工时先涂一层 JS 防水涂料，再铺胎体增强材料，最后，涂一层 JS 防水涂料。

A. 100mm　　B. 150mm　　C. 200mm　　D. 250mm

246. 聚合物水泥防水涂料，第 <u>A</u> 次蓄水试验合格后，即可做保护层、饰面层施工。

A. 一　　　B. 二　　　C. 三　　　D. 四

247. 聚合物乳液（丙烯酸）防水涂料，在地漏、管根、阴阳角和出入口易发生漏水的薄弱部位，须增加一层胎体增强材料，宽度不得小于 300mm，搭接宽度不得小于 <u>A</u>，施工时先涂刷丙烯酸防水涂料，再铺增强层材料，然后再涂刷两遍丙烯酸防水涂料。

A. 100mm　　B. 150mm　　C. 200mm　　D. 250mm

248. 改性聚脲防水涂料施工，附加层干涸后将配好的涂料，用塑料刮板在基层表面均匀刮涂，厚度应均匀一致，涂刮量以 <u>D</u> 为宜。

A. 0.4 ~ 0.6kg/m^2　　　　B. 0.6 ~ 0.8kg/m^2

C. 1 ~ 1.2kg/m^2　　　　D. 0.8 ~ 1.0kg/m^2

249. 界面渗透型防水液与柔性防水涂料复合施工，防水液是使用原液直接喷涂，严禁掺水稀释。使用前将溶液储存桶摇动 <u>C</u>，再把桶内溶液倒入背伏式喷雾器备用。如果溶液有冻结现象，应待完全溶化后使用。

A. 2 ~ 3min　B. 2 ~ 3min　C. 2 ~ 3min　D. 2 ~ 3min

250. 界面渗透型防水液与柔性防水涂料复合施工中大面积防水液喷涂施工，新浇筑混凝土强度达到 <u>C</u> 能上人时，即可进行喷涂。大面积喷涂时，应先里后外，左右喷射，每次喷涂应覆盖前一喷涂圈的一半，使防水液充分均匀的浸透全部施工面。

A. 1MPa　　B. 0.8MPa　　C. 1.2MPa　　D. 1.5MPa

251. 厕浴间（卫生间）防水工程中最主要的是 <u>A</u>。

A. 地面防水　　B. 墙面防水　　C. 顶棚防水

252. 在厕浴间防水工程中多采用 <u>B</u> 涂料和建筑密封膏配合

的施工方法。

　A. 刚性防水　　　　　　B. 柔性防水

　C. 都可以　　　　　　　D. 都不可以

253. 浴盆地面排水至地漏坡度为C。

　A. 1%~3%　B. 2%~4%　C. 3%~5%　D. 4%~6%

254. 地面防水层原则上应做在地面面层一下，四周应高出地面D，地面与墙面防水交圈。

　A. 100mm　　B. 150mm　　C. 200mm　　D. 250mm

255. 各种管道的小管需做管套，管套应高出地面B，管根防水用密封膏密封。

　A. 10mm　　B. 20mm　　C. 30mm　　D. 40mm

256. 下水管为直管，管根处高出地面。根据管位设台处理，一般高出地面C。

　A. 20~30mm　　　　　　B. 30~40mm

　C. 10~20mm　　　　　　D. 5~15mm

257. 找坡层，从地漏处向四周逐渐垫高，排水坡度2%。小于C厚可用混合灰，大于30mm 厚可用 1:6 水泥焦渣垫层找坡，地漏处圆直径300mm 之内排水坡度为3%~5%。

　A. 10mm　　B. 20mm　　C. 30mm　　D. 40mm

258. 找平层，C厚 1:2.5 水泥砂浆找平层，抹平压光。若采用开间钢筋混凝土大楼板，增加门槛直接用 1:2.5 水泥砂浆找排水坡度。套管根部抹成八字角，宽 10mm，高 15mm，抹成小圆角。

　A. 20~30mm　　　　　　B. 30~40mm

　C. 10~20mm　　　　　　D. 5~15mm

259. 立管根部A 处，最少高出地面 5mm；套管周围应高出地面 20mm。

　A. 50mm　　B. 75mm　　C. 100mm　　D. 150mm

260. 下水立管位置在转角墙处，内高外低，向外坡度为C%。在做找平层时抹成圆台。

A. 3   B. 4   C. 5   D. 6

261. 当用油溶性防水涂料施工时，基层含水率应在D% 以下；用水乳型或水泥基渗透结晶型防水涂料施工时，基层应潮湿、无明水。

A. 5   B. 7   C. 8   D. 9

262. 立管定位后，楼板四周缝用1:3 水泥砂浆堵严，缝大于 20mm 用C 细石混凝土堵严。

A. C15   B. C10   C. C20   D. C30

263. 热水管、暖气管和煤气管的立管，应加套管。套管高为B 以上，留管缝 2～5mm，上缝用建筑密封材料封严。

A. 10mm   B. 20mm   C. 30mm   D. 40mm

264. 立管定位后，楼板四周缝用1:3 水泥砂浆堵严，缝大于B 用1:2:4 豆石混凝土堵严。

A. 10mm   B. 20mm   C. 30mm   D. 40mm

265. 厕浴间垫层向地漏处找B% 坡，垫层厚度小于 30mm 厚时用混合灰，大于 30mm 厚时用1:6 水泥焦渣垫层。

A. 1   B. 2   C. 3   D. 4

266. 地漏上口四周用 10mm×10mm 建筑密封膏封严，面层采用B 厚1:2.5 水泥砂浆抹面压光，上做防水层。

A. 10mm   B. 20mm   C. 30mm   D. 40mm

267. 地漏箅子安装面层，四周地面向地漏处找 2% 坡，地漏周围边缘开始B 之内找 3%～5% 坡，以便排水。

A. 60mm   B. 50mm   C. 40mm   D. 30mm

268. 大便器立管稳定后，楼板四周缝用1:3 水泥砂浆堵严，缝大于 20mm 时用C 细石混凝土堵严。

A. C15   B. C10   C. C20   D. C30

269. 小便槽施工，楼地面防水层在面层下面，四周卷起防水D 高。

A. 100mm   B. 150mm   C. 200mm   D. 250mm

270. 小便槽防水层与地面防水层交圈，立墙防水做到花管

处以上 <u>A</u>，两端展开 500mm 宽。

A. 100mm　　B. 150mm　　C. 200mm　　D. 250mm

271. 如果设计规定大面也须铺贴胎体增强材料时，在铺贴胎体材料同时涂刷防水材料，使防水涂料浸透胎体布渗入下层，胎体布搭接宽度不应小于 <u>A</u>，立面铺贴至设计高度，顺水搭接，收口处贴牢。

A. 100mm　　B. 150mm　　C. 200mm　　D. 250mm

272. 防水材料施工后，在持续的时间里，能保持其性能的性质或程度称 <u>A</u>。

A. 耐久性　　B. 耐候性　　C. 耐腐蚀性　　D. 老化

273. 待防水层完全固化后，蓄水试验 <u>D</u>，无渗漏为合格。如发现渗漏，应放水找出漏点后，重新做防水处理，在重复蓄水试验，直至达到合格为止。

A. 2h　　B. 4h　　C. 12h　　D. 24h

274. 套管高度应比设计地面高出 <u>C</u>，套管周边应做同高度的细石混凝土防水护墩。

A. 60mm　　B. 50mm　　C. 80mm　　D. 70mm

275. 厕浴间地面防水可采用在水泥类找平层上铺设沥青类防水卷材、防水涂料或水泥类材料防水层，以 <u>B</u> 最佳。

A. 防水卷材　　　B. 防水涂料　　　C. 水泥类材料

276. 厕浴间楼层结构必须采用现浇混凝土或整块预制混凝土板，混凝土强度等级不应小于 <u>C</u>。

A. C15　　B. C10　　C. C20　　D. C30

277. 当找平层厚度小于 30mm 时，应用 1:(2.5~3)（水泥:砂，体积比）的水泥砂浆做找平层，水泥强度等级不低于 32.5 级，当找平层厚度大于 30mm 时，采用细石混凝土做找平层，混凝土强度等级不低于 <u>C</u>。

A. C15　　B. C10　　C. C20　　D. C30

278. 找平层与立墙转角均应做成半径为 <u>A</u>mm 的均匀一致的平滑小圆角。

A. 10   B. 20   C. 30   D. 40

279. 穿楼板立管和套管与楼板预留孔洞之间的缝隙，应支吊底模，用水冲洗干净并润湿，用掺膨胀剂的细石混凝土浇筑紧密。上口预留A mm 深的凹槽，带混凝土凝结、干燥后，再用密封材料嵌缝，与楼板结构齐平。

A. 10   B. 20   C. C30   D. 40

280. 厕浴间地面卷材防水铺贴卷材应采用搭接接头，搭接宜顺排水方向，搭接宽度：沥青防水卷材短边搭接为100mm，长边搭接为70mm；高聚物改性沥青防水卷材搭接为C。上下层卷材铺贴方向应一致，不得相互垂直，上下层及相邻两幅卷材的搭接缝应错开。

A. 60mm   B. 50mm   C. 80mm   D. 70mm

281. 地下工程的防水等级应分为C。

A. 二级   B. 三级   C. 四级   D. 五级

282. 不允许渗水，结构表面可有少量湿渍要求的地下工程防水等级标准为B。

A. Ⅰ级   B. Ⅱ级   C. Ⅲ级   D. Ⅳ级

283. 结构刚度较差或受振动作用的工程，宜采用延伸率A的卷材、涂料等防水材料。

A. 较大、柔性   B. 较小、柔性
C. 较大、刚性   D. 较小、刚性

284. 防水混凝土结构底板的混凝土垫层，强度等级不应小于A，厚度不应小于____，在软弱土层中不应小于150mm。

A. C15、100mm   B. C25、100mm
C. C15、200mm   D. C25、200mm

285. 地下工程防水等级为一级，其标准正确的是D。

A. 有少量漏水点，不得有线流和漏泥沙

B. 有漏水点，不得有线流和漏泥沙

C. 不允许漏水，结构表面可有少量湿渍

D. 不允许渗水，结构表面无湿渍

286. 特别重要的工业与民用建筑其地下室防水等级为A。

A. 一级　　　B. 二级　　　C. 三级　　　D. 四级

287. 重要的工业与民用建筑其防水等级为B。

A. 一级　　　B. 二级　　　C. 三级　　　D. 四级

288. 一般工业与民用建筑其防水等级为C。

A. 一级　　　B. 二级　　　C. 三级　　　D. 四级

289. 防水混凝土终凝后应立即进行养护，养护时间不得少于C。

A. 3d　　　　B. 7d　　　　C. 14d　　　D. 28d

290. 铺贴卷材严禁在雨天、雪天、五级及以上大风中施工；冷粘法、自粘法施工的环境气温不宜低于A，热熔法、焊接法施工的环境气温不宜低于＿＿＿。施工过程中下雨或下雪时，应做好已铺卷材的防护工作。

A. 5℃ 、 −10℃　　　　　　B. 0℃ 、 −10℃

C. 5℃ 、 −5℃　　　　　　D. 0℃ 、 −5℃

291. 卷材防水层经检查合格后，应及时做保护层采用机械碾压回填土时，保护层厚度不宜小于D；采用人工回填土时，保护层厚度不宜小于＿＿＿。

A. 100mm、80mm　　　　B. 100mm、50mm

C. 70mm、80mm　　　　　D. 70mm、50mm

292. 在地下建筑物墙体做好后，把卷材防水层直接铺贴在墙上，然后砌筑保护墙，这种地下防水做法称B。

A. 外防内贴法　　　　　　B. 外防外贴法

C. 内贴法　　　　　　　　D. 外贴法

293. 采用外防内贴法铺贴卷材防水层时，卷材宜先铺A 面，后铺＿＿＿面；铺贴立面时，应先铺＿＿＿，后铺＿＿＿。

A. 立、平、转角、大面　B. 平、立、转角、大面

C. 立、平、大面、转角　D. 平、立、大面、转角

294. 采用外防内贴法铺贴卷材防水层时，混凝土结构的保护墙内表面应抹厚度为C 的 1∶3 水泥砂浆找平层，然后铺贴

卷材。

A. 5mm   B. 30mm   C. 20mm   D. 10mm

295. 地下工程的防水卷材的设置与施工最宜采用A法。

A. 外防外贴   B. 外防内贴

C. 内防外贴   D. 内防内贴

296. 涂料防水层严禁在雨天、雾天、五级及以上大风时施工，不得在施工环境温度低于B及高于____或烈日暴晒时施工。

A. 0℃、35℃   B. 5℃、35℃

C. 0℃、20℃   D. 5℃、20℃

297. 防水涂料应分层刷涂或喷涂，涂层应均匀，不得漏刷漏涂；接槎宽度不应A。

A. 小于100mm   B. 大于100mm

C. 小于150mm   D. 大于150mm

298. 塑料防水板防水层应牢固地固定在基面上，固定点的间距应根据基面平整情况确定，拱部宜为B、边墙宜为____、底部宜为1.5~2.0m。局部凹凸较大时，应在凹处加密固定点。

A. 0.5~0.8m、1.2~1.8m

B. 0.5~0.8m、1.0~1.5m

C. 1.0~1.5m、1.2~1.8m

D. 1.0~1.5m、1.0~1.5m

299. 塑料防水板防水层的基面应平整、无尖锐凸出物；基面平整度 D/L 不应C（D 为初期支护基面相邻两凸面间凹进去的深度，L 为初期支护基面相邻两凸面间的距离）。

A. 小于1/3   B. 大于1/3   C. 大于1/6   D. 小于1/6

300. 两幅塑料防水板的搭接宽度不应A。搭接缝应为热熔双焊缝，每条焊缝的有效宽度不应小于10mm。

A. 小于100mm   B. 大于100mm

C. 大于150mm   D. 小于150mm

301. 接缝焊接时，塑料板的搭接层数不得超过C。

A. 一层   B. 二层   C. 三层   D. 四层

302. 防水板的铺设应超前混凝土施工，超前距离宜为D，并应设临时挡板防止机械损伤和电火花灼伤防水板。

A. 10 ~ 15m　B. 5 ~ 15m　　C. 10 ~ 20m　　D. 5 ~ 20m

303. 采用井点降水时，应将地下水位降至防水工程底部最低标高以下，不小于C处，直至防水工程全部完成为止。

A. 100mm　　B. 200mm　　C. 300mm　　D. 400mm

304. 铺设膨润土防水材料防水层的基层混凝土强度等级不得A，水泥砂浆强度等级不得低于 M7.5。

A. 小于 C15　　　　　　B. 小于 C25

C. 小于 C35　　　　　　D. 大于 C25

305. 阴、阳角部位应做成直径不小于B 的圆弧或 30mm × 30mm 的坡角。

A. 20mm　　　B. 30mm　　　C. 40mm　　　D. 50mm

306. 变形缝、后浇带等接缝部位应设置宽度不小于B 的加强层，加强层应设置在防水层与结构外表面之间。

A. 100mm　　B. 500mm　　C. 400mm　　D. 200mm

307. 膨润土防水材料应采用水泥钉和垫片固定。立面和斜面上的固定间距宜为D，平面上应在搭接缝处固定。

A. 100 ~ 200mm　　　　B. 200 ~ 300mm

C. 300 ~ 400mm　　　　D. 400 ~ 500mm

308. 膨润土防水材料应采用搭接法连接，搭接宽度应大于A。搭接部位的固定位置距搭接边缘的距离宜为____，搭接处应涂膨润土密封膏。平面搭接缝可干撒膨润土颗粒，用量宜为 0.3 ~ 0.5kg/m。

A. 100mm、25 ~ 30mm　　B. 100mm、15 ~ 25mm

C. 200mm、25 ~ 30mm　　D. 200mm、15 ~ 25mm

309. 膨润土防水材料与其他防水材料过渡时，过渡搭接宽度应D，搭接范围内应涂抹膨润土密封膏或铺撒膨润土粉。

A. 大于 500mm　　　　B. 小于 500mm

C. 小于 400mm　　　　D. 大于 400mm

310. 防水层下不得埋设水平管线。垂直穿越的管线应预埋套管，套管超过种植土的高度应<u>D</u>。

　　A. 大于 100mm　　　　　　B. 小于 100mm

　　C. 小于 150mm　　　　　　D. 大于 150mm

311. 种植顶板的泛水部位应采用现浇钢筋混凝土，泛水处防水层高出种植土应<u>A</u>。

　　A. 大于 250mm　　　　　　B. 小于 250mm

　　C. 小于 150mm　　　　　　D. 大于 150mm

312. 泛水部位、水落口及穿顶板管道四周宜设置<u>B</u>宽的卵石隔离带。

　　A. 100 ~ 200mm　　　　　　B. 200 ~ 300mm

　　C. 300 ~ 400mm　　　　　　D. 400 ~ 500mm

313. 变形缝处混凝土结构的厚度不应<u>C</u>。

　　A. 大于 200mm　　　　　　B. 小于 200mm

　　C. 小于 300mm　　　　　　D. 大于 300mm

314. 用于沉降的变形缝最大允许沉降差值不应<u>A</u>，变形缝的宽度宜为 20 ~ 30mm。

　　A. 大于 30mm　　　　　　B. 小于 35mm

　　C. 小于 30mm　　　　　　D. 大于 35mm

315. 环境温度高于<u>C</u>处的变形缝，中埋式止水带可采用金属制作。

　　A. 30℃　　　　B. 40℃　　　　C. 50℃　　　　D. 60℃

316. 后浇带应设在受力和变形较<u>C</u>的部位，其间距和位置应按结构设计要求确定，宽度宜为____。

　　A. 大、700 ~ 1000mm　　　　B. 大、500 ~ 800mm

　　C. 小、700 ~ 1000mm　　　　D. 小、500 ~ 800mm

317. 采用掺膨胀剂的补偿收缩混凝土，水中养护<u>C</u>后的限制膨胀率不应小于 0.015%，膨胀剂的掺量应根据不同部位的限制膨胀率设定值经试验确定。

　　A. 3d　　　　　B. 7d　　　　　C. 14d　　　　　D. 28d

318. 穿墙管（盒）应在浇筑混凝土A 预埋，穿墙管与内墙角、凹凸部位的距离应____。

A. 前、大于250mm　　　B. 后、小于250mm

C. 前、小于250mm　　　D. 后、大于250mm

319. 构件端部或预留孔（槽）底部的混凝土厚度不得小于C，当厚度小于____时，应采取局部加厚或其他防水措施。

A. 200mm、200mm　　　B. 250mm、200mm

C. 250mm、250mm　　　D. 200mm、250mm

320. 预留通道接头处的最大沉降差值不得B。

A. 大于20mm　　　　　B. 大于30mm

C. 大于40mm　　　　　D. 大于50mm

321. 采用砌砖保护时，保护墙每隔 5~6m 及转角处应留缝隙，缝宽不小于D，缝内填塞油毡条或沥青麻丝以及其他柔性密封材料。

A. 50mm　　B. 40mm　　C. 30mm　　D. 20mm

322. 地下工程通向地面的各种孔口应采取防地面水倒灌的措施。人员出入口高出地面的高度宜为D，汽车出入口设置明沟排水时，其高度宜为C，并应采取防雨措施。

A. 400mm、200mm　　　B. 500mm、200mm

C. 400mm、150mm　　　D. 500mm、150mm

323. 窗井内的底板，应低于窗下缘 300mm。窗井墙高出地面不得C。窗井外地面应做散水，散水与墙面间应采用密封材料嵌填。

A. 小于400mm　　　　　B. 大于400mm

C. 小于500mm　　　　　D. 大于500mm

324. 集水管应设置在粗砂过滤层下部，坡度不宜小于A%，且不得有倒坡现象。

A. 1　　　　B. 2　　　　C. 3　　　　D. 4

325. 集水管之间的距离宜为A。渗入集水管的地下水导入集水井后应用泵排走。

A. 5~10m　　B. 10~15m　C. 15~20m　　D. 20~25m

326. 渗排水管应在转角处和直线段每隔一定距离设置检查井，井底距渗排水管底应留设C的沉淀部分，井盖应采取密封措施。

A. 200~400mm　　　　B. 100~300mm

C. 200~300mm　　　　D. 300~500mm

327. 盲管应采用塑料（无纺布）带、水泥钉等固定在基层上，固定点拱部间距宜为D，边墙宜为____，在不平处应增加固定点。

A. 200~400mm、8000~1000mm

B. 300~500mm、800~1000mm

C. 200~400mm、1000~1200mm

D. 300~500mm、1000~1200mm

328. 渗漏水治理施工时应按C的顺序进行，宜少破坏原结构和防水层。

A. 先墙后顶（拱）而后底板

B. 先底板后墙而后顶（拱）

C. 先顶（拱）后墙而后底板

D. 先底板后顶（拱）而后墙

329. 地下工程与城市给、排水管道的水平距离宜大于A，当不能满足时，地下工程应采取有效的防水措施。

A. 2.5m　　　　B. 1.5m　　　C. 2m　　　　　D. 3m

330. 地下工程上的地面建筑物周围应做散水，宽度不宜小于A，散水坡度宜为____%。

A. 800mm、5　　　　B. 500mm、4

C. 600mm、3　　　　D. 700mm、1

331. 地下室卷材防水施工，卷材防水层应在气温不低于D、最好在10~25℃时进行施工。

A. -10℃　　B. -5℃　　　C. 0℃　　　　　D. 5℃

332. 地下室卷材防水施工，防水基层即为水泥砂浆找平层。

水泥砂浆的配合比不得低于 1:3，水泥强度等级不得低于 <u>A</u> 号，水泥砂浆的稠度应控制在 7~8cm 之间。

A. 32.5　　B. 42.5　　　C. 52.5　　　D. 62.5

333. 地下室卷材防水施工，用 2m 长直尺查，直尺与基层间的空隙不应超过 <u>B</u>，空隙只允许平缓变化，每米长度内不得超过 1 处。

A. 5mm　　B. 5mm　　C. 5mm　　　D. 5mm

334. 地下室卷材防水施工，在平面与立面转角处应加铺一层附加层卷材，横铺在阴角部位。附加层卷材宽度不小于 300mm，卷材的搭接宽度不小于 <u>B</u>。

A. 100mm　　B. 150mm　　C. 250mm　　D. 200mm

335. 地下室卷材防水施工，无论采用外贴法还是内贴法，转角处平面与立面卷材的搭接缝均应留在平面上，距墙根（立面）处不小于 <u>A</u>。立面卷材应垂直铺贴。

A. 600mm　　B. 500mm　　C. 400mm　　D. 300mm

336. 地下室卷材防水施工，卷材接缝的粘结宽度，长边不小于 100mm，短边不小于 <u>D</u>。

A. 100mm　　B. 200mm　　C. 300mm　　D. 150mm

337. 地下室卷材防水施工，卷材压条的粘结，为了保证地下卷材防水层的施工质量，在大面卷材铺贴完后，在卷材长边的搭接缝处再附加 <u>B</u> 宽的卷材压条。

A. 80mm　　B. 120mm　　C. 200mm　　D. 250mm

338. 对地下卷材防水层的保护层，以下说法不正确的是 <u>B</u>。

A. 顶板防水层上用厚度不少于 70mm 的细石混凝土保护

B. 底板防水层上用厚度不少于 40mm 的细石混凝土保护

C. 侧墙防水层可用软保护

D. 侧墙防水层可抹 20mm 厚 1:3 水泥砂浆保护

339. 改性沥青防水卷材热熔施工，冷贴卷材防水施工只能常温下施工，而热熔施工方法可在冬期施工，气温变化范围 <u>C</u>。

A. −10~15℃　　　　　B. −10~35℃

C. −10 ~ 25℃   D. −5 ~ 25℃

340. 热熔法铺贴大面卷材，应注意调节火焰大小和移动速度，使卷材表面熔化，熔化时沥青的温度在<u>C</u>，切忌烤透卷材，以防粘连。

A. 180 ~ 200℃   B. 150 ~ 180℃

C. 200 ~ 230℃   D. 230 ~ 250℃

341. 阴阳角卷材铺贴，平面与立面的转角处，卷材的接缝应留在平面上距立面不小于 600mm 处。转角处卷材附加层宽度不小于<u>C</u>。

A. 100mm   B. 200mm   C. 300mm   D. 150mm

342. 卷材防水层与管道的连接处，如预埋套管带有法兰时，应将卷材粘贴于法兰上，粘贴宽度至少为<u>A</u>，并用夹板将卷材压紧。

A. 100mm   B. 200mm   C. 300mm   D. 150mm

343. 聚氨酯涂膜防水施工中，甲乙料配合时必须按一定比例混合均匀，涂刷要薄厚一致。作为地下室防水层，聚氨酯防水涂料必须涂刮三道以上，防水涂膜厚度达到<u>D</u>。

A. 4mm   B. 1mm   C. 3mm   D. 2mm

344. 使用硅橡胶防水涂料时不得任意加水，硅橡胶防水涂料施工温度在<u>C</u> 以上为宜。

A. −5℃   B. 0℃   C. 5℃   D. 10℃

345. 氯丁胶乳沥青防水涂料用于地下室防水施工，其做法不得少于二布六涂防水施工，防水涂膜的总厚度不应少于<u>A</u>。

A. 1.5mm   B. 1mm   C. 2.5mm   D. 2mm

346. 盲沟的排水坡度一般不应小于<u>B</u>，盲沟所用的砂石必须洁净，含泥量不得大于 2%。

A. 2%   B. 3%   C. 4%   D. 5%

347. 防水混凝土不能单独用于耐腐蚀系数小于<u>A</u> 的受侵蚀防水工程。当在耐腐蚀系数小于 0.8 和地下混有酸、碱等腐蚀性介质的条件下应用时，应采取可靠的防腐蚀措施。

A. 0. 8   B. 1   C. 1. 2   D. 1. 5

348. 防水混凝土用于受热部位时，其表面温度不应大于C，否则应采取相应的隔热防烤措施。

A. 50℃   B. 80℃   C. 100℃   D. 120℃

349. 防水混凝土的砂率不得小于D。

A. 20%   B. 25%   C. 30%   D. 35%

350. 硅胶防水涂料能掺入混凝土层，强化混凝土自身的防水性能，在基层表面形成弹性防水膜，使用硅橡胶涂料时B。

A. 可视情况加水   B. 不得任意加水

C. 不得掺加各种溶剂   D. 需加稀释剂

351. 冷库工程防潮层粘结油毡应采用A。

A. 石油沥青   B. 焦油沥青   C. 煤油沥青   D. 玛蹄脂

352. 铺贴软木砖的石油沥青的标号与防潮层石油沥青的标号应A。

A. 相同   B. 低一号   C. 高一号   D. 高两号

2. 3　多项选择题

1. 沥青是建筑施工中广泛应用的防水、防潮及防腐蚀性材料。它具有的特点是：A、B、C、D、E。

A. 较强的粘结性

B. 不透水性

C. 耐化学腐蚀性

D. 热软冷硬性

E. 具有一定的不导电性和大气稳定性

2. 下列关于氯丁橡胶沥青防水涂料的说法正确的是A、B、C。

A. 石油沥青在氯丁橡胶沥青防水涂料中起着溶剂的作用

B. 溶剂型氯丁橡胶沥青防水涂料耐候性和耐腐蚀性好，具有较高的弹性、延伸性和粘结性，对基层变形的适应能力强，

涂膜成膜较快，较致密完整

C. 水乳型氯丁橡胶沥青防水涂料以水代替有机溶剂，不但成本低，且具有无毒、无燃爆、施工中无环境污染等优点

D. 水乳型氯丁橡胶沥青防水涂料不足之处是以有机溶剂为分散剂，施工时溶剂挥发，对环境有污染，在生产、贮运、施工过程中还有燃爆危险，必须注意安全

3. 建筑工程中使用的石油沥青可用于配制 A、B、C、D、E。另外，石油沥青还可用做防腐、防潮材料，以及地坪、地下、管沟板缝缝隙和接头的填充材料。

A. 防水卷材　　　　　　　　B. 防水涂料

C. 沥青混凝土　　　　　　　D. 沥青砂浆

E. 各类粘结剂

4. 下列关于 SBS 改性沥青防水涂料的说法正确的是 A、B、C。

A. SBS 改性沥青防水涂料有水乳型和溶剂型两种

B. 溶剂型是以石油沥青为基料，掺入 SBS 橡胶和溶剂在机械搅拌下混合成的防水涂料

C. SBS 改性沥青防水涂料具有良好的低温柔性、抗基层开裂性、粘结性

D. SBS 改性沥青防水涂料不可冷施工，操作方便，可用于各类建筑防水及防腐蚀工程

5. 柔性防水是采用柔性防水材料，主要包括 B、C、D 等。这些材料经过施工形成整体防水层，附着在建筑构件表面，达到防水目的。

A. 防水混凝土　　　　　　　B. 防水涂料

C. 密封材料　　　　　　　　D. 各种卷材

6. 高分子卷材防水施工有哪些特点：A、B、C、D、E。

A. 耐候性好，使用寿命长

B. 延伸性好，对基层开裂、变形的适应性强

C. 防水层重量轻，一般高分子卷材为单层施工，重量约

$2kg/m^2$，和油毡相比可大大减轻屋面自重

D. 一般采用冷贴施工，不需要加热熬制胶料，减少环境污染，避免烫伤，文明施工

E. 工序简单，提高工效，缩短工期

7. 下列关于聚氨酯防水涂料的说法正确的是A、B、C。

A. 聚氨酯防水涂料是以甲组分（聚氨酯聚体）与乙组分（固化剂）按一定比例混合而成的双组分防水涂料

B. 聚氨酯防水涂料分为无焦油聚氨酯防水涂料和焦油聚氨酯防水涂料两类

C. 无焦油聚氨酯防水涂料具有橡胶弹性，延伸性好，拉伸强度和抗撕裂强度高，耐油，耐磨，耐海水侵蚀，使用温度范围宽，能适应任何复杂形状的基层

D. 无焦油聚氨酯防水涂料为黑色，有较大臭味，耐久性差，性能也不如焦油防水涂料

8. 下列关于聚氨酯防水涂料的施工操作方法正确的是A、D。

A. 在容易出现渗漏的薄弱部位，应先涂刮一遍涂料做附加层，用聚氨酯涂膜防水材料按甲料：乙料＝1：1.5的比例混合后均匀涂刮，宽度100mm

B. 在第一道涂料固化不粘手时，再按第一道涂料的配比和方法涂刮第二道涂料，平面的涂刮方向应与第一道相平行，用料量与第一道相同

C. 聚氨酯涂膜防水后完全干燥固化后，可进行蓄水试验，蓄水时间不少于12h。坡屋面或无女儿墙的平屋面进行淋水试验，淋水时间不少于2h

D. 基层处理剂为低黏度聚氨酯，可以起到隔离基层潮汽、提高涂膜与基层粘结力的作用

9. 下列关于硅橡胶防水涂料的说法正确的是A、B、C。

A. 硅橡胶防水涂料是以硅橡胶乳液及其他乳液的复合物为主要原料，加入各种无机填料和助剂等配制而成的乳液型防水

涂料

B. 硅橡胶防水涂料具有良好的防水性、耐候性、耐高低温性及憎水性，弹性高，伸长率大，是一种综合性能较好的防水涂料

C. 它适用于地下室、卫生间、游泳池、人防工程等的防水与渗漏维修工程

D. 其固体含量高，涂层次数多，造价较高

10. 下列关于聚合物水泥防水涂料说法正确的是A、C、D。

A. 以聚丙烯酸酯等聚合物乳液和水泥为主要原料，加入其他外加剂，经现场搅拌后涂覆的双组分建筑防水材料，俗称JS防水涂料

B. 产品分为Ⅰ型和Ⅱ型。Ⅰ型适用于长期浸水的环境，Ⅱ型适用于非长期浸水的环境

C. 其特点是冷施工、无毒、无味、无污染，可在潮湿基面施工，可厚涂、施工方便、干燥固化快，与混凝土基面有良好粘结性，且有一定的透气性

D. 该涂料的耐候性良好

11. 下列关于建筑密封材料的说法正确的是A、B、C。

A. 建筑密封材料又称建筑密封膏或接缝材料，主要用于嵌填建筑物的变形缝、分格缝、墙板缝，以及用于密封细部构造、节点、卷材搭接缝、门窗框四周等

B. 建筑密封材料按用途可分为两大类，即不定型密封材料和定型密封材料

C. 按组成材料区分，可分为改性沥青密封材料和合成高分子密封材料两大类

D. 在一般情况下，合成高分子密封材料专用于屋面与地下工程接缝的密封，而改性沥青密封材料除用于屋面与地下工程接缝的密封外，还可用于门窗等的密封

12. 下列关于建筑防水沥青嵌缝油膏的说法正确的是A、C、D。

A. 建筑防水沥青嵌缝油膏有优良的黏结性、防水性

B. 有一定的气候适应性，80℃不流淌，－10℃不脆裂

C. 耐久性好，价格较低；可冷施工，操作简便、安全

D. 建筑防水沥青嵌缝油膏适用于一般要求的屋面接缝密封防水、防水层的收头处理

13. 下列关于聚氯乙烯建筑防水接缝材料的说法正确的是 A、B、D。

A. 聚氯乙烯建筑密封材料分为热塑性和热熔性两类，均为弹塑性热施工嵌缝密封防水材料

B. 具有良好的黏结性和防水性，能适应各种气候条件，炎热地区不流淌，严寒地区不脆裂

C. 具有较好的耐腐蚀性、耐老化性、弹性较好，但对钢筋有腐蚀作用

D. 聚氯乙烯建筑防水接缝材料可用于各地区气候条件和各种坡度的屋面

14. 下列关于冷粘法的叙述正确的是 A、B。

A. 为了增强卷材与基层的粘结力，基层上必须涂基层处理剂。应选择与卷材要求相符合的基层处理剂，做到涂刷均匀、不堆积、不露底

B. 应先对容易发生渗漏的构造复杂部位进行增强处理。即在距中心位置 500mm 范围内均匀涂刷一道胶粘剂，粘贴一层聚酯纤维无纺布，表面再涂刷一道胶粘剂，使其干燥后形成一层具有弹塑性的整体增强层

C. 高聚物改性沥青卷材铺贴一般只做一层，长度方向接缝和幅宽方向接缝都必须采取搭接方式，搭接宽度一般为 100～150mm

D. 铺贴时应按先低后高、先近后远的顺序进行，天沟里的铺贴，应从沟底开始纵向延伸铺贴

15. 下列关于自粘法的叙述正确的是 B、C、D。

A. 用自粘法铺贴卷材，所有的卷材都适合

B. 所有搭接部位压实粘牢后，再用密封材料封边，宽度不

少于 10mm

C. 自粘型防水卷材施工温度应在 5℃以上，温度过低卷材不易粘结。雨雪、大雾、风沙、负温度天气均不宜施工

D. 自粘型防水卷材应存放在通风干燥、温度不高于 35℃的室内，贮存中注意防潮、防热、防压、防火，卷材应立放，叠放层数不超过 5 层

16. 下列说法正确的是：A、B。

A. 冷贴卷材防水施工的施工方法为冷作业，操作简便，价格较高

B. 热熔卷材防水施工：这种施工方法速度快、工效高、施工不受季节限制，甚至可在 −10℃的气温下施工。但在施工操作时应特别注意防火

C. 冷贴卷材防水施工的施工方法为冷作业，操作麻烦，价格较低

D. 热熔卷材防水施工：这种施工方法速度快、工效高、施工不受季节限制，甚至可在 −20℃的气温下施工。但在施工操作时应特别注意防火

17. 下列说法正确的是：A、C。

A. 自粘型卷材防水施工：施工时在基层表面刷一道冷底子油。将卷材背面的隔离纸撕掉即可粘贴于基层

B. 热熔卷材防水施工：施工时在基层表面刷一道冷底子油

C. 冷自粘施工操作简便，速度快，但这种施工方法对基层要求较为严格

D. 热熔卷材防水施工操作简便，速度快，但这种施工方法对基层要求较为严格

18. 防水卷材屋面一般是由结构层、隔汽层、保护层A、B、C、D 等组成。

A. 找坡层　　B. 防水　　　C. 找平层　　D. 保温层

19. 下面关于屋面构造层次的功能正确的是：A、B、C、D。

A. 结构层主要用于承重，承受屋面荷载

B. 隔汽层主要用于阻止室内水蒸气进入保温层

C. 找坡层主要用于找出屋面坡度，以利于排水

D. 保温层主要用于保温隔热，减少屋面热量传递

E. 找平层主要用于保护防水层，免受外界环境影响

20. 对屋面保温层的要求正确的是：A、B、D。

A. 保温层一般采用密度小的无机材料或有机材料

B. 保温层一般采用变形小、具有一定强度的无机材料或有机材料

C. 保温层一般采用变形大、具有一定强度的无机材料或有机材料

D. 其厚度应由热工计算确定。

21. 保温层的种类有A、C、D。

A. 松散材料保温层　　　　B. 涂料保温层

C. 板、块状材料保温层　　D. 整体现浇保温层

22. 屋面大面积卷材铺贴顺序应考虑屋面的B、C、D。

A. 高度　　　B. 坡度　　　C. 形状　　　D. 排水方向

23. 通常情况下，防水卷材根据所用基料的不同可以分为：A、B、C。

B. 以沥青为基本原料的沥青防水卷材

C. 以高聚物改性沥青为基本原料的高聚物沥青防水卷材

D. 以合成高分子材料为基本原料的合成高分子防水卷材

E. 以水泥砂浆为原料的防水卷材

24. 石油沥青油毡、油纸根据每平方米原纸重量的克数来划分标号。沥青油毡一般划分为B、C、D几个标号，沥青油纸可划分为200号和350号两个标号。

A. 250 号　　B. 200 号　　C. 350 号　　D. 500 号

25. 近年来，合成高分子防水卷材已越来越多地应用于各种防水工程中。它具有的优点是：A、B、C、D。

A. 重量轻　　　　　　　B. 使用温差范围广

C. 耐候性好，抗拉强度高　D. 延伸率大

26. 乳化沥青防水涂料一般只能在15℃以上的条件上施工，当气温低于10℃时A、D。

A. 涂料的成膜性不好　　B. 涂料的成膜性很好

C. 适宜施工　　D. 不宜施工

27. 防水砂浆按所用材料的不同，分为B、C、D。

A. 高效防水砂浆　　B. 普通防水砂浆

C. 掺外加剂防水砂浆　　D. 聚合物防水砂浆

28. 防水工程中，常用的施工机具一般分为三大类，即A、C、D。

A. 一般施工机具　　B. 冷粘卷材施工机具

C. 热熔卷材施工机具　　D. 热焊卷材施工机具

29. 地下工程防水由于所处环境条件比较苛刻，防水要求比屋面工程更严格，所以总的设计原则是：A、C、D。

A. 防、排、截、堵相结合　　B. 因时制宜

C. 因地制宜　　D. 综合治理

30. 下面关于檐口的说法正确的是：A、C、D

A. 卷材应在800mm范围内采取满粘法

B. 卷材应在600mm范围内采取满粘法

C. 其收头应压入凹槽或用水泥钉钉于屋面挑檐固定，并用密封材料封口

D. 屋面如是装配式结构，外墙上部变形比较复杂，檐口受雨水冲刷较严重，在此部位应做增强处理

31. 下面关于天沟、檐沟的说法正确的是：A、B、D。

A. 天沟、檐沟应增铺附加层

B. 附加层与屋面交接处空铺，空铺宽度为200mm，以适应有时被雨水浸泡，干湿交替变化，被雨水冲刷严重的需要

C. 附加层与屋面交接处空铺，空铺宽度为150mm，以适应有时被雨水浸泡，干湿交替变化，被雨水冲刷严重的需要

D. 卷材防水层应由沟底翻上至沟外檐顶部，卷材收头应用水泥钉固定

32. 下面关于天沟、檐沟的说法正确的是：A、C、D。

A. 水落口有直式和横式，水落口杯应采用铸铁或塑料制品

B. 水落口杯在安装时应保证周围坡度及标高，在水落口周围 300mm 范围内，排水坡度不应小于 5%

C. 埋置标高应考虑水落口设防时增加的附加层和密封材料的厚度，以及排水坡度加大的尺寸

D. 水落口杯与基层接触处，应留宽 20mm、深 20mm 的凹槽，并嵌填密封材料

33. 下列关于泛水收头构造的做法正确的是：A、B、C、D。

A. 泛水处的卷材应采用满贴法，贴牢防水卷材

B. 砖砌女儿墙墙体较低时，一般不超过 500mm，卷材可直接铺到女儿墙压顶下，并伸入墙顶宽度的 1/3

C. 砖砌女儿墙墙体较高时，应在女儿墙上卷材收头部位预留凹槽，要求凹槽距屋面找平层最低高度不小于 250mm

D. 女儿墙为混凝土墙时，卷材收头不小于 250mm 处，用水泥钉和金属压条钉压，并用密封材料封边，再在上面用合成高分子材料或金属片覆盖保护

34. 构件自防水可分为B、C、D。

A. 卷材防水   B. 嵌缝式

C. 脊带式   D. 搭接式

35. 屋面工程设计应遵照"A、B、C、D"的原则。

A. 优选用材、美观耐用   B. 构造合理

C. 保证功能   D. 防排结合

36. 屋面工程施工应遵照"B、C、D"的原则。

A. 随心随意   B. 按图施工、材料检验

C. 工序检查、过程控制   D. 质量验收

37. 屋面卷材防水层易拉裂部位，宜选用A、B、C、D等施工方法。

A. 机械固定   B. 条粘

C. 点粘   D. 空铺

38. 关于屋面防水层的设计正确的是：A、B、C、D。

A. 结构易发生较大变形、易渗漏和损坏的部位，应设置卷材或涂膜防水层

B. 坡度较大和垂直面上粘贴防水卷材时，宜采用机械固定和对固定点进行密封的方法

C. 屋面防水层卷材或涂膜防水层上应设置保护层

D. 屋面防水层在刚性保护层与卷材、涂膜防水层之间应设置隔离层

39. 上人屋面应选用B、C的防水材料。

A. 强度低　　　　　　　B. 耐霉变

C. 拉伸强度高　　　　　D. 质量轻

40. 长期处于潮湿环境的屋面，应选用A、B、C、D性能的防水材料。

A. 耐腐蚀　　　　　　　B. 耐霉变

C. 耐穿刺　　　　　　　D. 耐长期水浸

41. 关于保温层叙述正确的是：A、B、C、D。

A. 保温层宜选用吸水率低、密度和导热系数小，并有一定强度的保温材料

B. 保温层厚度应根据所在地区现行建筑节能设计标准，经计算确定

C. 保温层的含水率，应相当于该材料在当地自然风干状态下的平衡含水率

D. 封闭式保温层或保温层干燥有困难的卷材屋面，宜采取排汽构造措施

42. 种植隔热层的构造层次应包括A、B、C和排水层等。

A. 植被层　　　　　　　B. 种植土层

C. 过滤层　　　　　　　D. 找平层

43. 保温层宜选用A、B、C的保温材料。

A. 吸水率低　　　　　　B. 密度和导热系数小

C. 有一定强度　　　　　D. 耐穿刺

44. 屋面隔热层设计应根据地域、气候、屋面形式、建筑环境、使用功能等条件，采取A、B、C隔热措施。

A. 种植　　　B. 架空　　　C. 蓄水　　　D. 密封

45. 种植隔热层的构造层次应包括A、B、C、D等。

A. 排水层　　B. 过滤层　　C. 种植土层　D. 植被层

46. 蓄水隔热层不宜在B、C、D上采用。

A. 热带地区　　　　　　　B. 寒冷地区

C. 地震设防地区　　　　　D. 振动较大的建筑物

47. 应根据地基A、B、C、D等因素，选择拉伸性能相适应的卷材。

A. 变形程度　　　　　　　B. 结构形式

C. 当地年温　　　　　　　D. 日温差和振动

48. 应根据屋面卷材的暴露程度，选择A、B、D相适应的卷材。

A. 耐紫外线　　　　　　　B. 耐老化

C. 耐腐蚀　　　　　　　　D. 耐霉烂

49. 应根据当地历年A、B、C和使用条件等因素，选择耐热度、低温柔性相适应的涂料。

A. 最高气温　　　　　　　B. 最低气温

C. 屋面坡度　　　　　　　D. 年平均气温

50. 应根据地基A、B、C、D等因素，选择拉伸性能相适应的涂料。

A. 变形程度　　　　　　　B. 结构形式

C. 当地年温　　　　　　　D. 日温差和振动

51. 应根据屋面涂膜的暴露程度，选择B、C相应的涂料。

A. 耐腐蚀　　　　　　　　B. 耐紫外线

C. 耐老化　　　　　　　　D. 耐霉烂

52. 下列情况不得作为屋面的一道防水设防的是：A、B、C、D。

A. 混凝土结构层

B. 隔汽层

C. 细石混凝土层

D. 卷材或涂膜厚度不符合规范规定的防水层

53. 应根据当地历年 A、B、C、D 等因素，选择耐热度、低温柔性相适应的密封材料。

A. 最高气温　　　　　B. 最低气温

C. 屋面构造特点　　　D. 使用条件

54. 应根据屋面接缝的暴露程度，选择 B、C、D 等性能相适应的密封材料。

A. 耐腐蚀　　　　　　B. 耐紫外线

C. 耐老化　　　　　　D. 耐潮湿

55. 在满足屋面荷载的前提下，瓦屋面持钉层厚度应符合规定的是：A、B、D。

A. 持钉层为木板时，厚度不应小于 20mm

B. 持钉层为人造板时，厚度不应小于 16mm

C. 持钉层为细石混凝土时，厚度不应小于 30mm

D. 持钉层为细石混凝土时，厚度不应小于 35mm

56. 瓦屋面檐沟、天沟的防水层，可采用 A、B、C。

A. 防水卷材　　　　　B. 防水涂膜

C. 金属板材　　　　　D. 密封材料

57. 采用的木质基层、顺水条、挂瓦条，均应做 B、C、D 处理。

A. 防锈蚀　　B. 防蛀　　C. 防火　　D. 防腐

58. 天沟部位铺设的沥青瓦可采用 A、B、D。

A. 搭接式　　　　　　B. 编织式

C. 交叉式　　　　　　D. 敞开式

59. 金属板屋面可按建筑设计要求，选用 A、B、C、D 和镀锌板等金属板材。

A. 镀层钢板　　　　　B. 涂层钢板

C. 铝合金板　　　　　D. 不锈钢板

60. 金属板屋面应按围护结构进行设计，并应具有相应的 A、B、C、D。

A. 刚度　　　B. 稳定性　　C. 变形能力　D. 承载力

61. 金属板屋面设计应根据当地风荷载、B、C、D 等情况，采用相应的压型金属板板型及构造系统。

A. 雨水荷载　　　　　　B. 结构体形

C. 热工性能　　　　　　D. 屋面坡度

62. 对玻璃采光顶内侧的冷凝水，应采取A、C、D 的措施。

A. 控制　　　B. 保护　　C. 收集　　　D. 排除

63. 细部构造设计应做到A、B、C、D 等要求。

A. 多道设防、复合用材

B. 连续密封

C. 局部增强

D. 满足使用功能、温差变形、施工环境条件和可操作性

64. 重力式排水的水落口防水构造应符合的规定是：A、B、C。

A. 水落口可采用塑料或金属制品，水落口的金属配件均应做防锈处理

B. 水落口杯应牢固地固定在承重结构上，其埋设标高应根据附加层的厚度及排水坡度加大的尺寸确定

C. 水落口周围直径500mm 范围内坡度不应小于5%，防水层下应增设涂膜附加层

D. 防水层和附加层伸入水落口杯内不应小于30mm，并应粘结牢固

65. 伸出屋面管道的防水构造应A、C、D。

A. 管道周围的找平层应抹出高度不小于30mm 的排水坡

B. 管道泛水处的防水层下应增设附加层，附加层在平面和立面的宽度均不应小于300mm

C. 管道泛水处的防水层泛水高度不应小于250mm

D. 卷材收头应用金属箍紧固和密封材料封严，涂膜收头应

用防水涂料多遍涂刷

66. 屋面工程施工必须符合下列安全规定：A、B、D。

A. 严禁在雨天、雪天和五级风及其以上时施工

B. 屋面周边和预留孔洞部位，必须按临边、洞口防护规定设置安全护栏和安全网

C. 屋面坡度大于50%时，应采取防滑措施

D. 施工人员应穿防滑鞋，特殊情况下无可靠安全措施时，操作人员必须系好安全带并扣好保险钩

67. 倒置式屋面保温层施工应符合下列哪些规定：A、B、C。

A. 施工完的防水层，应进行淋水或蓄水试验，并应在合格后再进行保温层的铺设

B. 板状保温层的铺设应平稳，拼缝应严密

C. 保护层施工时，应避免损坏保温层和防水层

D. 保温层应平整、清洁

68. 隔汽层施工应符合下列规定：A、B、C、D。

A. 隔汽层施工前，基层应进行清理，宜进行找平处理

B. 屋面周边隔汽层应沿墙面向上连续铺设，高出保温层上表面不得小于150mm

C. 采用卷材做隔汽层时，卷材宜空铺，卷材搭接缝应满粘，其搭接宽度不应小于80mm 采用涂膜做隔汽层时，涂料涂刷应均匀，涂层不得有堆积、起泡和露底现象

D. 穿过隔汽层的管道周围应进行密封处理

69. 保温材料应采取B、C、D的措施，并应分类存放；板状保温材料搬运时应轻拿轻放，纤维保温材料应在干燥、通风的房屋内储存，搬运时应轻拿轻放。

A. 防晒   B. 防雨   C. 防潮   D. 防火

70. 进场的纤维保温材料应检验A、C、D。

A. 表观密度   B. 压缩强度或抗压强度

C. 导热系数   D. 燃烧性能

71. 进场的板状保温材料应检验A、B、C、D。

A. 表观密度或干密度　　B. 压缩强度或抗压强度

C. 导热系数　　　　　　D. 燃烧性能

72. 蓄水池的溢水口B、C、D应符合设计要求；过水孔应设在分仓墙底部，排水管应与水落管连通。

A. 形状　　　B. 标高　　　C. 数量　　　　D. 尺寸

73. 采用基层处理剂时，其配制与施工应符合下列规定：A、C、D。

A. 基层处理剂应与卷材相容

B. 基层处理剂应与卷材不相容

C. 基层处理剂应配比准确，并应搅拌均匀

D. 喷、涂基层处理之前，应先对屋面细部进行涂刷

E. 基层处理剂可选用喷涂或涂刷施工工艺，喷、涂应均匀一致，干燥前应及时进行卷材施工

74. 焊接法铺贴卷材，应控制加热温度和时间，焊接缝不得A、B、D。

A. 漏焊　　　B. 跳焊　　　C. 死焊　　　　D. 焊接不牢

75. 下列关于机械固定法铺贴卷材正确的是：A、C、D。

A. 固定件应与结构层连接牢固

B. 固定件间距应根据抗风揭试验和当地的使用环境与条件确定，并不宜大于800mm

C. 固定件间距应根据抗风揭试验和当地的使用环境与条件确定，并不宜大于600mm

D. 卷材防水层周边800mm范围内应满粘，卷材收头应采用金属压条钉压固定和密封处理

76. 防水卷材的贮运、保管应符合下列规定：A、B、D。

A. 不同品种、规格的卷材应分别堆放

B. 卷材应贮存在阴凉通风处，应避免雨淋和受潮，严禁接近火源

C. 卷材应避免与化学介质及有机溶剂等有害物质接触

D. 卷材可以在太阳下暴晒

77. 进场的防水卷材应检验下列项目：A、B。

A. 高聚物改性沥青防水卷材的可溶物含量，拉力，最大拉力时延伸率，耐热度，低温柔性，不透水性

B. 合成高分子防水卷材的断裂拉伸强度、扯断伸长率、低温弯折性、不透水性；

C. 防水卷材的强度、稳定性

D. 防水卷材的生产日期

78. 涂膜防水层施工工艺应符合下列规定：B、C、E。

A. 反应固化型防水涂料宜选用滚涂或喷涂施工

B. 反应固化型防水涂料宜选用刮涂或喷涂施工

C. 热熔型防水涂料宜选用刮涂施工

D. 水乳型及溶剂型防水涂料宜选用刮涂法施工

E. 所有防水涂料用于细部构造时，宜选用刷涂或喷涂施工

79. 涂膜防水层的施工方法有A、B、C、D。

A. 抹压法　　　　　　B. 涂刷法

C. 涂刮法　　　　　　D. 机械喷涂法

80. 下列关于涂膜防水层的施工方法叙述正确的是B、D。

A. 涂刮法是用于流平性较差的厚质涂料，主要是沥青基的防水涂料

B. 涂刷法是用于涂刷立面防水层和节点部位的细部处理

C. 抹压法是用于黏度较大的高聚物改性沥青防水涂料和合成高分子防水涂料在大面积上的施工操作

D. 机械喷涂法适用于黏度较小的高聚物改性沥青防水涂料和合成高分子防水涂料的大面积施工操作

81. 密封防水部位的基层应符合下列规定：A、B、D。

A. 基层应牢固，表面应平整、密实，不得有裂缝、蜂窝、麻面、起皮和起砂等现象

B. 基层应清洁、干燥，应无油污、无灰尘

C. 嵌入的背衬材料与接缝壁间可以留有空隙

D. 密封防水部位的基层宜涂刷基层处理剂，涂刷应均匀，不得漏涂

82. 合成高分子密封材料防水施工<u>A、B、C、D</u>。

A. 密封材料嵌填应密实、连续、饱满

B. 应与基层粘结牢固

C. 表面应平滑，缝边应顺直

D. 不得有气泡、孔洞、开裂、剥离等现象

83. 屋面木基层应铺钉牢固、表面平整；钢筋混凝土基层的表面应<u>B、C、D</u>。

A. 凿毛　　B. 平整　　C. 干净　　D. 干燥

84. 防水垫层的铺设应符合下列规定：<u>A、B、C、D</u>。

A. 防水垫层可采用空铺、满粘或机械固定

B. 防水垫层在瓦屋面构造层次中的位置应符合设计要求

C. 防水垫层宜自下而上平行屋脊铺设

D. 防水垫层应顺流水方向搭接，搭接宽度应符合规范的规定

85. 厨房、厕浴间防水设计原则：<u>A、C、D</u>。

A. 以排为主，以防为辅

B. 以防为主，以排为辅

C. 防水层须做在楼地面面层下面

D. 厕浴间地面标高应低于门外地面标高，地漏标高应再低

86. 厨房、厕浴间防水涂料按涂膜厚度可划分为<u>C、D</u>。

A. 混合涂料　　　　　B. 中质涂料

C. 薄质涂料　　　　　D. 厚质涂料

87. 厨房、厕浴间防水按防水方法可分为<u>A、B、C、D</u>。

A. 涂刷法　　B. 喷涂法　　C. 抹压发　　D. 刮涂法

88. 下列关于铺设胎体增强材料的说法正确的是<u>A、C</u>。

A. 氯丁橡胶沥青防水涂料防水层，一般为二布六涂的做法

B. 胎体增强材料只能采用干铺法

C. 干铺法是在上一道涂料干燥后立即在干的涂层表面铺设

胎体增强材料

D. 胎体增强材料应尽量顺屋脊方向铺设,采用二层胎体材料时,上下二层不得互相平行铺设

89. 按防水层胎体分为单纯涂膜法和加胎体增强材料涂膜做成A、C、D。

A. 一布二涂   B. 二布二涂

C. 三布三涂   D. 多布多涂

90. 按涂料类型可将涂料分为A、B、C。

A. 溶剂型   B. 水乳型   C. 反应型   D. 固体型

91. 防水涂料从作用可分为A、B。

A. 起防水作用的涂料   B. 起保护作用的涂料

C. 起美观作用的涂料   D. 起辅助作用的涂料

92. 基层是防水层赖以存在的基础,与卷材防水层相比,涂膜防水层对基层的要求更为严格。需要保证A、B、C等。

A. 基层干燥程度   B. 施工坡度

C. 基层质量及平整度   D. 施工速度

93. 厕浴间防水工程包括B、C、D。

A. 下水道   B. 地面防水   C. 墙面防水   D. 顶棚防水

94. 厕浴间防水材料宜选用A、B、C。

A. 合成高分子防水涂料   B. 高聚物改性沥青防水涂料

C. 聚合物水泥防水涂料   D. 防水卷材

95. 厕浴间内排水坡度,地漏排水坡度应符合设计要求A、B、D下,流水应顺畅。

A. 不得有存水   B. 倒流线型

C. 墙面可有返潮   D. 地面不得有渗漏

96. 关于地面汇水倒坡预防措施正确的是:A、B、C、D。

A. 地面坡度要求距排水点最远距离处控制在2%,且不大于30mm,坡向准确

B. 严格控制地漏标高,且应低于地面表面5mm

C. 厕浴间地面应比走廊及其他室内地面低20~30mm

D. 地漏处的落水口应呈喇叭口形，集水汇水性好，确保排水（或液体）通畅。严禁地面有倒坡和积水现象

97. 地下工程应进行防水设计，并应做到A、B、C、D 经济合理。

A. 定级准确   B. 方案可靠

C. 施工简便   D. 耐久适用

98. 地下工程防水方案应根据A、B、C、D 等确定。

A. 工程规划   B. 结构设计

C. 材料选择   D. 结构耐久性和施工工艺

99. 地下工程防水设计，应包括下列内容：A、B、C、D、E。

A. 防水等级和设防要求

B. 防水混凝土的抗渗等级和其他技术指标、质量保证措施

C. 其他防水层选用的材料及其技术指标、质量保证措施

D. 工程细部构造的防水措施，选用的材料及其技术指标、质量保证措施

E. 工程的防排水系统、地面挡水、截水系统及工程各种洞口的防倒灌措施

100. 地下防水工程施工前及施工期间，应做好降排水工作。可采用A、B、D 等不同的方法。

A. 井点降水   B. 地面排水

C. 地下排水   D. 基坑排水

101. 卷材防水层是用卷材和胶结材料通过B、C 等方法形成的防水层，属于柔性防水范畴。

A. 涂刷   B. 冷粘   C. 热熔粘结   D. 焊接

102. 卷材防水层具有良好的B、C、D，能适应一般振动和微小变形，是地下防水工程常用的施工方法。

A. 抗冻性   B. 抗渗性   C. 韧性   D. 延伸性

103. 关于地下工程卷材防水施工正确的是B、C。

A. 根据地下水位高低情况，制定人工降低地下水位措施，

在防水层施工期间，应该确保将地下水位降低至距地下室垫层标高 500mm 以下

B. 铺贴防水卷材的基层应平整，不得有凸出的尖角或局部的凹坑，如用直尺检查，直尺与基层间的空隙不超过 5mm，空隙只允许平缓变化，每米长度内不得超过一处

C. 铺贴防水卷材的基层应保持干燥，含水率一般为 8% ~ 15%，与施工当地的湿度、平衡含水率相适应

D. 在基层的阴阳角处，应先做成圆角。高聚物改性沥青卷材不小于 80mm，合成高分子卷材不小于 50mm 转角半径

104. 地下防水工程的设计、施工，首先要求有可靠的水文地质资料，应包括B、C、D 等有关指标。

A. 年平均气温

B. 地基土的物理性能指标

C. 地下水位的高低

D. 地下水的基本类型及所含介质

105. 下面说法正确的是：A、B、C、D。

A. 一级地下工程的防水等级不允许渗水，结构表面无湿度

B. 二级地下工程的防水等级不允许漏水，结构表面可有少量湿渍

C. 三级地下工程的防水等级有少量漏水点，不得有线流和漏泥沙

D. 四级地下工程的防水等级有漏水点，不得有线流和漏泥沙

106. 地下防水混凝土结构，应符合下列哪些规定：A、B、D。

A. 结构厚度不应小于 250mm

B. 裂缝宽度不得大于 0.2mm，并不得贯通

C. 裂缝宽度不得大于 0.2mm，可以贯通

D. 钢筋保护层厚度应根据结构的耐久性和工程环境选用，迎水面钢筋保护层厚度不应小于 50mm

E. 钢筋保护层厚度应根据结构的耐久性和工程环境选用，迎水面钢筋保护层厚度不应小于100mm

107. 下列关于地下工程防水混凝土施工的叙述正确的是<u>B、C、D</u>。

A. 防水混凝土浇捣完毕4～6h后即应覆盖养护。一般采用保湿自然养护，养护时间不少于28d

B. 地下防水结构不宜过早拆模，拆模强度应达到或超过70%

C. 混凝土拌合料的入模自由倾落高度不应大于2m

D. 防水混凝土浇筑应尽量不留施工缝，结构底板不允许留施工缝，结构墙板一般只允许留水平施工缝，其位置应在高出底板上表面不小于200mm的墙身上，墙身有预留孔洞，应距预留孔洞边缘不小于300mm

108. 防水卷材的品种规格和层数，应根据<u>A、B、C</u>等因素确定。

A. 地下工程防水等级

B. 地下水位高低及水压力作用状况

C. 结构构造形式和施工工艺

D. 地下气温分布状况

109. 有机防水涂料施工完后应及时做保护层，保护层应符合下列哪些规定：<u>A、C、D</u>。

A. 底板、顶板应采用20mm厚1：2.5水泥砂浆层和40～50mm厚的细石混凝土保护层，防水层与保护层之间宜设置隔离层

B. 底板、顶板应采用40mm厚1：3.7水泥砂浆层和40～50mm厚的细石混凝土保护层，防水层与保护层之间宜设置隔离层

C. 侧墙背水面保护层应采用20mm厚1：2.5水泥砂浆

D. 侧墙迎水面保护层宜选用软质保护材料或20mm厚1：2.5水泥砂浆

110. 以下叙述正确的是：<u>B、C、D</u>。

A. 弹性体改性沥青防水卷材搭接宽度为 200mm

B. 改性沥青聚合乙烯胎防水卷材搭接宽度为 100mm

C. 高分子自粘胶膜防水卷材搭接宽度为 70/80（自粘胶/胶粘带）

D. 自粘聚合物改性沥青防水卷材的搭接宽度为 80mm

111. 铺贴三元乙丙橡胶防水卷材应采用冷粘法施工，并应符合下列规定<u>A、B、C、D</u>。

A. 基底胶粘剂应涂刷均匀，不应露底、堆积

B. 胶粘剂涂刷与卷材铺贴的间隔时间应根据胶粘剂的性能控制

C. 铺贴卷材时，应辊压粘贴牢固

D. 搭接部位的粘合面应清理干净，并应采用接缝专用胶粘剂或胶粘带粘结

112. 铺贴聚氯乙烯防水卷材，接缝采用焊接法施工时<u>A、B、D</u>。

A. 焊接应严密

B. 焊接缝的结合面应清理干净

C. 应先焊短边搭接缝，后焊长边搭接缝

D. 应先焊长边搭接缝，后焊短边搭接缝

113. 铺贴聚乙烯丙纶复合防水卷材应符合下列规定<u>A、C、D</u>。

A. 应采用配套的聚合物水泥防水粘结材料

B. 卷材与基层粘贴应采用点粘法，粘结面积不应小于 90%，刮涂粘结料应均匀，不应露底、堆积

C. 固化后的粘结料厚度不应小于 1.3mm

D. 施工完的防水层应及时做保护层

114. 采用外防内贴法铺贴卷材防水层时，应符合下列规定<u>B、C</u>。

A. 卷材宜先铺平面，后铺立面

B. 卷材宜先铺立面，后铺平面

C. 混凝土结构的保护墙内表面应抹厚度为 20mm 的 1：3 水泥砂浆找平层，然后铺贴卷材

D. 铺贴立面时，应先铺大面，后铺转角

115. 卷材防水层经检查合格后，应及时做保护层，保护层应符合下列规定<u>A、D</u>。

A. 底板卷材防水层上的细石混凝土保护层厚度不应小于 50mm

B. 采用人工回填土时，保护层厚度不宜小于 70mm

C. 防水层与保护层之间不宜设置隔离层

D. 侧墙卷材防水层宜采用软质保护材料或铺抹 20mm 厚 1：2.5 水泥砂浆层

116. 顶板卷材防水层上的细石混凝土保护层，应符合下列规定<u>A、B、C</u>。

A. 防水层与保护层之间宜设置隔离层

B. 采用人工回填土时，保护层厚度不宜小于 50mm

C. 采用机械碾压回填土时，保护层厚度不宜小于 70mm

D. 采用机械碾压回填土时，保护层厚度不宜小于 50mm

117. 涂料防水层所选用的涂料应符合下列规定：<u>B、C、D</u>。

A. 应具有足够的强度和稳定性

B. 应具有良好的耐水性、耐久性、耐腐蚀性及耐菌性

C. 应无毒、难燃、低污染

D. 无机防水涂料应具有良好的湿干粘结性和耐磨性，有机防水涂料应具有较好的延伸性及较大适应基层变形能力

118. 塑料防水板防水层可根据工程地质、水文地质条件和工程防水要求，采用<u>A、B、D</u>铺设。

A. 半封闭　　B. 全封闭　　C. 不封闭　　D. 局部封闭

119. 塑料防水板可选用<u>A、B、C</u>乙烯—沥青共混聚合物或其他性能相近的材料。

A. 乙烯—醋酸乙烯共聚物

B. 聚氯乙烯

C. 高密度聚乙烯类

D. 三元乙丙橡胶

120. 塑料防水板的铺设正确的是：A、B、C、D。

A. 两幅塑料防水板的搭接宽度不应小于100mm。搭接缝应为热熔双焊缝，每条焊缝的有效宽度不应小于10mm

B. 环向铺设时，应先拱后墙，下部防水板应压住上部防水板

C. 塑料防水板铺设时宜设置分区预埋注浆系统

D. 分段设置塑料防水板防水层时，两端应采取封闭措施

121. 地下工程种植顶板结构应符合下列规定：A、B、D。

A. 种植顶板应为现浇防水混凝土，结构找坡，坡度宜为1%～2%

B. 种植顶板厚度不应小于250mm，最大裂缝宽度不应大于0.2mm，并不得贯通

C. 种植顶板厚度不应大于250mm，最大裂缝宽度不应大于0.2mm，并可以贯通

D. 种植顶板的结构荷载设计应按国家现行标准的有关规定执行

122. 变形缝应满足A、B、C、D等要求。

A. 密封防水　　　　　　B. 适应变形

C. 施工方便　　　　　　D. 检修容易

123. 用于伸缩的变形缝宜少设，可根据不同的工程结构类别、工程地质情况采用A、B、C等替代措施。

A. 后浇带　　B. 加强带　　C. 诱导缝　　D. 前浇带

124. 下列关于变形缝的说法正确的是：A、C、D。

A. 变形缝为伸缩缝、沉降缝和抗震缝的总称

B. 地下工程的变形缝应满足密封防水、适应变形、施工方便、检修容易等要求。变形缝处混凝土结构厚度不应小于200mm

C. 变形缝的防水措施可根据工程开挖方法、防水等级按规范选用

D. 变形缝一般做成平缝，在缝的两侧，墙厚的中央埋置止水带，并在缝内堵塞嵌缝材料

125. 穿墙管防水施工时应符合下列要求：A、B、C。

A. 金属止水环应与主管或套管满焊密实，采用套管式穿墙防水构造时，翼环与套管应满焊密实，并应在施工前将套管内表面清理干净

B. 相邻穿墙管间的间距应大于300mm

C. 采用遇水膨胀止水圈的穿墙管，管径宜小于50mm，止水圈应采用胶粘剂满粘固定于管上，并应涂缓胀剂或采用缓胀型遇水膨胀止水圈

D. 采用遇水膨胀止水圈的穿墙管，管径宜不小于50mm，止水圈应采用胶粘剂满粘固定于管上，并应涂缓胀剂或采用缓胀型遇水膨胀止水圈

126. 地下工程应根据B、C、D进行排水设计。

A. 年平均气温　　　　　B. 工程地质

C. 水文地质　　　　　　D. 周围环境保护要求

127. 纵向排水盲管设置应符合下列规定：A、B、C、D。

A. 纵向盲管应设置在隧道（坑道）两侧边墙下部或底部中间

B. 应与环向盲管和导水管相连接

C. 管径应根据围岩或初期支护的渗水量确定，但不得小于100mm

D. 纵向排水坡度应与隧道或坑道坡度一致

128. 横向导水管宜采用带孔混凝土管或硬质塑料管，其设置应符合下列规定：B、C、D。

A. 横向导水管的直径应根据排水量大小确定，但内径不得小于100mm

B. 横向导水管的直径应根据排水量大小确定，但内径不得

小于 50mm

C. 横向导水管的间距宜为 5～25m，坡度宜为 2%

D. 横向导水管应与纵向盲管、排水明沟或中心排水盲沟（管）相连；

129. 排水明沟的设置应符合下列规定：A、C、D。

A. 排水明沟的纵向坡度应与隧道或坑道坡度一致，但不得小于 0.2%

B. 排水明沟的纵向坡度应与隧道或坑道坡度一致，但不得小于 1%

C. 寒冷及严寒地区应采取防冻措施

D. 排水明沟应设置盖板和检查井

130. 中心排水盲沟（管）设置应符合下列规定：A、B、C。

A. 中心排水盲沟（管）宜设置在隧道底板以下，其坡度和埋设深度应符合设计要求

B. 中心排水盲管的直径应根据渗漏水量大小确定，但不宜小于 250mm

C. 隧道底板下与围岩接触的中心盲沟（管）宜采用无砂混凝土或渗水盲管，并应设置反滤层；仰拱以上的中心盲管宜采用混凝土管或硬质塑料管

D. 中心排水盲管的直径应根据渗排水量大小确定，但不宜小于 150mm

131. 地下工程在施工期间对工程周围的地表水，应采取A、B、C、D措施。

A. 截水　　B. 排水　　C. 挡水　　　D. 防洪

132. 目前，我国地下室防水的形式主要有：A、B、C、D。

A. 防水混凝土结构本体防水

B. 防水砂浆刚性防水

C. 卷材防水

D. 涂料防水

133. 地下室防水工程可分为A、B。

A. 结构自防水　　　　　B. 柔性材料防水层

C. 刚性材料防水层　　　D. 地基防水层

134. 防水混凝土是通过改善混凝土粗细的骨料级配或掺外加剂或使用新品种水泥等方法提高混凝土自身的A、B、D，从而达到防水目的的一种混凝土，属于结构自防水性质。

A. 密实性　　B. 憎水性　　C. 抗冻性　　D. 抗渗性

135. 防水混凝土一般分为A、B、C。

A. 普通防水混凝土　　　B. 外加剂防水混凝土

C. 膨胀防水混凝土　　　D. 速凝混凝土

136. 用防水混凝土防水与采用防水卷材防水相比，具有的特点是：A、B、C、D。

A. 兼有防水和承重、围护等功能，能节约材料，加快施工速度

B. 材料来源广泛，成本低廉

C. 当结构物具有复杂造型的情况下，施工简便，防水质量可靠

D. 渗漏水时，易于检查，便于修补，耐久性好

137. 班组要围绕A、B、C 的中心任务开展工作，搞好班级建设。

A. 企业文明施工　　　　B. 保证工程质量

C. 提高经济效益　　　　D. 以施工速度为重

138. 下列属于班组八大员的是B、C、D。

A. 组织员　　　　　　　B. 质量员

C. 经济核算员　　　　　D. 文体员

2.4　计算题

1. 已知长2.2m、宽1.5m 的厕浴间地面采用1:6 水泥焦渣垫层，厚40mm、坡度2%；并用1:2.5 水泥砂浆找平，厚20mm；用聚氨酯涂膜做防水层，四周墙面高出地面50cm 时，

求水泥、焦渣、砂及聚氨酯的用量。

（设水泥焦渣密度为 $800kg/m^3$，水泥砂浆密度为 $1600kg/m^3$，材料配比均为重量比且水灰比为 0.6，聚氨酯为 $2.5kg/m^3$）。

解：聚氨酯：$[2.2 \times 1.5 + (2.2 + 1.5) \times 2 \times 0.5] \times 2.5$
$$= 17.5kg$$

水泥：$2.2 \times 1.5 \times 0.04 \times 800 \dfrac{1}{7} + 2.2 \times 1.5 \times 0.02$
$$\times 1600 \div 3.5 \approx 45.26kg$$

焦渣：$2.2 \times 1.5 \div 0.04 \times 800 \times \dfrac{6}{7} \approx 91kg$

砂：$2.2 \times 1.5 \times 0.02 \times 1600 \times \dfrac{25}{35} \approx 76kg$

答：水泥、焦渣、砂及聚氨酯的用量分别是：45.2kg、91kg、76kg、17.5kg。

2. 地面（室内）总面积为 $380m^2$，作聚氨酯涂膜防水层，聚氨酯的总用量及其中甲料：乙料：甲苯 = 1:1.5:1.5（重量比）时，计算各自的用量（成料用量 $2.5kg/m^2$）。

解：聚氨酯用量：$380 \times 2.5 = 950kg$

甲料：$950 \div (1 + 1.5 + 1.5) \times 1 = 237kg$

乙料：$950 \div (1 + 1.5 + 1.5) \times 1.5 = 356.25kg$

甲苯：$950 \div (1 + 1.5 + 1.5) \times 1.5 = 356.25kg$

答：甲料、乙料、甲苯用量分别是：237kg、356.25kg、356.25kg。

3. 在一长 18m、宽 6m、高 4m 的浴室内作氯丁胶乳沥青防水涂料二布六涂防水，计算其氯丁胶乳（$2.8kg/m^2$）、玻璃纤维布（$2.25m/m^2$）的用量。

解：氯丁胶乳：$[18 \times 6 + (18 + 6) \times 2 \times 4] \times 2.8 \approx 840kg$

玻璃纤维布：$[18 \times 6 + (18 + 6) \times 2 \times 4] \times 2.25 \approx 675kg$

答：氯丁胶乳、玻璃纤维布的用量分别是：840kg、675kg。

4. 有内径长×宽×高 = 40m×10m×3m 的水池作 BX - 702 橡胶防水卷材，单层防水层每卷卷材规格为 20m 长、1m 宽，要

272

求长边搭接 100mm，短边接头搭接 150mm，试计算卷材用量。

解：$[40 \times 10 + (40 + 10) \times 3 \times 2] \div [(20 - 0.15) \times (1 - 0.1)]$
$= 70017.865 = 39.18$ 卷（约 40 卷）

答：卷材用量是约 40 卷。

5. 计算室内地面长 × 宽 $= 75m \times 15m$，墙高 8m 的冷库内贴软木砖（25mm 厚）四层时，软木砖用量为多少立方米。

解：$[75 \times 15 + (75 + 15) \times 2 \times 8] \times (0.025 \times 4) = 256.5m^3$

答：木砖用量为 $256.5m^3$。

6. 面积为 $500m^2$ 屋面作氯化聚乙烯—橡胶共混单层防水层，长边搭接 100mm，短边接头搭接 150mm，每卷卷材规格为长 20m，宽 1m，求其卷材用量。

解：$500 \div [(20 - 0.15) \times (1 - 0.1)] = 27.98 \approx 28$ 卷

答：卷材用量是约 28 卷。

7. 在一地面长 12m，宽 7m，墙高 5m 的浴室内作氯丁胶乳沥青防水涂料，一布四涂防水氯丁胶乳（$2.2kg/m^2$）纤维布（$1.12kg/m^2$），试计算其两者的用量。

解：氯丁胶乳：$[12 \times 7 \times (12 + 7) \times 2 \times 5] \times 2.2 = 602.8kg$

纤维布：$[12 \times 7 \times (12 + 7) \times 2 \times 5] \times 1.13 = 310m^2$

答：氯丁胶乳、纤维布的用量分别是：602.8kg、$310m^2$。

8. 面积为 $800m^2$ 的室内地面作单层 603 防水卷材，长边搭接为 100mm，短边接头搭接为 150mm，卷材规格长 20m，宽 1m，基层卷材配套 603—3 号胶粘剂（$0.4kg/m^2$），其中胶粘剂配合比为甲料：乙料：稀释剂 $= 1：0.6：0.8$。求胶粘剂、卷材、甲料、乙料、稀释剂的用量（胶料为重量比）。

解：卷材：$800 \div [(20 - 0.15) \times (0.9 - 0.1)] \approx 51$ 卷

603-3 胶粘剂：$800 \times 0.4 = 320kg$

甲料：$320 \div (1 + 0.8 + 0.6) \times 1 = 133.33 \approx 134kg$

乙料：$320 \div (1 + 0.8 + 0.6) \times 0.6 \approx 80kg$

稀释剂：$320 \div (1 + 0.8 + 0.6) \times 0.8 \approx 107kg$

答：卷材、胶粘剂、甲料、乙料、稀释剂的用量分别是约

51 卷、320kg、134kg、80kg、107kg。

9. 试计算长 65m、宽 5m 的屋面，采用三元乙丙橡胶防水卷材单层防水施工时，卷材（20m×1.2m/卷）用量为多少卷？用于基层与卷材的粘结剂氯丁胶 0.4kg/m² 需要多少公斤？

解：氯丁胶：$65 \times 5 \times 0.4 = 130kg$

卷材：$65 \times 5 \div [(20 - 0.15) \times (1.2 - 0.1)] = 325 \div 21.835 \approx 15$ 卷

答：氯丁胶 130kg，卷材 15 卷。

10. 面积为 780m² 屋面，作石油沥青二毡三油防水层，长边搭接 100mm，短边搭接 150mm，考虑上下两层互相错开 1/2 幅宽，计算卷材（20m×1m/卷）的用量？

解：$780 \div [(20 - 0.15) \times (1 - 0.1)] \times 2 = 88$ 卷

答：卷材（20m×1m/卷）的用量是 88 卷。

2.5 简答题

1. 什么是正投影图？

答：正投影图是将形体放置在两个（或两个以上）互相垂直的投影面中，且使形体的主要平面平行于投影面。再用正投影法将形体投影到各投影面上，然后展开摊平各投影面而得到的图形。正投影图实质上是一种多面投影图。

2. 三面正投影图如何展开在一个平面上？

答：V 面不动，使 H 面旋绕 X 轴向下转 90°，W 面绕 Z 轴向右旋转 90°，H、W 与 V 面重合在一个平面上。

3. 叙述三视图的画法？

答：先画出水平和垂直十字相交线，表示投影轴。V 面和 H 面的各个相应部分用铅垂线对正；V 面和 W 面投影的各个相应部分用水平线拉齐。H 面和 W 面因为宽度相等，可通过原点作 45°斜线的方法求得。检查无误后，将所求投影的可见轮廓线加粗。

4. 三视图间有何关系？

答："长对正，高平齐，宽相等"的三等关系。

5. 常用的制图工具有哪些？

答：常用的制图工具有：铅笔、图板、丁字尺、三角板、比例尺、曲线板、圆规、直线笔、绘图墨水笔等。

6. 识读剖面图的顺序是什么？

答：识读剖面图的顺序是：

（1）看平面图上的剖切面位置和剖面编号是否相同。

（2）看楼层的标高及竖向尺寸、外墙及内墙门、窗和标高及竖向尺寸、最高处标高、屋顶的坡度等。

（3）看地面、楼面、屋面的做法、室内的构筑物的布置等。在剖面图上用圆圈画出详图标号。

7. 识读平面图的顺序是什么？

答：识读平面图的顺序：

（1）看图样的图标，了解图名、设计人员、图号、设计日期和比例等。

（2）看房屋的朝向，了解外围尺寸、轴线间距离尺寸、外门、窗的尺寸及型号、墙宽度、外墙厚度、散水宽度、台阶大小和水落管位置等。

（3）看房屋内部，了解房间的用途、地坪标高、内墙位置尺寸和型号、有关详图的编号和内容等。

（4）通过剖切线的位置，来识读剖面图。

（5）识读与安装工程有关的部位、内容，如暖气沟的位置、消火栓的位置等。

8. 建筑防水材料的基本原料有哪些？

答：随着科学技术的发展，我国目前的防水材料已从单一品种发展到品种、档次、功能均比较齐全的防水材料体系。其品种除了传统的瓦材外，新型防水材料主要有防水卷材、防水涂料、防水密封材料、刚性防水材料、止水堵漏材料等几个大类。

目前新型建筑防水材料的生产，其基本原料则主要有沥青、水泥、合成高分子材料等几个大类的材料。

9. 不同防水材料的形态各有何用途？

答：防水材料有卷材、涂料、液态、膏状、粉末等不同形态。由于形态不同，用于建筑物的部位各有选择。不管何种形态，都是把水与建筑物隔开，形成一道防线。各种形态的防水材料可以功能互补，而不能互相取代。

防水卷材用于大面积铺贴、全封闭防水，施工快又可靠。这是防水卷材的优点。

防水涂料可以在高低不平、曲折凹凸复杂的表面涂刷，成为无缝防水层，如厕浴间防水。其他防水材料却做不到。

液态防水材料用作灌浆堵漏，或制作聚合物水泥砂浆，是其独有的长处，其他材料不能取代。

膏状防水材料是嵌缝必用品，其他材料不能取代它。

粉末状防水材料用作混凝土掺加剂，可以起到密实功能，是地下室墙体和底板必须用的材料。材料形态不同，造就各自的用武之地。

10. 什么是沥青？

答：沥青是有机化合物的复杂混合物。分地沥青和焦油沥青两大类，地沥青又分为天然沥青和石油沥青。在常温下呈固体、半固体或液体；颜色为褐色深至黑色，具有良好的粘结性、塑性、不透水性及耐化学侵蚀性，是防水卷材、涂料、油膏、沥青胶及防腐涂料的主体原材料之一。一般用于建筑防水工程的沥青有石油沥青和煤沥青两种。

石油沥青是石油原油经蒸馏等提炼出汽油、煤油、柴油及润滑油后的残留物，再经加工而成。半固体沥青中的建筑石油沥青是防水材料的主要原材料。

11. 沥青防水有哪几种施工方法？

答：沥青防水是利用沥青类材料进行防水施工以达到防水目的的防水形式，其施工方法有热熔工法、常温工法、喷灯烘烤工法等。

（1）热熔工法是利用沥青玛蹄脂将 2~4 层的沥青油毡类材料层层铺贴的防水层做法。

（2）常温工法是利用底面附有胶粘剂的沥青油毡，或者常温下为液状的沥青冷底子油将两层左右的沥青油毡层层铺贴的防水层做法。

（3）喷灯烘烤工法是利用喷灯等直接烘烤厚约 3~4mm 的改性沥青油毡，并使其表面熔化后进行铺贴的防水层做法。

12. 沥青如何储存和运输？

答：（1）沥青具有遇热流淌的性能，存放时应选择阴凉、干净的地方。最好是放在专用的仓库内，避免日光暴晒和雨淋。

（2）不同品种和标号的沥青在存放时应分开，以免标号混杂，影响使用。

（3）装入桶中的沥青，桶应立放，避免沥青受热时出现流淌。

（4）沥青的存放时间不宜过长，以免老化。

13. 怎样鉴别乳化沥青质量合格？

答：常用的方法有两种：

（1）用玻璃棒或木棒浇上少许乳化沥青，用清水冲洗，如棒上没有残存物，即说明质量合格。

（2）取两、三滴乳化沥青滴入盛水的玻璃杯内，搅动后，无肉眼所见颗粒、漂浮物和沉淀物即为合格。

14. 什么是石油沥青纸胎油毡？

答：石油沥青纸胎油毡是用低软化点石油沥青浸渍原纸，然后用高软化点石油沥青涂盖油纸两面，再撒石粉或云母片隔离材料所制成的一种纸胎防水卷材。可分为粉毡和片毡两种。

15. 沥青防水卷材的标号、等级和规格有哪些？

答：沥青防水卷材的标号、等级和规格表述如下：

（1）标号：石油沥青油毡分为 200 号、350 号、500 号三种标号。石油沥青油纸分为 200 号、350 号两种标号。

（2）等级：油毡按浸涂材料的总量和物理性能分为合格品、一等品、优等品三个质量等级。

（3）规格：油毡油纸幅宽分为 915mm 和 1000mm 两种规格。

16. 什么是石油沥青玻璃布胎油毡？

答：石油沥青玻璃布胎油毡系用石油沥青涂盖材料，浸涂玻璃纤维织布的两面，再撒布隔离材料而制成的一种以无机纤维布为胎体的沥青防水卷材。

17. 什么是铝箔胎沥青油毡？

答：铝箔胎沥青油毡是采用厚度为 0.1～0.2mm 的冲压铝箔，经涂盖沥青后，两面再撒布细砂而制成的沥青防水卷材。

18 铝箔塑胶油毡的特点？

答：（1）对阳光反射率高，能降低房屋的室内温度；

（2）延伸率大，对基层伸缩或开裂变形的适用性强；

（3）低温柔性好，能在较低温度环境下进行防水层的施工；

（4）可采用单层做法、冷施工，简化了施工工序，改善了施工人员劳动条件，提高施工效率；

（5）防水层质量轻，降低了屋面荷载。

19. 什么是 SBS 改性沥青防水卷材？

答：SBS 改性沥青防水卷材是以聚酯纤维无纺布为胎体，以 SBS 橡胶改性石油沥青为浸渍涂盖层，以塑料薄膜为防粘隔离层，经配料、共溶、浸渍、复合成型等工序而制成的一种防水卷材。

20. 什么是 APP 改性沥青防水卷材？

答：APP 改性沥青防水卷材是以聚酯毡或玻纤毡为胎基、无规聚丙烯（APP）或聚烯烃类聚合物（APAO、APO）改性剂，两面覆以隔离材料所制成的建筑防水卷材，简称 APP 卷材。

21. 防水卷材防水有哪几种工法？

答：防水卷材防水是利用胶粘剂或固定铁件将合成橡胶系列卷材或合成树脂系列卷材固定在基层上的防水层做法，其施工工法有胶结工法和机械式固定工法。

（1）胶结工法是利用胶粘剂或水泥胶结料等将合成橡胶系列卷材或合成树脂系列卷材铺贴于基层上的防水层做法；

（2）机械式固定工法是利用固定铁件将合成橡胶系列卷材或合成树脂系列卷材固定在基层上的防水层做法。

22. 涂膜防水有哪几种工法？

答：涂膜防水是将聚氨酯橡胶、改性聚氨酯、聚酯树脂、橡胶沥青等1~2种成分的液状防水涂料，采用直接涂刷喷涂，或者在加贴增强材或缓冲层之后涂刷喷涂成一定厚度防水层的防水做法。其施工工法有一般工法、加贴增强材工法、加贴缓冲材工法以及机械喷涂工法。

（1）一般工法是指将含有一种或两种成分的防水涂料用专用的辊子、镘刀或刷子等工具，在不加贴料增强材料的情况下直接涂刷于基层上，以形成约1~6mm厚的防水层的做法；

（2）加贴增强材料工法是指用胶粘剂将合成纤维网或玻璃纤维网或粘着纤维布铺贴于基层上，再将含有一种或两种成分的防水涂料用专用的辊子、镘刀或刷子等工具涂刷成约3~6mm厚的防水层的做法；

（3）加贴缓冲材料工法是指用胶粘剂将聚乙烯膜或粘着纤维布或特殊的卷材类等铺贴于基层上，再将含有一种或两种成分的防水涂料用专用的辊子、镘刀或刷子等工具涂刷成约4~8mm厚的防水层的做法；

（4）机械喷涂工法是指利用喷涂设备将含有一种或两种成分的防水涂料（聚氨酯橡胶、丙烯酸橡胶及橡胶沥青等）喷涂于基层上的防水做法。

23. 对卷材施工的搭接要求是什么？

答：油毡卷材的长向和短向的各种接缝应错开，上下两层油毡必须将接缝处错开1/3~1/2，且不要垂直铺贴。平行于屋脊方向铺贴时，长边搭接应不小于70mm，短边不小于100mm，坡屋面不小于150mm，相邻两幅卷材短边接缝应错开500mm以上。对于坡度越过 15% 的工业厂房的拱形屋面和天窗下的坡面，应避免短边搭接，以免卷材下滑。如果必须搭接，可以在搭接部位用油膏或钉固定。当卷材必须垂直于屋脊方向铺贴时，卷材应搭接于屋脊对面至少在 200mm 以上。

24. 什么是聚氯乙烯防水卷材？聚氯乙烯卷材有什么特点？

答：聚氯乙烯防水卷材是以聚氯乙烯树脂为主要原料，掺加增塑剂、填充剂、抗氧剂、紫外线吸收剂等助剂，经混炼、塑合、挤出压延、冷却、收卷等工艺流程加工而成。PVC 防水卷材分为 N 类无复合层、L 类纤维单面复合及 W 类织物内增强卷材三类。

聚氯乙烯防水卷材具有以下特点：

（1）拉伸强度高，伸长率好，对基层伸缩或开裂变形的适应性强。

（2）可焊接性好，焊缝牢固可靠，并与卷材使用寿命相同。

（3）耐植物根系穿透、耐化学腐蚀、耐老化性能好。

（4）低温柔性和耐热性好，在 −20℃ 低温下能保持一定的柔韧性。

（5）卷材幅面宽，冷施工，机械化程度高，操作方便。

（6）焊接技术要求高，易出现焊接不良，如虚焊、脱焊等现象

该卷材通常采用空铺施工，与基层不粘结，一旦出现渗水点，会造成蹿水渗漏，难以查找渗漏点。

25. 什么是氯化聚乙烯防水卷材？氯化聚乙烯防水卷材有哪些特点？

答：氯化聚乙烯防水卷材是以聚乙烯经过氯化改性制成的新型树脂-氯化聚乙烯树脂，掺入适量的化学助剂和填充料，采用塑料或橡胶的加工工艺，经过捏合、塑炼、压延、卷曲、分卷、包装等工序加工制成的弹塑性防水材料。氯化聚乙烯防水卷材分为 N 类无复合层、L 类纤维单面复合及 W 类织物内增强卷材三类。

氯化聚乙烯具有以下特点：

（1）该卷材出于氯化聚乙烯分子结构的饱和性及氯原子的存在使其具有耐气候、耐臭氧和耐油、耐化学腐蚀以及阻燃性能。

（2）原材料来源丰富，生产工艺较简单，卷材价格较低。

（3）冷粘结作业，施工方便，无大气污染，是一种便于粘接成为整体防水层的卷材。

（4）卷材在工厂生产过程中有内应力存在，在使用过程中会逐渐释放，使卷材产生后期收缩，使防水层产生接缝脱开、翘边现象，或使防水层处于高应力状态而加速老化。

26. 什么是喷灯烘烤工法？

答：喷灯烘烤工法是沥青防水工法的一种，是利用喷灯将以合成纤维为芯材所制成的厚度约4mm的改性沥青油毡（JIS规格）加热熔化后铺贴在基层上的做法。在实际工程中只铺设一层防水卷材的实例较多，最好能铺设两层卷材。

喷灯烘烤工法中采用的改性沥青油毡的饰面层有保护层饰面和砂砾外露式饰面两种形式。

27. 沥青防水工法存在哪些问题？

答：沥青防水工法的问题从操作、施工管理和维护管理三方面分别考虑可归纳为以下几点：

（1）操作方面：1）高温熔融的沥青具有易烫伤的危险性。2）熔融的沥青常产生臭气。3）使用的材料种类较多，安排非常困难。

（2）施工管理方面：1）防水层末端处理常发生意想不到的问题。2）阴转角处容易产生起鼓现象。3）保护用的饰面层常因伸缩缝设置不当而发生问题。

（3）维护管理方面：1）外露式防水层易受草木根部的影响而损伤。2）外露式防水层易产生起鼓现象。3）有隔热措施的外露式防水层（因规格等级的影响）易受热而产生劣化现象。

由于沥青防水工法历史悠久，施工业绩很多，因此若能针对上述问题采取适当的措施，则应该不会再有其他的问题发生。将来令人关注的问题有以下两点：1）施工人员的高龄化（年轻的工人较少）。2）由于沥青玛蹄脂为高温状态，因此危险性较高。

28. 涂膜防水存在哪些问题？

答：涂膜防水工法的问题从操作和施工管理两方面分别考虑可归纳为以下几点：

（1）施工方面：1）容易产生配比问题及搅拌问题。2）其厚度不容易涂刷均匀。3）不容易进行返修。4）容易产生针孔现象。5）在固化干燥期间容易附着砂粒、石子、灰尘、落叶等物质并不易被清除。

（2）施工管理方面：1）厚度确认困难。2）多层相交的节点部位容易发生断裂。3）容易产生起鼓现象。4）施工质量受基层精度的影响很大。

近来常采用的隔热工法中热劣化与热收缩的问题比较明显。

29. 沥青起火怎样处理？

答：（1）锅灶附近应具有防火设备，如铁锅盖、灭火机、干砂、石灰渣、铁锹、铁板等；

（2）如发现沥青锅内着火，不可惊慌失措，应立即停止鼓风，封闭炉火，所有人员应迅速离开，以防爆炸。如沥青外溢到地面着火，应以干砂压火或泡沫灭火机灭火，绝对禁止在燃烧的沥青上浇水，否则会更加助于沥青燃烧。

30. 合成高分子防水涂料的类型、品种有哪些？

答：合成高分子防水涂料类型、品种主要有：

（1）反应型：聚氨酯防水涂料等。

（2）溶剂型：丙烯酸酯防水涂料等。

（3）水乳型：硅橡胶防水涂料、丙烯酸酯防水涂料、聚氯乙烯防水涂料等。

31. 密封材料的类型、品种有哪些？

答：密封材料的类型、品种主要有：

（1）高聚物改性沥青密封材料：石油沥青类有 SBS 弹性体密封膏；焦油沥青类有 PVC 胶泥。

（2）合成高分子密封材料：弹性体类有有机硅、硅酮、聚氨酯密封膏；弹塑性体有丙烯酸密封膏。

32. 防水卷材如何包装？

答：防水卷材产品应采用塑料袋、编织袋或纸板箱全覆盖包装。包装上应有以下标志：生产厂名，商标，产品名称、标号、品种，制造日期及生产班次，标准编号，质量等级标志，保管与运输注意事项，生产许可证号等。

33. 防水卷材的贮运和保管应有哪些要求？

答：防水卷材的贮运和保管应符合以下要求：

（1）由于卷材品种繁多，性能差异很大，但其外观相同，难以辨认，因此，要求卷材必须按不同品种标号、规格、等级分别堆放，不得混杂在一起，以避免在使用中误用而造成质量事故。

（2）卷材有一定的吸水性，但施工时表面则要求干燥，否则，施工后可能出现起鼓和粘结不良现象，故应避免雨淋和受潮。

（3）各类卷材都怕火，故不能接近火源，以免变质和引起火灾，尤其是沥青防水卷材不得在高于 45℃ 的环境中贮存，否则易发生粘卷现象，影响质量。另外，由于卷材中空，横向受挤压，可能压扁，开卷后不易展平铺贴于屋面，从而造成粘贴不实，影响工程质量。鉴于上述原因，卷材应贮存在阴凉通风的室内，避免雨淋、日晒和受潮。严禁接近火源。卷材宜直立堆放，其高度不宜超过两层，并不得倾斜或横压，短途运输平放不宜超过四层。长途敞运时，应加盖苦布。

（4）高聚物改性沥青防水卷材、合成高分子防水卷材均为高分子化学材料，都较容易被某些化学介质及溶剂溶解或腐蚀，故这些卷材在贮存和保管中应避免与化学介质及有机溶剂等有害物质接触。

34. 什么是自粘橡胶沥青防水卷材？

答：自粘橡胶沥青防水卷材是粘结面具有自粘胶、上表面覆以聚乙烯膜、下表面用防粘纸隔离的防水卷材，简称自粘卷材。施工中只需剥掉防粘隔离纸就可以直接铺贴，使其与基层粘结或卷材与卷材的粘结。

自粘卷材有两类，一类是在改性沥青防水卷材底面涂覆一层橡胶改性沥青自粘胶的卷材，另一类是单独采用自粘橡胶改性沥青的卷材，又分为有胎体和无胎体两种。

35. 什么是水乳型SBS改性沥青防水涂料？

答：水乳型SBS改性沥青防水涂料是以石油沥青为基料，添加SBS热塑性弹性体高分子材料及乳化剂、分散剂等制成的水乳型改性沥青防水涂料。

36. 什么是热熔改性沥青防水涂料？

答：热熔改性沥青涂料是将沥青、改性剂、各类助剂和填料，在工厂事先进行合成，制成聚合物改性沥青涂料块体，运至现场后，投入采用导热油加温的热熔炉进行熔化，将熔化的热涂料直接刮涂于找平层上，则带齿的挂板一次成膜设计需要厚度的防水涂料。

37. 热熔改性沥青防水涂料具有哪些特点？

答：热熔改性沥青防水涂料应具有以下特点：

（1）它不带溶剂，固体含量100%，3mm防水涂层，只需3.5kg/m² 用料。

（2）沥青经SBS改性，性能人大提高，耐老化好，延伸率大，抗裂性优，耐穿刺能力强。

（3）可一次性施工达到要求的厚度，工效高。

（4）施工环境要求低，涂膜冷却后即固化成膜，具有设计要求的防水能力，不需要养护、干燥时间，低温条件下、下雨前均可施工，利于在南方多雨地区施工。

（5）需现场加热。

38. 什么是改性沥青防水涂料？

答：改性沥青防水涂料是指用合成橡胶、再生橡胶对沥青进行改性而制成的水乳型、溶剂型或热熔型涂膜防水材料。用再生橡胶可以改善沥青的低温脆性、抗裂性，增加涂料的弹性；用合成橡胶（如氯丁橡胶、丁基橡胶）进行改性，可以改善沥青的水密性、耐化学腐蚀性；用 SBS 进行改性，可以改善沥青的弹塑性、耐老化、耐高低温性能等。

39. 什么是聚合物水泥防水涂料？

答：聚合物水泥防水涂料（简称 JS 防水涂料）是由合成高分子聚合物乳液（如聚丙烯酸酯、聚醋酸乙烯酯、丁苯橡胶乳液等）及各种添加剂优化组合而成的液料和配套的粉料（由特种水泥、石英粉及各种添加剂组成）复合而成的双组分防水涂料，是一种既具有合成高分子聚合物材料、弹性高，又有无机材料耐久性好的防水材料。

40. 聚合物溶液防水涂料的特点是什么？

答：聚合物水泥防水涂料具有以下特点：

（1）无毒、无害、无污染，是环保型防水涂料；

（2）涂层具有较好的强度、伸长率和耐候性，耐久性好；

（3）与水泥类材料的粘结力强，除了与基层具有良好的粘结力外，在防水层表面可直接采用水泥砂浆粘贴饰面材料；

（4）JS 防水涂料为水性防水涂料，故可在潮湿的基面上施工，但要求施工部位有良好的通风环境，保证涂层能在数小时内干燥固化；

（5）该涂料与其他防水材料不会发生化学反应，可以放心地与其他防水材料复合使用；

（6）施工简单，液料与粉料的配比允许误差范围大，配比变化不会使防水涂膜的性能发生突变。如液料多，涂膜的延伸率提高，强度下降，少则反之。实际上该涂料 I 型和 II 型的差异主要就在聚合物含量的多少。

41. 刚性防水材料的品种有哪些？

答：刚性防水材料主要品种有：

（1）水泥砂浆：普通防水砂浆、掺外加剂防水砂浆。

（2）防水混凝土：普通防水混凝土、补偿收缩混凝土、UEA 防水混凝土。

42. 什么是三元乙丙橡胶防水卷材？

答：三元乙丙橡胶防水卷材是三元乙丙橡胶掺入适量丁基橡胶为基本原料，再加入软化剂、填充剂、补强剂和硫化剂、促进剂、稳定剂等，经塑炼、挤出、拉片、压延、硫化成型等工序制成的高强度、高弹性防水材料。

43. 三元乙丙橡胶防水卷材外观质量有什么要求？

答：三元乙丙橡胶防水卷材外观质量应符合下列要求：

（1）片材表面应平整，边缘整齐，不能有裂纹、机械损伤、折痕、穿孔及异常粘着部分等影响使用的缺陷。

（2）片材在不影响使用的条件下，表面缺陷应符合下列规定：

1）凹痕：深度不得超过片材厚度的30%。

2）杂质：每 $1m^2$ 不得超过 $9mm^2$。

3）气泡：深度不得超过片材厚度的30%，每 $1m^2$ 不得超过 $7mm^2$。

44. 三元乙丙橡胶的性能特点有哪些？其适应范围是什么？

答：（1）耐老化性能好，使用寿命长：由于三元乙丙橡胶分子结构中的主链上没有双键，当受到臭氧、紫外线、湿热的作用时，主链上不易发生断裂，这是它的耐老化性能比主链上含有双键的橡胶或塑料等高分子材料优异得多的根本原因。根据实验和公式推算，三元乙丙橡胶防水卷材的使用寿命为53.7年。

（2）抗拉强度高、延伸率大：三元乙丙橡胶防水卷材的抗拉强度高，延伸率大，因此它的抗裂性好，能适应结构及防水基层变形的需要。

（3）耐高、低温性能好：三元乙丙橡胶防水卷材冷脆温度低、耐热性能好，可在较低的气温条件下及酷热的气候环境长期应用。

（4）可采用单层防水做法，冷贴施工：三元乙丙橡胶防水卷材可单层、冷贴防水施工，改变了过去多叠层和热施工的传统做法，简化了施工工序，提高了施工效率。

适应范围：三元乙丙橡胶防水卷材最适用于工业与民用建筑高档工程的屋面单层外露防水工程，也适用于有保护层的屋面、地下室、贮水池、隧道等土木建筑防水工程。

45. 自粘型三元乙丙卷材的操作工艺顺序？

答：清理基层→涂刷基层→处理剂→铺贴附加层卷材→铺贴自粘型三元乙丙防水卷材→卷材封边→嵌缝→蓄水试验→质量验收。

46. 自粘型三元乙丙防水卷材的操作工艺要点是什么？

答：（1）清理基层：将基层浮浆、杂物清扫干净。

（2）涂刷基层处理剂：基层处理剂可用稀释的乳化沥青或其他沥青基的防水涂料。涂刷要薄而均匀不漏底，干燥 6h 以上才能铺贴卷材。

（3）铺贴附加层卷材：在构造节点部位铺贴附加层卷材。

（4）铺贴自粘型三元乙丙防水卷材：大面铺贴卷材前应在基层弹出基准线，以便卷材铺贴顺直，搭接宽度应符合要求。铺贴卷材时根据事先弹好线的位置，缓缓剥开卷材背面的隔离纸，将卷材直接粘贴于基层，随撕隔离纸随将卷材向前滚铺。铺贴卷材时不宜拉得过紧或过松，不得出现折皱。每当铺好一段卷材应立即用橡胶压辊压实粘牢。施工时一般三人一组配合施工，一人撕纸，一人滚铺卷材，一人随后将卷材压实粘牢。

（5）卷材封边：自粘型彩色三元乙丙防水卷材的长向一边不带自粘型胶（宽约 5~7cm），搭接缝处需现场刷胶封边，以确保卷材搭接处粘结质量。施工时将卷材搭接部位掀开，用油漆刷将 C×—401 胶均匀地涂刷在掀开卷材接头的两个粘结面，涂胶干燥 20min 手感不粘时，即可进行粘结，粘结后用手持压辊仔细滚压密实，粘结牢固。

（6）嵌缝：大面防水卷材铺贴完毕，所有卷材接缝处应用丙烯酸密封膏嵌缝。嵌缝时应宽窄一致，封闭严密。

（7）蓄水试验：方法同三元乙丙橡胶防水卷材施工。

47. 自粘型防水卷材施工注意事项是什么？

答：（1）自粘型防水卷材施工温度以5℃以上为宜，温度低不易于粘结。雨天、风沙天、负温均不得施工。

（2）卷材、胶粘剂等应存放在远离火源干燥的室内，卷材应平放，并注意包装的密封，基层处理剂为水乳型，应在0℃以上存放。

（3）胶粘剂、稀释剂属易燃物，施工现场严禁烟火。

（4）防水层施工完毕后，不得受尖物碰刺，以免损坏。施工人员不得穿带钉子鞋，以免碰坏防水层。自粘型防水卷材较薄，应特别注意成品保护。

（5）低跨屋面的防水层受高跨檐口雨水冲刷的部位或雨水口集中排水的部位，应铺设预制件作抗冲层。

（6）注意卷材存放期限，严防卷材粘结层失效、粘结力降低。

48. 什么是自粘橡胶沥青防水卷材？

答：自粘橡胶沥青防水卷材是粘结面具有自粘胶、上表面覆以聚乙烯膜、下表面用防粘纸隔离的防水卷材，简称自粘卷材。施工中只需剥掉防粘隔离纸就可以直接铺贴，使其与基层粘结或卷材与卷材的粘结。自粘卷材有两类，一类是在改性沥青防水卷材底面涂覆一层橡胶改性沥青自粘胶的卷材，另一类是单独采用自粘橡胶改性沥青的卷材，又分为有胎体和无胎体两种。

49. 自粘橡胶沥青防水卷材具有哪些特点？

答：自粘橡胶沥青防水卷材具有以下特点：

（1）有一定的强度，断裂延伸率高，适应变形能力强，尤其是卷材与卷材搭接边粘结后完全成一体，密封性能好；

（2）自粘卷材施工时对环境无污染，适用于严禁用明火和用溶剂的危险环境，施工安全；

（3）具有良好的耐刺穿性和良好的自愈性能。

50. 什么是热塑聚烯烃（PTO）防水卷材？

答：热塑性聚烯烃（PTO）防水卷材是三元乙丙橡胶和聚乙烯或聚丙烯树脂为基料，按一定比例配合，采用先进的聚合工艺，经机械共混压延成片状的防水材料，是一种热塑性弹性防水材料，简称TPO卷材。国外的TPO防水卷材为了防止接缝焊接时产生折皱变形，多数在中间加入一层聚酯纤维增强层。

51. 什么是蠕变性自粘防水卷材？

答：蠕变性自粘防水卷材是在现有的高分子防水卷材和改性沥青防水卷材底层涂敷一层蠕变形底胶，用隔离纸隔离成卷，制作而成的具有蠕变性能的自粘卷材。

52. 什么是金属防水卷材？

答：金属防水卷材是从我国宫廷建筑经典防水工程中得到启示开发成功的防水材料，是以铅、锡、锑等为基料经浇筑、辊压加工而成的防水卷材，因为它是惰性金属，具有不腐烂、不生锈、抗老化能力强、延展性好、可焊性好、施工方便、防水可靠、使用寿命长等优点，综合经济效益显著。

53. 什么是水乳型三元乙丙橡胶防水涂料？

答：三元乙丙橡胶防水涂料是采用耐老化极好的三元乙丙橡胶为基料，填加补强剂、填充剂、抗老化剂、抗紫外线剂、促进剂等制成混炼胶，采用"水分散"的特殊工艺制成的水乳型防水涂料。

54. 水乳型三元乙丙橡胶防水涂料应具有哪些特点？

答：水乳型三元乙丙橡胶防水涂料应具有以下特点：

（1）具有强度高、弹性好、延伸率大的橡胶特性。

（2）耐高低温性能好。

（3）耐老化性能优异，使用寿命长。

（4）冷施工作业，施工方便，操作简单。

（5）可添加色料制作成彩色涂料，形成具有装饰效果的防水层。

55. 屋面油毡卷材的施工顺序是什么？

答：屋面油毡卷材的施工按下列顺序进行：（1）清理找平层；（2）涂刷冷底子油；（3）挑檐、阴阳角、管根等局部进行加强层施工；（4）屋面防水底分层铺贴；（5）检查验收；（6）蓄水、淋水试验；（7）浇沥青胶。

56. 沥青砂浆及沥青混凝土的质量标准是什么？

答：沥青砂浆及沥青混凝土的表面应密实，无裂缝、空鼓等缺陷。采用 2m 的靠尺检查时，凹处空隙不得大于 6mm。坡度要符合规定要求，允许偏差为坡长的 0.2%，最大偏差值不得大于 30mm。浇水试验时，水应顺利排出，无明显积水、存水之处。

57. 防水涂料可采取的增强措施有哪些？

答：沥青防水涂膜或高分子防水涂膜，因很薄，故抗拉伸强度低。用在变形部位较大的地方，易被拉断。应作增强层处理。

增强措施有三种：（1）用本涂料多涂刷数次，如要求涂膜厚为 1.6mm，那么在增强部位厚度应增至 2.8~3.2mm。（2）在需要增强的部位，附加纤维毡，如聚酯毡 $100g/m^2$，丙纶网格布，宽度 30~50cm。施工时先涂刷 1mm 厚，随即铺贴附加材料，再连续涂刷 2~3 次。（3）在需要增强的部位铺贴卷材。如使用沥青涂料防水，则用沥青卷材增强。如选用高分子涂料防水，则用氯化聚乙烯卷材增强。

增强材料一定要有较大的伸长率，不得用玻纤毡，因为玻纤毡没有伸长率，涂膜本身有伸长，作了增强层之后就失去了伸长的功能，从而也失去了增强的意义。只增加抗拉强度而无伸长，不能达到增强的目的。

58. 为什么要保证柔性防水层具有一定的厚度？

答：防水卷材或防水涂料做成的防水层，厚度就是安全系数，没有足够的厚度，就不能保证防水的可靠性和耐久性。

（1）足够的厚度可以延长老化年限。防水层的老化是从表面开始的，随时间增长，由外而内，逐日加深。防水层越厚，耐老化的时间延续越长。

（2）涂膜防水层和满粘的卷材，当基层发生裂缝，出现零延伸现象，说明防水层很薄，导致发生零延伸，如果防水层较厚，就能对抗基层裂缝。

（3）抗拉强度随防水层厚度增加而增加，防水层强度大了，扩展延伸宽度，增大剥离区更有力对抗基层裂缝。

（4）足够的厚度可有力地抵抗外来的损伤。施工中工人走动、搬运物体，材料堆放在新作防水层上，总是难免的，很薄的防水层会因承受不了而损伤。

（5）容纳砂粒扎刺也需要厚度应对。施工防水层时，先扫清基层上的尘土砂砾，但常有漏扫的砂砾，砂砾直径在 2mm 时，就会扎穿薄的防水层。如果卷材大于 3mm 厚，就不会扎穿防水层。

59. 涂膜防水层的厚度是根据什么来确定的?

答：涂膜防水层是将防水涂料按相应的施工工艺一遍遍地涂刷在防水基层上，累积成有一定厚度的达到防水效果的涂层，如涂膜太薄就起不到所要求的防水作用和耐用年限的要求，所以要根据国际最新标准规范的规定来确定。

沥青基防水涂料涂层易脆化开裂，涂层较厚，一般铺贴厚度在 5~8mm，目前，已很少用于屋面防水工程。

高聚物改性沥青类的溶剂型、水乳型防水涂料，涂布固化后很难形成较厚的涂膜，故称薄质涂料，涂膜过薄很难达到防水耐用年限。因此，必须通过薄涂多次或多布多涂来达到其厚度的要求。

合成高分子防水涂料是以优质合成橡胶或合成树脂为原料配制而成，如双组分聚氨酯防水涂料、丙烯酸酯类防水涂料等，其性能优于以上两类涂料，规定厚度应大于 1.5mm，可分遍涂刷来达到其厚度。

高聚物改性沥青防水涂料和合成高分子防水涂料与其他防水涂料复合使用、共同组成一道防水层时，可综合两种材料的优点，得到更好的防水效果。涂膜厚度也可适当减薄，但高聚物改性沥青涂膜的设计厚度不应小于1.5mm，合成高分子涂膜厚度不应小于1mm。

60. 涂膜防水层加设胎体增强材料有什么好处？

答：涂膜防水层施工时，经常在防水涂层中加设玻璃纤维布或聚脂纤维布等作为胎体增强材料，其主要目的是：

（1）细部节点用胎体增强材料适应基层变形能力

天沟、檐沟、檐口、泛水等节点部位，因为屋面结构温度变形不同步，易产生变形和裂纹，造成渗漏，故在屋面防水的薄弱部位，须在大面积涂膜防水层之前，在这些易渗漏点或线向外扩宽200mm内至少增加二涂一布的附加层，增强防水涂膜的抗变形能力。

（2）大面积使用胎体可增强防水涂层的抗拉强度

一些沥青和改性沥青类防水涂料，其成膜后自身抗拉强度低。因此，必须要加无纺布或玻纤布来增强防水涂膜的抗拉强度。

（3）大面积使用胎体可提高防水涂膜厚度的均匀性

大面积涂布防水涂料时，胎体增强材料可吸收涂料起到带料的作用。在施工中边上料边贴布时，因有织物必须按要求上足料，且上料要摊涂均匀，否则会产生胎体浸渍不透的问题，这时需随时加料补料，同时在下一道涂料涂刷时进行调整上料量和均匀度，确保整体防水层的质量。

（4）起固胶、带胶的作用

因为胎体增强材料要吸收涂料，保留了一部分胶不向低处流，也增加了胶料向下流时的阻力，起到载体的作用。因此，对于坡度较大的屋面及立面在涂膜中加铺无纺布或玻纤布，可起到固胶、带胶的作用，尤其是有些固化时间长、黏度低的涂料加铺一层布，能保证涂膜的施工质量。

61. 涂膜胎体增强材料的品种有哪些?

答:涂膜胎体增强材料的品种主要有聚酯无纺布、化纤无纺布、玻璃网格布等。

(1)聚酯无纺布,俗称涤纶纤维,是纤维分布无规则的毡,它的拉伸强度最高,属于高抗拉强度、高延伸率的胎体材料。要求布面平整、纤维均匀,无皱折、分层、空洞、团状、条状等缺陷。

(2)化纤无纺布是以尼龙纤维为主的胎体增强材料,特点是延伸率大,但拉伸强度低。其外观质量要求与聚酯无纺布相同。

(3)玻纤网格布的拉伸强度高,延伸率低,与涂料浸润性好,但施工铺布时不容易铺平贴,容易产生胎体外露现象,外露的胎体耐老化差,所以现在多用聚酯无纺布来代替玻纤无纺布。

62. 进场的防水涂料怎样进行合格检验?

答:防水涂料进场后应按品种规格分别堆放;同一品种、同一规格的涂料作为一个检验批进行抽样;如涂料分阶段进场时,每批进场的涂料均应按一个检验批进行抽样检验。

进场的防水涂料先进行外观质量的检验;在外观质量合格的涂料中,任取 1kg 涂料送检;抽样检验的过程应符合见证取样、见证送样的要求。

抽检防水涂料的物理性能指标如有一项指标不合格,应在受检项目中加倍取样复验,全部达到标准规定为合格。否则,即为不合格产品。不合格产品严禁在工程中使用。

63. 什么是背衬材料?用于接缝的背衬材料应符合哪些要求?

答:背衬材料是用于限制密封材料嵌填深度和确定密封材料背面形状的材料。同时作为隔离材料,使密封材料不与接缝底部粘结,增加密封材料适应接缝变形的能力。

用于接缝的背衬材料应符合以下要求:

（1）背衬材料能支承密封材料，以防止凹陷；

（2）背衬材料与密封材料不会粘结或粘结力低；

（3）具有一定的可压缩性，当合缝时密封胶就不会被挤出，当开缝时又能复原；

（4）与密封材料具有相容性，不会与密封材料发生反应影响密封材料的性能。

64. 防水屋面所使用的卷材如何按建筑物等级进行选择？

答：防水屋面所使用的卷材须按建筑物等级进行选择。

（1）Ⅰ级：特别重要的民用建筑和对防水有特殊要求的工业建筑，防水层耐用年限为 25 年。应选用合成高分子防水卷材、高聚物改性沥青防水卷材，三道或三道以上防水设防。

（2）Ⅱ级：重要的工业与民用建筑、高层建筑，防水层耐用年限为 15 年，应选用高聚物改性沥青防水卷材，二道防水设防。

（3）Ⅲ级：一般的工业与民用建筑，防水层耐用年限为 10 年，应选用石油沥青防水卷材（三毡四油）、高聚物改性沥青防水卷材。

（4）Ⅳ级：非永久性建筑，防水层耐用年限为 5 年，可选用石油沥青防水卷材（二毡三油）。

65. 怎样计算坡面屋顶的工程量（双坡）？

答：以水平投影宽度乘以 $\cos A$（A 为坡度角）再乘以长度，以平方米计算。

66. 屋面防水工程如何确定防水等级，各防水等级对应的建筑类别和设防要求各是什么？

答：屋面防水工程应根据建筑物的类别、重要程度、使用功能要求确定防水等级，并应按相应等级进行防水设防；对防水有特殊要求的建筑屋面，应进行专项防水设计。屋面防水等级和设防要求应符合重要建筑和高层建筑的防水等级为Ⅰ级，设防要求为两道防水设防；一般建筑的防水等级为Ⅱ级，设防要求为一道设防。

67. 平屋面防水有哪些构造层次？

答：（1）钢筋混凝土屋面板：如果是预制板应嵌填板缝，板缝较宽，大于4cm时还应增加钢筋。

（2）找坡层：进深坡长小于5m，可用水泥砂浆找坡，也可用细石混凝土找坡。当坡长5~9m应用加气混凝土找坡。当坡长大于9m，应采用结构找坡。

（3）保温层。

（4）水泥砂浆找平层。

（5）基层处理剂：限于满粘卷材或防水涂料施工，是为增加粘结强度，如果空铺卷材或条粘、点粘，则不用基层处理剂。

（6）防水层。

（7）隔离层：如果防水层上做铺装地面砖或细石混凝土，应加隔离层。

（8）保护层。

（9）隔热层：在防水层上做架空隔热设施。在北方屋面无此构造层。

（10）隔汽层：特殊房舍设置。

（11）排水层：仅用于种植屋面。

68. 屋面对于找平层有哪些要求？找平层完工后进行验收应符合哪些要求？

答：一般为水泥砂浆找平层。做法是1:3的水泥砂浆。水泥强度等级不得低于32.5级。找平层应洒水养护。

（1）找平层应坚实、平整，无麻面、起砂等现象。其平整度用2m靠尺检查，缝隙不大于5mm，且允许平缓变化。每米长度不多于一处。

（2）找平层与突出屋面结构连接处应抹成圆弧或钝角，半径为100~150mm。

（3）找平层排水坡度符合设计要求。天沟坡度不小于5‰，水落口周围应做成略低的凹坑。

（4）屋面凡有可能爬水的部位，均应抹滴水线，如檐口、女儿墙等。

（5）找平层应干燥，含水率不大于9%。

（6）找平层宜留分格缝。缝宽20mm、纵横向最大间距不小于6m。若分格缝兼作排汽道时应加宽，与保温层连通，分格缝应附加200~300mm宽的油毡或卷材，单边点贴覆盖。

（7）穿过屋面的管道、设备、预埋件应事先安装好，并做好防水处理，避免防水层完工后再凿眼打洞。

69. 高分子卷材防水施工方法有几种？各自指的是什么？

答：高分子卷材防水施工方法大致可分为三种：即冷贴卷材防水施工、热熔（或热焊接）卷材防水施工及自粘型卷材防水施工。

（1）冷贴卷材防水施工是指以高分子卷材为主体材料，配之与卷材同类型的胶粘剂及其他辅助材料，用胶粘剂将卷材粘贴在基层形成防水层的施工方法。这种防水施工方法为冷作业，操作简便，价格较高。

（2）热熔卷材防水施工一般是用SBS橡胶（丁二烯—苯乙烯嵌段共聚物）或APP（无规聚丙烯）改性沥青制成的防水卷材，施工时将卷材背面用喷灯或火焰喷枪加热熔化，靠其自身熔化后的黏性与基层粘结在一起。这种施工方法速度快、工效高、施工不受季节限制，甚至可在－10℃的气温下施工。但在施工操作时应特别注意防火。

（3）自粘型卷材防水施工：自粘型卷材是一种复合卷材，其面层为高分子材料，底层为改性沥青粘结层，并附有隔离纸。施工时在基层表面刷一道冷底子油，将卷材背面的隔离纸撕掉即可粘贴于基层。冷自粘施工操作简便，速度快，但这种施工方法对基层要求较为严格。

70. 防水材料的选择应符合什么规定？

答：（1）外露使用的防水层，应选用耐紫外线、耐老化、耐候性好的防水材料；

（2）上人屋面，应选用耐霉变、拉伸强度高的防水材料；

（3）长期处于潮湿环境的屋面，应选用耐腐蚀、耐霉变、耐穿刺、耐长期水浸等性能的防水材料；

（4）薄壳、装配式结构、钢结构及大跨度建筑屋面，应选用耐候性好、适应变形能力强的防水材料；

（5）倒置式屋面应选用适应变形能力强、接缝密封保证率高的防水材料；

（6）坡屋面应选用与基层粘结力强、感温性小的防水材料；

（7）屋面接缝密封防水，应选用与基材粘结力强和耐候性好、适应位移能力强的密封材料；

（8）基层处理剂、胶粘剂和涂料，应符合现行行业标准的有关规定。

71. 防水材料进场检验有哪些项目？

答：防水卷材及配套胶粘剂进入现场的同时，应向厂方索要产品合格证及材料的技术性能指标，并同时取样送试验室进行检验，看其是否符合技术指标及有关标准的规定，不合格者不得使用。

72. 保温层设计应符合什么规定？

答：（1）保温层宜选用吸水率低、密度和导热系数小，并有一定强度的保温材料；

（2）保温层厚度应根据所在地区现行建筑节能设计标准，经计算确定；

（3）保温层的含水率，应相当于该材料在当地自然风干状态下的平衡含水率；

（4）屋面为停车场等高荷载情况时，应根据计算确定保温材料的强度；

（5）纤维材料做保温层时，应采取防止压缩的措施；

（6）屋面坡度较大时，保温层应采取防滑措施；

（7）封闭式保温层或保温层干燥有困难的卷材屋面，宜采取排汽构造措施。

73. 屋面防水层设计应采取什么技术措施？

答：（1）卷材防水层易拉裂部位，宜选用空铺、点粘、条粘或机械固定等施工方法；

（2）结构易发生较大变形、易渗漏和损坏的部位，应设置卷材或涂膜附加层；

（3）在坡度较大和垂直面上粘贴防水卷材时，宜采用机械固定和对固定点进行密封的方法；

（4）卷材或涂膜防水层上应设置保护层；

（5）在刚性保护层与卷材、涂膜防水层之间应设置隔离层。

74. 隔汽层设计应符合什么规定？

答：（1）隔汽层应设置在结构层上、保温层下；

（2）隔汽层应选用气密性、水密性好的材料；

（3）隔汽层应沿周边墙面向上连续铺设，高出保温层上表面不得小于150mm。

75. 屋面防水工程防水卷材的选择应符合哪些规定？

答：（1）防水卷材可按合成高分子防水卷材和高聚物改性沥青防水卷材选用，其外观质量和品种、规格应符合国家现行有关材料标准的规定；

（2）应根据当地历年最高气温、最低气温、屋面坡度和使用条件等因素，选择耐热度、低温柔性相适应的卷材；

（3）应根据地基变形程度、结构形式、当地年温差、日温差和振动等因素，选择拉伸性能相适应的卷材；

（4）应根据屋面卷材的暴露程度，选择耐紫外线、耐老化、耐霉烂相适应的卷材；

（5）种植隔热屋面的防水层应选择耐根穿刺防水卷材。

76. 高分子卷材有何特点？

答：具有重量轻、使用范围广、耐候性、耐老化性好，抗拉强度高，延伸率大及对基层开裂错动适用性强等特点。且用同类粘结剂冷作业施工，不需加热，施工简便，工序简单，可缩短工期，减少环境污染，改善施工人员劳动条件等。

77. 防水涂料的选择应符合哪些规定？

答：（1）防水涂料可按合成高分子防水涂料、聚合物水泥防水涂料和高聚物改性沥青防水涂料选用，其外观质量和品种、型号应符合国家现行有关材料标准的规定；

（2）应根据当地历年最高气温、最低气温、屋面坡度和使用条件等因素，选择耐热性、低温柔性相适应的涂料；

（3）应根据地基变形程度、结构形式、当地年温差、日温差和振动等因素，选择拉伸性能相适应的涂料；

（4）应根据屋面涂膜的暴露程度，选择耐紫外线、耐老化相适应的涂料；

（5）屋面坡度大于25%时，应选择成膜时间较短的涂料。

78. 复合防水层设计应符合哪些规定？

答：（1）选用的防水卷材与防水涂料应相容；

（2）防水涂膜宜设置在防水卷材的下面；

（3）挥发固化型防水涂料不得作为防水卷材粘结材料使用；

（4）水乳型或合成高分子类防水涂膜上面，不得采用热熔型防水卷材；

（5）水乳型或水泥基类防水涂料，应待涂膜实干后再采用冷粘铺贴卷材。

79. 什么情况不能作为屋面的一道防水设防？

答：下列情况不得作为屋面的一道防水设防：（1）混凝土结构层；（2）Ⅰ型喷涂硬泡聚氨酯保温层；（3）装饰瓦及不搭接瓦；（4）隔汽层；（5）细石混凝土层；（6）卷材或涂膜厚度不符合规范规定的防水层。

80. 胎体增强材料设计应符合什么规定？

答：（1）胎体增强材料宜采用聚酯无纺布或化纤无纺布；

（2）胎体增强材料长边搭接宽度不应小于50mm，短边搭接宽度不应小于70mm；

（3）上下层胎体增强材料的长边搭接缝应错开，且不得小于幅宽的1/3；

（4）上下层胎体增强材料不得相互垂直铺设。

81. 密封材料应该如何选择?

答:(1)应根据当地历年最高气温、最低气温、屋面构造特点和使用条件等因素,选择耐热度、低温柔性相适应的密封材料;

(2)应根据屋面接缝变形的大小以及接缝的宽度,选择位移能力相适应的密封材料;

(3)应根据屋面接缝粘结性要求,选择与基层材料相容的密封材料;

(4)应根据屋面接缝的暴露程度,选择耐高低温、耐紫外线、耐老化和耐潮湿等性能相适应的密封材料。

82. 屋面工程施工必须符合哪些安全规定?

答:(1)严禁在雨天、雪天和五级风及其以上时施工;

(2)屋面周边和预留孔洞部位,必须按临边、洞口防护规定设置安全护栏和安全网;

(3)屋面坡度大于30%时,应采取防滑措施;

(4)施工人员应穿防滑鞋,特殊情况下无可靠安全措施时,操作人员必须系好安全带并扣好保险钩。

83. 屋面卷材铺贴方向与屋面坡度有何关系?

答:屋面卷材铺贴的方向,应根据屋面坡度或屋面是否受振动来确定。

屋面坡度小于3%时,宜平行于屋脊铺贴;

屋面坡度在3%~15%之间时,可平行或垂直于屋脊铺贴;

屋面坡度大于15%或屋面受振动时,应垂直于屋脊铺贴;

屋面坡度大于25%时屋面不宜使用卷材防水层,如不得已用卷材时应尽量避免短边搭接,如必须短边搭接时,在搭接处应采取固定措施,如在搭接处钉钉、嵌条等,防止卷材下滑。

目前建筑物平屋面较多。均应采用平行于屋脊铺贴的方法,这样铺贴的优点是:每幅卷材可一铺到底,减少卷材接头、从而减少渗漏隐患;大部分接缝与屋面坡度的流水方向相垂直,不容易漏水;工作面大,施工速度快。

上下层卷材不允许垂直铺贴，因为垂直铺贴后的卷材重缝多，容易漏水。

84. 装配式钢筋混凝土板的板缝嵌填施工应符合哪些规定。

答：（1）嵌填混凝土前板缝内应清理干净，并应保持湿润；

（2）当板缝宽度大于 40mm 或上窄下宽时，板缝内应按设计要求配置钢筋；

（3）嵌填细石混凝土的强度等级不应低于 C20，填缝高度宜低于板面 10~20mm，且应振捣密实和浇水养护；

（4）板端缝应按设计要求增加防裂的构造措施。

85. 找坡层和找平层的基层的施工要求是什么？

答：（1）应清理结构层、保温层上面的松散杂物，凸出基层表面的硬物应剔平扫净；

（2）抹找坡层前，宜对基层洒水湿润；

（3）突出屋面的管道、支架等根部，应用细石混凝土堵实和固定；

（4）对不易与找平层结合的基层应做界面处理。

86. 屋面防水层的施工顺序是怎样的？

答：当有高低跨屋面时，应先做高跨，后做低跨，并按先远后近的顺序进行施工。

在同一层屋面施工时，应按由最低部向高处的顺序进行。先铺贴水落口、檐口、天沟、阴阳角、出屋面的烟道、通风管道等处的加强层，而后再铺贴大面。

坡面与立面相交处的卷材，应先铺坡面，由坡面向上铺至立面。

87. 倒置式屋面保温层施工应符合哪些规定？

答：（1）施工完的防水层，应进行淋水或蓄水试验，并应在合格后再进行保温层的铺设；

（2）板状保温层的铺设应平稳，拼缝应严密；

（3）保护层施工时，应避免损坏保温层和防水层。

88. 屋面防水隔汽层施工应符合哪些规定？

答：（1）隔汽层施工前，基层应进行清理，宜进行找平处理；

（2）屋面周边隔汽层应沿墙面向上连续铺设，高出保温层上表面不得小于150mm；

（3）采用卷材做隔汽层时，卷材宜空铺，卷材搭接缝应满粘，其搭接宽度不应小于80mm；采用涂膜做隔汽层时，涂料涂刷应均匀，涂层不得有堆积、起泡和露底现象；

（4）穿过隔汽层的管道周围应进行密封处理。

89. 卷材防水层铺贴顺序和方向有哪些要求？

答：（1）卷材防水层施工时，应先进行细部构造处理，然后由屋面最低标高向上铺贴；

（2）檐沟、天沟卷材施工时，宜顺檐沟、天沟方向铺贴，搭接缝应顺流水方向；

（3）卷材宜平行屋脊铺贴，上下层卷材不得相互垂直铺贴。

90. 卷材防水施工采用基层处理剂时，其配制与施工应符合什么规定？

答：（1）基层处理剂应与卷材相容；

（2）基层处理剂应配比准确，并应搅拌均匀；

（3）喷、涂基层处理剂前，应先对屋面细部进行涂刷；

（4）基层处理剂可选用喷涂或涂刷施工工艺，喷、涂应均匀一致，干燥后应及时进行卷材施工。

91. 卷材搭接缝应符合什么规定？

答：（1）平行屋脊的搭接缝应顺流水方向，搭接缝宽度应符合要求；

（2）同一层相邻两幅卷材短边搭接缝错开不应小于500mm；

（3）上下层卷材长边搭接缝应错开，且不应小于幅宽的1/3；

（4）叠层铺贴的各层卷材，在天沟与屋面的交接处，应采用叉接法搭接，搭接缝应错开；搭接缝宜留在屋面与天沟侧面，不宜留在沟底。

92. 高聚物改性沥青防水卷材的铺贴有哪些方法？各有什么优缺点？

答：高聚物改性沥青防水卷材的铺贴操作有冷粘法、热熔法和自粘法。

冷粘法铺贴操作，是用冷胶结材料将卷材粘贴于基层的方法。由于施工是冷作业，不需要加热，因而施工方便，施工操作人员劳动条件较好；热熔法铺贴操作，是用火焰喷枪加热熔化卷材表面后，直接进行粘贴的方法，由于省却了现场涂刷胶粘剂的工序，施工简化了，进度有所加快，但操作时处于高温状态，劳动条件较差；自粘法铺贴操作，是在工厂生产时卷材的底面已涂有一层高性能的胶粘剂，表面敷有保护纸隔离，铺贴前仅需撕下保护纸，便可直接粘贴于涂了基层处理剂的基层上，这种方法操作简化、方便，施工进度加快，操作条件也好，但防水层成本提高。

93. 冷粘法铺贴卷材应符合什么规定？

答：（1）胶粘剂涂刷应均匀，不得露底、堆积；卷材空铺、点粘、条粘时，应按规定的位置及面积涂刷胶粘剂；

（2）应根据胶粘剂的性能与施工环境、气温条件等，控制胶粘剂涂刷与卷材铺贴的间隔时间；

（3）铺贴卷材时应排除卷材下面的空气，并应辊压粘贴牢固；

（4）铺贴的卷材应平整顺直，搭接尺寸应准确，不得扭曲、皱折；搭接部位的接缝应满涂胶粘剂，辊压应粘贴牢固；

（5）合成高分子卷材铺好压粘后，应将搭接部位的粘合面清理干净，并应采用与卷材配套的接缝专用胶粘剂，在搭接缝粘合面上应涂刷均匀，不得露底、堆积，应排除缝间的空气，并用辊压粘贴牢固；

（6）合成高分子卷材搭接部位采用胶粘带粘结时，粘合面应清理干净，必要时可涂刷与卷材及胶粘带材性相容的基层胶粘剂，撕去胶粘带隔离纸后应及时粘合接缝部位的卷材，并应辊压粘贴牢固；低温施工时，宜采用热风机加热；

（7）搭接缝口应用材性相容的密封材料封严。

94. 热粘法铺贴卷材应符合什么规定？

答：（1）熔化热熔型改性沥青胶结料时，宜采用专用导热油炉加热，加热温度不应高于200℃，使用温度不宜低于180℃；

（2）粘贴卷材的热熔型改性沥青胶结料厚度宜为1.0~1.5mm；

（3）采用热熔型改性沥青胶结料铺贴卷材时，应随刮随滚铺，并应展平压实。

95. 热熔法铺贴卷材应符合什么规定？

答：（1）火焰加热器的喷嘴距卷材面的距离应适中，幅宽内加热应均匀，应以卷材表面熔融至光亮黑色为度，不得过分加热卷材；厚度小于3mm的高聚物改性沥青防水卷材，严禁采用热熔法施工；

（2）卷材表面沥青热熔后应立即滚铺卷材，滚铺时应排除卷材下面的空气；

（3）搭接缝部位宜以溢出热熔的改性沥青胶结料为度，溢出的改性沥青胶结料宽度宜为8mm，并宜均匀顺直；当接缝处的卷材上有矿物粒或片料时，应用火焰烘烤及清除干净后再进行热熔和接缝处理；

（4）铺贴卷材时应平整顺直，搭接尺寸应准确，不得扭曲。

96. 热熔卷材的外观质量是怎样的？

答：（1）成卷卷材应卷紧卷齐，卷筒两端厚度相差不得超过5mm。端面里进外出不得超过10mm。

（2）成卷卷材在环境温度 -10~+45℃时应易于展开，不得粘结或产生裂纹。

（3）胎体与涂盖层应粘结牢固，热熔卷材胎体应位于卷材上部1/3处。

（4）卷材表面不允许有裂纹、孔洞、折皱等缺陷。

（5）橡胶改性沥青涂料或胶粘剂（由厂方配套）作为基层处理剂。

97. 热熔卷材的操作工艺顺序是什么？

答：清理基层→涂刷基层处理剂→铺贴卷材附加层→热熔铺贴大面防水卷材→热熔封边→蓄水试验→保护层施工→质量验收。

98. 热熔铺贴大面防水卷材的操作要点是什么？

答：热熔铺贴大面防水卷材，将卷材定位后，重新卷好，点燃火焰喷枪（喷灯）烘烤卷材底面与基层的交接处，使卷材底面的沥青熔化，边加热，边向前滚动卷材并用压辊按压，使卷材与基层粘结牢固。应注意调节火焰的大小和移动速度，以卷材表层刚刚熔化为好（此时沥青的温度在 $200 \sim 230℃$ 之间）。火焰喷枪与卷材的距离 0.5m 左右。若火焰太大或距离太近会烤透卷材，造成粘连，打不开卷；若火焰小或距离远，卷材表层熔化不够，与基层粘结不牢。

99. 热熔卷材封边怎样施工？

答：把卷材搭缝处用抹子挑开，用火焰喷枪（喷灯）烘烤卷材搭接处，火焰的方向应与施工人员前进方向相反，随即用抹子将接缝处熔化的沥青抹平。

100. 热熔卷材的施工安全注意事项是什么？

答：（1）热熔卷材施工可在 $-10℃$ 的温度施工，施工不受季节限制。雨天、风天不得施工。

（2）基层必须干燥，基层稍潮应用火焰喷枪烘烤干燥才能施工。

（3）热熔卷材防水施工操作易着火，必须注意安全，施工现场不得有其他明火作业，若屋面有易燃设备（如玻璃钢冷却塔）时必须小心谨慎施工，以免引起火灾。

（4）施工中必须遵照国务院颁发的《建筑安装工程安全技术规程》以及其他有关安全防火的专门规定。

（5）火焰喷枪或汽油喷灯应设专人保管和操作，点燃火焰的喷枪（喷灯）口不准对着人或堆放卷材处，以防烫伤或着火。

101. 外墙嵌填密封膏怎样粘防污条？

答：防污条可采用自粘性胶带或用 107 胶粘贴牛皮纸条粘在板缝两侧，在密封膏修整后再揭除，以防止刷打底料及填密封膏时污染墙面，并使密封膏接缝处边沿整齐美观。

102. 卷材屋面防水工程有哪些保证项目？

答：（1）油毡卷材和胶结材料的品种标号及玛蹄脂等配合比较符合设计要求和施工规范规定。

（2）屋面卷材防水层，严禁有渗漏现象。

103. 自粘法铺贴卷材应的施工要点是什么？

答：（1）铺粘卷材前，基层表面应均匀涂刷基层处理剂，干燥后应及时铺贴卷材；

（2）铺贴卷材时应将自粘胶底面的隔离纸完全撕净；

（3）铺贴卷材时应排除卷材下面的空气，并应辊压粘贴牢固；

（4）铺贴的卷材应平整顺直，搭接尺寸应准确，不得扭曲、皱折；低温施工时，立面、大坡面及搭接部位宜采用热风机加热，加热后应随即粘贴牢固；

（5）搭接缝口应采用材性相容的密封材料封严。

104. 焊接法铺贴卷材应符合哪些规定？

答：（1）对热塑性卷材的搭接缝可采用单缝焊或双缝焊，焊接应严密；

（2）焊接前，卷材应铺放平整、顺直，搭接尺寸应准确，焊接缝的结合面应清理干净；

（3）应先焊长边搭接缝，后焊短边搭接缝；

（4）应控制加热温度和时间，焊接缝不得漏焊、跳焊或焊接不牢。

105. 机械固定法铺贴卷材应符合哪些规定？

答：（1）固定件应与结构层连接牢固；

（2）固定件间距应根据抗风揭试验和当地的使用环境与条件确定，并不宜大于 600mm；

（3）卷材防水层周边 800mm 范围内应满粘，卷材收头应采用金属压条钉压固定和密封处理。

106. 多道设防的具体要求有哪些？

答：多道设防的要求在于增强防水保险能力。

一道设防是指此道防水层能够起到独自防水的功能。两道设防各自发挥特长，并不是互相依赖。

两道设防谁上谁下的设计，原则是强度高、耐老化好的防水层放在上层；两道防水层最好是不同材质的；如刚柔结合，卷材和涂料配合，高分子材料与沥青基改性材料结合，瓦与卷材相结合，也可以同种材质叠层使用。

两道防水层之间是否粘结，视保护层而定，如果为上人屋面，或不上人但保护层较重，足以防止大风吹起，那么，两层之间可不用粘结。

107. 屋面防水工程验收时应提供的文件有哪些？

答：（1）卷材及胶粘剂的产品合格证、技术性能指标及现场取样复验报告。

（2）施工过程中重大技术问题处理记录和工程变更记录。

（3）屋面淋水或蓄水试验记录。

108. 屋面卷材防水层质量验收要求有哪些？

答：（1）屋面防水工程验收时应提供文件：卷材及胶粘剂的产品合格证、技术性能指标及现场取样复验报告。施工过程中重大技术问题处理记录和工程变更记录。屋面淋水或蓄水试验记录。

（2）检查渗漏情况：卷材防水层不得有渗漏现象。可在雨后检查或查看蓄水试验记录。

（3）检查卷材铺贴情况：卷材铺贴方法应符合施工规范。卷材粘结牢固，无滑移、翘边、起鼓、折皱、损伤等缺陷。检查数量按施工面积，每100m² 抽查一处，但不得少于3处（每处10m²）。

（4）检查细部做法：卷材边缝应粘结牢固，封闭严密。构造节点处如变形缝、水落口、管道根部、女儿墙收头做法符合设计要求和施工规范。

（5）检查搭接宽度：防水卷材的长边及短边搭接均不得少于 100mm。

（6）检查保护层：防水保护层表面干净、平整，带颗粒的保护层粘结牢固、撒布均匀，无浮粒。涂料保护层应涂刷均匀一致，与卷材粘结牢固，不得有起皮、脱落等现象。

109. 屋面卷材防水层如何进行成品保护？

答：（1）已做好的防水层应及时采取措施加以保护，严防各种施工工具及机械损坏防水层。

（2）穿过屋面和墙面的管道根部不得碰撞、损坏和变位。

（3）施工时应避免胶粘剂污染檐口、饰面层等，保持施工面及周围环境的整洁。

（4）水落管必须畅通，不得堵塞任何杂物。

110. 女儿墙防水做法是怎样的？

答：女儿墙一般分有压顶和无压顶两种做法。有压顶的应留压毡层，将屋面防水卷材作至压毡层下，并将压毡层留头用密封膏封严。

无压顶的女儿墙应将防水卷材作至女儿墙腰线檐的凹槽内，用密封膏嵌严，外用 107 胶水泥砂浆压住卷材收头，立面防水卷材抹水泥砂浆保护。

111. 女儿墙压顶做法是怎样的？

答：（1）砖砌女儿墙，高度小于 60cm 时，在混凝土压顶板下铺一道防水层，其防水层与泛水防水层相连为一体。女儿墙立面防水层必须满粘，并做保护层。压顶板可以现浇或采用预制。

（2）砖砌女儿墙，高度大于 90cm 时，压顶板下铺一道防水层。泛水防水层收头在女儿墙的凹槽里，用钉固定，砂浆填实。另一做法为压顶板下不设防水层，而在凹槽处水平铺一道防水层。

（3）混凝土压顶板改为不锈钢板，钉固在墙顶，将其封盖，犹如铁帽子。不用再做防水层，但价格较贵。

112. 为什么在屋顶女儿墙上一般不允许设置扶手？

答：由于在女儿墙的顶端设有扶手等设施时易因金属生锈以及热膨胀等原因造成扶手下的混凝土部分受损并产生漏水等现象。

113. 檐口防水做法是怎样的？

答：檐口防水做法一般有薄钢板檐口和混凝土檐口两种做法。做混凝土檐口时，在檐口处应留凹槽，将屋面防水卷材收头处压入凹槽内，用密封膏封严。最后用水泥砂浆压实、抹平，在檐口立面抹出滴水槽或滴水线。

做薄钢板檐口时，将檐口下部做好滴水、上部作好保护棱，伸入屋面的薄钢板至保护棱的宽度不得小于100mm，卷材应紧密地与保护棱相衔接，接缝处用密封膏嵌严。

薄钢板檐口不应在泄水的立面钉钉子，檐口应用"Γ"形铁承托，以防大风掀起。

114. 屋面变形缝如何做防水处理？

答：屋面工程技术规范沿用习惯做法，屋面上的变形缝两侧砌墙高60cm以上，这一做法的复杂化，使之防水施工增加了不少麻烦，费工费力。

变形缝两侧墙不必砌筑那么高，只要高出保温层5cm即可。现将构造层次简介如下：

（1）在变形缝上加一块混凝土盖板，做防水层的保护，防止人踏在变形缝上踩坏防水层，盖板厚10cm。

（2）防水层通过变形缝，做 Ω 形弯。在 Ω 形弯处设置聚乙烯发泡棒材。

（3）卷材附加层宽不小于250mm，空铺。但与上面的防水层应满粘。

（4）发泡棒下置 V 形镀锌薄钢板，宽30cm。

（5）变形缝墙两侧用水泥砂浆找坡。

115. 水落口的防水做法是怎样的？

答：内排水水落口处防水卷材施工应先铺贴两层附加卷材，卷材收头处用密封膏嵌严。

水落口处附加卷材的铺贴方法是：裁一条250mm宽的卷材，长度比排水口大出100mm搭接宽度，卷成圆筒并粘结好，伸入排水口中150mm，涂胶后粘接牢固。露出管口的卷材用剪刀裁口，翻开，涂胶后平铺在水落口四周的平面上，粘牢。

再裁减一块方型卷材，比水落口大出150mm，以水落口中心点裁成"米"字形，涂胶后向下插入水落口孔径内，粘接牢固，封口处用密封膏嵌严。

粘贴完防水卷材后，水落口周围应比屋面平面至少低20mm，以利于排水。

116. 机械固定卷材有哪些应用？

答：所谓机械固定就是用钉子钉。机械固定的条件简述如下：

（1）为了防止大风刮起卷材，须用钉子固定。如果卷材上有压重（块材铺装层、毛石、砌块、种植土等），则不需钉子固定，可空铺卷材。

（2）屋面坡度大于20%，防止粘结剂受热软化，发生滑动，采用机械固定卷材比较牢靠。

（3）两道防水设防，最上一道防水卷材不能用机械固定。因为成千上万根钉子，会穿透底层防水层，底层防水层千疮百孔将失去防水能力。

（4）每年有台风地区，如我国东南沿海的屋面，不宜用钉固定卷材。因为钉钉位置是在卷材边沿，上排钉与下排钉相距80cm，大风时出现鼓扇翻动，好像海浪，久之卷材亦脱钉。

（5）地下室防水，水池防水不管是底板下防水层，还是侧墙防水层，都不要用机械固定。

117. 刚性屋面防水层的缺点及对策是什么？

答：屋面防水采用细石混凝土刚性防水层，近几年很少用了。因为渗漏的工程比柔性防水层多，荷载又大，在天沟、檐沟、出屋面管道等关键的防水部位，必须用柔性防水材料补救，人们认识到细石混凝土刚性防水层，不是完善的防水材料，是"半成品"。细石混凝土裂缝是致命的弊病，为防止裂缝常采取以下措施。

（1）设分格缝或诱导缝。诱导混凝土收缩裂缝发生在诱导缝中或分格缝中。平行分格缝间距宜为 1.5m，缝中嵌填密封材料，并且应对密封材料加保护层。

（2）在细石混凝土中加钢筋网片。网片采用 $\phi 4$ 钢筋 20cm × 20cm 的网格。

（3）在细石混凝土中加入钢纤维来抑制混凝土裂缝。

（4）在细石混凝土中掺入防水剂，由防水剂的膨胀、憎水等反应堵塞裂缝和毛细孔。

（5）在细石混凝土下设隔离层。

118. 试述几种屋面构件的自防水做法。

答：屋面构件的自防水做法，按嵌缝材料的不同可分为热灌施工和冷嵌施工；按防水涂料不同分为再生橡胶改性沥青防水涂料施工、氯丁胶乳沥青防水涂料施工和乳化沥青防水涂料施工。

119. 涂膜胎体增强材料有哪些类型？

答：变形部位较大的地方涂膜防水层因与砂浆基层粘结牢固，容易被拉断，为此应增加附加层，也叫增强材料。增强即增加涂膜的抗拉强度，并且在裂缝处出现剥离，从而免于涂膜断裂。涂膜的伸长率均可超过400%，但抗拉强度低。采用增强材料可弥补强度低的缺陷。

以前增强材料基本用高碱玻璃丝网格布，玻璃丝网格布有一定抗拉强度，但伸长率为零，作了增强材料之后，导致涂膜的伸长率不能发挥，玻璃丝网格布的强度根本无力抵抗基层裂缝所产生的拉力而断裂，所以做了增强材料并不能起到增加抗裂能力。

增强材料必须有较大的伸长率，同时抗拉强度也高。目前可以作为增强材料的有两种。一种是100g或150g的聚酯毡,涂料可以渗入油毡中成为一体,与涂膜共同工作。另一种是涤纶网格布,强度大有伸长率,放置时网纹与边夹角呈45°,受拉时自身形变大。

120. 卷材起鼓的原因是什么?

答:(1)基层潮湿:如保温层中含水率高;水泥砂浆找平层施工后需浇水养护;在多雨季节施工时保温层及水泥砂浆找平层淋雨后难于干燥等都会造成防水层的基层潮湿。当卷材与基层之间存有水分,受太阳照射时,水分汽化,体积膨胀致使防水卷材起鼓。

(2)溶剂或空气未排出,造成卷材起鼓:在屋面进行高分子卷材施工时、如基层处理剂或基层胶粘剂的溶剂未挥发掉,铺贴卷材时刷胶薄厚不匀,粘贴卷材时辊子压的不实,卷材粘接不牢等都会使卷材与基层之间存有溶剂或空气,当太阳照射时,溶剂膨胀,挥发不出来,造成屋面卷材起鼓。

121. 卷材起鼓的预防措施有哪些?

答:(1)基层干燥:保温层及找平层均应干燥,其含水率达到规范要求,这是防止屋面卷材起鼓的主要措施。

(2)卷材防止受潮:防水卷材在运输、保管过程中应防止受潮,保持干燥。

(3)设排汽屋面:当屋顶基层干燥确实有困难时,应采取排汽屋面。这样可使基层与卷材之间留有空隙,并与大气连通,基层潮汽随排汽道逸出,避免卷材防水层起鼓。

(4)溶剂彻底挥发:在铺贴卷材防水层时,使基层处理剂干燥,溶剂挥发完全。在涂刷基层胶粘剂时要待溶剂挥发,手感不粘手时再粘贴卷材,这样卷材与基层之间不含溶剂,避免卷材起鼓。

122. 卷材起鼓的处理方法有哪些?

答:当屋面卷材防水层起鼓时,视鼓泡大小和严重的程度而采取处理措施。当鼓泡较小时,可采用抽气灌胶的方法处理,可采用医用针头抽气、灌胶、压实。若屋面卷材防水层鼓泡较大，为了避免鼓泡破裂而渗漏水，则应对鼓泡进行处理。

将屋面卷材起鼓周围约 100mm 见方的保护层清除干净，用刀开"十"字，排除水分和潮汽，使基层干燥，然后在开口处刷胶（胶要与防水卷材配套）粘结牢固．最后在开口处铺贴一层卷材覆盖，卷材应比开口处周围大出 50mm 以上，铺平粘牢。

123. 山墙、女儿墙部位漏水的原因的预防措施是什么？

答：漏水原因：山墙、女儿墙压顶开裂、水从缝隙中渗入，致使防水层脱空、损坏而造成漏水。另外，卷材收头处张口、封口砂浆开裂、剥落，木砖、木条腐烂也会造成漏水。

漏水的预防：（1）木砖、木条需进行防腐处理，卷材收头处应钉牢固。

（2）女儿墙压顶板需用钢筋混凝土预制板，板缝应用油膏灌缝或用密封材料嵌填。

（3）女儿墙或山墙立面防水卷材必须加以保护，应用细石混凝土或水泥砂浆抹平压光。

124. 山墙、女儿墙部位漏水的治理方法是什么？

答：如女儿墙薄钢板、木条已腐烂，应消除掉，换新的。将原来的卷材伸入女儿墙腰线檐的凹槽内，重新钉好，在防水卷材的收头处用密封膏嵌严，外抹水泥砂浆或细石混凝土封住槽口。如果女儿墙压顶出现裂缝，较严重时应全部拆除，清理干净后，在女儿墙顶抹水泥砂浆找平层，然后铺贴一层防水卷材，再做新压顶。

新铺贴的防水卷材要与女儿墙立面的旧卷材同种类，并交圈，粘结牢固。女儿墙新做的砌砖压顶或钢筋混凝土压顶应注意抹水泥砂浆时做出滴水线。

如果女儿墙压顶的裂缝不大，也不多时，可进行灌缝修理。将缝内灰尘吸净，涂刷冷底子油或基层处理剂一道，然后在裂缝处嵌沥青油膏或热灌胶泥。要求油膏或胶泥与缝壁粘结良好，并高出表面 10mm，宽出缝两边各 20mm。如果裂缝较小，无法灌缝时，可将裂缝凿宽至 10~20mm，然后将缝吹净，用上述方法用油膏或胶泥灌缝。

125. 天沟漏水的原因、预防和治理方法是什么？

答：漏水原因：天沟纵向坡度太小，甚至有倒坡现象；天沟水落管堵塞，排水不畅而漏水。

漏水的预防：严格按照设计要求做好天沟找坡层，水落口处要比四周低 20mm，短管要紧贴基层。水落口及水斗四周卷材粘结牢固。

治理方法：应加大水落口周围的坡度。将该处卷材防水层铲掉，检查短管是否紧贴板面，如短管浮搁在找平层上，应将该处找平层凿掉，清理干净，安装好短管，再用搭槎法重铺水落口处的卷材防水层，卷材收头处用密封膏嵌严。

126. 檐口漏水的原因和预防方法是什么？

答：漏水原因：屋面圆孔板伸出作挑檐，没有与圈梁或屋面结构层很好地锚固；檐口抹灰砂浆开裂；抹檐口砂浆时未将屋面卷材压住，屋檐下口未按规定做滴水线等等。

漏水的预防：用圆孔板作挑檐时，应使挑檐与圈梁达成整体。檐口用镀锌薄钢板时，可将镀锌薄钢板钉于防腐木条上，卷材防水层粘贴于薄钢板上盖住钉子、檐口的立面不得钉钉子。

127. 天沟、檐沟坡度为什么要设置为1%？

答：天沟、檐沟的坡度应小于屋面坡度，有三点原因：一是天沟和檐沟汇水集中，水量大、流动快，不会积存。二是坡度直线不会很长，如果坡度大，找坡砂浆厚，会加大挑檐的荷载，必须考虑倾翻问题。三是考虑檐沟的储水量，逢暴雨时雨水短时汇聚到檐沟，又不能立刻排走，如果找坡层厚、檐沟浅，储水少，会造成水溢檐沟，泛滥成灾。所以，天沟檐沟的坡度一般设为1%，小于屋面坡度。同时应保证天沟、檐沟一定的深度和宽度。

128. 为何要做女儿墙盖顶板？

答：砖砌女儿墙顶应做防水处理，否则雨水从砖缝中渗流下去，造成室内墙面装饰霉坏。为了防止这一渗水现象，在女儿墙顶置盖顶板防水。盖顶板通常用现浇钢筋混凝土，或者采用预制混凝土板。采用预制混凝土盖顶板其下应铺设一道防水卷材，才会杜绝砖缝渗水。但是往往不做防水，雨水从盖顶板对接缝中渗入墙体。

129. 墙体防水施工后淋水试验的方法是怎样的？

答：方法是：用长为1m、φ25mm的水管，表面钻直径1mm的孔若干，将其放于墙外最上部位，接通水源后，沿每条立缝进行喷淋，使水通过立缝、水平缝、十字缝以及阳台、雨罩等部位。

喷淋时间：无风天为2h；五、六级风天为0.5h。

130. 装配式钢筋混凝土屋面板施工要求是什么？

答：装配式钢筋混凝土屋面板施工要求如下：

（1）安装应坐浆，保证平整稳妥。

（2）相邻板高差不大于10mm，靠非承重墙的一块应离开20mm。

（3）板缝要均匀一致，上口宽不应小于20mm，并用不小于C20、掺微膨胀剂的细石混凝土灌缝，振捣密实，加强养护，以保证屋面的整体刚度。当缝宽大于40mm时，应在缝下吊模板，铺放构造钢筋，再灌细石混凝土，灌缝前应使用压力水冲洗干净板缝。

131. 涂膜防水层施工应符合什么规定？

答：（1）防水涂料应多遍均匀涂布，涂膜总厚度应符合设计要求；

（2）涂膜间夹铺胎体增强材料时，宜边涂布边铺胎体；胎体应铺贴平整，应排除气泡，并应与涂料粘结牢固。在胎体上涂布涂料时，应使涂料浸透胎体，并应覆盖完全，不得有胎体外露现象。最上面的涂膜厚度不应小于1.0mm

（3）涂膜施工应先做好细部处理，再进行大面积涂布；

（4）屋面转角及立面的涂膜应薄涂多遍，不得流淌和堆积。

132. 涂膜防水层施工工艺应符合什么规定?

答：（1）水乳型及溶剂型防水涂料宜选用滚涂或喷涂施工；

（2）反应固化型防水涂料宜选用刮涂或喷涂施工；

（3）热熔型防水涂料宜选用刮涂施工；

（4）聚合物水泥防水涂料宜选用刮涂法施工；

（5）所有防水涂料用于细部构造时，宜选用刷涂或喷涂施工。

133. 涂膜防水层的施工环境温度应符合什么要求?

答：（1）水乳型及反应型涂料宜为 5~35℃；

（2）溶剂型涂料宜为 -5~35℃；

（3）热熔型涂料不宜低于 -10℃；

（4）聚合物水泥涂料宜为 5~35℃。

134. 卷材防水屋面附加增强层应采用什么材料?

答：卷材防水屋面附加增强层的所用材料，可采用与防水层相同材料多作一层或几层，也可采用其他防水材料，予以增强。一般需要增设附加增强层的部位，基层形状较复杂，宜用防水涂料或密封材料涂刷或刮涂为主。

雨天冲刷频繁、行走磨损严重、局部变形较大等容易老化损坏的部位，如天沟、檐沟、檐口、水管口周围、设备下部及周围、出入口至设施间的通道，地下建筑和储水池底板与主墙交接部位，变形缝等处，可作一定厚度的涂料增强层或加贴 1~2 层卷材增强。

加做的厚度要视可能产生损害的严重程度和大面积采用防水材料档次来决定。

结构变形发生集中的部位，如板端缝、檐沟与屋面交接处、变形缝、平面与立面交接处的泛水、穿过防水层管道等部位，除要求采取密封材料嵌缝外，还应做增强空铺层，空铺的宽度视材料的延伸率和抗拉强度来决定，一般在 100~300mm 之间选择。

135. 改性沥青密封材料防水施工应符合什么要求?

答：（1）采用冷嵌法施工时，宜分次将密封材料嵌填在缝内，并应防止裹入空气；

（2）采用热灌法施工时，应由下向上进行，并宜减少接头；密封材料熬制及浇灌温度，应按不同材料要求严格控制。

136. 屋面卷材防水工程的质量检验项目有哪些？如何进行检查？

答：（1）卷材防水层的表面平整度应符合要求；

（2）卷材的铺贴质量应符合以下要求：铺贴时应按顺序，搭接长度符合规范规定，无滑移、翘边等缺陷；

（3）泛水、檐口及变形缝的做法应符合要求。

检查方法都是通过观察检查。

137. 卷材防水层的收头应如何处理？

答：卷材防水层的收头处理：

（1）天沟、檐沟卷材收头，应固定密封。

（2）高低层建筑屋面与立墙交接处，应采取能适应变形的密封处理。

（3）无组织排水檐口 800mm 范围内卷材应采取满粘法，卷材收头应固定密封。

（4）伸出屋面管道卷材收头。

伸出屋面管道周围的找平层应做成圆锥台，管道与找平层间应留凹槽，并嵌填密封材料，防水层收头处应用金属箍箍紧，并用密封材料封严。

138. 防水涂料有哪些分类？

答：防水涂料分类如下：

（1）防水涂料按成膜物质分为沥青基防水涂料、高聚物改性沥青防水涂料和合成高分子防水涂料三类。合成高分子防水涂料又可分为：合成橡胶类和合成树脂类。

（2）防水涂料按材料形态不同可分为水乳型、溶剂型和反应型。

（3）防水涂料按成膜的厚度不同分为厚质防水涂料和薄质

防水涂料。

139. 涂膜防水的施工程序有哪些?

答:水乳型涂料在潮湿基层上不能施工。

水乳型防水涂料施工时,基层含水率也应严格符合设计要求,千万不要认为水乳型防水涂料本身含有相当的水分,所以对基层的干燥程度可以不作严格要求。因为水乳型涂料的水分是均匀分散在防水涂料中的。如果基层表面有多余水分(或水珠),会局部改变防水涂料的配合成分,在成膜过程中,必然会影响涂膜的均匀性和整体性。因此,不管采用何种涂料,基层含水率必须符合规定要求,若基层只是表面有潮气,水乳型涂料可以施工。

140. 试述采用冷玛蹄脂、玻璃纤维脂油毡的施工顺序。

答:(1)清理基层;(2)涂刷冷底子油;(3)细部节点做加强层;(4)刷冷玛蹄脂,并铺第一层玻璃纤维脂油毡;(5)依次刷铺第二层冷玛蹄脂、玻璃纤维油毡;(6)做蓄水试验;(7)检查验收;(8)刷面层冷玛蹄脂,并随即撒保护层。

141. 涂膜防水屋面施工,如何对水落口进行增强处理?

答:水落口增强做法:

(1)水落口是屋面雨水汇集的部位,是最易发生渗漏的部位,水落口杯与屋面结构交接处会形成一道缝隙,所以应特意将缝隙加大到深和宽各为20mm的凹槽。凹槽内嵌填密封材料,堵塞渗水通道,然后再在水落口周围直径50mm范围内加铺2层有胎体增强材料的附加层,并应伸入杯内不得小于50mm。

(2)根据"防排结合"的原则,还应增大水落口周围直径500mm范围内的排水坡度,规定不应小于5%。

水落口杯的埋设高度应充分考虑上述厚度所增加的尺寸,使排水坡度不小于5%。

142. 涂膜防水屋面有哪些质量要求?

答:(1)所有使用的防水涂料、密封材料、胎体增强材料及保护层材料,必须符合质量标准和涂膜防水的设计要求,按规定现场抽检应合格。

（2）屋面坡度应正确，天沟、檐沟应向落水口有一定坡度，落水口的设置位置应合理，整个排水系统应畅通无阻，屋面上及天沟、檐沟内不得留有任何废弃物。

（3）找平层的强度和平整度应符合要求，不得有酥松、脱皮、起砂、凸棱和麻面等现象。

（4）细部构造和节点做法应符合设计要求或技术规范的规定，封固应严密、饱满，不得有开裂、翘边等问题。水落口及突出屋面的设施与屋面的连接处，应固定牢靠、密封严密。

（5）涂膜防水层不得有裂纹、脱皮、流淌、鼓泡、胎体外露和皱皮等现象，与基层粘结应牢固，厚度应符合规范要求。

（6）胎体增强材料铺设的方法应符合规范要求。搭接缝应错开，间距不应小于1/3幅宽，如是双层胎体增强材料，不得互相垂直铺设。

（7）松散材料保护层、浅色涂料保护层应覆盖均匀严密、粘结牢固；刚性保护层，刚性整体与防水层间应有隔离层，刚性块体应铺砌平整，勾缝严密，其分格缝的留设应符合规范要求。

（8）屋面不得有积水和渗漏水的现象，蓄水或淋水试验应符合要求。

143. 涂膜防水屋面如何进行质量检查？

答：（1）在涂膜防水屋面的整个施工过程中，应分别对结构层、找平层、细部节点构造、施工中的每一遍涂膜防水层、胎体增强材料的铺设、附加防水层、收头处理、保护层等分项工程进行检查验收，并做好交接记录，未通过检查验收，不得进入下一道施工工序。

（2）屋面坡度检查，可用自制的坡度尺检测，或用尺量计算出坡度。

（3）板缝的灌缝情况可通过观察查看，并配合小锤敲击探测检查。

（4）找平层的强度可查看试验报告，或用小锤敲击检查，找平层的平整度可运用2m靠尺和塞尺或钢板尺检测，面层与直尺间最大空隙不应大于5mm，空隙应平缓变化，每米长度内不应多于一处。表面缺陷主要通过外观观察检查，并配合敲击、摩擦检查。

（5）节点各细部构造处，主要通过外观观察，裂缝处用钢板尺或塞尺测量其宽度。

（6）防水涂膜层的厚度，可用钢针刺探或用测厚仪测量进行检查，检测每100m²屋面不应少于一处，每一屋面不得少于三处，取其平均值评定，检测时应避免采取防水层整体性的切割取片测厚的做法。

（7）检查屋面排水系统是否畅通和屋面防水层有无积水和渗漏，应在防水层涂膜完全固化后进行。采用蓄水试验，蓄水时间应不小于24h，也可以在雨后或连续淋水2h后进行检查。

（8）松散材料保护层可通过外观观察，检查覆盖和粘结情况；刚性保护层可通过外观观察检查和用卷尺测量分格缝的间距。

144. 合成高分子密封材料防水施工应符合什么规定？

答：（1）单组分密封材料可直接使用；多组分密封材料应根据规定的比例准确计量，并应拌合均匀；每次拌合量、拌合时间和拌合温度，应按所用密封材料的要求严格控制；

（2）采用挤出枪嵌填时，应根据接缝的宽度选用口径合适的挤出嘴，应均匀挤出密封材料嵌填，并应由底部逐渐充满整个接缝；

（3）密封材料嵌填后，应在密封材料表干前用腻子刀嵌填修整。

145. 块体材料保护层铺设应符合什么要求？

答：（1）在砂结合层上铺设块体时，砂结合层应平整，块体间应预留10mm的缝隙，缝内应填砂，并应用1:2水泥砂浆勾缝；

（2）在水泥砂浆结合层上铺设块体时，应先在防水层上做隔离层，块体间应预留 10mm 的缝隙，缝内应用 1:2 水泥砂浆勾缝；

（3）块体表面应洁净、色泽一致、应无裂纹、掉角和缺楞等缺陷。

146. 水泥砂浆及细石混凝土保护层铺设应符合什么要求？

答：（1）水泥砂浆及细石混凝土保护层铺设前，应在防水层上做隔离层；

（2）细石混凝土铺设不宜留施工缝；当施工间隙超过时间规定时，应对接槎进行处理；

（3）水泥砂浆及细石混凝土表面应抹平压光，不得有裂纹、脱皮、麻面、起砂等缺陷。

147. 瓦屋面防水垫层的铺设应符合什么规定？

答：（1）防水垫层可采用空铺、满粘或机械固定；

（2）防水垫层在瓦屋面构造层次中的位置应符合设计要求；

（3）防水垫层宜自下而上平行屋脊铺设；

（4）防水垫层应顺流水方向搭接，搭接宽度应符合规定；

（5）防水垫层应铺设平整，下道工序施工时，不得损坏已铺设完成的防水垫层。

148. 采用卷材防水时阴角处的基层一般采用直角面处理，斜角的处理方式不是更好吗？

答：以往卷材防水阴角处的基层采用与沥青防水的热熔工法一样的斜角或圆弧角。但是由于经常出现在铺贴卷材的阴角处张口，或必须按照倒角形式裁剪，否则将无法收口等施工问题，现在已改用直角方式。阴角的基层采用直角方式处理，直角方式处理不仅在交角处可以压实，还可以防止结合部的开裂。另外由于在阴角处不需要进行剪裁，只要将卷材折成 90° 就可以收边，避免了施工问题的发生。

149. 在屋顶女儿墙上安装泄水管的目的是什么？

答：在屋顶女儿墙上安装泄水管的目的是为了防止屋面落水管阻塞所造成的排水能力丧失，或暴雨引起的屋面排水能力不足造成水位超过泛水防水层端部的情形发生。因此，泄水管的位置应设在屋面上、防水层的高度最低的位置。

150. 什么是沥青防水的满油铺贴法？

答：满油铺贴法是将沥青油毡展开剪裁成预定尺寸并反卷后，边在油毡前浇筑沥青玛蹄脂、边将油毡压实在基层上，同时向前推铺的铺贴方法。满油铺贴时必须注意的是浇筑沥青玛蹄脂应当均匀没有遗漏，铺贴油毡的操作人员应手持刷子对沥青玛蹄脂不足部分进行补刷，多余部分展开涂刷并使其均匀。

151. 什么是沥青防水的错缝搭接铺贴法？

答：错缝搭接铺贴法是沥青防水层中油毡类的叠层铺贴方法，是表现防水层断面形式的一种施工方法。其铺贴方法是各油毡的接缝上下层均不在同一位置上。目前的沥青防水工法中一般均采用本方法。

152. 泛水增强做法是什么？

答：泛水增强做法：

防水涂料与水泥砂浆找平层具有良好的粘结性能。所以，涂膜防水屋面在女儿墙泛水部位的砖墙上可不设凹槽，带胎体增强材料的涂膜附加层在平面和立面的宽度一般不应小于250mm，而涂膜防水层可利用其良好的粘结性一直涂刷至女儿墙压顶下，压顶也应用卷材、涂膜或镀锌薄钢板做防水层，以避免泛水处和压顶开裂，雨水不经防水层阻断，而抄后路从裂缝部位渗入室内。所以，压顶的防水处理不可忽视。压顶下的涂膜防水层应用防水涂料做多遍涂刷，进行收头处理。

153. 聚合物水泥砂浆防水层的厚度有何规定？

答：聚合物水泥砂浆防水层的厚度有如下规定：

（1）聚合物水泥砂浆防水层厚度单层施工宜为 6~8mm。

（2）双层施工宜为 10~12mm。

（3）掺外加剂、掺合料等的水泥砂浆防水层厚度宜为 18~20mm。

154. 地下工程大面积严重渗漏水，应采用哪些有力措施进行处理？

答：地下工程大面积渗漏水可采用下列处理措施：

（1）衬砌后和衬砌内注浆止水或引水，待基面干燥后，用掺外加剂防水砂浆、聚合物水泥砂浆、挂网水泥砂浆或防水涂层等加强处理。

（2）引水孔最后封闭。

（3）必要时采用贴壁混凝土衬砌加强。

155. 屋面卷材防水施工应怎样注意成品保护？

答：（1）已做好的防水层应及时采取措施加以保护，严防各种施工工具及机械损坏防水层。

（2）穿过屋面和墙面的管道根部不得碰撞、损坏和变位。

（3）施工时应避免胶粘剂污染檐口、饰面层等，保持施工工面及周围环境的整洁。

（4）水落管必须畅通，不得堵塞任何杂物。

156. 厕浴间防水材料如何选用？

答：厕浴间防水宜用防水涂料，不用防水卷材。因为厕浴间管道多，下水管、上水管、地漏、暖气管等。地面形状也复杂，如墩布台、洗涤台、阴阳角。这些部位施工操作不方便，容易马虎疏漏，造成渗漏的隐患。卷材防水很难适应厕浴间，如果剪裁补贴，不仅浪费很多卷材，而且每一条缝都存在渗漏隐患。多年来使用卷材在厕浴间，已经有了太多的教训。

防水涂料是黏稠液态物，可以在任意不规则的表面涂刷，没有接缝，能做到全封闭。关键部位可以多涂增厚。

防水涂料在阴阳角处涂刷可以呈 90°，而卷材必须成圆弧，则会影响贴瓷砖。目前用于厕浴间的防水涂料有 JS 水泥基防水涂料，因含水泥，所以容易粘贴瓷砖。另一种涂料是聚氨酯防水涂料，此种涂料粘贴瓷砖难度大些。至于其他防水涂料也可试用，如沥青涂料、聚脲、有机硅、硅橡胶等。

157. 涂膜防水施工的关键是什么？

答：在涂膜防水施工中，涂膜的厚度及均匀程度是关键，它直接关系到防水层的质量。

涂膜的厚度与防水涂料的用量密切相关，因此，必须通过实验来确定防水层厚度与用量的关系。一般聚氨酯涂膜防水层在 1.2mm 厚时其材料用量为 2.5kg/m² 左右。氯丁胶乳沥青防水涂料二布六油做法涂膜厚度可达 1.5mm 厚，材料用量为 25kg/m² 左右。

防水涂膜的均匀程度也很重要，在施工中应尽量做到防水层薄厚均匀一致。因此，在一些防水涂料的施工中最好使用带梳状刻痕的刮板或橡胶刮板，使防水层厚度均匀一致。

158. 厕浴间涂膜防水施工之前对基层的要求是什么？

答：（1）防水层施工前，所有管件、卫生设备、地漏等必须安装牢固、接缝严密。上水管、热水管、暖气管应加套管，套管应高出基层 20~40mm。管道根部应用水泥砂浆或豆石混凝土填实，并用密封膏嵌严，管道根部应高出地面 20mm。

（2）地面坡度为 2%，向地漏处排水。地漏处排水坡度，以地漏周围半径 50mm 之内排水坡度为 5%，地漏处一般低于地面 20mm。

（3）水泥砂浆找平层应平整、坚实、抹光，无麻面、起砂、松动及凹凸不平现象。

（4）阴阳角、管道根处应抹成半径为 100~150mm 的圆弧形。

（5）基层应干燥，含水率不大于 9%。

（6）自然光线较差的厕浴间，应准备足够的照明。通风较差时，应增设通风设备。

（7）涂膜防水层施工时，环境温度应在 5℃ 以上

159. 聚氨酯涂膜防水施工注意事项有哪些？

答：（1）聚氨酯有毒，存放材料的地点及操作现场必须通风良好。

（2）存料、配料及施工现场严禁烟火。

（3）施工时用过的机具在下班前应用稀释剂清洗干净。

（4）已配好的聚氨酯防水涂料必须当天用完，避免过夜后

变稠，凝固造成浪费。

（5）施工人员操作时应穿工作服、戴手套、穿软底鞋。

160. 厨房、厕浴间管根防水的做法是什么？

答：（1）管根孔洞在立管定位后，楼板四周缝隙用 1∶3 水泥砂浆堵严。缝大于 20mm 时，可用细石防水混凝土堵严，并做底模。

（2）在管根与混凝土（或水泥砂浆）之间应留凹槽，槽深 10mm 宽 20mm。凹槽内嵌填密封膏。

（3）管根平面与管根周围立面转角处应做涂膜防水附加层。

（4）预设套管措施。必要时在立管外设置套管，一般套管高出铺装层地面 20mm，套管内径要比立管外径大 2~5mm，空隙嵌填密封膏。

套管安装时，在套管周边预留 10mm×10mm 凹槽，凹槽内嵌填密封膏。

161. 厕浴间防水基层（找平层）应达到哪些要求？

答：（1）基层（找平层）可用水泥砂浆抹平压光，要求坚实平整不起砂，基本干燥（有潮湿基层要求除外）；

（2）基层坡度达到设计要求，不得积水；

（3）基层与相连接的管件、卫生洁具、地漏、排水口等应在防水层施工前先将预留管道安装牢固，管根处密封膏嵌填密实。

162. 厕浴间地面有哪些构造及其要求？

答：厕浴间地面构造及其要求如下：

（1）结构层：厕浴间地面结构层一般采用现浇钢筋混凝土板，或整块预制钢筋混凝土板，如用预制钢筋混凝土多孔板时，应用防水砂浆将板缝填满抹平，再铺一层玻璃纤维布条，涂刷两道涂膜防水材料。

（2）找坡层：应向地漏找 2% 的坡度，厚度较小（<3mm），可用水泥砂浆或混合砂浆（水泥∶石灰∶砂 =1∶1.5∶8，厚度大于 30mm，可用 1∶6 水泥炉渣做垫层）。

（3）找平层：用水泥砂浆（水泥∶砂=1∶2.5），厚10~20mm，将坡面找平，要求抹平、压光。

（4）防水层：应采用涂膜防水层（聚氨酯防水涂膜、氯丁胶乳沥青防水涂膜、SBS橡胶改性沥青防水涂膜等）。

如有暖气管、热水管。套管高度为20~40mm，在防水层施工前应先用建筑密封膏将管根部位填嵌严密（宽10mm、深15mm），然后再做防水层，防水层四周卷起高度应按设计要求，并与立墙防水层交接好。

（5）面层：面层可根据设计要求铺贴陶瓷锦砖或防滑地面砖等。

163. 厕浴间防水施工质量验收标准是什么？

答：（1）厕浴间经蓄水试验，不得有渗漏现象。

（2）涂膜防水材料进场复验后符合有关技术标准。

（3）涂膜防水层达到所要求的厚度，表面平整、薄厚均匀一致。

（4）有胎涂膜防水层玻璃花与基层及各层之间粘结牢固，不得有空鼓、翘边、折皱及封口不严等现象。

（5）地漏、管根等细部防水做法符合设计要求。管道畅通无杂物堵塞。

164. 厕浴间地面如何找坡？

答：厕浴间经常用水冲洗擦拭，必须有坡度排除污水，坡度一般设为1%，大于1%的坡度，则又容易使人滑倒。

厕浴间地面坡度长不宜大于3m。为此公共厕浴间常在几十平方米或百余平方米，如果从一端找坡，坡长20m按1%找坡，另一端找坡要高出20cm，是不允许的。所以大面积厕浴间应分区找坡，每一找坡区面积约6~8m²，每区设一地漏排水。大面积的公共厕浴间，人行道不找坡。

地面铺装层必须考虑防滑的地面砖，不宜用花岗岩或大理石。

地漏要设在墙边或行人不易踩踏的位置。

住宅内的厕浴间面积小，地面坡度可以增至2%。坡度最高点应低于卧室地坪2cm，不要设门槛。

165. 试述地下防水砖墙保护层施工时应注意的问题。

答：砌筑临时性保护墙时，应在墙下干铺一层油脂。砌筑永久性保护墙的高度要比底板混凝土高出300~500mm，内面抹好水泥砂浆后找平。

临时性保护墙要用石灰砂浆进行砌筑，以便拆除。内墙面用石灰砂浆做找平层，临时性保护墙的高度由油毡的层数来决定。每层油毡留出150mm的搭接高度，另加150mm，即油毡层数×150mm+150mm。如铺两层油毡时，保护墙高为：2×150+150=450mm；铺三层油毡时，保护墙高度为：3×150+150=600mm。

166. 地下工程的防水等级应分为几个等级，各等级防水标准是什么？

答：一级地下工程的防水等级不允许渗水，结构表面无湿度。

二级地下工程的防水等级不允许漏水，结构表面可有少量湿渍。

三级地下工程的防水等级有少量漏水点，不得有线流和漏泥沙。

四级地下工程的防水等级有漏水点，不得有线流和漏泥沙。

167. 地下工程的防水设防要求怎么确定？

答：地下工程的防水设防要求，应根据使用功能、使用年限、水文地质、结构形式、环境条件、施工方法及材料性能等因素确定。

168. 防水混凝土应连续浇筑，宜少留施工缝。当留设施工缝时，应符哪些规定？

答：(1) 墙体水平施工缝不应留在剪力最大处或底板与侧墙的交接处，应留在高出底板表面不小于300mm的墙体上。拱（板）墙结合的水平施工缝，宜留在拱（板）墙接缝线以下150~300mm处。墙体有预留孔洞时，施工缝距孔洞边缘不应小于 300mm。

（2）垂直施工缝应避开地下水和裂隙水较多的地段，并宜与变形缝相结合。

169. 施工缝的施工应符合哪些规定？

答：（1）水平施工缝浇筑混凝土前，应将其表面浮浆和杂物清除，然后铺设净浆或涂刷混凝土界面处理剂、水泥基渗透结晶型防水涂料等材料，再铺 30～50mm 厚的 1:1 水泥砂浆，并应及时浇筑混凝土；

（2）垂直施工缝浇筑混凝土前，应将其表面清理干净，再涂刷混凝土界面处理剂或水泥基渗透结晶型防水涂料，并应及时浇筑混凝土；

（3）遇水膨胀止水条（胶）应与接缝表面密贴；

（4）选用的遇水膨胀止水条（胶）应具有缓胀性能，7d 的净膨胀率不宜大于最终膨胀率的 60%，最终膨胀率宜大于 220%；

（5）采用中埋式止水带或预埋式注浆管时，应定位准确、固定牢靠。

170. 地下室进场防水的质量验收要求是什么？

答：（1）防水卷材及胶粘剂有出厂合格证。进场材料经取样复验符合设计要求并能达到有关规定的技术指标。

（2）卷材防水层及其变形缝、穿墙管道、预埋件等细部做法必须符合设计要求和施工规范的规定。

（3）卷材防水层严禁有渗漏现象。

（4）卷材防水层的基层应牢固、平整、洁净，无起砂和松动现象，阴阳角处应呈圆弧形或钝角。

（5）卷材防水层铺贴和搭接、收头应符合设计要求和施工规范的规定，并应粘结牢固，接缝严密，无空鼓、损伤、滑移、翘边、起泡、褶皱等缺陷。

（6）卷材防水层的保护层应粘结牢固、结合紧密、厚度均匀一致。

171. 用于水泥砂浆防水层的材料，应符合什么规定？

答：用于水泥砂浆防水层的材料，应符合以下规定：

（1）应使用硅酸盐水泥、普通硅酸盐水泥或特种水泥，不得使用过期或受潮结块的水泥；

（2）砂宜采用中砂，含泥量不应大于3%，硫化物和硫酸盐含量不应大于1%；

（3）拌制水泥砂浆用水，应符合国家现行标准的有关规定；

（4）聚合物乳液的外观：应为均匀液体，无杂质、无沉淀、不分层。聚合物乳液的质量要求应符合国家现行标准的有关规定；

（5）外加剂的技术性能应符合现行国家有关标准的质量要求。

172. 水泥砂浆防水层应如何进行养护？

答：水泥砂浆防水层养护：

（1）普通水泥砂浆防水层终凝后，应及时进行养护，养护温度不宜低于5℃，养护时间不得少于14d，养护期间应保持湿润。

（2）聚合物水泥砂浆防水层未达到硬化状态时，不得浇水养护或直接受雨水冲刷，硬化后应采用干湿交替的养护方法。在潮湿环境中，可在自然条件下养护。

（3）使用特种水泥、外加剂、掺合料的防水砂浆，养护应按产品有关规定执行。

173. 地下工程卷材防水层厚度有何规定？

答：地下工程卷材防水层厚度应遵守以下规定：卷材防水层为一或二层。

（1）高聚物改性沥青防水卷材厚度不应小于3mm，单层使用时，厚度不应小于4mm，双层使用时，总厚度不应小于6mm。

（2）合成高分子防水卷材单层使用时，厚度不应小于1.5mm，双层使用时，总厚度不应小于2.4mm。

174. 铺贴各类防水卷材应符合哪些规定？

答：铺贴各类防水卷材应符合以下规定：

（1）应铺设卷材加强层。

（2）结构底板垫层混凝土部位的卷材可采用空铺法或点粘法施工，其粘结位置、点粘面积应按设计要求确定；侧墙采用外防外贴法的卷材及顶板部位的卷材应采用满粘法施工。

（3）卷材与基面、卷材与卷材间的粘结应紧密、牢固；铺贴完成的卷材应平整顺直，搭接尺寸应准确，不得产生扭曲和皱折。

（4）卷材搭接处和接头部位应粘贴牢固，接缝口应封严或采用材性相容的密封材料封缝。

（5）铺贴立面卷材防水层时，应采取防止卷材下滑的措施。

（6）铺贴双层卷材时，上下两层和相邻两幅卷材的接缝应错开 1/3～1/2 幅宽，且两层卷材不得相互垂直铺贴。

175. 铺贴自粘聚合物改性沥青防水卷材应符合哪些规定？

答：（1）基层表面应平整、干净、干燥、无尖锐突起物或孔隙；

（2）排除卷材下面的空气，应辊压粘贴牢固，卷材表面不得有扭曲、皱折和起泡现象；

（3）立面卷材铺贴完成后，应将卷材端头固定或嵌入墙体顶部的凹槽内，并应用密封材料封严；

（4）低温施工时，宜对卷材和基面适当加热，然后铺贴卷材。

176. 铺贴三元乙丙橡胶防水卷材应采用冷粘法施工，并应符合哪些规定？

答：铺贴三元乙丙橡胶防水卷材应采用冷粘法施工，并应符合以下规定：

（1）基底胶粘剂应涂刷均匀，不应露底、堆积；

（2）胶粘剂涂刷与卷材铺贴的间隔时间应根据胶粘剂的性能控制；

（3）铺贴卷材时，应辊压粘贴牢固；

（4）搭接部位的粘合面应清理干净，并应采用接缝专用胶粘剂或胶粘带粘结。

177. 铺贴聚氯乙烯防水卷材，接缝采用焊接法施工时，应符合什么规定？

答：铺贴聚氯乙烯防水卷材，接缝采用焊接法施工时，应符合下列规定：

（1）卷材的搭接缝可采用单焊缝或双焊缝。单焊缝搭接宽度应为60mm，有效焊接宽度不应小于30mm；双焊缝搭接宽度应为80mm，中间应留设10~20mm的空腔，有效焊接宽度不宜小于10mm。

（2）焊接缝的结合面应清理干净，焊接应严密。

（3）应先焊长边搭接缝，后焊短边搭接缝。

178. 铺贴聚乙烯丙纶复合防水卷材应符合哪些规定？

答：铺贴聚乙烯丙纶复合防水卷材应符合下列规定：

（1）应采用配套的聚合物水泥防水粘结材料；

（2）卷材与基层粘贴应采用满粘法，粘结面积不应小于90%，刮涂粘结料应均匀，不应露底、堆积；

（3）固化后的粘结料厚度不应小于1.3mm；

（4）施工完的防水层应及时做保护层。

179. 高分子自粘胶膜防水卷材宜采用预铺反粘法施工，并应符合什么规定？

答：高分子自粘胶膜防水卷材宜采用预铺反粘法施工，并应符合下列规定：

（1）卷材宜单层铺设；

（2）在潮湿基面铺设时，基面应平整坚固、无明显积水；

（3）卷材长边应采用自粘边搭接，短边应采用胶粘带搭接，卷材端部搭接区应相互错开；

（4）立面施工时，在自粘边位置距离卷材边缘10~20mm内，应每隔400~600mm进行机械固定，并应保证固定位置被卷材完全覆盖；

（5）浇筑结构混凝土时不得损伤防水层。

180. 什么是地下室防水的内防水？

答：地下室外墙的内防水是指将防水层做在地下室结构体内侧，也就是在结构内侧的施工方法。

181. 什么是地下室外墙防水的后施工法？

答：地下室外墙防水的后施工法是直接在地下室混凝土外墙的外侧设置防水层的一种做法。由于是在地下室混凝土结构施工完之后再进行墙面的防水施工，因此，被称为后施工法。

182. 为什么近年来地下室防水保护层由原来的刚性改为柔性？

答：由于回填土侧压力的影响，对防水层形成压力，随回填土深度和夯实密度的增加。这种侧压力越大，个别凹凸不平处或砂砾颗粒很可能挤破防水屋面造成渗漏。因此，近年来地下防水保护层多采用柔性保护层。

183. 目前我国对地下室防水采取哪些形式？

答：目前我国对地下室防水的形式主要有：防水混凝土结构本体防水、防水砂浆刚性防水、卷材防水以及涂料防水等。

184. 冷库防潮层、软木隔热层操作工艺顺序？

答：清理基层→涂刷冷底子油→附加层施工→做二毡三油防热层→涂刷热沥青两道→做钢丝网防水砂浆面层。

185. 什么是快速硬化型防水工法？

答：快速硬化型防水是以主剂和硬化剂两种成分构成聚氨酯防水材料，用机械喷涂于基层上的两种工法。

喷涂机械分别将主剂与硬化剂吸入后，从专用喷枪的两个出口分别喷出雾状物，在喷出的瞬间混合并附着在基层上形成防水膜。

186. 采用外防外贴法铺贴卷材防水层时，应符合什么规定？

答：采用外防外贴法铺贴卷材防水层时，应符合下列规定：

（1）应先铺平面，后铺立面，交接处应交叉搭接。

（2）临时性保护墙宜采用石灰砂浆砌筑，内表面宜做找平层。

（3）从底面折向立面的卷材与永久性保护墙的接触部位，应采用空铺法施工；卷材与临时性保护墙或围护结构模板的接触部位，应将卷材临时贴附在该墙上或模板上，并应将顶端临时固定。

（4）当不设保护墙时，从底面折向立面的卷材接槎部位应采取可靠的保护措施。

（5）混凝土结构完成，铺贴立面卷材时，应先将接槎部位的各层卷材揭开，并应将其表面清理干净，如卷材有局部损伤，应及时进行修补；卷材接槎的搭接长度，高聚物改性沥青类卷材应为150mm，合成高分子类卷材应为100mm；当使用两层卷材时，卷材应错槎接缝，上层卷材应盖过下层卷材。

187. 采用外防内贴法铺贴卷材防水层时，应符合什么规定？

答：（1）混凝土结构的保护墙内表面应抹厚度为20mm的1:3水泥砂浆找平层，然后铺贴卷材。

（2）卷材宜先铺立面，后铺平面；铺贴立面时，应先铺转角，后铺大面。

188. 卷材防水层经检查合格后，应及时做保护层，保护层应符合哪些规定？

答：卷材防水层经检查合格后，应及时做保护层，保护层应符合下列规定：

（1）板卷材防水层上的细石混凝土保护层，应符合下列规定：

1）采用机械碾压回填土时，保护层厚度不宜小于70mm；

2）采用人工回填土时，保护层厚度不宜小于50mm；

3）防水层与保护层之间宜设置隔离层。

（2）底板卷材防水层上的细石混凝土保护层厚度不应小于50mm。

（3）侧墙卷材防水层宜采用软质保护材料或铺抹20mm厚1:2.5水泥砂浆层。

189. 防水涂料品种的选择应符合什么规定？

答：防水涂料品种的选择应符合下列规定：

（1）潮湿基层宜选用与潮湿基面粘结力大的无机防水涂料或有机防水涂料，也可采用先涂无机防水涂料而后再涂有机防水涂料构成复合防水涂层；

（2）冬期施工宜选用反应型涂料；

（3）埋置深度较深的重要工程、有振动或有较大变形的工程，宜选用高弹性防水涂料；

（4）有腐蚀性的地下环境宜选用耐腐蚀性较好的有机防水涂料，并应做刚性保护层；

（5）聚合物水泥防水涂料应选用Ⅱ型产品。

190. 涂料防水层所选用的涂料应符合哪些规定？

答：涂料防水层所选用的涂料应符合下列规定：

（1）应具有良好的耐水性、耐久性、耐腐蚀性及耐菌性；

（2）应无毒、难燃、低污染；

（3）无机防水涂料应具有良好的湿干粘结性和耐磨性，有机防水涂料应具有较好的延伸性及较大适应基层变形能力。

191. 有机防水涂料施工完后应及时做保护层，保护层应符合什么规定？

答：有机防水涂料施工完后应及时做保护层，保护层应符合下列规定：

（1）底板、顶板应采用20mm厚1:2.5水泥砂浆层和40～50mm厚的细石混凝土保护层，防水层与保护层之间宜设置隔离层；

（2）侧墙背水面保护层应采用20mm厚1:2.5水泥砂浆；

（3）侧墙迎水面保护层宜选用软质保护材料或20mm厚1:2.5水泥砂浆。

192. 塑料防水板防水层的一般规定有哪些？

答：塑料防水板防水层的一般规定有：

（1）塑料防水板防水层宜用于经常受水压、侵蚀性介质或受振动作用的地下工程防水；

（2）塑料防水板防水层宜铺设在复合式衬砌的初期支护和二次衬砌之间；

（3）塑料防水板防水层宜在初期支护结构趋于基本稳定后铺设。

193. 塑料防水板的铺设应符合哪些规定？

答：塑料防水板的铺设应符合下列规定：

（1）铺设塑料防水板时，宜由拱顶向两侧展铺，并应边铺边用压焊机将塑料板与暗钉圈焊接牢靠，不得有漏焊、假焊和焊穿现象。两幅塑料防水板的搭接宽度不应小于100mm。搭接缝应为热熔双焊缝，每条焊缝的有效宽度不应小于10mm；

（2）环向铺设时，应先拱后墙，下部防水板应压住上部防水板；

（3）塑料防水板铺设时宜设置分区预埋注浆系统；

（4）分段设置塑料防水板防水层时，两端应采取封闭措施。

194. 膨润土防水材料应符合哪些规定？

答：膨润土防水材料应符合下列规定：

（1）膨润土防水材料中的膨润土颗粒应采用钠基膨润土，不应采用钙基膨润土；

（2）膨润土防水材料应具有良好的不透水性、耐久性、耐腐蚀性和耐菌性；

（3）膨润土防水毯非织布外表面宜附加一层高密度聚乙烯膜；

（4）膨润土防水毯的织布层和非织布层之间应联结紧密、牢固，膨润土颗粒应分布均匀；

（5）膨润土防水板的膨润土颗粒应分布均匀、粘贴牢固，基材应采用厚度为0.6～1.0mm的高密度聚乙烯片材。

195. 地下工程种植顶板的防排水构造应符合哪些要求？

答：地下工程种植顶板的防排水构造应符合下列要求：

（1）耐根穿刺防水层应铺设在普通防水层上面。

（2）耐根穿刺防水层表面应设置保护层，保护层与防水层之间应设置隔离层。

（3）排（蓄）水层应根据渗水性、储水量、稳定性、抗生物性和碳酸盐含量等因素进行设计；排（蓄）水层应设置在保护层上面，并应结合排水沟分区设置。

（4）排（蓄）水层上应设置过滤层，过滤层材料的搭接宽度不应小于200mm。

（5）种植土层与植被层应符合国家现行标准的有关规定。

196. 地下工程种植顶板防水材料应符合哪些要求？

答：地下工程种植顶板防水材料应符合下列要求：

（1）绝热（保温）层应选用密度小、压缩强度大、吸水率低的绝热材料，不得选用散状绝热材料；

（2）耐根穿刺层防水材料的选用应符合国家相关标准的规定或具有相关权威检测机构出具的材料性能检测报告；

（3）排（蓄）水层应选用抗压强度大且耐久性好的塑料排水板、网状交织排水板或轻质陶粒等轻质材料。

197. 地下工程细部构造部位渗漏水处理可采取何种措施？

答：地下工程细部构造部位渗漏水处理可采用下列措施：

（1）变形缝和新旧结构接头，应先注浆堵水，再采用嵌填遇水膨胀止水条、密封材料或设置可卸式止水带等方法处理。

（2）穿墙管和预埋件可先用快速堵漏材料止水后，再采用嵌填密封材料、涂抹防水涂料、水泥砂浆等措施处理。

（3）施工缝可根据渗水情况采用注浆、嵌填密封防水材料及设置排水暗槽等方法处理，表面增设水泥砂浆、涂料防水层等加强措施。

198. 中埋式止水带施工应符合哪些规定？

答：中埋式止水带施工应符合下列规定：

（1）止水带埋设位置应准确，其中间空心圆环应与变形缝的中心线重合；

（2）止水带应固定，顶、底板内止水带应成盆状安设；

（3）中埋式止水带先施工一侧混凝土时，其端部应支撑牢固，并应严防漏浆；

（4）止水带的接缝宜为一处，应设在边墙较高位置上，不得设在结构转角处，接头宜采用热压焊接；

（5）中埋式止水带在转弯处应做成圆弧形，（钢边）橡胶止水带的转角半径不应小于200mm，转角半径应随止水带的宽度增大而相应加大。

199. 穿墙管防水施工时应符合哪些要求？

答：穿墙管防水施工时应符合下列要求：

（1）金属止水环应与主管或套管满焊密实，采用套管式穿墙防水构造时，翼环与套管应满焊密实，并应在施工前将套管内表面清理干净；

（2）相邻穿墙管间的间距应大于300mm；

（3）采用遇水膨胀止水圈的穿墙管，管径宜小于50mm，止水圈应采用胶粘剂满粘固定于管上，并应涂缓胀剂或采用缓胀型遇水膨胀止水圈。

200. 桩头防水设计应符合什么规定？

答：桩头防水设计应符合下列规定：

（1）桩头所用防水材料应具有良好的粘结性、湿固化性；

（2）桩头防水材料应与垫层防水层连为一体。

201. 桩头防水施工应符合下列规定：

答：（1）应按设计要求将桩顶剔凿至混凝土密实处，并应清洗干净；

（2）破桩后如发现渗漏水，应及时采取堵漏措施；

（3）涂刷水泥基渗透结晶型防水涂料时，应连续、均匀，不得少涂或漏涂，并应及时进行养护；

（4）采用其他防水材料时，基面应符合施工要求；

（5）应对遇水膨胀止水条（胶）进行保护。

202. 地下工程采用渗排水法时应符合哪些规定？

答：地下工程采用渗排水法时应符合下列规定：

（1）宜用于无自流排水条件、防水要求较高且有抗浮要求的地下工程；

（2）渗排水层应设置在工程结构底板以下，并应由粗砂过滤层与集水管组成；

（3）粗砂过滤层总厚度宜为300mm，如较厚时应分层铺填，过滤层与基坑土层接触处，应采用厚度100~150mm，粒径5~10mm的石子铺填；过滤层顶面与结构底面之间，宜干铺一层卷材或30~50mm厚的1:3水泥砂浆作隔浆层；

（4）集水管应设置在粗砂过滤层下部，坡度不宜小于1%，且不得有倒坡现象。集水管之间的距离宜为5~10m。渗入集水管的地下水导入集水井后应用泵排走。

203.排水明沟的设置应符合哪些规定？

答：排水明沟的设置应符合下列规定：

（1）排水明沟的纵向坡度应与隧道或坑道坡度一致，但不得小于0.2%；

（2）排水明沟应设置盖板和检查井；

（3）寒冷及严寒地区应采取防冻措施。

204.地下工程大面积严重渗漏水可采取哪些措施？

答：地下工程大面积严重渗漏水可采取下列措施：

（1）衬砌后和衬砌内注浆止水或引水，待基面无明水或干燥后，用掺外加剂防水砂浆、聚合物水泥砂浆、挂网水泥砂浆或防水涂料等加强处理；

（2）引水孔最后封闭；

（3）必要时采用贴壁混凝土衬砌。

205.细部构造部位渗漏水处理可采取下列措施：

答：（1）变形缝和新旧结构接头，应先注浆堵水或排水，再采用嵌填遇水膨胀止水条、密封材料，也可设置可卸式止水带等方法处理；

（2）穿墙管和预埋件可先采用快速堵漏材料止水，再采用嵌填密封材料、涂抹防水涂料、水泥砂浆等措施处理；

（3）施工缝可根据渗水情况采用注浆、嵌填密封防水材料及设置排水暗槽等方法处理，表面应增设水泥砂浆、涂料防水层等加强措施。

206. 明挖法地下工程防水施工时，应符合哪些规定？

答：（1）地下水位应降至工程底部最低高程500mm以下，降水作业应持续至回填完毕；

（2）工程底板范围内的集水井，在施工排水结束后应采用微膨胀混凝土填筑密实；

（3）工程顶板、侧墙留设大型孔洞时，应采取临时封闭、遮盖措施。

207. 明挖法地下工程的混凝土和防水层的保护层验收合格后，应及时回填，应符合哪些规定？

答：（1）基坑内杂物应清理干净、无积水。

（2）工程周围800mm以内宜采用灰土、黏土或粉质黏土回填，其中不得含有石块、碎砖、灰渣、有机杂物以及冻土。

（3）回填施工应均匀对称进行，并应分层夯实。人工夯实每层厚度不应大于250mm，机械夯实每层厚度不应大于300mm，并应采取保护措施；工程顶部回填土厚度超过500mm时，可采用机械回填碾压。

208. 墙体构造防水渗漏的原因有哪些？

答：（1）设计方面；

（2）材料方面；

（3）外墙板制作与运输方面；

（4）施工方面；

（5）管理方面。

209. 墙体构造防水渗漏设计方面的原因是什么？

答：（1）对墙体构造防水缺乏全面考虑，有的甚至不标明防水节点构造。

（2）阳台底板选型不当。

（3）对防水缺乏细致考虑。

（4）建筑物受不均匀沉降、风力、地震等影响，使外墙板接缝发生变形而产生裂缝造成渗漏。

210. 墙体构造防水渗漏材料方面的原因是什么？

答：（1）预制外墙板为水泥制品，在其硬化过程中会产生干缩变形。

（2）预制外墙板由于受温度影响产生热胀冷缩。

211. 墙体构造防水渗漏施工方面的原因是什么？

答：（1）在堆放、安装等过程中，外墙板的披水和挡水台碰坏、橇坏，造成缺损或裂缝，失去了防水功能。

（2）安装外墙板时坐浆过厚，致使披水高于挡水台，造成平腔敞口，雨水便从水平缝渗入室内。板底坐浆太少，造成下缝干碰，无空腔排水。

（3）相邻外墙板里外错位过大，将水平空腔挤严（或将立缝挤严），由此产生毛细管作用，导致渗漏。

（4）组合柱内的混凝土下料时，油毡聚苯板被挤断，偏位或压弯，致使混凝土进入立腔，堵塞了雨水通路，形成渗漏。

（5）塑料条宽度不合适，在立缝内形成麻花状。有的嵌插不到底或上下搭接错误，起不到挡雨板的作用，无法形成空腔。在勾立缝砂浆时也容易使立腔堵塞，造成渗漏。应该精选宽度、长度适合的塑料条，逐个对号入座，嵌插到底，防止上下错位。

（6）塑料排水管位置偏高，左右两侧平腔内的水无法进入排水管内。有的排水管堵塞，无法将水排出。

（7）雨罩、阳台的防水油膏嵌入时基层清理不干净，有的未刷冷底子油，造成油膏与基层粘结不牢固。有的压接不实，都极易造成渗漏。

212. 墙体构造防水渗漏管理方面的原因是什么？

答：（1）工序安排不合理，外墙板缝防水往往与外墙装修同时进行，不待防水施工完成就搞外装修，或防水施工完工后又进行剔凿作业。

（2）施工用外脚手架与建筑物用铅丝拉结，破坏了防水构造的完整性，在拆除脚手架时又不注意修理，形成防水隐患。在做淋水试验时这个部位漏水最明显，应改进拉结方法，在窗口处设置木方，解决脚手架拉结问题。无窗口的外墙板，架子应挂在预留的孔洞上。所留的孔洞在做防水施工时，用水泥砂浆填实，外面嵌防水油膏，再用砂浆抹平。

（3）没有专门的防水施工队伍，工人操作不熟练，不精心或缺乏必要的技术交底及质量检查、岗位责任制不健全等都是渗漏发生的人为因素。

213. 墙体构造防水渗漏的防治措施有哪些？

答：（1）外墙板接缝的构造防水处理，同结构、保温隔热及施工安装等有着密切的关系。因此，在设计时需要全面地综合考虑。施工人员要加强图纸的会审工作，对檐口、预制女儿墙、阳台板和楼梯间的拼接缝，内外墙与楼板间的连接等部位的设计是否合理，施工是否可行等尤要注意。

（2）在施工组织设计或施工计划中，必须把墙体防水作为必不可少的施工工序来安排，给构造防水施工以足够的时间。要改掉过去那种做构造防水与场面装修同时进行的做法。

（3）选派工作细致，认真负责的工人组成专业施工队伍。这对墙体构造防水施工尤其重要。专业队成立后，要加强技术培训工作，使其能熟练地掌握操作方法，不断提高专业知识和防水施工技术，并派技术人员指导施工。

（4）配备必要的脚手架及建立安全防护设施，保证防水施工的料具供应。

（5）建立健全现场构件验收制度，凡防水部位残缺或构件不合格者不准进入现场。构件吊装前应再次检查，把好材料关。

（6）健全班组岗位责任制，做到责任区落实到人，建立奖优罚劣的制度。

（7）认真进行质量检查，验收合格并签证后方准进行下道工序，严格按工艺标准施工及验收。

214. 墙体材料防水渗漏设计方面的原因有哪些？

答：（1）设计接缝与构件伸缩、膨胀相反。

（2）设计接缝与外力移动方向相反。

（3）材料选错。

（4）接缝收头复杂，但节点大样图不详细或无。

（5）要求特殊颜色的场合选材有局限性。

（6）接缝过宽或过窄。

215. 墙体材料防水渗漏材料方面的原因有哪些？

答：（1）材料选错。如打底料性能不好，对基层有侵蚀、污染。

（2）材料超过保存期，质量发生变化。

（3）混合时间及配合比不对。

（4）气象条件不好，影响固化。

（5）固化状态不好。

216. 墙体材料防水渗漏基层方面的原因有哪些？

答：（1）基层不干燥、不清洁，影响粘结。

（2）基层缺陷处理不当。

（3）打底料侵蚀基层。

217. 墙体材料防水渗漏施工方面的原因有哪些？

答：（1）施工工序颠倒，管理不善。

（2）施工交底不清，未按规定操作。

（3）施工责任心不强，无专业防水队伍。

（4）混合材料的配合比不准或混合不均匀。

（5）交叉部位施工不利。季节性施工掌握不好。

（6）看图不细，测量放线及施工误差大。

218. 墙体材料防水渗漏的防治措施有哪些？

答：（1）认真抓好图纸会审工作，对于防水的节点、选材等尤其要细致看，并记牢。

（2）严格按施工组织设计（或施工方案）中规定的工序进行施工，并把其作为重点来抓，切忌抢工。做好技术交底，做好材料检测。

（3）认真了解新型密封材料的性能与特点、主要施工方法，做到心中有数。

（4）选派工作细致、责任心强的工人组成专业施工队伍，并定期进行培训，使之成为一支多功能施工队伍，并派技术人员指导施工。

219. 地下室防水工程设计的依据是什么？何种情况设计防水层？何种情况设计防潮层？

答：当地下水位高于地下工程的基础底面时，地下工程的基础及外墙必须做防水处理，设计防水层。

当地下水位低于地下工程的基础底面时，地下工程可不做防水层，只做防潮处理。

220. 地下室卷材防水层的防水方法有哪两种？各自定义是什么？

答：地下室卷材防水层的防水方法有两种，是根据水的浸入方向来区分的，即"外防水法"与"内防水法"。

（1）外防水法：是将卷材防水层粘贴在地下结构的迎水面，形成一个以卷材防水层与防水结构层共同工作的地下结构物，抵抗地下水向构筑物内部渗透和侵蚀。这种防水层位于地下结构外表面，故称为外防水法。外防水法是地下防水工程最常用的防水方法。

（2）内防水法：内防水法是将卷材防水层粘贴在地下结构的背水面，即在结构的内表面。这种内防水层不能直接阻隔地下水对结构内部的侵蚀和抵抗水的侧压力。因为卷材防水层承受荷载是很小的，因此，需要与结构共同承受荷载，所以必须在卷材防水层的内表面加做刚性内衬层，以压紧卷材防水层，亦即将卷材防水层夹在结构物壁或底与刚性内衬中间，以抵抗水的压力。这种防水层位于结构内表面故称为内防水法，一般地下防水工程较少采用。多用于人防工程、隧道及特种工业基坑工程。

221. 外防外贴法的操作工艺顺序是什么？

答：外防外贴法操作工艺顺序：铺设垫层→砌筑部分保护墙→铺贴防水层卷材→平面保护层施工→浇筑混凝土结构→继续铺贴防水层卷材→立面保护层施工→回填土。

222. 外防内贴法的操作工艺顺序是什么？

答：外防内贴法操作工艺顺序：铺设垫层→砌筑永久保护墙→抹水泥砂浆找平层→铺贴防水层卷材→施工保护层→浇筑混凝土结构→回填土。

223. 地下室卷材防水施工前基层应具备什么条件？

答：（1）基层应坚固，防水基层即为水泥砂浆找平层。水泥砂浆的配合比不得低于1:3，水泥强度等级不得低于32.5，水泥砂浆的调度应控制在7~8cm之间。控制水泥砂浆的配合比是提高基层坚固性，防止起砂的关键。

如果基层不做找平层，卷材防水层直接铺贴在混凝土表面，必须检查混凝土表面是否有蜂窝、麻面、孔洞等、如有类似情况，应用掺107胶的水泥砂浆或胶乳水泥砂浆修补。

（2）基层平整，不得有突出的夹角和凹坑。用2m长直尺检查。直尺与基层间的空隙不应超过5mm，空隙只允许平缓变化，每米长度内不得超过1处。

（3）平面与立面的转角处及阴阳角应做成圆弧或钝角。

（4）基层必须干燥，含水率不大于9%。作为地下防水工程，使基层干燥是比较困难的。但应创造条件尽可能使基层干燥，以便铺贴卷材。

如果基层有渗漏，应进行堵漏。可用"堵漏灵"或"M131"快速止水剂进行堵漏。如果基层少量渗水，可采用TJF防水胶粉，用水调成糊状在基层表面涂刮两道，待干燥后进行防水卷材施工。

224. 冷库防潮层对所用沥青、油毡有何要求？

答：冷库工程对防潮、隔热有着特殊的要求，一般用石油沥青油毡作防潮材料，常用做法为二毡三油防潮层。而冷库隔热材料常用软木作为隔热层。根据工程要求、也可用聚苯乙烯泡沫塑料板或硬质聚氨酯泡沫塑料作隔热层，后者造价高。

225. 冷库隔热层常用哪几种材料？

答：（1）沥青：选用石油沥青作为粘结材料。冷库内楼面、地面、内墙面应选用60号石油沥青。冷库外墙、屋面应选用10~30号石油沥青。

（2）油毡：油毡应选用不低于350号（宜用500号）的石油沥青油毡。油毡愈重，其抗渗性能愈好，抗拉强度愈大。粘结油毡要用石油沥青，不能用沥青玛蹄脂。因玛蹄脂蒸汽渗透性比纯石油沥青大。

（3）软木砖：软木砖用于隔热材料。由软木颗粒3~8mm压制而成。厚度为25mm、75mm、100mm。其规格尺寸由设计定。

（4）聚苯乙烯泡沫塑料板：采用聚苯乙烯泡沫塑料板作隔热层时最好用自熄型板（防火要求）。其规格尺寸按设计要求定，可用大块板现场切割成所需规格。

（5）用于做隔热层的现场喷涂硬质聚氨酯泡沫塑料。

226. 冷库采用现场发泡型聚氨酯做隔热层应注意什么？

答：当采用现场发泡型聚氨酯做隔热层时，由于原料含氧、苯、氰化物，并产生光气等刺激性毒物，操作时注意安全，做好防护工作，防止中毒。

227. 叙述冷库防潮层二毡三油的施工操作要点。

答：（1）油毡在铺贴前，其表面的撒布物应清除干净，以保证有良好的粘结条件，清除时应避免油毡损伤。

（2）沥青胶结材料的加热温度不应高于240℃，使用温度不得低于190℃。

（3）铺贴各层油毡均应满涂沥青胶结材料。油毡的搭接处，也应满涂沥青胶结材料，使其相互粘结。

（4）粘贴油毡的沥青胶结材料的厚度，一般为1.5~2.5mm，最大不超过3mm。

（5）铺贴油毡的搭接长度和压边宽度不应小于100mm，上、下二层和相邻两幅油毡的接缝应相互错开，上、下层油毡不宜相互垂直铺贴。

（6）粘贴时应展平压实，使油毡与基层和各层油毡彼此紧密粘结。油毡搭接缝口应用铺贴时挤出的热沥青仔细封严。

（7）防潮层应在气温不应低于5℃时施工，夏季施工时应避免日光暴晒，以防引起沥青胶结材料流淌。

228. 叙述软木隔热层的施工操作要点。

答：冷库工程软木隔热层一般铺贴四层软木砖，其厚为200mm。具体铺贴方法如下：

（1）铺贴前应对软木块的规格尺寸进行挑选加工，按厚度不同进行分类，长短不齐的应刨齐，软木不应受潮。

（2）铺贴前应先在基层表面弹线分格，确保软木粘贴位置准确。

（3）粘贴软木块前，先将软木块浸入热沥青中，使其五面沾满沥青，然后铺贴在基层上。第一层软木块铺贴后，要在表面满涂热沥青一道，然后粘贴第二层，粘贴方向同第一层。两层软木块的纵横接缝均应错开。

（4）铺贴时，软木块缝间挤出的沥青必须趁热随时刮净，以免冷却后形成疙瘩，影响平整。

（5）每层软木块铺贴完后，均应检查其平整情况，如有高低不平，必须刨平，然后才能铺贴第二层。

（6）铺贴地面时，要随铺随用重物压实，外墙面铺贴时，要随铺随支撑，防止翘起和空鼓。从第二层起，每块软木均应用竹钉与前一层钉牢（每块可钉竹钉6棵）。

（7）铺贴软木砖的石油沥青标号，应和防潮层、隔汽层所用的石油沥青标号相同。

229. 如何做好防水工程防水层的成品保护？

答：防水工程防水层成品保护，主要有三个方面：

（1）严禁在自防水结构上凿洞打眼。预防的方法是，凡穿越防水结构的管道、预埋件和预留孔等，在编制施工方案时，周密考虑，在施工结构图上注明部位、编号，绘制安装详图，按图施工，不错不漏。

（2）在防水结构内固定的一切防水装置，应严加保护，各道工序施工时，不得碰撞、移位变形。

（3）防水层施工时，不得堵塞管道，污染周围饰面，施工面保持整洁。竣工后的防水层，严禁在其上面进行其他作业，防止污损。

230. QC 小组活动的基本任务是什么？

答：是解决生产现场出现的各种质量问题，自觉地开展有关质量的管理和改进活动。

231. 班组的中心任务是什么？

答：以搞好生产、提高经济效益为中心，全面完成上级下达的任务或承包的任务，以及各项经济指标，为促进"两个文明"建设做出贡献。

232. 班组八大员是指什么？

答：是指宣传员、质量员、安全员、料具员、经济核算员、考勤员、文体员、生活卫生员。

233. 班组的主要工作范围有哪些？

答：班组要围绕搞好生产，提高经济效益这一中心任务开展工作。班组的主要工作是：

（1）教育职工坚持四项基本原则，模范地执行党和国家的方针、政策和法令，遵守社会公德和职业道德，遵守企业各项规章制度。

（2）结合生产任务和承包任务，积极总结推广先进经验，大力开展技术革新、小改小革和合理化建议活动，保证全面完成作业计划或承包任务。

234. 班组长的主要职责是什么？

答：班组长的职责是：

（1）围绕生产任务，组织全体工人认真讨论编制作业计划，合理安排人力物力，保证优质高效地完成各项工程。

（2）带领全班认真贯彻执行各项规章制度，遵守劳动纪律，组织好安全生产。

（3）组织全班努力学习文化，钻研技术，不断提高劳动生产率。

（4）做好文明施工，做到工完场清。

（5）充分发扬民主，积极支持班内几大员的工作班组的各项管理工作。

235. 班组管理制度有哪些？

答：（1）施工生产与安全管理；

（2）施工技术与质量管理；

（3）班组劳动管理；

（4）班组材料与机具设备管理。

236. 在施工技术管理中，如何做好防水工程的成品保护管理工作？

答：成品保护是指在施工过程中，对已完成的分项工程或者分项工程中已完成的部位加以保护。做好成品保护工作可以减少维修费用，降低成本，保证工期和工程质量。

成品保护的方法有护、包、盖、封四种。

护：就是提前保护。如外墙板缝防水施工时，为了防止密封材料污染外墙板，采用粘贴防污条的做法。

包：就是进行包裹，以防损坏。如在屋面施工保护层时，小推车的支腿下部应进行包裹，以免碰坏防水层。

盖：就是将表面覆盖，以防损伤和污染。如外墙饰面施工时，应将已施工好的外墙板缝密封材料遮盖。

封：就是暂时用围栏封闭，防止损坏和污染。如厕浴间防水涂膜未固化前，不得随便进入踩踏，以防破坏防水层。

此外，应加强教育，要求所有施工人员具有保护成品的自觉意识。对损坏者应给予适当处罚。

237. 班组经济核算的重要意义是什么？

答：（1）班组经济核算是落实经济责任制的基础。

（2）班组经济核算是促进经济效益提高的手段。

（3）班组经济核算是贯彻按劳分配原则的依据。

（4）班组经济核算是培养工人主人翁意识的重要途径。

（5）班组经济核算是获取原始资料和决策信息的有效方法。

238. 班组经济核算的内容有哪些？

答：（1）劳动效率，确定人工费及效率；

（2）物资消耗，确定工程用料、施工用料耗用价值的高低；

（3）工程进行保证率，确定保证总体进度的完成情况；

（4）质量优良率，确定是否质量第一、创出信誉；

（5）安全事故频率，确定安全生产情况；

（6）机械费，确定机械使用情况。

239. 简述防水施工中的安全防火措施？

答：（1）防水施工必须符合国务院颁发的《建筑安装工程安全技术规程》以及其他有关安全防火的专门规定。

（2）施工现场应备有粉末灭火器和消防设备，定出防火措施和设防火标志。

（3）用火前，必须取得现场用火证明，并将用火周围的易燃物品清理干净，设有专人看火。

（4）对易燃、易爆的危险物品应严加管理、分库存放。

（5）采用热熔施工时，石油液化气罐、氧气瓶等应有技术检验合格证。使用时，要健全检查制度，应严格检查各种安全装置是否齐全有效。凡不符合安全规定的要停止使用。

（6）汽油喷灯需专人保管和操作，施工现场不得贮存过多汽油及其他溶剂，下班后必须放入指定仓库。

（7）六级风以上暂停室外热熔防水施工。

（8）所有溶剂型材料均不得放在露天。

240. 简述防水施工中的安全防毒措施？

答：（1）挥发性溶剂，其蒸气被人吸入会引起中毒，如在室内使用，要有局部排风装置。

（2）根据需要戴防毒面罩和防护手套。

（3）如溶剂附着在皮肤上时，要立即用大量的清水冲洗。

当吸入较多有毒气体时，要请医生诊治。

（4）溶剂等从容器中往外倾倒时，要注意避免溅出和伤人。

（5）废弃物要集中起来，统一处理，必须要找对防火及卫生保健无害的场所。

（6）所有溶剂及有挥发性的防水材料，必须用密闭容器包装。

（7）操作者要注意个人卫生，下班后或停止操作后，应立即洗脸洗手，以防中毒。

241. 简述防水施工中的安全防护措施？

答：（1）在基坑槽内施工时，应经常检查边壁土质稳固情况，发现异常，立即通知有关人员。

（2）闷热天在基坑槽内施工时，应定时轮换作业，以免发生危险。

（3）从事高空作业要定期体检。经医生诊断，凡患高血压、心脏病、贫血病、癫痫病以及其他不适合高空作业的疾病，不得从事高空作业。

（4）高空作业衣着要灵便，禁止穿硬底鞋、高跟鞋和带钉易滑的鞋。

（5）高空作业所用材料要堆放平稳，工具应随手放入工具袋内。上下传递物件禁止抛掷。

（6）六级风以上或遇有雨雪等恶劣天气影响施工安全时，应停止高空作业。

（7）操作人员应按规定佩戴安全带，戴安全帽及必要的防护用具。

（8）施工前，应检查作业环境，特别是孔洞等防护是否安全可靠，发现问题及时找有关人员解决，严禁擅自拆改。

（9）使用高车井架或外用电梯时，各层应注意上下联系信号。操作前应预先检查过桥通道是否牢固，上料时，小车前后轮应加挡车横木。平台上人员不得向井内探头。

（10）使用吊篮施工，必须经过安全部门验收，保险绳应牢固可靠。

（11）利用外架子施工，应无探头板及空隙。

（12）屋面施工时四周应设防护设施，在距檐口 1.5m 范围内应侧身施工。

（13）使用手持式电动工具必须装有漏电保护装置，操作时必须戴绝缘手套。

（14）作业的垂直下方不得有人，以防掉物伤人。

2.6 实际操作题

1. 屋面冷贴三元乙丙橡胶防水卷材的施工操作见下表。

考核项目及评分标准

序号	考核项目	评分标准	满分	检测点					得分
				1	2	3	4	5	
1	操作工艺	铺贴顺序、方法、方向、搭接应符合规范	20						
2	基层处理	涂刷均匀，适时进行下道工序	7						
3	大面平整	2m 靠尺检查不大于 5mm	6						
4	坡度	符合规范、流畅	10						
5	接缝	严密不翘边	10						
6	空鼓	不允许，视处理情况	10						
7	保护层	涂刷均匀	10						
8	文明施工	工完场清，不浪费	7						
9	安全	重大事故不合格，小事故适当扣分	10						

序号	考核项目	评分标准	满分	检测点					得分
				1	2	3	4	5	
10	工效	根据项目，按照劳动定额进行，低于定额90%本项无分，在90%~100%之间酌情扣分，超过定额酌情1~3分	10						

注：做蓄水实验，24h 不渗漏为合格，有渗漏者不合格，本操作无分。

2. 屋面热熔卷材防水施工操作见下表。

考核项目及评分标准

序号	考核项目	评分标准	满分	检测点					得分
				1	2	3	4	5	
1	操作工艺	铺贴顺序、方式、方向搭接长度符合规范	20						
2	基层处理	基层洁净、处理剂涂刷均匀、厚度适宜	15						
3	粘贴牢固	无空鼓、无翘边	15						
4	坡度	坡度流畅、平整	10						
5	保护层	胶粘剂、石片均匀,牢固	10						
6	文明施工	用料合理节约、工完场清	10						
7	安全生产	重大事故不合格，小事故扣分	10						
8	工效	根据项目，按照劳动定额进行，低于定额90%本项无分，在90%~100%之间酌情扣分，超过定额酌情1~3分	10						

注：做蓄水实验，24h 不渗漏为合格，有渗漏者不合格，本操作无分。

3. 厕浴间聚氨酯涂膜防水施工操作见下表。

考核项目及评分标准

序号	考核项目	评分标准	满分	检测点					得分
				1	2	3	4	5	
1	基层处理	基层洁净、处理剂比例正确、涂刷均匀	10						
2	操作工艺	各涂层配比正确涂刷均匀、间隔时间合理	30						
3	稀撒砂粒	均匀牢固	10						
4	保护层	不空鼓开裂，不损伤防水层平顺	15						
5	文明施工	各层配料不浪费，工完场清	15						
6	安全生产	重大事故不合格，小事故扣分	10						
7	工效	根据项目，按照劳动定额进行，低于定额90%本项无分，在90%～100%之间酌情扣分，超过定额酌情加1～3分	10						

注：做蓄水实验，24h 不渗漏为合格，有渗漏者不合格，本操作无分。

4. 地下室氯化聚乙烯橡胶共混防水卷材施工（按上人作保护层）操作见下表。

考核项目及评分标准

序号	考核项目	评分标准	满分	检测点					得分
				1	2	3	4	5	
1	基层处理	基层干净、平整度符合要求、处理剂均匀	10						

序号	考核项目	评分标准	满分	检测点					得分
				1	2	3	4	5	
2	粘贴卷材	附加层符合节点要求，涂胶均匀，适时粘压牢固，搭接方法正确	30						
3	接连收头	接连方法正确粘压牢固、密封收头严密	20						
4	保护层	平整不空裂	10						
5	文明施工	不浪费，工完场清	10						
6	安全生产	重大事故不合格，小事故扣分	10						
7	工效	根据项目，按照劳动定额进行，低于定额90%本项无分，在90%～100%之间酌情扣分，超过定额酌情加1～3分	10						

注：做蓄水实验，24h不渗漏为合格，有渗漏者不合格，本操作无分。

5. 冷库工程防潮、隔热层施工（防潮层采用二毡三油，隔热层采用软木砖）操作见下表。

考核项目及评分标准

序号	考核项目	评分标准	满分	检测点					得分
				1	2	3	4	5	
1	基层处理	清洁无凸出物，冷底子油均匀无漏喷	10						
2	防潮层工艺	各层间粘结紧密不空鼓，接缝严密搭接合理	20						

序号	考核项目	评分标准	满分	检测点					得分
				1	2	3	4	5	
3	保护层	撒石子均匀嵌入牢固	10						
4	铺贴软木	铺贴软木	20						
5	钢网砂浆面层	平整不空裂，不破坏软木层	10						
6	文明施工	用料合理、节约，工完场清	10						
7	安全生产	重大事故不合格，小事故扣分	10						
8	工效	根据项目，按照劳动定额进行，低于定额90%本项无分，在90%~100%之间酌情扣分，超过定额酌情加1~3分	10						

注：做蓄水实验，24h不渗漏为合格，有渗漏者不合格，本操作无分。

6. 卫生间渗漏维修

（1）题目：厕所蹲坑上水进口处漏水维修的施工。

（2）内容：对卫生间厕所蹲坑上水进口处漏水进行维修。包括打开地面检查；换大便器；填塞密实；换水管；面层填实抹平等，使完成的项目符合质量标准和验收规范。

（3）时间要求：8h内完成全部操作。

（4）使用工具、材料：

1）工具：一般防水工、水工常用的工具，如铁榔头、铁錾、泥刀、泥抹子、泥桶等。

2）材料：水泥、砂子、大便器、镀锌水管、胶皮碗、铜丝等。

355

（5）考核内容及评分标准（满分为100分），见下表。

考核内容及评分标准

序号	考核项目	评分标准	满分	检测点					得分
				1	2	3	4	5	
1	打开检查	剔开地面，检查接头	20						
2	基层处理	换大便器填塞密实	20						
3	接口处理	换胶皮碗，接水管	20						
4	保护层	面层牢固抹平	20						
5	文明施工	不浪费，工完场清	10						
6	工效	按劳动定额进行	10						

第三部分 高级防水工

3.1 填空题

1. 建筑防水是建筑物的<u>使用功能</u>中的一项重要的内容。

2. 施工的每道工序完成以后，应经监理或建设单位<u>检查验收合格</u>后方可进行下道工序的施工。当下道工序或相邻工程施工时，对屋面工程已完成的部分应采取保护措施。

3. <u>施工图</u>就是在建筑工程中能十分准确地表达出建筑物的外形轮廓、大小尺寸、结构和材料做法的图样。

4. 施工图是房屋建筑施工的<u>重要依据</u>，同样也是进行企业管理的重要技术文件。

5. 为了表示建筑物朝向和方位，在<u>总平面</u>图中还应标上绘有指北针和风率的"风玫瑰图"。

6. <u>建筑施工图</u>是说明房屋建筑各层平面布置、房屋的立面与剖面形式、建筑各部构造和构造详图的图样。

7. <u>结构施工图</u>是说明房屋的结构构造类型、结构平面布置、构件尺寸、材料和施工要求等的图样。

8. <u>建筑施工图</u>纸在图标栏内应标注"建施××号图"，以便查阅。

9. <u>结构施工</u>图样在图标栏内应标注"结施××号图"，以便查阅。

10. 一般平面图应标注下列标高：室内地面标高、室外地面标高、走道地面标高、大门室外台阶标高、卫生间地面标高、楼梯平台标高等。

11. 总平面图是标明一个建筑物所在位置及周围环境的平面图。

12. 总平面图是新建工程定位放线、土方施工以及在施工前做施工组织设计时进行现场总平面布置的重要依据。

13. 建筑总平面图，主要说明拟建建筑物所在地的地理位置和周围环境的平面布置图。

14. 剖面图的剖切位置，应在平面图中表示其位置，以便剖面图与平面图对照阅读。

15. 一般在底层平面图的右下方画上指北针，表示建筑物的方向。

16. 建筑立面图主要表示建筑物的外貌，它反映了建筑各立面的造型、门窗和位置各部分的标高、外墙面的装修材料和做法。

17. 剖面图与平面图、立面图是构成建筑施工图的基本图样。

18. 平面图虽然仅能表示长宽两个方向的尺寸，但为了区别图中各平面的高差，可用标尺来表示。

19. 图纸会审工作应由建设单位负责组织，由设计、土建、机械化施工、设备安装等专业施工单位参加。

20. 图纸会审的程序应该是先分别学习，后集体会审，先专业单位自审，后由设计、施工、建设单位共同会审。

21. 图纸会审的目的是弄清设计意图，发现问题，消灭差错。

22. 图纸经过学习、审查后，应由组织审查单位将会审中提出的问题以及解决的方法详细记录写成正式文件（必要时由设计部门另出修改图纸），列入工程档案。

23. 在施工过程中，发现图纸仍有差错或与实际情况不符，或施工条件、材料规格、品种、质量不能完全符合设计要求，以及职工提出合理化建议，需要修改施工图时，必须严格执行设计变更签证制度。

24. 在施工过程中施工单位提出的设计变更，由施工单位填写施工技术问题核定单、经建设单位、设计单位同意后方得进行。

25. 会审记录、设计核定单、隐蔽工程签证等均为重要的技术文件，应妥善保管，作为施工决算的依据。

26. 定位轴线用细点划线绘制，每条轴线都要编号。

27. 在防水施工前应仔细看图，除了看平、立面图以外，还必须看图纸上的索引，了解防水的设计要求。

28. 设计说明一般写在建筑施工图的首页，它用文字简单介绍工程的概况和各部分构造的做法。

29. 对于复杂的工程或新建筑群，可用较精确的坐标网来确定各建筑的方位和道路的位置。常用的坐标网有测量坐标和建筑坐标。

30. 建筑防水工程主要包括：地下防水工程、屋面防水工程、厕浴间防水、外墙板缝防水等。

31. 根据建筑防水功能的要求，应采用不同品种、不同档次的防水材料。

32. 防水材料必须经具备相应资质的检测单位进行抽样检验，并出示产品性能检测报告。

33. 柔性防水层系指以防水卷材或防水涂料经施工形成的防水层，粘贴在地下结构工程的迎水面。

34. 刚性防水层系指在钢筋混凝土结构层内填加微膨胀剂或外加剂形成防水混凝土，起到结构自防水的作用。

35. 地下防水工程的防水混凝土结构，各种防水层及渗排水和盲沟排水均应在地基或结构验收合格后方可施工。

36. 防水工程施工期间，地下水位所在位置应符合规范要求，规范要求地下水位应降至底部最低标高以下不小于300mm。

37. 在地下水位较高的地下工程施工时，应审核在基坑中是否设集水井，以保证施工时基坑内无积水。

38. 屋面防水工程，当屋面坡度小于3%，卷材应平行于屋脊的方向铺贴，搭接与流水方向一致。

39. 屋面防水工程，当屋面坡度在 3% ~ 15% 之间时，可<u>平行或垂直</u>屋脊铺贴。

40. 屋面防水工程，当屋面坡度大于 15% 或屋面受振动时，应<u>垂直</u>屋脊铺贴。

41. 屋面防水工程，卷材搭接宽度一般为<u>80 ~ 100mm</u>。

42. 卷材的搭接方向和铺贴顺序，<u>应根据屋面的坡度</u>、<u>年最大频率风向</u>、<u>卷材的性质</u>等情况来决定。

43. 屋面工程防水构造做法，凡可能产生爬水的部位应做<u>滴水</u>或采取其他<u>防止爬水</u>的措施。

44. 屋面工程防水构造做法，凡图纸标明的穿过屋面防水层的管道、设备或预埋件，应在防水层施工之前安装并做好<u>防水</u>处理。

45. 采用单层合成高分子卷材做防水层时，涂刷<u>着色剂</u>，做为卷材表面的保外性涂料。

46. 建筑防水工程的质量，除去选材适当，构造合理以外，<u>施工质量是关键</u>。

47. 防水，一般是用防水材料在屋面等部位做成均质的连续性被膜，利用防水材料的<u>水密性</u>有效隔绝水的渗漏通道，从而达到防水的目的。

48. 建筑工程的防水技术按其做法可分为两大类，即<u>结构、构件自身防水和采用不同防水材料的防水层防水</u>。

49. 建筑防水材料按其形态可分为<u>柔性防水材料</u>和<u>刚性防水材料</u>两大类。

50. 建筑防水材料按其组成或特性可分为以下四大类：<u>防水卷材</u>、<u>防水涂料</u>、密封材料和刚性防水材料。

51. 建筑防水材料按<u>种类</u>的不同可分为卷材、涂料、密封材料、刚性材料、堵漏材料、金属材料六大系列及瓦片、夹层塑料板等排水材料。

52. 防水涂料主要是以<u>乳化沥青</u>、<u>改性沥青</u>、橡胶及合成树脂为主要材料的防水材料。

53. 我国的防水涂料品种较多，涂料的主要成分可分为<u>乳化沥青类</u>、<u>改性沥青类</u>、<u>橡胶类</u>和<u>合成树脂类</u>四大类，按液态类型可分为<u>溶剂型</u>、<u>水乳型</u>和<u>反应型</u>三类。

54. 水乳型防水涂料中的<u>高分子</u>材料是以极其微小的颗粒稳定地悬浮在水中，呈乳液状涂料。

55. 水乳型涂料以<u>水</u>为分散介质，无毒，不污染环境。故市场份额已逐渐增多，也越来越被人们接受。

56. 反应型防水涂料中的<u>高分子</u>材料在施工固化前是以预聚体形式存在的，不含溶剂和水。双（或多）组分涂料通过固化剂、单组分涂料通过湿气和水起化学反应而形成弹性防水涂膜。

57. 硅橡胶防水涂料是以硅橡胶胶乳以及其他乳液的复合物为<u>主要基料</u>，掺入无机填料及各种助剂配制而成的乳液型防水涂料。

58. 硅橡胶防水涂料成膜速度快，对基层的<u>干燥程度无严格</u>要求，可在较潮湿的基层上施工。

59. 防水涂料按材质的不同，可分为<u>有机防水涂料</u>和<u>无机防水涂料</u>两类。

60. 防水涂料按组分的不同一般可分为<u>单组分防水涂料</u>和<u>双（或多）组分防水涂料</u>两类。

61. 密封材料分为<u>不定型密封材料</u>和<u>定型密封材料</u>，前者指膏糊状材料，如腻子、塑性密封膏、弹性和弹塑性密封膏或嵌缝膏；后者是根据密封工程的要求制成带、条、垫形状的密封材料。

62. 嵌填密封材料按操作工艺分为<u>热灌法</u>和<u>冷嵌法</u>施工。

63. 用作密封防水施工的密封材料主要是<u>不定型密封材料</u>，其中用得最多的是油质嵌缝材料、聚硫密封材料、聚氨酯密封材料、硅酮密封材料、丁基橡胶密封材料、水溶性丙烯酸密封材料和丁苯橡胶密封材料等。

64. 密封防水系指对以建筑物或构筑物的接缝，节点等部位运用密封防水材料进行水密和气密处理，起着密封、防水、防尘和隔声等作用。

65. 建筑物接缝依据需要分为：连接缝、施工缝、变形缝。

66. 改性石油沥青密封材料检验项目有：施工度、粘结性、柔性和耐热性。

67. 改性煤焦油沥青密封材料应检验的项目有：耐热度、粘结延伸和柔性。

68. 接缝密封热灌法工艺施工时，密封材料需要在现场塑化或加热，使其具有流塑性。

69. 常用的密封防水材料，主要有改性沥青密封防水材料与合成高分子密封防水材料。

70. 接缝密封材料的嵌填按施工方法可分为热灌法和冷灌法两种。

71. 涂刷基层处理剂的施工应放在背衬材料和防污条施工完成后进行，其作用是提高密封材料的粘结性能。

72. 改性沥青密封材料、合成高分子密封材料均不得在五级风及其以上施工。雨天、雪天严禁施工。

73. 外墙用密封材料作墙面的接缝防水，主要是使用有延伸性、弹塑性、粘结性良好的密封材料，能够使墙板之间相互联为整体，使之起密封、防水和保温作用。

74. 控制接缝宽度是使接缝宽度满足设计规范要求，使密封材料的性能得以充分发挥，以达到防水的目的。

75. 保温隔热屋面，是一种集防水和保温隔热于一体的防水屋面。

76. 松散材料保温层适用于平屋顶，不适用于有较大振动的屋面。

77. 松散保温材料应分层铺设，并适当压实，每层虚铺厚度不宜大于150mm，压实程度与厚度由试验确定。

78. 当屋面坡度较大时，为防止保温材料下滑，应采取防滑措施。

79. 架空隔热屋面是利用通风空气层散热快的特点，以提高屋面的隔热能力。架空隔热屋面宜在通风良好的建筑物上采用，不宜在寒冷地区采用。

80. 架空隔热层的高度应按屋面的宽度或坡度大小变化确定，设计无要求时，一般以 100～300mm 为宜。架空板与女儿墙的距离不宜小于 250mm。

81. 倒置式屋面构造是由保护层、保温层、防水层、找平层、结构层所组成。

82. 刚性防水材料是指以水泥、砂、石为基料或掺入少量外加剂、高分子聚合物等材料，通过调整配合比，减少孔隙率，改变孔隙特征，增加各原材料界面间的密实性等方法配制成的具有一定抗渗能力的水泥砂浆、混凝土。

83. 刚性防水材料可分为防水混凝土、防水砂浆、无机防水剂和注浆堵漏材料四大类。

84. 水泥基渗透结晶型防水材料是一种由水泥、硅砂、石膏及多种活性材料组成的刚性防水材料，与水作用后，活性物质通过载体（水、胶体）向混凝土内部渗透，在混凝土中形成不溶于水的枝蔓状结晶体，堵塞毛细孔缝，使混凝土致密、防水。

85. 找平层施工质量的好坏，直接关系到防水层质量的好坏。

86. 刚性防水适用于结构变形较小的建筑。

87. 普通防水混凝土是根据结构所属强度和抗渗标号，控制水灰比、砂率、水泥用量的方法来提高混凝土的密实性和抗渗性，达到防水的目的。

88. 减水剂防水混凝土以提高防水混凝土的抗渗性为目的，在混凝土拌合物中掺入适量不同类型的减水剂。

89. 减水剂对水泥具有强烈的分散作用，它借助于极性吸附作用，大大降低了水泥颗粒之间的吸引力，有效地阻碍和破坏了水泥颗粒间的凝絮作用，并释放出凝絮体中的水，从而提高了混凝土的和易性。

90. 在混凝土中加入引气剂，通过搅拌可产生数千亿个微小均匀的气泡，改善了混凝土的和易性，减少沉降泌水和分层离析，减少混凝土的渗水通道从而起到防水的作用。

91. 引气剂是一种具有憎水作用的表面活性物质，在混凝土搅拌过程中产生大量密闭、稳定和均匀的微小气泡，改变毛细管的性质，使毛细管变得细小、分散，减少了渗水通道。

92. 在混凝土中加入少量氯化铁防水剂拌制成的氯化铁防水混凝土具有高抗渗性和密实性。

93. 三乙醇胺防水混凝土砂率必须随水泥用量降低而相应提高，使混凝土有足够的砂浆量，以确保其抗渗性。

94. 水泥砂浆防水材料可分为掺外加剂的防水砂浆和多层抹面防水砂浆两种。

95. 刚性多层抹面水泥砂浆防水是利用不同配比的水泥浆和水泥砂浆分层分次施工，相互交替抹压密实，充分切断各层次毛细孔网，构成一个多层防线的整体防水层，具有一定的防水效果。

96. 注浆材料主要分水泥浆液、水泥化学浆液及化学浆液三类。

97. 环氧树脂本身是不会固化的，必须加入固化剂，使环氧树脂交联成网状结构的分子团，成为不溶不熔、无臭、无味、无毒、耐腐、耐磨的硬化物。

98. 一般所说的环氧树脂是指出环氧氯丙烷在苛性碱作用下缩聚而成的树脂，它具有一般高聚物的通性，即环氧值越大，分子量越小，软化点越低。在未加入固化剂前质量稳定。

99. 稀释剂的主要作用是降低环氧树脂的黏度，改进工艺性能。

100. 环氧树脂在加入固化剂后，黏度逐渐增加，并可延长使用寿命。

101. 在玻璃钢施工中，加入稀释剂可增加树脂对玻璃纤维及共织物的浸润能力，改善成型工艺，同时可增加填料的用量，减少环氧树脂的用量，降低成本。

102. 环氧树脂加入固化剂，经交联固化后的产物往往**韧性**较差，性脆，在低温条件下硬化，抗冲击性能更差。为提高树脂固化后的韧性，常加入适量的增韧剂，以提高其抗弯、抗冲击性能。

103. 环氧树脂所选用的填料应是**中性**或**弱碱性**的，以免与环氧树脂或固化剂发生作用。

104. 玻璃钢施工基层，凡有排水要求的地面或屋面，均应按设计要求做出**排水坡度**。

105. 玻璃钢防水材料适用耐**腐蚀性**要求较高的特殊防水工程。

106. 在做好施工准备后即可进行玻璃钢胶料的配制，胶料严格按施工配合比的组分和数量进行配制，计量要准确，配制数量根据施工速度而定，一般数量不要大多，应在30~40min内用完。

107. 配置聚酯树脂时，引发剂与加速剂**不能直接混合**。

108. 玻璃钢胶料的配置施工前加入固化剂时，树脂温度应低于40℃。

109. 玻璃钢胶料的配置如果由于稀释剂会发树脂变稠，可再加入适量稀释剂，但凝结后的胶料**不得再掺稀释剂继续使用**。

110. 玻璃钢施工，基层表面或层间凹陷不平处，须用刮刀嵌刮腻子予以填平，24h后，再贴玻璃布。腻子不要太厚，否则热处理时易出现龟裂。

111. 玻璃钢防水施工，用毛刷或橡胶刮板在基层表面涂刷一薄层胶料，将裁好的玻璃布仔细就位，铺设平整后即用毛刷从布的**中央向两边**赶除气泡，然后用刮板刮平，使玻璃布被胶料浸透，表面平整无褶皱和气泡。

112. 玻璃布的粘贴顺序应与流水方向**相反**，玻璃布施工前按施工部位剪裁卷好，按从**上到下**的原则铺贴。

113. 玻璃布一般用鱼鳞式搭接法，各帆布的搭接缝宽度不小于50mm，铺上层时，上层布应压住下层各幅布的 2/3、3/4、4/5 幅。

114. 环氧玻璃钢施工后常温下地面养护时间不少于7d。

115. 酚醛玻璃钢施工后常温下地面养护时间不少于10d。

116. 环氧呋喃玻璃钢施工后常温下地面养护时间不少于15d。

117. 聚酯玻璃钢施工后常温下地面养护时间不少于15d。

118. 玻璃钢施工后养护温度不得低于20℃，养护期间不得与水及其他腐蚀性介质接触。

119. 一般情况下，玻璃钢施工的环境温度以15~25℃为宜，相对湿度不大于80%。

120. 玻璃钢施工表面平整度用 2m 靠尺和楔形塞尺检查，其平整度不大于5mm。

121. 玻璃钢施工地面坡度应符合设计要求，误差不大于坡度 ±0.2%，最大偏差不大于30mm。

122. 玻璃钢施工中，所用原材料，如固化剂、稀释剂等都具有不同程度的毒性或刺激性，在配制胶液或施工中，要加强现场的通风，降低施工场所有害物质的浓度。

123. 玻璃钢施工中不慎与腐蚀或刺激性物质接触后，要立即用水或乙醇擦洗，如接触酸后，应立刻用 10% 的碱溶液中和。

124. 建筑结构和水工结构在施工中，由于混凝土出现裂缝而造成的渗漏，可采用压力灌浆把渗漏水通道堵住。

125. 压力灌浆按灌浆材料不同，可分为三类：水泥、石灰、黏土类灌浆；沥青灌浆和化学灌浆。

126. 刚性防水按照防水材料划分，通常可分为防水混凝土和防水砂浆两大类。

127. 刚性防水按照所应用的结构部位的不同，又大致可分为地下结构刚性防水、地面刚性防水和屋面刚性防水三大类。

128. 刚性防水材料抗冻、抗老化性能好，并能满足耐久性要求，其耐老化在20 年以上。

129. 结构构件自防水属于<u>刚性防水</u>的范畴。

130. 构件自防水是利用钢筋混凝土板自身的<u>密实性</u>，对板缝进行<u>局部防水</u>处理而形成的防水屋面

131. 自防水混凝土的抗穿刺、抗压强度、抗渗压力较高，但<u>抗裂性</u>较低。

132. <u>多道防水设防</u>是指不同类别的防水材料复合使用，各道防水设防互补，增加防水可靠件，以满足防水层耐用年限的要求。

133. 屋面防水等级为Ⅰ级时，其防水层使用年限要求不少于<u>25</u>年。

134. 屋面防水等级为Ⅱ级时，其防水层使用年限要求不少于<u>15</u>年。

135. 屋面防水等级为Ⅲ级时，其防水层使用年限要求不少于<u>10</u>年。

136. 屋面防水等级为Ⅳ级时，其防水层使用年限要求不少于<u>5</u>年。

137. 屋面防水等级为Ⅰ级时，设防要求为<u>三道或三道以上</u>防水设防。

138. 屋面防水等级为Ⅱ级时，设防要求为<u>二道防水设防</u>。

139. 屋面防水等级为Ⅲ级时，设防要求为<u>一道防水设防</u>。

140. 屋面防水等级为Ⅳ级时，设防要求为<u>一道防水设防</u>。

141. 密封防水的耐用年限与防水层一起应符合屋面<u>防水等级</u>的要求。

142. 屋面采用多道防水设防时，应充分利用各种防水材料技术性能上的优势，将耐老化、耐穿刺的防水材料铺设在<u>最上面</u>，以提高后面工程的整体防水功能。

143. 刚件防水层系指在钢筋混凝土结构层内填加微膨胀剂或外加剂形成防水混凝土，起到<u>结构自防水</u>的作用。

144. 防水混凝土是以调整混凝土配合比、掺加外加剂或使用特殊品种的水泥等方法提高自身的<u>密实性</u>、<u>憎水性</u>和<u>抗渗性</u>，

使其能够满足抗渗设计强度等级的不透水混凝土。

145. 防水混凝土一般分为普通防水混凝土、外加剂防水混凝土和采用膨胀水泥配制的防水混凝土三种。

146. 防水混凝土除满足强度等级要求外，还应满足抗渗等级要求。其配合比必须由实验室提供。

147. 防水混凝土抗渗等级可分为设计等级、试验等级和检验等级三种。

148. 在审核刚性防水混凝土施工方案时，应注意在混凝土底板与结构墙交接处必须加膨胀止水带，以防止结构根部造成渗漏。

149. 试验抗渗等级是确定防水混凝土施工配合比时所用的抗渗等级。选定配合比时，应比设计要求的抗渗等级提高 0.2MPa。

150. 防水混凝土留置抗渗试块是为了检验施工的防水混凝土的抗渗标号是否达到设计抗渗等级，作为竣工交验的档案资料和工程依据。

151. 防水混凝土抗渗试块留置组数，应根据防水混凝土结构的规模和实际要求而定。但每个单位工程不得少于两组（每组6块）。

152. 防水混凝土试块在标准条件下养护，试块养护期不少于28d，不超过90d。如果施工时原材料更换，必须重新做试配，另留试块。

153. 防水混凝土的施工缝有企口缝、平缝加止水钢板、平缝加膨胀止水条等几种形式。

154. 防水混凝土工程中的变形缝包括伸缩缝和沉降缝。

155. 施工缝是防水搭接的薄弱环节，因此，防水混凝土底板应采取连续浇筑的方法，不留施工缝。

156. 防水混凝土施工缝的留设，在墙体上，只允许留设水平施工缝。其位置应在施工组织设计中充分考虑，不能留在剪力与弯矩最大处，一般宜留在高出底板上表面不少于 200mm 的墙身上。墙身有孔洞时，施工缝离孔洞边缘不得小于 300mm。

157. 防水混凝土工程不得单独留设<u>垂直</u>施工缝。如须留设时，<u>垂直</u>施工缝应留在变形缝、后浇缝处。

158. 防水混凝土工程中的变形缝包括<u>伸缩缝</u>和<u>沉降缝</u>。

159. 变形缝一般做成<u>平缝</u>。

160. 后浇缝一般应将两侧的防水混凝土结构浇完<u>6 个</u>星期后进行。

161. 后浇缝应选用补偿收缩混凝土，以使后浇混凝土本身不产生裂缝，并且与先浇混凝土之间能紧密结合，不形成缝隙。

162. 后浇缝部位的混凝土强度等级应与两侧先浇混凝土强度等级<u>相同</u>。

163. 后浇缝混凝土施工温度<u>低于</u>两侧先浇混凝土施工温度，宜选择在气温较低的季节施工。这是为了减少混凝土的冷缩变形。施工温度在5℃以上，<u>30℃</u>以下较为适宜。

164. 普通防水混凝土，水泥强度等级不低于<u>42.5</u>，水灰比不大于0.6。

165. 减水剂防水混凝土砂率必须随水泥用量降低而相应<u>提高</u>，使混凝土有足够的砂浆量，以确保其抗渗性。当水泥用量为 $280 \sim 300 \mathrm{kg/m^3}$ 时，砂率以 40% 左右为宜，灰砂比可小于普通防水混凝土 1:2.5 的限制。

166. 氯化铁在配料时，要先将称量好的氯化铁防水剂用<u>80%</u>以上的拌合水稀释，搅拌均匀后，再将该水溶液和混凝土或砂浆拌合，最后加入剩余的水。

167. 混凝土膨胀剂是指与水泥、水拌合后经水化反应生成钙矾石、氧化钙或氢氧化钙，使混凝土产生膨胀的粉状外加剂。

168. 硫铝酸钙类混凝土膨胀剂，是指与水泥、水拌合后经<u>水化反应</u>生成钙矾石的混凝土膨胀剂。

169. 硫铝酸钙-氧化钙类混凝土膨胀剂，是指与水泥、水拌合后经<u>水化反应</u>生成钙矾石和氢氧化钙的混凝土膨胀剂。

170. 为了使防水混凝土粉料，粗、细骨料加水特别是掺外加剂的防水混凝土搅拌均匀,必须用机械搅拌。搅拌时间不得小于2min,掺外加剂的防水混凝土搅拌时间应延长。

171. 搅拌好的混凝土在运输过程中注意防止漏浆和离析。当有离析、泌水产生时,应在入模浇筑前进行二次搅拌。

172. 大体积防水混凝土的浇筑应分层连续进行,每层厚度为200~350mm,在下面一层混凝土初凝前,接着浇筑上一层混凝土。

173. 防水混凝土养护的目的是避免混凝土内水分蒸发过快,早期脱水造成混凝土收缩,产生裂缝。

174. 防水混凝土在开始养护前,混凝土温度不宜低于10℃。

175. 冬期施工时,混凝土的拆模,除应遵守结构表面与周围空气的温差不超过15℃的规定外,其他按普通混凝土的有关规定进行。

176. 防水混凝土冬期施工宜采用原材料加热法、暖棚法及早期蓄热法。

177. 防水混凝土严禁渗漏,必须密实,抗渗等级和强度必须符合设计要求及普通混凝土施工规范的规定。

178. 水泥砂浆抹面防水是一种刚性防水,它是通过在建筑结构的迎水面或背水面做防水砂浆层,以阻止水的浸入。

179. 水泥砂浆防水层大致可分为:刚性多层抹面水泥砂浆防水层、掺防水剂水泥砂浆防水层以及聚合物砂浆防水层三种。

180. 水泥砂浆防水层施工,其水泥强度等级不得低于32.5,并不得受潮和结块,不同品种、强度等级的水泥不得混用,以免影响防水层质量。

181. 水泥砂浆宜用砂浆搅拌机拌合,在没有机械或搅拌量少的情况下,也可采用人工拌合。

182. 后埋式止水带适用于浅埋的半地下防水工程的变形缝处理。

183. 砂浆、混凝土防水剂是指能降低砂浆、混凝土在静水压力下的透水性的外加剂。

184. 掺防水剂的水泥砂浆防水层，是通过在水泥砂浆中掺入适量的防水剂，当防水剂与泥浆中的水泥发生反应后，往往生成不溶于水的<u>胶状</u>物质等，以堵塞、封闭砂浆层的毛细孔。

185. 掺防水剂的防水砂层施工气温应控制在<u>5～35℃</u>的范围之内，气温过高或过低都将直接影响到防水层的施工质量。

186. 聚合物砂浆防水层施工完毕后，立即进行湿润养护，养护期为<u>14d</u>。

187. 屋面找平层宜设<u>分格缝</u>，并嵌填密封材料。

188. 一般无大量蒸汽散发的房间可不设<u>隔汽层</u>。

189. 在屋面保温层与结构之间应设一道<u>隔汽层</u>以阻止水蒸气进入，破坏防潮层。

190. 刚性防水屋面是指以<u>刚性防水材料</u>为主要材料制作的防水屋面。

191. 刚性防水屋面，按其构造形式，可分为<u>防水层与结构层相互结合</u>和<u>两者相互隔离</u>两种。

192. 刚性防水屋面按混凝土性质划分，可分为<u>细石混凝土防水屋面</u>、<u>微膨胀混凝土防水屋面</u>以及<u>预制混凝土防水屋面</u>。

193. 刚性防水屋面按隔热方法可分为：<u>架空隔热刚性屋面</u>、<u>蓄水隔热刚性屋面</u>和<u>种植隔热刚性屋面</u>等。

194. 蓄水屋面应采用刚性防水层或在卷材、涂膜防水层上设置<u>刚性防水层</u>。

195. 保温层设置在防水层上部时，保温层的上面应做<u>保护层</u>。

196. 保温层设置在防水层下部时，保温层的上部应做<u>找平层</u>。

197. 干铺的保温层可在<u>负温</u>下施工；用有机胶粘剂粘贴的板状材料保温层，<u>-10℃以上</u>可以施工；用水泥砂浆粘贴的板状材料保温层，<u>5℃以上</u>可以施工。

198. 为了确保防水层的防水性能，除了要求防水层具有耐霉烂、耐腐蚀、耐穿刺等性能外，对于重要的高等级倒置式屋面，还应在保温层与防水层之间增设滤水层。

199. 刚性防水屋面适用于屋面结构刚度较大及地基地质条件较好的建筑。不适用于设有松散材料保温层的屋面，以及受较大振动或冲击和坡度大于15%的建筑屋面。

200. 普通细石混凝土防水层，防水层采用普通钢丝网细石混凝土，依靠混凝土的密实性达到防水目的，施工简便造价低廉。但结构层变形和温度、湿度变化易引起防水层开裂，防水效果较差。

201. 伸出屋面的管道、设备或预埋件等，应在防水层施工前安装完毕。屋面防水层完工后，不得在其上凿孔、打洞或重物冲击。

202. 基层易开裂、温差大、年降雨量大地区建筑物防水材料应选择延伸率大、弹性大的高档柔性防水材料作防水层。

203. 基层不易开裂、温差大、年降雨量大地区建筑物防水材料应采用延伸率小一些的聚物水泥防水涂料、橡胶改性沥青防水涂料、聚氨酯防水涂料等。

204. 基层不易开裂、温差小、年降雨量大地区建筑物防水材料可选用延伸率低、弹性低一些的卷材、有机涂料或刚性材料作防水层。

205. 侵蚀性介质基层防水材料应选择耐侵蚀的防水材料作防水层。

206. 补偿收缩混凝土防水层，防水层混凝土中掺膨胀剂或用膨胀水泥拌制而成，利用混凝土在硬化过程中产生的膨胀来抵消其全部或大部分收缩，避免或减轻防水层开裂，具有良好的防水效果。

207. 预应力混凝土防水层，利用施工阶段在防水混凝土内设置预应力钢筋建立的预应力来抵消或部分抵消在使用过程中可能出现的拉应力，避免板面开裂。

208. 振动作用基层防水材料应选择刚性材料作防水层。

209. 易积灰的屋面，宜采用刚性材料作保护层。

210. 屋面卷材防水层本身无保护层时，应另设保护层。

211. 刚性防水屋面的结构层应有较好的刚度和整体性，以减少其变形对防水层的不利影响。刚性防水层屋面的结构层宜采用整体现浇的钢筋混凝土。

212. 刚性防水屋面的坡度宜为 2%～3%，并应采用结构找坡。

213. 刚性防水层与山墙、女儿墙以及突出屋面结构的交接处均应做柔性密封处理。

214. 细石混凝土防水层与基层间宜设置隔离层。

215. 隔离式防水层是在结构层与细石混凝土防水层之间加设隔离层，以减少结构变形和温度变化对防水层的影响。

216. 天沟、檐口应用水泥砂浆找坡，找坡厚度大于 20mm 时，宜采用细石混凝土。

217. 天沟、檐沟应增铺附加层。当采用沥青防水卷材时，应增铺一层卷材；当采用高聚物改性沥青防水卷材或合成高分子防水卷材时，宜设置防水涂膜附加层。

218. 卷材防水层在天沟、檐沟的收头，应固定密封。涂膜防水层应用防水涂料多遍涂刷或用密封材料封边收头。

219. 屋面设施基座、支撑与结构层相连时，应设置卷材附加层，并应与防水层一起包裹设施基座至上部，收头处应密封严密。

220. 防水层的细石混凝土宜用普通硅酸盐水泥或硅酸盐水泥。当采用矿渣硅酸盐水泥时，应采取减小泌水性的措施，水泥强度等级不宜低于 42.5，并不得使用火山灰水泥。

221. 刚性防水屋面的构造通常有在预制板上做刚性防水层和在保温层上做刚性防水层两种。

222. 刚性防水屋面钢筋网片在分格缝处应断开。

223. 刚性防水屋面因受大气温度变化影响大，容易出现温差裂缝而渗漏，所以，刚性防水层应设分格缝，缝中嵌入密封材料，它实质是一种横向刚柔结合的防水层。

224. 刚性防水层内一般要配置一层 $\phi 3 \sim \phi 4$、间距为 $200\text{mm} \times 200\text{mm}$ 的钢筋网,以提高防水层的抗裂性。

225. 防水层混凝土的浇捣应先远后近,先高后低的原则,逐个分格进行。

226. 混凝土浇捣 $12 \sim 24\text{h}$ 后即可浇水养护,养护时间不少于14d。养护初期屋面不得上人。

227. 防水层的节点施工应符合设计要求,预留孔洞和预埋件位置应准确。安装管件后,其周围应按设计要求用密封材料嵌填密实。

228. 混凝土从搅拌机出料至浇筑完成时间不宜超过2h。在运输和浇捣过程中,应防止混凝土的分层、离析。

229. 补偿收缩混凝土的凝结时间一般比普通混凝土略短。

230. 补偿收缩混凝土可分为膨胀水泥混凝土和膨胀剂混凝土两种类型,前者用膨胀水泥配制,后者用一般水泥掺入膨胀剂来配制。

231. 刚性屋面细石混凝土防水层施工的泛水和防水板块应一次浇筑,不留施工缝。

232. 拒水粉是一种憎水、松散性的防水材料。它是通过其憎水性能,阻挡水的浸入,以达到防水的目的。

233. 普通拒水粉防水屋面的构造主要分为找平层、防水层、隔离层和保护层四个构造层次。

234. 绝缘法施工由于其针对性的不同,种类较多,按其防水材料的种类进行划分可分为:沥青类油毡的绝缘法施工、高分子卷材的绝缘法施工、涂膜的绝缘法施工。

235. 防水层的机械固定根据所用固定件的不同及固定方式不同可分为:螺栓或螺钉固定、轨道式固定、非穿透式连接。

236. 防水层与保温层倒置施工法是将防水层设于保温层的下面。

237. 掺无机铝盐防水砂浆的水塔水箱刚性防水施工,施工环境温度在5℃以上。

238. 水塔的水箱一般采用<u>防水泥凝土</u>或<u>自防水结构</u>，再在箱体内壁上做刚性防水。

239. 涂料与卷材复合设防时，两者材性应<u>相容</u>。

240. 三元乙丙-丁基橡胶防水卷材施工，基层表面应保持干燥，含水率不大于<u>9%</u>。

241. "帝畏"清漆内含有氯化苯，在施工时罐内要采用通风措施，操作人员要戴口罩和面具，要勤替换，每次操作时间不要超过<u>30min</u>。

242. 7202 涂料施工中，进油管操作人员应戴防毒口罩（活性碳型），操作规定时间为每工作 1.5h 休息<u>0.5h</u>，休息时集体离开操作区到罐外活动。

243. 运动场露天看台的防水、防渗施工一般分为<u>结构自防水</u>、<u>防水砂浆刚性防水</u>和<u>卷材防水</u>三类。

244. 地下工程防水的主要形式有<u>防水混凝土结构自防水</u>、<u>防水砂浆抹面刚性防水</u>、<u>卷材防水</u>、<u>涂膜防水</u>以及<u>刚柔结合的防水层</u>等。

245. 地下工程防水设防应根据<u>使用要求</u>，全面考虑地形、地貌、水文地质、工程地质、地震烈度、冻结深度、环境条件、结构形式、施工工艺及材料来源等因素，合理确定。

246. 渗漏水治理施工时应按先<u>顶（拱）后墙面</u>，再后底板的顺序进行，应尽量少破坏原有完好的防水层。

247. 处理地下室大面积渗漏时，宜先将地下水位降低，尽量在<u>无水状况</u>下进行操作，并根据渗漏水情况进行处理。

248. 地下室防水的关键部位，如变形缝、施工缝、穿墙管、预埋件、预留孔洞等特殊部位，应采取加强措施。

249. 大面积一般渗漏水和漏水点，可先用<u>速凝材料</u>堵水，再做防水砂浆抹面或防水涂层加强处理。

250. 孔洞渗漏水堵漏，一般在水压较小 2m 以下，孔洞不大的情况下采用<u>直接快速堵塞法</u>。

251. 孔洞渗漏水堵漏，一般水压较高，水头在 4m 以上，漏水孔洞不大时采用木楔堵塞法。

252. 孔洞渗漏水堵漏，一般孔洞较大，水压较大，水头在2~4m时采用下管堵漏法。

253. 裂缝漏水堵漏，用于堵塞水压较小的裂缝渗漏水的方法是直接堵塞法。

254. 裂缝漏水堵漏，用于水压较大的裂缝渗漏水堵漏的方法是下线堵漏法。

255. 裂缝漏水堵漏，用于水压较大的裂缝急流渗水堵漏的方法是下半圆铁片堵漏法。

256. 水泥、水玻璃、水泥浆的灌浆顺序应按先内后外，自上而下的顺序进行，避免缝内空气被灰浆堵塞。

257. 地下工程治理渗漏水应遵循的原则是堵排结合、因地制宜、刚柔相济、综合治理。

258. 地下防水工程渗漏水，防水混凝土配合比在现场施工时配制不准确，水灰比增大，使混凝土收缩大，出现裂缝，引起渗漏。

259. 地下工程渗漏水形式主要表现为三种，即点的渗漏、缝的渗漏和面的渗漏。

260. 地下工程渗漏水根据渗水量不同可分为慢渗、快渗、漏水和涌水。

261. 堵漏止水材料包括防水剂、灌浆材料、止水带及遇水膨胀橡胶等。

262. 堵漏材料是一种能在几十秒或数分钟即开始初凝的材料，主要用于地下工程漏水的封堵。

263. 硅酸钠防水剂是以硅酸钠（水玻璃）为基料，按一定的配合比与矾和水共同配制而成的一种快速堵漏材料。

264. 止水带有塑料止水带、橡胶止水带、复合止水带等多种。

265. 快凝水泥堵漏要求水泥强度等级不低于42.5，储存期不超过3个月。

266. 快凝水泥堵漏拌合过程中，不允许往胶浆中掺水，掺水量越多，水泥石的收缩越大，因此，防水浆掺量必须适宜，否则，将由于水泥石的大量收缩而导致开裂破坏。

267. 修堵大面积渗漏水，应尽量先将水位降低，使能在无水情况下直接进行施工操作。

268. 防水砂浆一次拌量不应过多，拌制好的砂浆应在初凝前用完，最好随拌随用，已经初凝变硬的砂浆不能使用。

269. 防水砂浆应采用机械搅拌，以保证水泥浆的匀质性。拌制时要严格掌握水灰比，水灰比过大，砂浆易产生离析现象；水灰比过小则不易施工。

270. 环氧粘贴玻璃布适合修补片漏，一般做在迎水面上。

271. 环氧粘贴玻璃布防水层不宜太厚，一般为1.5mm。

272. 防水工程结构在使用期存在微小（3~5mm）变形，这类工程或部位渗漏水的处理宜采用柔性堵漏法。

273. 地下防水工程必须由持有资质等级证书的防水专业队伍进行施工。

274. 对采用明沟排水的基坑，应保持基坑干燥。

275. 防水卷材在建筑防水材料的应用中处于主导地位，在建筑防水的措施中起着重要作用。

276. 防水卷材是以沥青、改性沥青、合成高分子材料制成的具有一定厚度的致密材料，具有不透水性，在一定水压范围内可有效地隔绝水的渗透。

277. 卷材屋面按所采用的防水材料，分为高分子合成卷材、SBS等改性沥青油毡卷材、沥青油毡防水卷材。

278. SBS改性沥青油毡既可以进行冷贴，又可以用汽油喷灯进行热熔施工。

279. 弹性体（SB）改性沥青防水卷材（简称SBS卷材）以苯乙烯-丁二烯-苯乙烯（SBS）共聚热塑性弹性体作沥青的改性剂，以聚酯胎或玻纤胎为胎体，以聚乙烯膜、细砂、粉料或矿物粒（片）料作卷材两面的覆面材料。

280. 在沥青中加入 10% ~15% 的 SBS 作卷材的浸涂层，可提高卷材的弹塑性和耐疲劳性，延长 SBS 卷材的使用寿命，增强 SBS 卷材的综合性能。

281. 改性沥青聚乙烯胎防水卷材具有良好的延伸性能，适应基层变形的能力较强，其抗拉强度较低。

282. 冷自粘聚合物改性沥青（无胎体或有胎体）防水卷材在常温下即可自行与基层、卷材与卷材搭接粘结。

283. 建筑防水材料分为防水卷材、防水涂料、防水密封材料、刚性防水材料、堵漏止水材料和瓦类防水材料。

284. 防水卷材包括沥青防水卷材，高聚物改性沥青防水卷材及合成高分子防水卷材三大系列。

285. 沥青防水卷材包括普通沥青油毡和优质氧化沥青油毡两类。

286. 油毡防水层沥青严重流淌是指流淌面积大于屋面的50%，油毡滑动距离大于 150mm。

287. 油毡防水层沥青中等流淌是指流淌面积小于屋面的50%，油毡滑动距离在 100 ~150mm，这种流淌往往发生在垂直面上的油毡，或坡度较大的面上的油毡下滑。

288. 刚性防水屋面的防水层分为水泥砂浆防水层和细石混凝土防水层两种。

289. 混凝土刚性屋面开裂一般分为结构裂缝、温度裂缝和施工缝三种。

290. 泵送混凝土拌合物在运输后出现离析，必须进行二次搅拌。

291. 当坍落度损失后不能满足施工要求时，应加入原水胶比的水泥浆或掺加同品种的减水剂进行搅拌，严禁直接加水。

292. 水泥砂浆防水层施工，防水层各层应紧密粘合，每层宜连续施工。

293. 水泥砂浆防水层表面平整度的允许偏差应为5mm。

294. 卷材防水层适用于受侵蚀性介质作用或受振动作用的

地下工程；卷材防水层应铺设在主体结构的<u>迎水面</u>。

295. 涂料防水层适用于受侵蚀性介质作用或受振动作用的地下工程；有机防水涂料宜用于主体结构的<u>迎水面</u>，无机防水涂料宜用于主体结构的迎水面或背水面。

296. 涂料应分层涂刷或喷涂，涂层应均匀，涂刷应待前遍涂层干燥成膜后进行；每遍涂刷时应交替改变涂层的涂刷方向，同层涂膜的先后搭压宽度宜为<u>30~50mm</u>。

297. 有机防水涂料施工完后应及时做<u>保护层</u>。

298. 有机防水涂料施工完后做保护层，保护层应符合下列规定底板、顶板应采用20mm厚1:2.5水泥砂浆层和40~50mm厚的细石混凝土保护层，防水层与保护层之间宜设置<u>隔离层</u>。

299. 无机防水涂料以水泥基为<u>主料</u>，掺入其他堵漏类、密封类、结晶类、凝胶类渗透结晶类材料而制成。

300. 防水涂料每遍涂刮的推进方向宜与前一遍的涂刷方向<u>相互垂直</u>。

301. 防水涂料在<u>常温</u>下呈黏稠状液体，经涂布固化后，能形成无接缝的防水涂膜。

302. 涂膜防水层厚度，应根据<u>涂料的种类</u>、<u>屋面防水等级</u>、设防的方法来确定。

303. 涂膜防水层的涂刷遍数应满足要求。一般情况下，后一遍涂层应待前一遍涂层<u>实干</u>后再涂刷。

304. <u>某些</u>有机涂膜防水层长时间浸水后会出现<u>溶胀</u>现象或降低抗渗性能。当这种涂料用于地下工程时，应采用1:2.5水泥砂浆作保护层。

305. 涂膜防水，涂膜的<u>厚度</u>及均匀程度是关键。

306. 单组分中的聚氨酯预聚体，经现场涂刷后，与空气中的水分和基层内的潮气发生<u>固化反应</u>，形成弹性涂膜防水层，或在涂布前，加入适量水，搅拌均匀，涂布后形成涂膜。

307. 聚氨酯防水涂料是一种<u>反应固化</u>型防水涂料，分为单组分型和多组分型两种类型。

308. 硬质聚氨酯泡沫塑料具有<u>防水</u>和<u>保温</u>双重性能。

309. 焦油型聚氨酯防水涂料和采用摩卡（MOCA）作<u>固化剂</u>的聚氨酯防水涂料因产生刺鼻异味和有致癌危险，故禁止用于建筑工程。

310. 多组分中的聚氨酯预聚体与固化剂（非液态水）、增混剂，按规定的配合比混合，搅拌均匀，涂布后，涂层发生<u>化学反应</u>，固化形成具有一定弹性的涂膜防水层。

311. 金属防水板适用于<u>抗渗</u>性能要求较高的地下工程，金属板应铺设在主体结构迎水面。

312. 金属板材屋面由于屋面板材本身防水，可不作专门的<u>防水层</u>而只需对板缝进行处理。

313. 垂直施工缝应避开地下水和裂隙水较多的地段，并宜与<u>变形缝</u>相结合。

314. 中埋式止水带埋设位置应准确，其中间空心圆环与变形缝的中心线应<u>重合</u>。

315. 窗井的底部在最高地下水位<u>以上</u>时，窗井的墙体和底板应做防水处理，并宜与主体结构断开。

316. 锚喷支护适用于暗挖法地下工程的支护结构及复合式衬砌的初期支护。

317. 地下连续施工时，混凝土应按每一个单元槽段留置一组抗压强度试件，每<u>五</u>个单元槽段留置一组抗渗试件。

318. 裂缝注浆应待结构基本稳定和混凝土达到<u>设计强度</u>后进行。

319. 屋面工程所采用的防水、保温隔热材料应有产品合格<u>证书</u>和<u>性能检测</u>报告，材料的品种、规格、性能等应符合现行国家产品标准和设计要求。

320. 屋面防水工程，屋面坡度大于25%时，卷材应采取<u>满粘</u>和钉压固定措施。

321. 铺贴油毡卷材的长边及短边各种接缝应互相错开，上下两层油毡不许<u>垂直</u>铺贴。

322. 防水基层干燥程度的简易检验方法是将 $1m^2$ 卷材平坦地铺在找平层上，静置3~4h 后掀开检查，找平层覆盖部位与卷材上未见水印即可铺贴。

323. 防水层施工前屋面基层在管道根部必须抹成圆弧状或钝角。

324. 卷材按铺设方法的不同可分为满粘、点铺、条铺和空铺等。

325. 满粘法是卷材与基层采用全部粘接的施工方法。

326. 铺贴泛水的卷材应采用满粘法。泛水收头应根据泛水高度和泛水墙体材料的不同确定收头密封形式。

327. 立面或大坡铺贴高聚物改性沥青防水卷材时，应采用满粘法，并宜减少短边搭接。

328. 上人屋面、蓄水屋面、屋顶花园、种植屋面、架空隔热屋面的防水层宜采用空铺法施工。

329. 屋面阴阳角、管根、水漏口等防水细部必须做附加层处理。

330. 高跨立墙与低跨屋面交接处的附加层与基层之间宜做空铺处理。

331. 砖墙上的卷材收头可直接铺压在女儿墙压顶下，压顶应做防水处理；也可以压入砖墙凹槽内固定密封。

332. 根据屋面排水坡度要求留设反梁过水孔。孔底的标高应按排水坡度找坡后再留设，并应在结构施工图纸上注明孔底标高。

333. 热沥青玛蹄脂的加热温度不应高于240℃，使用温度不应低于190℃。

334. 冷沥青玛蹄脂使用时应搅匀，稠度太大时可加少量溶剂稀释搅匀。

335. 合成高分子防水卷材外观严禁杂质颗粒大于 0.5mm，每卷胶块不允许超过6块，每卷折痕不超过2处，每卷凹痕不超过6处。

336. 采用合成高分子防水卷材满粘法施工时，短边搭接宽度不小于80mm，长边搭接长度不小于80mm。

337. 优质氧化沥青防水油毡品种，按上表面隔离材料的不同分为膜面、粉面、砂面三个品种。

338. 水池、游泳池涂膜防水施工应先立面，后平面。

339. 接缝材料必须具有非渗透性和优良的粘接性和良好的伸缩性。

340. 屋面接缝密封防水施工质量检验批量应为每50m抽查一处，每处5m，且不得少于3处。

341. 屋面接缝密封防水，密封材料的选择应根据屋面工程的防水等级、耐久使用年限，选择拉伸、压缩循环性能相适应的材料。

342. 屋面接缝密封防水处理连接部位的基层应涂刷与密封材料相配套的基层处理剂。

343. 屋面密封防水施工前，应检查接缝尺寸，符合设计要求后，方可进行下道工序施工。

344. 屋面接缝密封防水施工时，基层处理剂的涂刷宜在铺放背衬材料后进行，涂刷应均匀，不得漏涂。待基层处理剂表干后，应立即嵌填密封材料。

345. 按卷材种类、材性的不同，施工方法可分为冷粘、热粘、自粘、热熔、焊接等施工方法。

346. 相邻两幅卷材短边搭接缝应错开，且不得小于500mm。

347. 上下层卷材长边搭接缝应错开，且不得小于1/3。

348. 平行屋脊的卷材搭接缝应顺水流方向，卷材搭接宽度应符合规定。

349. 防水涂料应多遍涂布，并应待前一遍涂布干燥成膜后，再涂布后一遍，且前后两遍涂料的涂布方向应相互垂直。

350. 班组要以搞好生产、提高经济效益为中心开展工作。

351. 防水施工要以质量管理为重点，以班组责任制为基础，建立和健全施工生产与安全、技术与质量、劳动管理、材料与机具、经济核算等管理制度。

352. 企业全体职工及有关部门同心协力把专业技术、经营管理、数理统计和思想教育结合起来，建立起从产品的设计研究、生产制造、售后服务等活动全过程的质量保证体系即为<u>全面质量管理</u>。

353. 为了充分发挥班组在生产中的作用，一般在班组设置班组长、工会组长、八大员（或五大员），负责班组管理工作，班组八大员有：<u>宣传员</u>、<u>质量技术员</u>、<u>安全员</u>、<u>料具员</u>、<u>经济核算员</u>、考勤员、<u>文体员</u>、<u>生活卫生员</u>。

354. 全面质量管理 PDCA 循环法中 P 代表<u>计划</u>，D 代表<u>执行</u>，C 代表<u>检查</u>，A 代表<u>处理</u>。

355. 排列图是为了寻找影响<u>质量</u>的主要原因所使用的图。

356. 因果图是表示<u>质量</u>特性与原因关系的图。

3.2 单项选择题

1. 识读建筑工程施工图，一般是先看<u>A</u>。

A. 建筑施工图　　　　B. 结构施工图

C. 暖卫施工图　　　　D. 电气设备施工图

2. 建筑施工图一般指建筑物的平面图、立面图、<u>B</u>、建筑详图及材料表和文字说明。

A. 配筋图　　B. 剖面图　　C. 效果图　　D. 节点图

3. 下列属于公共建筑的项目是<u>C</u>。

A. 住宅楼　B. 职工宿舍楼　C. 办公楼　D. 学生宿舍楼

4. 非永久性建筑指<u>D</u>。

A. 民宅　　B. 图书馆　　C. 办公楼　　D. 简易车间

5. 建筑物的轴线应用<u>D</u>来表示。

A. 实线　　B. 虚线　　C. 折断线　　D. 点划线

6. 平面图虽然仅能表示长、宽两个方向的尺寸，但为了区别图中各平面的高差，可用<u>B</u>来表示。

A. 标准 　　B. 标高 　　C. 标尺 　　D. 尺寸

7. 一般<u>C</u>图应标注下列标高：室内地面标高、室外地面标高、走道地面标高、大门室外台阶标高、卫生间地面标高、楼梯平台标高等。

A. 侧面 　　B. 结构 　　C. 平面 　　D. 立面

8. 剖面图的剖切位置，应在<u>D</u>中表示其位置，以便剖面图与平面图对照阅读。

A. 立面图 　　B. 结构图 　　C. 侧面图 　　D. 平面图

9. 剖切符号用短粗线画在<u>A</u>形之外，剖切时可转折一次（阶梯剖切），便于在剖切时更能反映建筑内部构造。

A. 平面图 　　B. 结构施工图 　　C. 立面图 　　D. 详图

10. 一般在<u>B</u>平面图的右下方画上指北针，表示建筑物的方向。

A. 顶层 　　B. 底层 　　C. 标准层 　　D. 中间层

11. <u>C</u>平面图主要表明屋面排水情况，如排水分区、屋面排水坡度、天沟位置、水落管的位置等。

A. 首层 　　B. 标准层 　　C. 屋顶 　　D. 中间层

12. 一般在屋顶<u>D</u>附近配以檐口节点详图、女儿墙泛水构造详图、变形缝详图、高低层泛水构造详图，各个图安排在一张图上便于对照阅读。

A. 构造节点图 　　B. 立面图 　　C. 详图 　　D. 平面图

13. 建筑<u>B</u>是根据正投影原理，将房屋的正面、背面、左侧面、右侧面进行绘制后所形成的图，它的名称是根据建筑的各个方向的首尾轴线命名的。

A. 结构图 　　B. 立面图 　　C. 剖面图 　　D. 详图

14. <u>D</u>用标高来表示建筑物的总高度、窗台上口、窗过梁下口、各层楼地面、屋面等标高。

A. 结构图 　　B. 正面图 　　C. 侧面图 　　D. 立面图

15. 图纸会审工作必须有组织、有领导、有步骤地进行。并按工程的性质、规模大小、重要程度、特殊要求，<u>C</u>组织图纸会审工作。

A. 分批　　　　B. 分开　　C. 分级　　D. 分行

16. 图纸会审工作应由D单位负责组织，由设计、土建、机械化施工、设备安装等专业施工单位参加。

A. 企业领导　　B. 土建　　C. 设计　　D. 建设

17. 图纸会审的A应该是先分别学习，后集体会审；先分专业自审，后由设计、施工、建设单位共同会审。

A. 程序　　　　B. 步骤　　C. 方法　　D. 次序

18. 图纸经过学习、审查后，应由B单位将会审中提出的问题以及解决的方法详细记录写成正式文件（必要时由设计部门另出修改图纸），列入工程档案。

A. 设计　　B. 组织审查　　C. 监理　　D. 施工

19. 地下防水工程施工期间，必须保持地下水位稳定在工程底部最低高程B以下，必要时应采取降水措施。

A. 0.3m　　B. 0.5m　　C. 0.7m　　D. 1m

20. 根据建筑A的要求，应采用不同品种、不同档次的防水材料，如厕浴间面积小，管道多，采用卷材做防水层较为困难。

A. 防水功能　　B. 位置　　C. 结构　　D. 形态

21. 防水工程施工期间，地下水位所标位置应符合规范要求，规范要求地下水位应降至底部最低标高以下不小于C mm。

A. 100　　B. 200　　C. 300　　D. 400

22. 屋面防水做法应在B中表示。

A. 总平面图　　　　B. 建筑施工图

C. 结构施工图　　　D 暖卫施工图

23. 屋面是结构层、保温层、C、面层等各部分的总称。

A. 找平层　　B. 保护层　　C. 防水层　　D. 构造层

24. 屋面找平层宜设分格缝，缝宽宜为B。

A. 10mm　　　B. 20mm　　C. 30mm　　D. 40mm

25. 屋面变形缝，不论采用刚性或柔性防水，其泛水高度必须大于A。

A. 20cm   B. 15cm   C. 30cm   D. 25cm

26. 屋面防水工程一般规定审核屋面坡度小于<u>D</u>时，宜平行于屋脊铺贴。

A. 4%   B. 5%   C. 6%   D. 3%

27. 屋面防水工程一般规定审核屋面坡度在3%～15%之间时，可<u>C</u>屋脊铺贴。

A. 平行   B. 垂直   C. 平行或垂直   D. 都不可

28. 屋面防水工程一般规定审核屋面坡度大于15%或屋面受振动时，应<u>B</u>屋脊铺贴。

A. 平行   B. 垂直   C. 平行或垂直   D. 都不可

29. 屋面防水工程一般规定审核天沟的纵向坡度不应小于<u>D</u>,内部排水的水落口周围应做成略低的凹坑。

A. 2%   B. 3%   C. 4%   D. 5%

30. 刚性防水屋面铺设架空隔热层，应在防水层施工<u>C</u>后进行。

A. 28d   B. 20d   C. 14d   D. 7d

31. 找平层宜留设分格缝，缝宽一般为<u>C</u>。分格缝兼做排气屋面的排气道时，可适当加宽，并应与保温层连通。

A. 10mm   B. 15mm   C. 20mm   D. 25mm

32. 在屋面变形缝处，应将变形缝两侧的墙砌至<u>A</u>高以上。

A. 10m   B. 20m   C. 30m   D. 40m

33. 找平层必须坚实平整，检查时用2m靠尺，要求其平整度不得超过<u>B</u>mm。

A. 2   B. 3   C. 5   D. 10

34. 人面积屋面必须设置分格缝，每片面积不宜超过<u>C</u>m²。

A. 10   B. 20   C. 30   D. 50

35. 屋面坡度大于<u>B</u>%时，只能垂直于屋脊方向铺贴油毡。

A. 3   B. 5   C. 10   D. 15

36. 玛蹄脂的标号用<u>D</u>来表示。

A. 柔韧性   B. 稠度   C. 粘结度   D. 耐热度

37. 屋面施工后，如遇B，可免做蓄水、淋水试验。

A. 一场小雨　　　　　B. 一场中雨

C. 两场小雨　　　　　D. 两场中雨或一场大雨

38. 墙身防潮层应设置在D。

A. 室外地坪上一皮砖处　　B. 室外地坪下

C. 室内地坪下一皮砖处　　D. 室内地坪上一皮砖处

39. 防水工程质量评定等级分为C。

A. 合格、不合格　　　　　　B. 优良、合格

C. 优良、合格、不合格　　　D. 优良、不合格

40. 平屋面排水，如设计无规定，可在保温层上找B 的坡。

A. 1%　　B. 2%～3%　　C. 3%　　D. 3%～5%

41. 卫生间地面找坡，如果设计无要求时，应按B 坡度向地漏处排水。

A. 1%　　B. 2%　　C. 3%　　D. 4%

42. 绿豆石保护层应将豆石压入沥青胶内B。

A. 1/2　　B. 1/3　　C. 1/4　　D. 1/5

43. 用水泥白灰炉渣做混合砂浆时应闷透，时间一般不少于A。

A. 3d　　B. 4d　　C. 5d　　D. 6d

44. 防水材料对防水工程质量D。

A. 无影响　　B. 无影响　　C. 影响不大　　D. 影响较大

45. 防水工程评为合格，除保证项目和基本项目应符合相应规定要求外，允许偏差项目应有C 以上的实测值在相应质量标准允许偏差的范围内。

A. 30%　　B. 50%　　C. 70%　　D. 85%

46. 屋面卷材防水工程按铺贴面积，每100m² 抽查一处，每处C m²，但不小于 3 处。

A. 5　　B. 8　　C. 10　　D. 12

47. 找平层的基层采用装配式钢筋混凝土板，板缝宽度大于C 或上窄下宽时，板缝内应设置钢筋。

A. 20mm　　　B. 30mm　　　C. 40mm　　　D. 50mm

48. 屋面找平层干燥程度的简易检验方法，是将1m卷材平坦地干铺在找平层上，静置C后掀开检查，找平层覆盖部位与卷材上未见水印即可铺设。

A. 1～2h　　　B. 2～3h　　　C. 3～4h　　　D. 4～5h

49. 屋面水落口四周要加铺两层胎体增强材料的附加层，附加层伸入水落口的深度不得少于C。

A. 30mm　　　B. 40mm　　　C. 50mm　　　D. 60mm

50. 地下防水临时性保护墙应用A砌筑。

A. 石灰砂浆　　　　　　B. 水泥砂浆

C. 石灰水泥混合砂浆　　D. 泥土

51. 运输式贮存油毡应立放，其高度不得超过A。

A. 2层　　　B. 3层　　　C. 4层　　　D. 5层

52. 防水层施工前，其基层应充分干燥，含水率不得大于D%。

A. 5　　　B. 7　　　C. 9　　　D. 12

53. 水落口是屋面雨水集中的部位，要求涂膜应伸入水落口内A，以防翘边开裂，造成渗漏。

A. 50mm　　　B. 40mm　　　C. 30mm　　　D. 20mm

54. 屋面采用卷材防水施工时，在女儿墙处卷材立面收头处距屋面找平层的距离应不小于B mm。

A. 150　　　B. 250　　　C. 300　　　D. 200

55. 水平分格缝灌缝应分B次。

A. 3　　　B. 2　　　C. 4　　　D. 1

56. 绝缘法施工防水层翻修应该A。

A. 去掉整个防水层

B. 找出渗漏部位处理

C. 在防水层上再铺一层油毡

D. 在防水层上再做一层涂料

57. 分格缝之间的最大间距，找平层采用沥青砂浆时，不宜大于D 。

A. 6m   B. 5m   C. 4m   D. 3m

58. 分格缝其纵横向的最大间距，如找平层采用水泥砂浆时不宜大于D ，找平层采用沥青砂浆时，不宜大于。

A. 4m、4m   B. 6m、6m   C. 4m、6m   D. 6m、4m

59. 分格缝应铺B 附近宽的油毡，用沥青胶结材料单边点贴覆盖。

A. 100～300mm   B. 200～300mm

C. 200～400mm   D. 100～200mm

60. 屋面保护层（非上人屋面），采用多层油毡做防水层时，可采用A 绿豆砂做保护层，在降雨量较大的地区，宜采用粒径为6～10mm 的小豆石。

A. 3～5mm   B. 1～2mm   C. 2～4mm   D. 4～7mm

61. 厕浴间排水坡度及一般规定地面向地漏处排水坡度一般为D ，高档工程为1% 。

A. 5%   B. 4%   C. 3%   D. 2%

62. 地面向地漏处排水找坡一般为2% ，高档工程为D 。

A. 3%   B. 4%   C. 4.5%   D. 1%

63. 堵漏灌浆施工中灌浆压力一般控制在B MPa。

A. 0.3～0.6   B. 0.2～0.5   C. 0.4～0.7   D. 0.6～1

64. 厕浴间排水坡度及一般规定地漏处排水坡度，以地漏边向外A 处排水坡度为3%～5% 。

A. 50mm   B. 40mm   C. 30mm   D. 20mm

65. 厕所施工应先采用C 。

A. 卷材防水   B. 防水混凝土   C. 防水涂料   D. 防水砂浆

66. 厕浴间排水坡度及一般规定地面防水，防水层做在面层以下，四周卷起，高出地面C 。管根防水用建筑封密膏处理好。

A. 300mm   B. 300mm   C. 100mm   D. 400mm

67. 厕浴间设备管道外设套管，套管高出楼地面 B mm。

A. 15   B. 20   C. 30   D. 50

68. 厕浴间楼地面防水层在墙四周立面卷起高出楼地面 <u>A</u> mm。

A. 250~300　　B. 150~200　　C. 300~400　　D. 1000~1800

69. 灌浆堵漏灌浆孔不少于<u>A</u>。

A. 2个　　　　B. 3个　　　　C. 4个　　　　D. 5个

70. 玻璃钢防水施工，玻璃布应用无捻、方格、平纹粗纱布，厚度一般为<u>B</u> mm。

A. 0.1~0.4　　B. 0.2~0.5　　C. 0.3~0.7　　D. 0.4~0.8

71. 玻璃钢因其<u>A</u>而被应用于特殊工程的防水中。

A. 耐腐蚀强度高　　　　B. 耐热性好

C. 耐低温性能好　　　　D. 抗压强度高

72. 玻璃钢施工后应进行养护，养护温度不低于<u>D</u> ℃，养护期间不得与水及其他腐蚀物质接触。

A. 5　　　　B. 10　　　　C. 15　　　　D. 20

73. 玻璃钢施工中不慎与腐蚀性物质接触应立即用水或<u>C</u>擦洗。

A. 汽油　　　B. 苯　　　C. 乙醇　　　D. 丙酮

74. 玻璃钢施工基层必须坚固密实、平整、清洁，必要时可用<u>B</u>擦一遍。

A. 苯　　　B. 乙醇　　　C. 丙酮　　　D. 汽油

75. 一般情况下，玻璃钢施工的环境温度以<u>B</u>为宜，相对湿度不大于____。

A. 15~25℃、60%　　　　B. 15~25℃、80%

C. 20~25℃、80%　　　　D. 20~25℃、60%

76. 玻璃钢施工中不慎与腐蚀或刺激性物质接触后，要立即用水或乙醇擦洗，如接触酸后应立刻用<u>A</u>的碱溶液中和。

A. 10%　　　B. 20%　　　C. 30%　　　D. 40%

77. 玻璃钢施工后养护温度不得低于<u>C</u>，养护期间不得与水及其他腐蚀性介质接触。热养护可采用热风、蒸汽套管和电炉等无明火的热源。同时控制温升和受热均匀。

A. 40℃ B. 30℃ C. 20℃ D. 10℃

78. 在做好施工准备后即可进行玻璃钢胶料的配制，胶料严格按施工配合比的组分和数量进行配制，计量要准确，配制数量根据施工速度而定，一般数量不要大多，应在C min 内用完。

A. 10~20 B. 20~30 C. 30~40 D. 40~50

79. 一般情况下，玻璃钢施工温度以 15~25℃ 为宜，相对湿度不大于D 。

A. 50% B. 60% C. 70% D. 80%

80. 玻璃钢树脂胶料应在D min 内用完。

A. 60~80 B. 50~60 C. 40~50 D. 30~40

81. 聚酯玻璃钢常用稀释剂为D 。

A. 乙醇 B. 丙酮混合稀释剂

C. 甲苯活性稀释剂 D. 苯乙烯

82. 在洁净的容器中称量一定量的树脂，如树脂稠度大时可进行水浴加热，一般控制在C ℃ 为宜。

A. 10~20 B. 20~30 C. 30~40 D. 40~50

83. 树脂胶料的配置，施工前加入固化剂，加入固化剂时，树脂温度应低于D ℃，拌好的胶料应分散堆放，切勿成桶堆放，以免提前固化。

A. 25 B. 30 C. 35 D. 40

84. 树脂类玻璃钢的防水施工，打底时，用毛刷蘸胶料在处理好的基层上进行二次打底，其间应自然固化24h，打底应薄而均匀，厚度不超过A mm，不得漏涂、流坠、气泡等。

A. 0.4 B. 0.5 C. 0.3 D. 0.6

85. 环氧树脂活性稀释剂掺量大于D 对固化后性能有影响。

A. 5% B. 10% C. 15% D. 20%

86. 环氧树脂胶料应在B min 内用完。

A. 60 B. 30~40 C. 30 D. 20

87. 聚酯树脂的黏度一般用A 来调制。

A. 交联剂 B. 稀释剂 C. 固化剂 D. 引发剂

88. 酚醛树脂稀释剂常用<u>C</u>。

A. 苯　　　B. 二甲苯　　　C. 无水乙醇　　　D. 汽油

89. 对于混凝土补强应采用<u>C</u> 进行灌浆。

A. 丙凝浆液　　B. 甲凝浆液　　C. 环氧浆液　　D. 氰凝浆液

90. 在灌浆施工前裂缝处及粘灌浆嘴子的地方宜用棉丝蘸<u>C</u> 擦洗。

A. 乙醇　　　B. 汽油　　　C. 甲苯　　　D. 丙酮

91. 环氧树脂其外观为<u>A</u> 。

A. 淡黄色和棕黄色　　B. 红色　　C. 黑色　　D. 白色

92. 环氧树脂常用的固化剂中酮亚胺的特点为<u>B</u> 。

A. 使用时间长毒性大　　　B. 在潮湿情况下固化

C. 反应快操作时间短　　　D. 低黏度使用时间长

93. 配制树脂时<u>A</u> 不能直接混合，以免爆炸。

A. 引发剂与加速剂　　　B. 增韧剂与加速剂

C. 稀释剂与增韧剂　　　D. 稀释剂与加速剂

94. 环氧树脂增韧剂的掺量不宜超过<u>C</u> ，若加入过量会使树脂的强度明显下降。

A. 10%　　B. 15%　　C. 20%　　D. 25%

95. 环氧树脂选用的填料是<u>A</u> ，以免与环氧树脂发生作用。

A. 中性　　B. 碱性　　C. 酸性　　D. 弱碱性

96. 环氧树脂中加入<u>B</u> 可提高其耐热性。

A. 铁粉　　B. 石棉绒　　C. 三氧化铬　　D. 铝粉

97. 环氧树脂加入三氧化铬和砂是为了增加<u>D</u> 。

A. 硬度　　B. 粘接力　　C. 导热性　　D. 耐腐蚀性

98. 玻璃布一般用鱼鳞式搭接法，各幅布的搭接缝宽度不小于<u>A</u> ，铺上层时，上层布应压住下层各幅布的 2/3、3/4、4/5 幅。

A. 50mm　　B. 40mm　　C. 30mm　　D. 20mm

99. 合成树脂的防水堵漏，缝宽距离可大些，一般为<u>D</u> ，灌浆孔不应少于两个，一个为注浆嘴，另一个为排气嘴，位置应设在裂缝最大处或漏水量最大处。

    A. 100 ~ 120cm   B. 80 ~ 120cm

    C. 50 ~ 800cm   D. 50 ~ 100cm

100. 合成树脂的防水堵漏，开动灌浆泵或空气压缩机，打开各通入阀门，使浆液灌入裂缝中，灌浆压力一般控制在 <u>B</u> MPa。

    A. 0. 2 ~ 0. 4   B. 0. 2 ~ 0. 5   C. 0. 1 ~ 0. 3   D. 0. 3 ~ 0. 6

101. 三元乙丙-丁基橡胶防水卷材使用完的工具要及时用<u>A</u>等有机溶剂清洗干净。

    A. 二甲苯   B. 乙醇   C. 汽油   D. 苯

102. 对于三元乙丙橡胶卷材，铺贴前应先对转角部位做增补处理，处理范围转角两面不少于<u>C</u>。

    A. 100mm   B. 150mm   C. 200mm   D. 250mm

103. 三元乙丙橡胶防水卷材的质量等级分为<u>D</u>两种。

    A. 合格品；优等品   B. 优等品；一等品

    C. 一等品；一等品   D. 一等品；合格品

104. 三元乙丙橡胶防水卷材表面折痕缺陷，允许每块不超过<u>B</u>处，总长度不超过 20mm。

    A. 1   B. 2   C. 3   D. 4

105. 采用三元乙丙防水卷材满粘法施工时，其短边和长边搭接长度分别不小于<u>A</u>mm。

    A. 80；80   B. 50；80   C. 80；50   D. 50；50

106. 三元乙丙橡胶防水卷材在低温<u>D</u>℃时仍不脆裂，在高温 80 ~ 120℃（加热 5h）时仍不起泡不粘连。所以有极好的耐高低温性能，能在严寒和酷暑的气候条件下长期使用。

    A. 25 ~ 33   B. 33 ~ 38   C. 35 ~ 43   D. 40 ~ 48

107. 弹性体（SB）改性沥青防水卷材（简称 SBS 卷材）以苯乙烯-丁二烯-苯乙烯（SBS）共聚热塑性弹性体作沥青的<u>C</u>，以聚氨酯或玻纤胎为胎体，以聚乙烯膜、细砂、粉料或矿物粒（片）料作卷材两面的覆面材料。

A. 改革剂　　B. 辅助材料　　C. 改性剂　　D. 改变剂

108. SBS 卷材 100℃气温条件下仍不起泡，不流淌，在 25℃的低温特性下，仍具有良好的防水性能，如有特殊需要，在 A ℃时仍然有一定的防水功能。所以，特别适用于寒冷、严寒气温条件下的地区使用。

A. -50　　　B. -49　　　C. -48　　　D. -47

109. 任一产品的成卷 SBS 卷材在 4~50℃温度下展开，在距卷芯 B mm 长度外不应有 10mm 以上的裂纹或粘结。

A. 800　　　B. 1000　　C. 1200　　D. 1500

110. 大面积铺贴 SBS 要根据火焰温度掌握好烘烤距离，一般以 C 为宜。

A. 10~20cm　B. 20~30cm　C. 30~40cm　D. 40~50cm

111. SBS 改性沥青防水卷材采用 B 为胎体，以 SBS 改性沥青材料为浸渍涂盖层，然后撒布一层隔离材料所制成的防水材料。

A. 原纸、黄麻布　　　　　B. 聚酯毡、玻璃纤维毡
C. 黄麻布、玻璃纤维毡　　D. 聚酯毡、原纸

112. SBS 改性沥青柔性油毡是一种防水卷材，具有较高的低温柔性、弹性及 D 。

A. 耐寒性　　B. 耐腐蚀性　　C. 粘接性　　D. 耐疲劳性

113. 建筑密封材料按组成可分为 B 密封材料两大类。

A. 石油沥青和改性沥青　　B. 改性沥青和合成高分子
C. 合成树脂和合成橡胶　　D. 石油沥青和合成高分子

114. 灌浆所用的输浆管必须有足够的 A ，管路及接头处应牢固，以防压力爆破伤人。

A. 强度　　B. 体积　　C. 质量　　D. 长度

115. 试验抗渗等级是确定防水混凝土施工配合比时所用的抗渗等级。选定配合比时，应比设计要求的抗渗等级提高 B MPa。

A. 0.1　　　B. 0.2　　　C. 0.3　　　D. 0.4

116. 防水混凝土抗渗试块，标准条件养护的试块养护期不

少于D，不超过 90d。

A. 3d　　B. 7d　　C. 14d　　D. 28d

117. 在施工缝处继续浇筑混凝土前，应将施工缝处的混凝土表面凿毛，清除浮粒和杂物，用水冲净，保持湿润，再铺上一层C 厚的水泥砂浆（1:1 或 1:0.5），然后立即浇筑上层混凝土。施工时待先浇的混凝土达到一定强度后（1.2MPa）再继续浇筑混凝土。

A. 10～15mm　B. 15～20mm　C. 20～25mm　D. 25～30mm

118. 在墙体上，只允许留设水平施工缝，其位置应在施工组织设计中充分考虑，不能留在剪力与弯矩最大处，一般宜留在高出底板上表面不少于A 的墙身上。墙身有孔洞时，施工缝离孔洞边缘不得小于 300mm。

A. 200mm　　B. 100mm　　C. 300mm　　D. 400mm

119. 防水混凝土结构如不至于发生沉陷时，穿墙管可直接埋设于墙中。管道外壁应加焊A 的法兰盘，要求满焊。

A. 10mm×100mm　　B. 20mm×100mm

C. 30mm×100mm　　D. 40mm×100mm

120. 选定防水混凝土配合比时应比设计要求的抗渗等级提高A 。

A. 0.2MPa　　B. 0.4MPa　　C. 0.6MPa　　D. 0.8MPa

121. 受冻融循环作用时，拌制防水混凝土应优先选取A 。

A. 普通硅酸盐水泥　　　B. 矿渣硅酸盐水泥

C. 火山灰质硅酸盐水泥　D. 粉煤灰硅酸盐水泥

122. 防水混凝土施工缝在墙上只允许留水平施工缝，施工缝距底板表面不少于C 。

A. 300mm　　B. 250mm　　C. 200mm　　D. 150mm

123. 补偿收缩混凝土是一种适度的D 。

A. 加气剂防水混凝土　　B. 减水剂防水混凝土

C. 氯化铁防水混凝土　　D. 膨胀混凝土

124. 补偿收缩混凝土中掺入的外加剂是C 。

A. 减水剂　　　B. 早强剂　　　C. 膨胀剂　　　D. 缓凝剂

125. 细石混凝土防水层施工在铺设前应先涂刷A 一道。

A. 水灰比 0.4 的纯水泥浆

B. 水灰比 0.4 水泥浆加 5％107 胶浆

C. 水灰比 0.6 的纯水泥浆

D. 水灰比 0.6 水泥浆加 5％107 胶浆

126. 当屋面防水采用细石混凝土时，细石混凝土中不得使用D 。

A. 普通水泥　　　　　B. 镁质水泥

C. 粉煤灰水泥　　　　D. 火山灰水泥

127. 有关细石混凝土屋面防水层的说法，错误的是A 。

A. 防水层厚 30mm

B. 细石混凝土强度等级至少为 C20

C. 防水层内双向配筋网片 $\phi 6@100$

D. 防水层设置分格缝

128. 细石混凝土防水不适用于设有松散材料保温的屋面及受较大振动或冲击的和坡度大于B 的建筑屋面。

A. 10％　　　B. 15％　　　C. 20％　　　D. 25％

129. 细石混凝土防水层的厚度不应小于D ，并应配置双向钢筋网片，网片在分格缝处断开，其保护层厚度不应小于 10mm。

A. 10mm　　　B. 20mm　　　C. 30mm　　　D. 40mm

130. 细石混凝土防水层表面平整度允许偏差为C 。

A. 3mm　　　B. 4mm　　　C. 5mm　　　D. 6mm

131. 防水混凝土的强度等级不低于B 。

A. C15　　　B. C20　　　C. C25　　　D. C30

132. 一般来讲，防水混凝土水灰比不大于C 。

A. 0.4　　　B. 0.5　　　C. 0.6　　　D. 0.7

133. 防水混凝土水泥最小用量不少于D 。

A. 250kg/m³　B. 280kg/m³　C. 300kg/m³　D. 320kg/m³

134. 下列有关普通防水混凝土所用的砂、石，说法不正确的是A 。

A. 砂宜采用细砂

B. 泵送时石子粒径不大于输送管径的 1/4

C. 不得使用碱性骨料

D. 石子最大粒径不宜大于 40mm

135. 下列有关普通防水混凝土配合比的说法不正确的是A 。

A. 水灰比一般不大于 0.65　　B. 砂率宜为 35% ~40%

C. 泵送时砂率可增至 45%　　D. 灰砂比宜为 1:1.5 ~1:2.5

136. 防水混凝土的配置，普通防水混凝土水泥强度等级不宜低于B ，水泥用量最小不少于____。

A. 3.25、320kg/m^2　　B. 42.5、320kg/m^2

C. 3.25、300kg/m^2　　D. 42.5、300kg/m^2

137. 防水混凝土的配置，普通防水混凝土砂率以C 为宜，水灰比不大于 0.6。

A. 15% ~20%　　　　B. 25% ~30%

C. 35% ~40%　　　　D. 30% ~40%

138. 防水混凝土的配置，普通防水混凝土坍落度不大于D ，石子最大粒径不宜超过 40mm。

A. 12cm　　B. 10cm　　C. 8cm　　D. 5cm

139. 如需要缩短水泥胶浆凝结时间可A 。

A. 加热防水浆　　B. 增加水泥用量

C. 加水　　　　　D. 加防水浆

140. 普通防水混凝土是通过C 的配合比来提高自身密实性和抗渗性要求的一种防水混凝土。

A. 加入外加剂　　B. 掺入缓凝剂

C 调整混凝土　　D. 加大

141. 防水混凝土的配置，减水剂防水混凝土水灰比可根据高程需要进行调节，以坍落度控制在A 为宜。

A. 50 ~100mm　　B. 20 ~50mm　　C. 30 ~50mm　　D. 40 ~80mm

142. 防水混凝土中加入减水剂的作用是C。

A. 减少水的用量

B. 增加混凝土的强度

C. 对水泥具有分散作用并提高其强度和抗渗性

D. 提高混凝土的流动性

143. 掺防水剂的防水砂浆分为掺无机盐类和金属皂类，无机盐类防水剂掺量为水泥用量的C。

A. 1.5%~5%　　B. 5%~10%

C. 12%~13%　　D. 13%~15%

144. 地下防水工程施工地下水应降至防水工程最低标高以下不少于C。

A. 50cm　　B. 40cm　　C. 30cm　　D. 20cm

145. 防水混凝土施工缝应待先浇混凝土强度达到C以上再继续浇混凝土。

A. 0.8MPa　　B. 1MPa　　C. 1.3MPa　　D. 1.5MPa

146. 防水混凝土后浇缝施工混凝土表面温度与室外最低温度的差值不超过D，从而减少或避免因温度变化引起结构开裂。

A. 5℃　　B. 10℃　　C. 15℃　　D. 20℃

147. 防水混凝土浇筑后必须认真做好养护，一周内必须覆盖浇水养护，时间不少于B。

A. 10d　　B. 14d　　C. 20d　　D. 28d

148. 氯化铁防水混凝土在配料时，要先将称好的氯化铁防水剂用B以上的拌合水稀释，搅拌均匀后，再将该水溶液和混凝土或砂浆拌合，最后加入剩余的水。

A. 70%　　B. 80%　　C. 60%　　D. 50%

149. 粉煤灰硅粉等细料属活性掺合料，对提高防水混凝土的抗渗性起一定作用，但考虑混凝土的强度问题，对其中粉煤灰规定的掺量不宜大于C。

A. 5%　　B. 10%　　C. 20%　　D. 25%

150. 加气剂防水混凝土含气量以A为宜。

A. 3% ~6%　B. 1% ~3%　C. 2% ~5%　D. 4% ~6%

151. 加气剂防水混凝土，当掺加松香酸钠加气剂时，其加入量约为D，当掺加松香热聚物时为0.1左右。

A. 0.3% ~0.5%　　　B. 0.2% ~0.4%

C. 0.1% ~0.2%　　　D. 0.1% ~0.3%

152. 在加气剂防水混凝土中不宜采用粗砂，而宜采用中砂或细砂，砂子细度模数为B左右最好。

A. 0.1　　B. 0.2　　C. 0.3　　D. 0.4

153. 在防水混凝土中，UEA膨胀剂采用内掺法或超量代用法，其掺量D为宜。

A. 5% ~12%　　　B. 15% ~20%

C. 12% ~17%　　　D. 10% ~14%

154. 防水混凝土入模浇筑时要控制自由倾落高度，要比普通混凝土小些，若超过B时，要用串筒、溜槽或用在模板中部开门子板的方法降低自由倾落高度，以免造成石子滚落堆积、混凝土离析现象。

A. 1m　　B. 1.5m　　C. 2m　　D. 2.5m

155. 大体积防水混凝土的浇筑应分层连续进行，每层厚度为C，在下面一层混凝土初凝前，接着浇筑上一层混凝土。

A. 100 ~250mm　　B. 350 ~500mm

C. 200 ~350mm　　D. 150 ~300mm

156. 当防水混凝土浇筑后4~6h（混凝土进入终凝）时，应开始覆盖并浇水养护。浇捣后3d内每天浇水3~6次，3d后每天浇水2~3次，养护天数不少于B。

A. 3d　　B. 14d　　C. 7d　　D. 28d

157. 冬期施工，在开始养护前，混凝土的温度不宜低于D。

A. 40℃　　B. 30℃　　C. 20℃　　D. 10℃

158. 冬期施工时，混凝土的拆模，除以遵守结构表面与周围空气的温差不超过B的规定外，其他按普通混凝土的有关规定进行。

A. 10℃   B. 15℃   C. 20℃   D. 25℃

159. 聚合物砂浆防水层聚合物的掺量视其施工部位及用途而定，用于纯防水目的的掺量应占水泥重量的C。

A. 0.1%～0.2%   B. 0.2%～0.3%

C. 0.3%～0.5%   D. 0.6%～0.8%

160. 微膨胀细石混凝土防水施工，当采用微膨胀剂时，其掺量为水泥用量的C。

A. 3%～5%   B. 5%～8%   C. 8%～12%   D. 10%～15%

161. 在粘砂油毡点粘法施工中粘结前要先就粘结面积进行计算，其面积必须达到总防水面积的C。

A. 40%   B. 30%   C. 25%   D. 20%

162. 对于寒冷、抗冻要求较高的防水工程宜采用A。

A. 引气剂防水混凝土   B. 减水剂防水混凝土

C. 氯化铁防水混凝土   D. 膨胀混凝土

163. 地下防水施工地下水应降至防水工程以下C。

A. 1m   B. 50cm   C. 30cm   D. 20cm

164. 防水工程施工期间，地下水位所在位置应符合规范要求，规范要求地下水位应降至底部最低标高以下不小于A。

A. 300mm   B. 200mm   C. 100mm   D. 50mm

165. 防水涂料D在立面、阴阳角、穿结构层管道、凸起物、狭窄场所等细部构造处进行防水施工。固化后，能在这些复杂部位表面形成完整的防水膜。

A. 最好不   B. 严禁   C. 可以   D. 特别适宜

166. 防水涂料在B下呈黏稠状液体，经涂布固化后，能形成无接缝的防水涂膜。

A. 高温   B. 常温   C. 低温   D. 常态

167. 嵌缝屋面开裂对于裂缝宽度小于D mm，一般可用防水涂料作防护处理。

A. 1   B. 0.5   C. 0.3   D. 0.1

168. 屋面油毡流淌的主要原因B。

A. 气温太高　　 B. 沥青材料耐热度低和涂料太厚

C. 气温太低　　 D. 沥青熬制温度过高

169. C 适用于一般浅埋的地下构筑物变形缝。

A. 后埋止水带　　　　　 B. 可卸式止水带

C. 后贴氯丁橡胶片　　　 D. 内贴式玻璃油毡布

170. 屋面工程防水构造做法，基层与突出屋顶结构（女儿墙、墙、天窗壁、变形缝、烟囱、管道等）的连接处，以及在基层的转角处（檐口、天沟、斜沟、水落口、屋脊等）均应做成半径为 D 的圆弧或钝角。

A. 50～100mm　　　　 B. 150～200mm

C. 200～250mm　　　　 D. 100～150mm

171. 屋面工程防水构造做法，天沟的纵向坡度不应小于 C ，比内部排水的水落口周围应做成略低的凹坑。

A. 3‰　　 B. 4‰　　 C. 5‰　　 D. 6‰

172. 屋面工程防水构造做法，找平层宜设分格缝，缝宽一般为 A 。分格缝兼做排气屋面的排气道，可适当加宽，并应与保温层连通。

A. 20mm　　 B. 30mm　　 C. 40mm　　 D. 10mm

173. 非上人屋面的保护层采用多层油毡做防水层时，可采用 B 绿豆砂做保护层，在降雨量较大的地区，宜采用粒径为 6～10mm 的小豆石。

A. 1～3mm　　 B. 3～5mm　　 C. 2～4mm　　 D. 4～6mm

174. 采用多层油毡防水在降雨量大的地区宜采用 C 绿豆砂做保护层。

A. 3～5　　 B. 5～7　　 C. 6～10　　 D. 8～12

175. 防水混凝土抗渗试块留置组数，应根据防水混凝土结构的规模和实际要求而定。但每个单位工程不得少于 B （每组 6 块）。

A. 一组　　 B. 两组　　 C. 三组　　 D. 四组

176. 后浇缝混凝土施工温度低于先浇混凝土施工温度，以选择在气温较低的季节施工，施工温度在 A 较为适宜。

A. 5~30℃   B. 10~35℃   C. 15~35℃   D. 10~30℃

177. 对于地基加固，断层碎带处理应采用 <u>A</u> 。

A. 聚氨酯   B. 环氧浆液   C. 氰凝   D. 甲凝浆液

178. 对一般地下防水工程及屋面防水工程做防水混凝土可采用 <u>D</u> 。

A. 加气剂防水混凝土   B. 减水剂防水混凝土

C. 三乙醇胺防水混凝土   D. 膨胀剂防水混凝土

179. 墙体迎水面的泛水高度不小于 <u>A</u> cm。

A. 24   B. 20   C. 18   D. 16

180. 刚性多层抹面的水泥砂浆的材料施工配合比，素灰用水泥与水拌合而成，稠度（流动度）为7cm，水灰比为 <u>D</u> 。

A. 0.3~0.4   B. 0.3~0.45   C. 0.37~0.5   D. 0.37~0.4

181. 刚性多层抹面的水泥砂浆的材料施工配合比，水泥浆用水泥与水拌合而成，其稠度比素灰大，水灰比为 <u>B</u> 。

A. 0.55~0.7   B. 0.55~0.6   C. 0.37~0.6   D. 0.4~0.6

182. 刚性多层抹面的水泥砂浆的材料施工配合比，水泥砂浆配合比为水泥：砂 = 1:2.5，稠度为8.5m，水灰比为 <u>A</u> 。

A. 0.4~0.45   B. 0.4~0.5   C. 0.4~0.55   D. 0.55~0.6

183. 刚性防水层一般要设置一层 $\phi3 \sim \phi4$ 的钢筋，间距为 <u>C</u> 钢筋网，以提高防水混凝土的抗裂性。

A. 100mm×100mm   B. 150mm×150mm

C. 200mm×200mm   D. 250mm×250mm

184. 采用油膏冷嵌施工宜在常温下进行，屋面板的板面低于 <u>B</u> ℃时不宜施工。

A. 5   B. 10   C. 15   D. 20

185. 沥青砂浆或沥青混凝土摊铺温度应控制在 <u>C</u> ℃

A. 130~140   B. 140~150   C. 150~160   D. 160~170

186. 乳化沥青防水涂料为 <u>A</u> 涂料。

A. 水乳型   B. 溶剂型   C. 反应型   D. 水乳和溶剂型

187. 采用氯丁胶乳沥青防水涂料施工时，卫生间防水一般采用<u>B</u>做法。

A. 只涂三道涂料　　　B. 一布四油

C. 二布四油　　　　　D. 二布六油

188. 采用水乳型再生胶防水涂料施工时，涂刷第二道涂料应待第一道涂料实干后，即<u>D</u>可施工。

A. 4h 后　　B. 8h 后　　C. 12h 后　　D. 24h 后

189. 石油沥青用锤敲，不碎而只变形的，其标号为<u>B</u>。

A. 100 号　　B. 60 号　　C. 50 号　　　D 30 号

190. 再生胶沥青防水涂料用量不少于<u>A</u>。

A. 2. 3　　B. 3. 5　　C. 4　　D. 5

191. 膨润土乳化沥青乳液涂刷后<u>C</u>内不得在上面施工。

A. 3h　　B. 4h　　C. 6h　　D. 12h

192. 沥青针入度是以<u>A</u>g 的标准针在 25℃时针入沥青的深度。

A. 100　　B. 150　　C. 200　　D. 250

193. 焦油沥青冷底子油中，只能使用<u>B</u>做溶剂。

A. 苯油　　B. 苯　　　C. 煤油　　　D 汽油

194. 涂刷冷底子油的时间宜在铺油毡前<u>B</u>天进行，使冷底子油干燥而不粘灰尘。

A. 当天　　B. 1 ~ 2d　　C. 2 ~ 3d　　D. 3 ~ 4d

195. 沥青锅不得搭设在煤气及电缆管道的上方，最少应在<u>A</u>外的地方搭设。

A. 5m　　B. 8m　　C. 10m　　D. 13m

196. 油膏嵌缝涂料屋面施工，其屋面板的板缝宽度应为<u>C</u> mm。

A. 小于 10　　B. 10 ~ 20　　C. 20 ~ 40　　D. 20 ~ 30

197. 某石油沥青用铁锤敲成较小的碎块，表面为黑色，有光泽，该沥青标号为<u>A</u>。

A. 10 号　　B. 20 号　　C. 60 号　　D. 100 号

198. 当测定某石油沥青的针入度为 25 时，其沥青标号为<u>B</u>。

A. 20 号　　B. 30 号　　C. 40 号　　D. 50 号

199. JFX-1 代表的材料为<u>C</u>。

A. 一种塑料　　　　　　B. 橡胶

C. 氯化丁基弹性防水胶　 D. 金属

200. 水泥砂浆防水层施工，五层抹面法较四层抹面法多一层<u>B</u>。

A. 素灰层　　　　　　B. 水泥层

C. 1:2 水泥砂浆层　　 D. 1:2.5 水泥砂浆层

201. 掺防水剂水泥砂浆防水层施工，施工缝要留成阶梯形状，每层间错开间距为<u>C</u>mm。

A. 30　　B. 40　　C. 50　　D. 60

202. 水泥砂浆防水层的养护，对于易风干的部位，应每隔<u>A</u>浇水一次，经常保持面层湿润，养护期一般为两周。

A. 4h　　B. 2h　　C. 6h　　D. 8h

203. 掺防水剂的防水砂浆防水层的施工，对于无机盐类，防水剂掺量为水泥用量的<u>C</u>。

A. 8% ~ 10%　　B. 10% ~ 12%

C. 12% ~ 13%　　D. 14% ~ 15%

204. 掺防水剂的防水砂浆防水层的施工，对于金属皂类，防水剂掺量为水泥重量的<u>D</u>。

A. 2% ~ 5%　　　B. 3% ~ 7%

C. 1.5% ~ 7%　　D. 1.5% ~ 5%

205. 掺防水剂的防水砂浆防水层的施工，全部工序完成后，先自然养护<u>B</u>后，浇水养护 3d，总养护时间不少于 14d。

A. 2 ~ 4h　　B. 4 ~ 6h　　C. 6 ~ 8h　　D. 8 ~ 10h

206. 掺防水剂的防水砂浆层施工气温应控制在<u>A</u>范围之内，气温过高或过低都直接影响到防水层的施工质量。

A. 5 ~ 35℃　　B. 10 ~ 35℃　　C. 10 ~ 30℃　　D. 5 ~ 30℃

207. 聚合物防水砂浆材料配合比为水泥:砂:聚合物 = <u>B</u>，聚合物的掺量一般要视其施工部位及用途而定。

A. 2:(2~3):(0.3~0.6)　　B. 1:(2~3):(0.3~0.6)

C. 1:(2~3):(0.5~0.8)　　D. 1:(2.5~3):(0.3~0.6)

208. 在加气剂混凝土中不宜采用粗砂，而宜采用中砂或细砂，砂子细度模数以 B 为好。

A. 0.1　　B. 0.2　　C. 0.3　　D. 0.4

209. 抹好防水的水泥砂浆应做 C 闭水试验，不得出现渗漏。

A. 10h　　B. 12h　　C. 24h　　D. 48h

210. 防水砂浆工程，砂浆层表面平整度，用 2m 立尺检查中间凹入空隙尺寸不得大于 D 。

A. 8mm　　B. 7mm　　C. 6mm　　D. 5mm

211. 防水砂浆工程，抹的防水层按规定做 C 的闭水试验，不得出现渗漏现象。

A. 6h　　B. 12h　　C. 24h　　D. 48h

212. 刚性防水屋面找平隔离层拌制黏土砂浆，石灰膏:砂:黏土＝ B 。

A. 1:2.4:3　　B. 1:2.4:3.6　　C. 1:2:3.6　　D. 1:3:3.6

213. 细石混凝土防水层施工，混凝土的水灰比应控制在 0.5 左右为宜，坍落度不大于 C ，混凝土强度等级应不低于____号，水泥用量不少于 320kg/m³。

A. 10mm、C20　　B. 10mm、C25

C. 20mm、C20　　D. 20mm、C25

214. 刚性防水层预制板下的非承重墙与板底之间应留有 D 的缝隙，待进行室内装修时，再用石灰砂浆或其他较疏松的材料局部嵌缝。

A. 5mm　　B. 10mm　　C. 15mm　　D. 20mm

215. 分格缝必须清理干净，缝内和缝处两侧各 A 宽的板面上的水泥浮浆、残余水泥和杂物要用刷缝机或钢丝刷清除，并用空压机等设备吹干净，保证嵌缝质量。

A. 50~60mm　　B. 40~50mm　　C. 30~40mm　　D. 20~30mm

216. 在安装屋面板时，支承端部坐浆，使板搁置稳定而无翘动,相邻板下表面高差,抹灰者在B以内,不抹灰者在 3mm 以内,缝口大小基本一致,上口缝不小于 20m,嵌缝要振捣密实。

A. 4mm   B. 5mm   C. 6mm   D. 3mm

217. 刚性防水屋面,如设计无明确要求时,墙体迎水面的泛水高度应不小于A,非迎水面以不小 18cm 为宜,通气管等迎水面不小于____,非迎水面不小于 12cm。

A. 24cm、15cm   B. 20cm、18cm

C. 20cm、15cm   D. 24cm、18cm

218. 刚性防水屋面施工应在A 的气温范围内进行,避免在炎热的夏季施工。

A. 5~35℃   B. 10~35℃   C. 10~30℃   D. 5~30℃

219. 刚性防水屋面用微膨胀细石混凝土,其配置比例为 52.5 普通水泥:矾石水泥:石膏粉 = A,经充分混拌均匀后配置成。

A. 6:7:7   B. 5:7:7   C. 6:7:8   D. 6:6:7

220. 混凝土强度、厚度、坡度等施工应符合设计要求,屋面经灌水试验或大雨不得渗漏、积水;表面平整度用 2m 长的直尺检查时,表面与直尺间的空隙尺寸应小于 5mm,空隙只可平缓变化,每米长度内不得多于D 处。

A. 四   B. 三   C. 二   D. 一

221. 金属板材屋面防水,刚性防水屋面防水层混凝土最薄处不小于B。

A. 30mm   B. 35mm   C. 25mm   D. 40mm

222. 金属板材屋面防水,斜屋面上、下屋面板的接缝:在确保搭接长度大于D 的前提下,用密封膏嵌填,为了保险起见也可将接缝边做成反弯,防止雨水浸入后,直接渗入屋面板内,另外,再增加一道密封膏。

A. 200mm   B. 250mm   C. 100mm   D. 150mm

223. 水塔水箱涂膜防水施工采用 G - 二涂料,涂一层涂料后，同时铺一层<u>A</u>。

    A. 中碱玻璃纤维布   B. 聚酯无纺布

    C. 沥青油毡   D. SBS 改性油毡

    224. 水塔水箱防水施工水泥应采用强度等级为<u>B</u>普通硅酸盐水泥。

    A. 32. 5 以上   B. 42. 5 以上   C. 52. 5 以上   D. 62. 5

    225. 水塔涂膜防水施工，防水涂料每平方米施工用量不得低于<u>D</u>。

    A. 1kg   B. 1. 5kg   C. 2kg   D. 2. 5kg

    226. 水塔水箱涂膜防水层施工，经蓄水试验合格后应做<u>B</u>。

    A. 浅色涂料保护层   B. 水泥砂浆保护层 20mm 厚

    C. 云母粉保护层   D. 柔性保护层

    227. 蓄水池、游泳池卷材施工，基层应清理干净在阴阳角管根，排水口应<u>C</u>。

    A. 用汽油清理干净   B. 有油精清擦干净

    C. 用高压吹风机清理   D. 用抹布擦干净

    228. 水塔水箱刚性防水施工，施工环境温度应在<u>A</u>以上。

    A. 5℃   B. 10℃   C. 15℃   D. 20℃

    229. 水塔水箱涂膜防水施工在做防水层前应检查有无明显裂缝，裂缝在<u>C</u>左右时可用防水涂料嵌补。裂纹在＿＿左右时需沿裂缝加一条无纺布并刷涂一遍防水涂料。

    A. 2mm、1mm   B. 2mm、2mm

    C. 1mm、2mm   D. 1mm、1mm

    230. 运动场露天座位防水施工应采用<u>B</u>。

    A. 结构防水   B. 结构防水 + 刚性防水砂浆

    C. 卷材防水   D. 结构自防水 + 涂料防水层

    231. 水泥"帝畏"清漆胶泥的施工配合比为<u>A</u>。

    A. 1:（0. 5 ~ 0. 7）   B. 1:（0. 3 ~ 0. 5）

    C. 1:（0. 4 ~ 0. 8）   D. 1:（0. 5 ~ 0. 8）

    232. 801 堵漏剂与水泥以 1:（2 ~ 3）的比例拌制成堵漏剂，

其水泥强度等级不应低于B。

A. 62.5   B. 52.5   C. 42.5   D. 32.5

233. 7202 涂料的施工一般包括五道工序，安装的材料不同（汽油式柴油C 工序所用的材料也不同）。

A. 每道工序   B. 头道   C. 头三道   D. 最后一道

234. 如需要缩短水泥胶浆凝结时间可A。

A. 加热防水剂   B. 增加水泥用量   C. 加水   D. 加防水浆

235. 801 堵漏剂与 52.5 水泥配制堵漏剂配合比应为B。

A. 1:1   B. 1:2~3   C. 1:4   D. 1:1.5

236. JG-Ⅱ防水涂料为水乳型，需密封贮存，避免日晒雨淋，一般储存不超过C 个月。

A. 1   B. 2   C. 3   D. 4

237. 水泥"帝畏"清漆胶泥配置时，先称出定量的水泥和清漆，然后将水泥徐徐倒入清漆中，随倒随拌，拌合必须均匀，每次配制量应在D 内用完。

A. 2h   B. 1.5h   C. 1h   D. 0.5h

238. 水泥"帝畏"清漆胶泥可用毛笔涂刷，或用胶皮刮板刮抹。涂刷要均匀，每次涂刷厚度不大于B，隔一天后再涂刷第二遍。一般涂刷三遍即可。

A. 1mm   B. 0.5mm   C. 1.5mm   D. 2mm

239. "帝畏"清漆内含有氯化苯，在施工时罐内要采用通风措施，操作人员要戴口罩和面具，要勤替换，每次操作时间不要超过A。当有中毒症状时应及时采取救护措施。

A. 30min   B. 20min   C. 10min   D. 40min

240. 7202 涂料施工应根据油罐中贮存的不同油类介质各道工序也有所不同，柴油油罐底层应用A。

A. 苯乙烯焦油清漆   B. 苯乙烯腻子

C. 7202 聚氨酯清漆   D. 7202 聚氨酯腻子

241. 聚氨酯及固化料均为有毒性物质，应间隔C 到通风地点休息 10~15min。

A. 0. 5h   B. 1h   C. 1~2h   D. 3h

242. 聚氨酯防水涂料属于<u>C</u> 防水涂料。

A. 沥青基   B. 高聚物改性沥青类

C. 合成高分子类   D. 聚合物水泥基复合防水涂料

243. 聚氨酯有毒，存放地点应<u>C</u> 。

A. 密闭   B. 干燥   C. 通风   D. 阴凉

244. 聚氨酯涂膜防水层的技术指标抗裂性试验为厚 1mm，基层裂缝<u>C</u> mm 涂膜不裂。

A. 0. 5   B. 1   C. 1. 2   D. 2

245. 聚氨树脂的黏度一般用<u>A</u> 来调制。

A. 交联剂   D. 稀释   C. 固化剂   D. 引发剂

246. 青漆胶泥涂刷要均匀，每次涂刷厚度不大于 0. 5mm，隔<u>A</u> 再涂刷第二遍。

A. 1d   B. 1. 5d   C. 2d   D. 2. 5d

247. SBS 改性沥青涂料属于<u>C</u> 。

A. 溶剂型   B. 反应型   C. 水乳型   D. 湿固化型

248. 采用防水涂料时，冬期施工宜优先选用<u>B</u> 防水涂料。

A. 溶剂型   B. 反应型   C. 水乳型   D. 湿固化型

249. 材料<u>B</u> 掌握不好，均可使涂膜产生气孔或气泡。

A. 配合比   B. 搅拌时间和搅拌方式

C. 原材料质量   D. 加料顺序

250. 防水层表面起砂最主要的原因是由于<u>D</u> 。

A. 水泥强度等级低   B. 养护时间不当

C. 掺入了外加剂   D. 压光时间不好

251. 刚性防水屋面防水板与泛水已形成施工缝，应先将结合面打平再刷一道<u>C</u> 水泥浆。

A. 1：1   B. 1：0. 6   C. 1：0. 4   D. 1：0. 2

252. 女儿墙裂缝渗漏的维修方法是<u>A</u> 。

A. 根据裂缝的具体情况采取相应措施   B. 抹水泥砂浆

C. 拆除重做   D. 处理女儿墙压顶

253. 混凝土刚性屋面出现有规则的分布均匀的裂缝，通常是由于B。

A. 结构裂缝　　B. 温度裂缝　　C. 施工裂缝　　D. 沉降裂缝

254. 刚性屋面防水层裂缝渗漏水的处理方法是B 。

A. 在裂缝处凿成 V 形槽，抹抗渗砂浆

B. 在裂缝处凿成 V 形槽，清洗干净，用油膏嵌缝，沿裂缝上部加一层宽 200mm 卷材

C. 在裂缝处凿成 V 形槽处用油膏嵌缝

D. 直接在裂缝处抹水泥砂浆

255. 硅橡胶防水涂料能渗入混凝土层，强化混凝土自身的防水性能，在基层表面形成弹性防水膜，使用硅橡胶防水涂料时B 。

A. 可酌情加水　　　B. 不得任意加水

C. 需加稀释剂　　　D. 不得掺加各种溶剂

256.7202 施工规定每工作C 休息 0.5h。

A.3h　　B.2h　　C.1.5h　　D.1h

257.7202 涂料的施工一般包括D 道程序。根据油罐中所贮存的不同油类介质，各道工序所用材料也有所不同。

A. 二　　B. 三　　C. 四　　D. 五

258. 油罐防水材料中每次配置量，应在B h 内用完。

A.1　　B.0.5　　C.2　　D.1.5

259. 树脂玻璃布贴面，每幅玻璃布搭接不少于C ，上下层搭接缝要错开，共贴两层布三层胶，贴层干后应予修整，发现气泡时须用玻璃布进行修补。

A.30mm　　　B.40mm　　　C.50mm　　　D.60mm

260. 树脂玻璃布贴面，各层施工完毕后，自然干燥 24h，然后加热至A 烘干（约 8h 左右）。升温应均匀，避免聚变和局部过热现象。

A.80～100℃　B.60～100℃　C.60～80℃　D.100～120℃

261. 对于平面尺寸较小的水池容积小于C m³ 可采用刚性防

水材料。

A. 100   B. 800   C. 500   D. 400

262. 地下防水工程混凝土保护层按规范要求应为B，但施工时往往由于不能保证而出现裂缝，造成渗漏。

A. 10 ~ 35mm   B. 20 ~ 35mm   C. 20 ~ 40mm   D. 10 ~ 40mm

263. 水泥防水浆堵漏料，防水浆的掺量为水泥重量的A。

A. 1. 5% ~ 5%   B. 5% ~ 10%   C. 2% ~ 3%   D. 4% ~ 9%

264. 微小变形工程的渗漏处理宜采用C。

A. 801   B. 水泥-防水浆

C. 柔性沥青油膏   D. 膨胀水泥

265. 对于结构开裂造成防水层裂缝，可采用B。

A. 801   B. 水泥压浆法   C. 防水油膏   D. 氰凝灌浆法

266. 水玻璃水泥胶浆凝结时间快，从拌合到操作完毕以C min 为宜。

A. 30   B. 15   C. 5   D. 1 ~ 2

267. 水玻璃水泥胶浆的配合比为水玻璃：水泥 = 1：(0. 5 ~ 0. 6) 或 1：(0. 8 ~ 0. 9)，由于凝结时间快，从拌合到操作完毕以D 为宜，故施工操作要特别迅速，以免凝固结硬。

A. 3 ~ 5min   B. 4 ~ 6min   C. 2 ~ 4min   D. 1 ~ 2min

268. 防渗工程渗漏修补，如需缩短水泥胶浆凝结时间，可将防水浆倒在铁锅内，用火直接加热，温度控制在A。

A. 40 ~ 60℃   B. 50 ~ 70℃   C. 60 ~ 80℃   D. 80 ~ 100℃

269. 快凝水泥堵漏要求水泥强度等级不低于C，储存期不超过____个月。

A. 32. 5、3   B. 32. 5、4   C. 42. 5、3   D. 42. 5、4

270. 氯化铁防水砂浆宜使用 32. 5 号以上的硅酸盐水泥，对于经常处于潮湿环境或水中的结构宜采用强度等级B 以上矿渣硅酸盐水泥。砂子粒径在 0. 5 ~ 3mm 之间。

A. 32. 5   B. 42. 5   C. 52. 5   D. 62. 5

271. 氯化铁素浆配合比为：水泥：水：防水剂 = D。

A. 1：（0.3~0.39）：0.03　　B. 1：（0.35~0.39）：0.3
C. 1：（0.35~0.39）：0.08　　D. 1：（0.35~0.39）：0.03

272. 氯化铁防水砂浆，砂浆抹完8~12h后，采取喷水养护或用湿草袋覆盖。在<u>B</u>后，即可大量浇水养护，务使砂浆保持潮湿状态，养护期一般14d以上。

A. 12h　　B. 24h　　C. 48h　　D. 72h

273. PVC防水卷材系<u>A</u>。

A. 合成高分子防水卷材　　B. 改性沥青防水卷材
C. 沥青系防水卷材　　　　D. 橡胶类防水卷材

274. 乳化聚氯乙烯胶泥系<u>B</u>。

A. 乳化沥青类防水涂料　　B. 改性沥青类防水涂料
C. 橡胶类防水涂料　　　　D. 合成树脂类防水涂料

275. 在地下工程或防水填裂缝修补中最常用的化学浆液是<u>B</u>。

A. 丙凝浆液　B. 甲凝浆液　C. 环氧浆液　D. 氰凝浆液

276. 环氧粘贴玻璃布防水层不宜太厚，一般<u>C</u>。

A. 2.5mm　　B. 2mm　　C. 1.5mm　　D. 1mm

277. 对于钢筋密集式振捣困难的薄壁型防水构筑物，宜采用<u>B</u>。

A. 加气剂防水混凝土　　　B. 减水剂防水混凝土
C. 三乙醇胺防水混凝土　　D. 氧化铁防水混凝土

278. 浅埋地下工程在承受水压时，设计抗渗等级不低于<u>B</u>。

A. S4　　B. S6　　C. S8　　D. S12

279. 对于混凝土结构壁厚较薄，防水要求较高的工程施工缝宜采用<u>C</u>。

A. 凹凸缝　B. 高低缝　C. 止水钢板缝　D. 橡胶条止水带

280. 油毡防水层沥青严重流淌面积大于屋面50%，油毡滑动距离大于<u>A</u>。

A. 150mm　　B. 200mm　　C. 250mm　　D. 300mm

281. 油毡防水层沥青中等的流淌指流淌面积小于50%，油毡滑动距离在<u>D</u>。

A. 150～250mm B. 100～250mm

C. 100～200mm D. 100～150mm

282. 高聚物改性沥青防水卷材施工环境气温条件，冷粘法、自粘法不低于5℃，热熔法不低于<u>C</u>。

A. 5℃ B. 0℃ C. －10℃ D. －5℃

283. 合成高分子防水卷材施工环境气温条件，冷粘法、自粘法不低于5℃，热熔法不低于<u>C</u>。

A. 5℃ B. 0℃ C. －10℃ D. －5℃

284. 有机防水涂料施工环境气温条件，溶剂型<u>A</u>，反应型、溶乳型5～35℃。

A. －5～35℃ B. 5～35℃ C. 0～35℃ D. －5～30℃

285. 无机防水涂料施工环境气温条件为<u>B</u>。

A. －5～35℃ B. 5～35℃ C. 0～35℃ D. －5～30℃

286. 防水混凝土、防水砂浆施工环境气温条件为<u>B</u>。

A. －5～35℃ B. 5～35℃ C. 0～35℃ D. －5～30℃

287. 防水混凝土适用于抗渗等级不低于 P6 的地下混凝土结构。不适用于环境温度高于<u>A</u>的地下工程。

A. 80℃ B. 70℃ C. 60℃ D. 50℃

288. 地下工程防水混凝土，砂宜选用中粗砂，含泥量不应大于<u>B</u>，泥块含量不宜大于 1.0%。

A. 2.0% B. 3.0% C. 4.0% D. 5.0%

289. 防水混凝土采用预制混凝土时，入泵坍落度宜控制在<u>C</u>，坍落度每小时损失不应大于 20mm，坍落度总损失值不应大于 40mm。

A. 80～100mm B. 100～120mm

C. 120～140mm D. 140～160mm

290. 拌制混凝土所用材料的品种、规格和用量，每工作班检查不应少于<u>D</u>次。

A. 一 B. 四 C. 三 D. 两

291. 防水混凝土分项工程检验批的抽样检验数量，应按混凝土外露面积每100m²抽查1处，每处10m²，且不得少于C处。

A. 1　　B. 2　　C. 3　　D. 4

292. 水泥砂浆防水层分项工程检验批的抽样检验数量，应按施工面积每100m²抽查1处，每处10m²，且不得少于C处。

A. 1　　B. 2　　C. 3　　D. 4

293. 涂料防水层分项工程检验批的抽检数量，应按铺贴面积每100m²抽查1处，每处10m²，且不得少于C处。

A. 1　　B. 2　　C. 3　　D. 4

294. 防水混凝土浇筑后必须认真养护，养护时间不少于A d。

A. 14　　B. 10　　C. 7　　D. 3

295. 防水混凝土结构表面的裂缝宽度不应大于B，且不得贯通。

A. 0. 1mm　　B. 0. 2mm　　C. 0. 3mm　　D. 0. 4mm

296. 防水混凝土结构厚度不应小于A，其允许偏差应为+8mm、−5mm；主体结构迎水面钢筋保护层厚度不应小于50mm，其允许偏差为±5mm。

A. 250mm　　B. 200mm　　C. 150mm　　D. 100mm

297. 防水混凝土抗渗等级是将试块置于混凝土抗渗仪上施以规定的水压，每组6块，试块中有C端面出现渗水现象时的压力值，即为防水混凝土的抗渗等级。

A. 6　　B. 5　　C. 4　　D. 3

298. 防水混凝土中钢筋板止水缝要求钢板厚度2～4m，高为C mm。

A. 500～600　　B. 500～400　　C. 400～300　　D. 300～200

299. 防水砂浆防水层施工缝须留斜坡形槎，留槎位置一般在地面上，但必须离开阴阳角A cm以上。

A. 40　　B. 30　　C. 20　　D. 10

300. 水泥砂浆防水层各层之间结合必须牢固，无D现象。

A. 气泡　　　B. 松动　　　C. 渗漏　　　D. 空鼓

301. 掺外加剂的防水砂浆施工温度应控制在<u>D</u>℃。

A. 20～35　　B. 25～35　　C. 10～35　　D. 5～35

302. 无机盐类防水砂浆防水剂掺量为水泥掺量的<u>D</u>。

A. 3%～5%　　B. 5%～8%　　C. 8%～10%　　D. 12%～13%

303. 防水混凝土冬期施工，在开始养护前混凝土温度不低于<u>B</u>。

A. 5℃　　　B. 10℃　　　C. 15℃　　　D. 20℃

304. 水泥砂浆防水层，水泥砂浆配合比为1:2.5，厚度为8.5cm，水灰比为<u>C</u>。

A. 0.37～0.4　　　B. 0.55～0.6

C. 0.4～0.45　　　D. 0.37～0.47

305. 无机盐类水泥砂浆防水外加剂掺量为<u>B</u>。

A. 1.5%～5%　　　B. 12%～10%

C. 5%～8%　　　　D. 8%～10%

306. 水泥砂浆防水层适用于地下工程主体结构的迎水面或背水面。不适用于受持续振动或环境温度高于<u>A</u>的地下工程。

A. 80℃　　　B. 70℃　　　C. 60℃　　　D. 50℃

307. 水泥砂浆防水层施工，防水层各层应紧密粘合，每层宜连续施工。必须留设施工缝时，应采用阶梯坡形槎，但与阴阳角的距离不得小于<u>B</u>。

A. 250mm　　B. 200mm　　C. 150mm　　D. 100mm

308. 水泥砂浆防水层施工，水泥砂浆终凝后应及时进行养护，养护温度不宜低于<u>D</u>，并应保持砂浆表面湿润，养护时间不得少于14d。

A. 20℃　　　B. 15℃　　　C. 10℃　　　D. 5℃

309. 在混凝土或砌体结构的基层上采用多层抹面水泥砂浆防水层时，要求基层的混凝土和砌筑强度至少达到设计值的<u>A</u>，才能铺抹水泥砂浆。

A. 80%　　B. 85%　　C. 70%　　D. 50%

310. 油毡防水层严重流淌指流淌面积大于屋面的A，油毡滑动距离大于____，严重流淌发生时应拆除重铺。

A. 50%、150mm　　　B. 50%、5mm

C. 30%、150mm　　　D. 30%、5mm

311. 对于寒冷，抗浆要求较高的防水工程宜采用A。

A. 加气剂防水混凝土　　B. 减水剂防水混凝土

C. 三乙醇胺防水混凝土　D. 氯化铁防水混凝土

312. 合浇缝所用的膨胀混凝土的膨胀剂掺量约为水泥用量的D左右。

A. 5%　　B. 8%　　C. 10%　　D. 12%

313. 一般在水压较高，漏水孔洞不大时，可采用A。

A. 木楔堵塞法　　　　B. 直接快速堵塞法

C. 水泥防水浆堵塞法　D. 水玻璃水泥胶浆法

314. 卷材防水层基层阴阳角应做成圆弧或B坡角，其尺寸应根据卷材品种确定；在转角处、变形缝、施工缝，穿墙管等部位应铺贴卷材加强层，加强层宽度不应小于500mm。

A. 30°　　B. 45°　　C. 50°　　D. 60°

315. 卷材接缝部位应采用专用粘结剂或胶结带满粘，接缝口应用密封材料封严，其宽度不应小于A。

A. 10mm　　B. 15mm　　C. 20mm　　D. 25mm

316. 涂料防水层的甩槎处接缝宽度不应小于D，接涂前应将其甩槎表面处理干净。

A. 250mm　　B. 200mm　　C. 150mm　　D. 100mm

317. 采用有机防水涂料时，基层阴阳角处应做成圆弧；在转角处、变形缝、施工缝、穿墙管等部位应增加胎体增强材料和增涂防水涂料，宽度不应小于A。

A. 50mm　　B. 100mm　　C. 150mm　　D. 200mm

318. 胎体增强材料的搭接宽度不应小于B，上下两层和相邻两幅胎体的接缝应错开1/3幅宽，且上下两层胎体不得相互垂直铺贴。

A. 50mm   B. 100mm   C. 150mm   D. 200mm

319. 顶板的细石混凝土保护层与防水层之间宜设置隔离层。细石混凝土保护层厚度机械回填时不宜小于<u>A</u>，人工回填时不宜小于____。

A. 70mm、50mm   B. 70mm、70mm
C. 50mm、50mm   D. 50mm、70mm

320. 涂料防水层的平均厚度应符合设计要求，最小厚度不得低于设计厚度的<u>D</u>。

A. 60%   B. 70%   C. 80%   D. 90%

321. 塑料防水板的铺设应超前二次衬砌混凝土施工，超前距离宜为<u>A</u>。

A. 5～20m   B. 10～20m   C. 15～25m   D. 20～30m

322. 塑料防水板防水层分项工程检验批的抽样检验数量，应按铺设面积每100m²抽查1处，每处10m²，但不得少于<u>D</u>处。焊缝检验应按焊缝条数抽查5%，每条焊缝为1处，但不得少于3处。

A. 3、2   B. 3、3   C. 1、3   D. 3、1

323. 金属板防水层分项工程检验批的抽样检验数量，应按铺设面积每10m²抽查1处，每处1m²，且不得少于3处。焊缝表面缺陷检验应按焊缝的条数抽查5%，且不得少于1条焊缝；每条焊缝检查1处，总抽查数不得少于<u>C</u>处。

A. 3   B. 5   C. 10   D. 12

324. 膨润土具有一定的膨润性、粘结性和吸湿性，它吸水后令自身体积膨胀<u>D</u>倍。

A. 1～2   B. 2～3   C. 4～6   D. 8～10

325. 膨润土防水材料防水层适用于pH为<u>D</u>的地下环境中。

A. 1～5   B. 2～7   C. 3～8   D. 4～10

326. 膨润土防水材料应采用水泥钉和垫片固定；立面和斜面上的固定间距宜为<u>B</u>，平面上应在搭接缝处固定。

A. 300～400mm   B. 400～500mm

C. 500～600mm　　　D. 200～300mm

327. 膨润土防水材料的搭接宽度应大于 100mm；搭接部位的固定间距宜为D，固定点与搭接边缘的距离宜为 25～30mm，搭接处应涂抹膨润土密封膏。平面搭接缝处可干撒膨润土颗粒，其用量宜为 0.3～0.5kg/m。

A. 300～400mm　　　B. 400～500mm

C. 500～600mm　　　D. 200～300mm

328. 膨润土防水材料防水层分项工程检验批的抽检数量，应按铺贴面积每 100m² 抽查 1 处，每处 10m²，且不得少于C 处。

A. 1　　　B. 2　　　C. 3　　　D. 4

329. 墙体水平施工缝应留设在高出底板表面不小于C 的墙体上。

A. 100mm　　　B. 200mm　　　C. 300mm　　　D. 400mm

330. 拱、板与墙结合的水平施工缝，宜留在拱、板和墙交接处以下D 处。

A. 250～400mm　　　B. 200～300mm

C. 100～250mm　　　D. 150～300mm

331. 在施工缝处继续浇筑混凝土时，已浇筑的混凝土抗压强度不应小于D。

A. 0.5MPa　　　B. 0.8MPa　　　C. 1MPa　　　D. 1.2MPa

332. 遇水膨胀止水带应具有缓膨胀性能，止水条采用搭接连接时，搭接宽度不得小于A。

A. 30mm　　　B. 40mm　　　C. 50mm　　　D. 60mm

333. 中埋式止水带的接缝应设在边墙较B 位置上，不得设在结构转角处；接头宜采用＿＿＿焊接，接缝应平整、牢固，不得有裂口和脱胶现象。

A. 高、冷铺　　B. 高、热压　　C. 低、热压　　D. 低、冷铺

334. 安设于结构内侧的可卸式止水带所需配件应一次配齐，转角处应做成B 坡角，并增加紧固件的数量。

A. 30°　　　B. 45°　　　C. 60°　　　D. 90°

335. 埋设件端部或预留孔、槽底部的混凝土厚度不得少于A；当混凝土厚度小于____时，应局部加厚或采取其他防水措施。

A. 250mm　　B. 200mm　　C. 150mm　　D. 100mm

336. 人员出入口应高出地面不应小于C；汽车出入口设置明沟排水时，其高出地面宜为150mm，并应采取防雨措施。

A. 300mm　　B. 400mm　　C. 500mm　　D. 600mm

337. 窗井内的底板应低于窗下缘A。窗井墙高出室外地面不得小于500mm。

A. 300mm　　B. 400mm　　C. 100mm　　D. 200mm

338. 坑、池底板的混凝土厚度不应少于A；当底板的厚度小于A时，应采取局部加厚措施，并应使防水层保持连续。

A. 250mm　　B. 200mm　　C. 150mm　　D. 100mm

339. 地下连续墙应采用防水混凝土，胶凝材料用量不应小于C，水胶比不得大于0.55，坍落度不得小于180mm。

A. 380kg/m³　B. 350kg/m³　C. 400kg/m³　D. 450kg/m³

340. 地下连续墙分项工程检验批的抽样检验数量，应按连续墙5个槽段抽查1个槽段，且不得少于C个槽段。

A. 1　　　B. 2　　　C. 3　　　D. 4

341. 集水管应设置在粗砂过滤层下部，坡度不宜小于A，且不得有倒坡现象。集水管之间的距离宜为5~10m，并与集水井相通。

A. 1%　　　B. 2%　　　C. 3%　　　D. 4%

342. 结构裂缝注浆适用于混凝土结构宽度大于D的静止裂缝、贯穿性裂缝等堵水注浆。

A. 0.5mm　　B. 0.4mm　　C. 0.3mm　　D. 0.2mm

343. 结构裂缝注浆分项工程检验批的抽样检验数量，应按裂缝的条数抽查D，每条裂缝检查1处，且不得少于3处。

A. 20%　　　B. 15%　　　C. 5%　　　D. 10%

344. 地下室防水采用卷材防水时，两幅卷材短边和长边的搭接宽度都不小于B。

　　A. 150mm　　　B. 100mm　　　C. 200mm　　　D. 250mm

　　345. 当采用两层时，其上、下两层和相邻两幅卷材的接缝错开A幅宽。

　　A. 1/3　　　　B. 1/2　　　　C. 1/4　　　　D. 1/5

　　346. 阴阳角处需做附加层A层，然后再进行大面积的铺贴。

　　A. 1～2　　　B. 1～3　　　C. 2～3　　　D. 3～4

　　347. 两幅塑料板的搭接宽度应为B，下部塑料板要压住上部塑料板。

　　A. 150mm　　　B. 100mm　　　C. 200mm　　　D. 250mm

　　348. 厕浴间的设备管道外设套管，套管应高出地面C，管根处用密封膏封严。

　　A. 15mm　　　B. 10mm　　　C. 20mm　　　D. 25mm

　　349. 楼地面防水施工先做阴阳角及套管根部，再做地面防水层，四周卷起B高与立墙防水交接一体。

　　A. 150mm　　　B. 100mm　　　C. 200mm　　　D. 250mm

　　350. 管道根部四周应增设附加层，宽度和高度均不应小于C。

　　A. 100mm　　　B. 200mm　　　C. 300mm　　　D. 400mm

　　351. 墙体接缝复合施工时的压入厚度不小于C。

　　A. 3mm　　　B. 4mm　　　C. 5mm　　　D. 6mm

　　352. 油毡瓦铺设的基层应平整，铺设时，在基层上应先铺一层沥青防水卷材垫毡，垫毡搭接宽度不应小于B。

　　A. 150mm　　　B. 50mm　　　C. 100mm　　　D. 200mm

　　353. 卷材接缝宽度一般为A mm。

　　A. 80～100　　B. 100～150　　C. 150～200　　D. 250～300

　　354. 采用多层油毡防水层，可采用A。

　　A. 3～5mm 绿豆砂　　　　　B. 6～10mm 的怪石

　　C. 刷着色保护性涂料　　　D. 水泥砂浆

　　355. 墙面防水可做耐擦洗涂料或贴瓷砖，高度不小于C。

A. 1m　　B. 1.5m　　C. 1.8m　　D. 2m

356. 屋面卷材平行于屋脊，贴长边搭接不小于<u>C</u> mm。

A. 50　　B. 60　　C. 70　　D. 100

357. 卷材储存期不超过<u>D</u> 出料，应掌握先进先出的原则。

A. 3 个月　　B. 6 个月　　C. 9 个月　　D. 12 个月

358. 地下室防潮层外侧应用<u>C</u> 填实。

A. C20 混凝土　B. 素土夯实　C. 2:8 灰土　D. 3:7 灰土

359. 地下防水外防外贴临时性保护墙如铺两层油毡，其高度为<u>B</u> cm。

A. 20　　B. 30　　C. 45　　D. 60

360. 沥青胶结材料的标号是以<u>B</u> 确定。

A. 粘结性　　B. 耐热度　　C. 比重　　D. 柔韧性

361. 当卷材防水层表面基本符合要求，无明显的积水时，其质量可评为<u>A</u> 。

A. 合格　　B. 优良　　C. 一般　　D. 不合格

362. 冷粘法铺贴卷材，接缝口应用密封材料封严，宽度不应小于<u>B</u> 。

A. 5mm　　B. 10mm　　C. 15mm　　D. 20mm

363. 熔化热熔型改性沥青胶结材料时，宜采用专用导热油炉加热，加热温度不应高于<u>D</u>，使用温度不宜低于180℃

A. 250℃　B. 220℃　　C. 180℃　　D. 200℃

364. 采用热熔法施工时，在施工周围配备<u>B</u> ，以满足消防要求。

A. 水　　B. 灭火器　　C. 消火栓　　D. 木棍

365. 粘贴卷材的热熔型改性沥青胶结料厚度宜为<u>C</u> 。

A. 1.0～2mm　　　B. 1.0～1.2mm

C. 1.0～1.5mm　　D. 1.5～2mm

366. 厚度小于<u>A</u> 的高聚物改性沥青防水卷材，严禁采用热熔法施工。

A. 3mm　　B. 5mm　　C. 8mm　　D. 10mm

367. 高聚物改性沥青防水卷材测试项目为拉伸能力、耐热度、柔性和 B 。

A. 弹性模量　B. 不透水性　C. 强度　D. 针入度

368. 高聚物改性沥青防水卷材铺贴前对转角部位做增强处理，处理范围为转角两面各不少于 B 。

A. 100mm　　B. 200mm　　C. 300mm　　D. 400mm

369. 机械固定法铺贴卷材，卷材周边 C 范围内应满粘。

A. 400mm　　B. 600mm　　C. 800mm　　D. 1000mm

370. 胎体增强材料是生产防水卷材必备的原料之一，在防水卷材中起着 B 防水抗裂的作用。

A. 连接　　B. 骨架　　C. 加固　　D. 胶结

371. 各种粘胶剂及稀释剂易燃，应贮存在 D ，施工现场严禁烟火。

A. 通风处　　B. 干燥处　　C. 室外　　D. 室内

372. 胎体增强材料长边搭接宽度不应小于 B ，短边搭接宽度不应小于 ____ 。

A. 70mm、70mm　　B. 50mm、70mm
C. 50mm、50mm　　D. 70mm、50mm

373. 下列 C 情况下可以进行防水施工。

A. 基层找平层做完后 1~2d

B. 结构层完全干燥后

C. 基层施工完毕，且其含水率≯9%时

D. 找坡层施工完毕

374. 现行《建筑工程质量管理条例》规定，屋面防水工程的保修期限最低为 D 年。

A. 1　　B. 2　　C. 3　　D. 5

375. 建筑工程的防水部位要确保良好的使用功能，做到不渗不漏，必须加强防水工程的 B 和实现施工专业化。

A. 承包制　B. 综合治理　C. 保修制度　D. 质量检查

376. 遇到有人在施工现场触电时，你应该 C 。

A. 快速去拉开触电者

B. 通告现场安全员处理

C. 立即切断电源，进行人工呼吸抢救

D. 立即向工地领导报告

377. 防水施工方案的作用<u>A</u>。

A. 是施工的依据，防水质量的保证，安全生产的保障等

B. 是为了满足资料要求

C. 业主及监理要求

D. 政府相关单位的要求

378. QC 小组进行 QC 活动时，遵循 PDCA 循环，其中 A 代表的意义是<u>D</u>。

A. 计划　　B. 执行　　C. 检查　　D. 处理

379. 全面质量管理 PDCA 循环 D 代表<u>B</u>。

A. 计划　　B. 执行　　C. 检查　　D. 总结

380. QC 小组进行 QC 活动时，遵循 PDCA 循环，其中 P 代表的意义是<u>A</u>。

A. 计划　　B. 执行　　C. 检查　　D. 总结

381. QC 小组进行 QC 活动时，遵循 PDCA 循环，其中 C 代表的意义是<u>C</u>。

A. 计划　　B. 执行　　C. 检查　　D. 总结

382. "排列图"是为寻找影响<u>B</u>的主要原因所使用的图。

A. 生产　　B. 质量　　C. 工效　　D. 效益

383. 全面质量管理"因果图"是表示<u>B</u>与原因关系的图。

A. 生产　　B. 质量　　C. 工效　　D. 效益

384. 屋面高聚物改性沥青防水涂料严禁在雨、雪天施工，<u>B</u>级风及以上时不得施工。

A. 四　　B. 五　　C. 六　　D. 七

385. 进入施工现场的防水操作人员首先应进行入场教育，并进行详细的<u>A</u>和技术交底。

A. 安全交底　　B. 材料的堆放

C. 安全帽的戴法　　D. 合同文件交底

386. 由于防水材料及辅料多为高分子化学原料，有毒、易挥发等特点，为保证操作人员的安全，为此，防水施工人员除配备劳保用品等措施外，还要保证施工场地<u>B</u>。

A. 宽敞　　B. 通风　　C. 平整　　D. 干燥

387. 建立环境管理体系，依据<u>B</u>标准。

A. ISO 9000　　　　B. ISO 14000

C. GB/T 28000　　　D. GB/T 28001

3.3 多项选择题

1. 关于图纸会审的说法，正确的是<u>B、C、D</u>。

A. 图纸会审应该是先分别学习图纸，后集体会审；先由设计、施工建设单位共同会审，后由专业单位自审

B. 审核施工图重点部分包括基础、地下部分，建筑结构部分，建筑防水部分

C. 在施工过程中，发现图纸有差错或与实际情况不符等情况必须严格执行设计变更签证制度

D. 地基处理和基础设计有无问题，技术要求和图纸是否相一致是图纸会审的要点之一

2. 在防水工程施工前，应对防水工程的施工图纸，包括<u>A、B、C</u>等进行审核。

A. 防水材料的选择　　B. 构造要求

C. 节点做法　　　　　D. 设计变更

3. 关于屋面工程防水构造做法的说法，正确的是<u>A、C</u>。

A. 屋面坡度大于15%或屋面受振动时，应垂直屋脊铺贴

B. 分格缝应附加200～300mm宽的油毡，用沥青胶单边点贴覆盖

C. 基层与突出屋面结构的连接处以及在基层的转角处均应做成半径为100～150mm的圆弧或钝角

D. 找平层宜留设分格缝，缝宽一般为 40mm。分格缝兼做排气屋面的排气道时可适当加宽，并应与保温层连通

4. 下列选项哪些属于堵漏止水材料<u>A、B、C、D</u>。

A. 防水剂　　B. 灌浆材料　　C. 止水带　　D. 遇水膨胀橡胶

5. 刚性防水材料可分为<u>A、B、C、D</u>。

A. 防水混凝土　　　　B. 无机防水剂

C. 防水砂浆　　　　　D. 注浆堵漏材料

6. 防水涂料分三种类型，即<u>A、B、C</u>。

A. 反应型　　B. 溶剂型　　C. 水乳型　　D. 复合型

7. 关于硅酸钠防水剂的说法，正确的是<u>B、C</u>。

A. 硅酸钠防水剂与水泥拌合可制成防水水泥胶浆，掺入混凝土中则可成为防水混凝土，可以用在承重结构中

B. 硅酸钠防水剂凝固时间短，对渗水部位可迅速起到堵漏作用

C. 可通过调整水泥与五矾防水剂的配比来控制五矾防水水泥胶浆的初凝与终凝时间

D. 当快燥精的配合比为快燥精：水泥 = 100：50 时，快燥精的凝固时间小于 1min

8. 关于无机高效防水粉的说法，正确的是<u>C、D</u>。

A. 无机高效防水粉是一种气硬性无机胶凝材料，不仅可以用来堵漏，还可用于防水与防潮

B. 无机高效防水粉耐高温、抗低寒，但有毒，使用时应谨慎

C. 堵漏灵、堵漏停、堵漏能、确保时、防水宝都属于无机高效防水粉

D. 堵漏灵施工方法有涂刷法、刮压法和刮压刷涂法

9. 关于灌浆材料的说法，正确的是<u>A、C</u>。

A. 氰凝固结体具有疏水性质，能有效地隔阻水的通路，并具有化学稳定性高，耐酸、碱、盐和有机溶剂的特性

B. 聚氨酯灌浆材料分为水溶性和塑性两种

C. 水泥浆液和水泥水玻璃浆材大多作为一般裂缝的修补

D. 弹性聚氨酯浆材价格较低廉，是我国目前众多的灌浆材料中较为理想的产品之一

10. 关于刚性防水面的说法，正确的是B、C。

A. 刚性防水屋面结构层加铺了一层混凝土和块体刚性层，因此，可适用于地质条件较差的建筑

B. 刚性防水层适用于防水等级为Ⅰ~Ⅲ级的屋面防水

C. 刚性防水层不适用于设有松散材料保温层的屋面

D. 当屋面坡度大于15%时较适合建刚性防水屋面

11. 在高层建筑地下室、屋面和大跨度多功能建筑，应选用B、C、D的合成高分子防水材料，如三元乙丙橡胶防水卷材、氯化聚乙烯等，也可采用中档合成高分子防水材料，如SBS改性沥青油毡、APP改性沥青油毡等。

A. 抗拉性能好　　　　B. 防水性能好

C. 耐老化性能高　　　D. 使用寿命长

12. 柔性防水材料主要指以石油沥青或其他化工材料为原料制成的B、C、D等。

A. 油膏类　　B. 防水卷材　　C. 防水涂料　　D. 封闭胶

13. 刚性防水屋面按构造形式分为A、B。

A. 刚性层与结构层结合型　　B. 刚性层与结构层分离型

C. 种植隔热刚性屋面　　　　D. 块体刚性防水层

14. 下列可以作为刚性防水屋面使用材料的是A、B、C、D。

A. 普通细石混凝土　　　B. 补偿收缩混凝土

C. 块体刚性防水层　　　D. 砂浆防水层

15. 关于刚性防水屋面的基本要求的说法，正确的是A、C、D。

A. 刚性防水屋面的坡度宜为2%~3%，并应采用结构找坡

B. 天沟、檐沟应用水泥砂浆找坡，找坡厚度大于20mm时，宜采用细石混凝土

C. 刚性防水层与山墙、女儿墙以及突出屋面结构的交接处均应做刚性密封处理

D. 当屋面板的板缝宽度大于 40mm 或上窄下宽时，板缝内应设置构造钢筋，板端缝应进行密封处理

16. 对于刚性防水材料要求的说法，正确的是B、C。

A. 防水层的细石混凝土采用火山灰质水泥时，应采取减小泌水性的措施，水泥强度等级不宜低于 42.5

B. 膨胀水泥主要用于补偿收缩混凝土防水层

C. 防水层的细石混凝土和砂浆中，粗骨料的最大粒径不宜大于 15mm，含泥量不应大于 1%；细骨料应采用中砂或粗砂，含泥量不应大于 2%

D. 防水层内配置的钢筋宜采用冷拔高碳钢筋

17. 防水混凝土的施工缝有A、B、D 等几种形式。

A. 企口缝　　B. 平缝加止水钢板

C. 垂直缝　　D. 平缝加膨胀止水条

18. 大体积防水混凝土的施工应采取A、B、D 技术措施。

A. 材料选择　B. 温度控制　C. 浇筑方法　D. 保温、保湿

19. 防水混凝土结构施工时，如固定模板必须穿过防水混凝土结构时，应采取A、B、C、D 止水措施。

A. 螺栓加焊止水环做法　　B. 预埋套管做法

C. 螺栓加堵头做法　　　　D. 施工缝接缝处理方法

20. 关于普通细石混凝土防水层的施工过程的说法，正确的是A、B。

A. 隔离式防水层是在结构层与细石混凝土防水层之间加设隔离层，以减少结构变形和温度变化对防水层的影响

B. 细石混凝土防水层的厚度不应小于 40mm，目前国内多采用 40～60mm

C. 细石混凝土防水层的分格缝应设在屋面板的支承端、屋面的转折处、防水层与突出屋面结构的交接处。分格缝纵横间距不宜大于 6m，在找平层上进行弹线定位

D. 混凝土搅拌时间不应小于5min

21. 关于普通细石混凝土防水层施工过程中浇捣防水层混凝土的说法，正确的是C、D。

A. 混凝土浇捣12~24h后即可浇水养护，养护时间不少于7d，养护初期屋面不得上人

B. 混凝土的浇捣应先远后近，先低后高的原则，逐个分格进行。一个分格缝内的混凝土必须一次浇捣完成，不得留施工缝

C. 混凝土从搅拌机出料至浇筑完成时间不宜超过2h，在运输和浇捣过程中，应防止混凝土的分层、离析

D. 混凝土收水后应至少进行两次压光

22. 关于补偿收缩混凝土防水层施工的说法，正确的是A、B。

A. 补偿收缩混凝土防水层施工与普通细石混凝土施工的使用工具和机具相同

B. 补偿收缩混凝土是一种适度膨胀的混凝土，它是在混凝土中掺入适量的膨胀剂或用膨胀水泥拌制而成

C. 混凝土收水后应用铁抹子将表面抹光，次数不得少于四遍

D. 补偿收缩混凝土的养护及使用温度均不应超过120℃

23. 关于聚合物水泥防水砂浆的说法，正确的是B、C。

A. 材料要求水泥采用52.5号以上普通硅酸盐水泥；洁净中砂，最大粒径小于3mm，含泥量小于2%

B. 聚合物乳液为阳离子氯丁胶乳为白色乳状液体，含固量大于50%

C. 聚合物水泥防水砂浆包括阳离子氯丁胶乳水泥砂浆、有机硅防水砂浆、丙烯酸脂砂浆

D. 拌合好的阳离子氯丁胶乳水泥砂浆1d内必须用完

24. 水泥砂浆防水层大致可分为B、C、D。

A. 柔性多层抹面水泥砂浆防水层

B. 刚性多层抹面水泥砂浆防水层

C. 掺防水剂水泥砂浆防水层

D. 聚合物砂浆防水层

25. 关于水泥砂浆防水层施工的说法，正确的是 A、B 。

A. 普通水泥砂浆基层处理完毕以后，先涂刷第一道水泥净浆，厚度 1~2mm，涂刷要均匀；涂刷第一道防水净浆后，即可铺抹底层砂浆

B. 铺抹面层普通水泥防水砂浆时，分两遍抹压，每遍厚 5~7mm。在砂浆终凝后 8~12h，表面呈灰白色时即可开始养护

C. 阳离子氯丁乳胶砂浆施工先进行基层处理，然后由下而上在基层表面涂刷一遍胶乳水泥净浆，不得漏涂

D. 铺抹阳离子氯丁乳胶砂浆时按先平面后立面的顺序施工，一般垂直面抹 5mm 厚左右

26. 关于水泥砂浆防水层基层处理施工的说法，正确的是 B、C、D 。

A. 结构层宜采用现浇钢筋混凝土结构。当采用预制板时，板缝必须用 C15 以上细石混凝土嵌填密实，并适当配筋

B. 天沟、檐口及女儿墙泛水等处的阴阳角均应做成圆弧

C. 穿过防水层的管道周围应剔成深 30mm，宽 20mm 左右的沟槽，用水冲洗沟槽，用防水砂浆修补填平

D. 板面有凹凸不平或蜂窝麻面、孔洞时，应先用高强度等级的混凝土或水泥砂浆填平或缝补，并清除表面疏松的石子、浮渣等

27. 建筑物接缝是依据需要由设计来设置安排的，它主要分为 A、C、D 。

A. 连接缝   B. 分格缝   C. 施工缝   D. 变形缝

28. 防水混凝土一般分为 A、B、C 三种。

A. 普通防水混凝土

B. 外加剂防水混凝土

C. 采用膨胀水泥配制的防水混凝土

D. 加钢筋的防水混凝土

29. 接缝密封的形式主要是依据使用的密封材料的类型而定,主要有<u>A、B</u>。

A. 不定型材料嵌缝　　B. 定性材料嵌缝

C. 热灌法嵌缝　　　　D. 冷嵌法嵌缝

30. 接缝密封按施工方法主要有<u>B、D</u>。

A. 热熔法　B. 热灌法　C. 焊接法　D. 冷嵌法

31. 常用的密封防水材料,主要有<u>B、C</u>。

A. 高聚物改性沥青密封防水材料

B. 合成高分子密封防水材料

C. 改性沥青密封防水材料

D. 油膏类密封防水材料

32. 常用的背衬材料有<u>A、C、D</u>。

A. 聚苯乙烯泡沫棒　　B. 聚氯乙烯泡沫棒

C. 油毡条　　　　　　D. 沥青麻丝

33. 对接缝密封防水施工的要求的说法,正确的是<u>B、D</u>。

A. 材料方面,密封材料在入库储存前应进行抽样检查,改性石油沥青密封材料检验项目,有施工度、粘结性、柔性和耐热度、针入度

B. 基层应牢固,表面应平整、密实,不得有蜂窝、麻面、起皮和起砂现象

C. 接缝处的密封材料底部应填充背衬材料,外面的密封材料上应设置保护层,其宽度不应小于100mm

D. 密封材料应贮存在阴凉、通风、干燥的库房内,环境温度为5～50℃

34. 关于改性密封材料防水施工的说法,正确的是<u>A、C</u>。

A. 接缝密封施工施工方法有热灌法和冷嵌法

B. 改性沥青密封材料可以在负温下进行施工

C. 在嵌填改性密封材料前,必须清理接缝

D. 基层处理剂的涂刷宜在铺放背衬材料前进行,涂刷应均

匀，不得漏涂

35. 关于合成高分子密封材料防水施工的说法，正确的是B、C、D。

A. 合成高分子密封材料凝胶后应涂刷基层处理剂

B. 单组分合成高分子密封材料可直接使用

C. 多组分合成高分子密封材料拌合后，应在规定时间内用完，未混合的多组分密封材料和未用完的单组分密封材料应密封存放

D. 嵌填的密封材料表面干后可进行保护层施工

36. 关于屋面接缝密封防水施工基层检查与处理的说法，正确的是A、C。

A. 背衬材料的主要用途是填塞在接缝底部

B. 背衬材料应在涂刷基层涂料后嵌填

C. 填塞时，圆形的背衬材料直径应大于接缝宽度 1~2mm，方形背衬材料应与接缝宽度相同

D. 基层处理剂应在挥发溶剂挥发前嵌填密封材料

37. 关于屋面接缝热灌法嵌填密封材料的说法，正确的是B、C、D。

A. 热灌法适用于立面接缝的密封处理

B. 密封材料在塑化或加热到规定温度后，应立即运至现场进行浇灌。灌缝时温度不宜低于110℃

C. 灌缝应从最低标高处开始向上连续进行，尽量减少接头

D. 纵横交叉处在灌垂直屋脊板缝时，应向平行屋脊缝两侧延伸 150mm，并留成斜槎

38. 关于屋面接缝冷嵌法嵌填密封材料的说法，正确的是A、D。

A. 冷嵌法施工时，应先将少量密封材料批刮在缝槽两侧，分次将密封材料嵌填在缝内，用力压嵌密实，并与缝壁粘结牢固，接头应采用斜槎

B. 对密封材料衔接部位的嵌填，应在密封材料固化后进行

C. 嵌填完毕的密封材料应养护 1d

D. 冷嵌法施工多用手工作业

39. 关于外墙密封防水施工操作，正确的是 <u>A、B</u> 。

A. 外墙密封防水施工步骤可分为：基层处理、防污条或防污纸的粘贴、底涂料的施工、嵌填密封材料及外墙密封防水的装饰等

B. 为了让密封材料充填到最佳位置，应设置背衬材料，填充时应准确迅速地完成

C. 防污条带面宽约 35~45mm

D. 在底涂料已经干燥，但未超过 24h 时不可以嵌填密封材料

40. 关于保温隔热屋面及保温隔热材料的说法，正确的是 <u>B、C</u> 。

A. 保温隔热屋面的结构层宜为普通水泥砂浆的防水结构

B. 保温层可采用松散材料保温层、板状保温层或整体现浇保温层

C. 隔热层可采用架空隔热层、蓄水隔热层或种植隔热层

D. 保温隔热材料按材料形状分为有机类和无机类

41. 蓄水屋面适用于屋面防水等级为 <u>C、D</u> 。

A. Ⅰ   B. Ⅱ   C. Ⅲ   D. Ⅳ

42. 关于保温隔热屋面的基本要求的说法，正确的是 <u>A、B</u> 。

A. 当采用有机胶结材料时，封闭式保温层的含水率应不得超过 5%；当采用无机胶结材料时，不得超过 20%

B. 保温隔热屋面的基层为装配式钢筋混凝土板时，板缝处理应采用细石混凝土灌缝，其强度等级不应小于 C20

C. 干铺的保温层不可以在负温度下施工

D. 当屋面板板缝宽度大于 40mm 或上宽下窄时，板缝内应设置构造钢筋

43. 关于保温隔热屋面细部构造的说法，正确的是 <u>B、C</u> 。

A. 天沟、檐沟与屋面交接处，屋面保温层的铺设应延伸到

墙内，其伸入的长度不应小于墙的厚度的 2/3 处

B. 当屋面保温层（指正置式或封闭式）含水率过大，且不易干燥时，则应该采取措施进行排汽

C. 排汽孔应做好防水处理，排汽出口应埋设排气管，排汽管应设置在结构层上

D. 排汽道的间距宜为 6m，纵横设置，排气孔以不大于 24m² 设置一个为宜

44. 关于松散材料保温层保温屋面的要求的说法，正确的是 C、D 。

A. 松散材料保温层适用于坡屋顶，不适用于有较大振动的屋面

B. 松散保温材料应分层铺设，并适当压实，每层虚铺厚度不宜小于 150mm

C. 松散材料保温层施工完后，应及时进行下一道工序的施工

D. 沿平行于屋脊的方向，按虚铺厚度的要求，用砖或混凝土每隔 1m 左右构筑一道防滑带，阻止松散材料下滑

45. 关于板状材料保温层保温屋面的要求的说法，正确的是 C、D 。

A. 分层铺设的板块上下层接缝应相互重叠，板间缝隙应采用同类材料嵌填密实

B. 当采用沥青玛蹄脂及其他胶结材料粘贴时，板状保温材料相互之间应满涂油膏，使之互相粘牢

C. 当采用水泥砂浆粘贴板状保温材料时，板间缝隙应采用保温灰浆填实并勾缝

D. 玛蹄脂加热温度不应高于 240℃，使用温度不宜低于 190℃

46. 关于整体现浇保温层施工的说法，正确的是 A、C 。

A. 整体现浇沥青膨胀珍珠岩保温层施工应将膨胀珍珠岩进行预热，预热温度宜为 100～120℃

B. 沥青膨胀珍珠岩与热沥青玛蹄脂或冷沥青玛蹄脂拌合方式一般采用人工搅拌

C. 水泥炉渣或水泥白灰炉渣保温层的施工时，炉渣在搅拌前必须浇水闷透

D. 水泥炉渣或水泥白灰炉渣保温层应注意浇水养护：水泥炉渣至少养护 4d；水泥白灰炉渣至少养护 7d

47. 关于泡沫塑料类保温层施工的说法，正确的是 B、C、D 。

A. 施工时，如找平层没有坡度，应先在屋面结构上用 1:6 水泥焦渣找坡，然后按设计要求的厚度铺贴泡沫塑料保温板

B. 宜用高速无齿锯条切割聚苯乙烯泡沫板，也可用电热丝切割

C. 对聚苯乙烯泡沫板应检验其尺寸、外观、密度、压缩强度、氧指数

D. 粘贴聚苯乙烯泡沫板的粘结剂常用的是冷玛蹄脂，用软化点适中的沥青溶解在适量的溶剂中制成

48. 保温隔热用的聚苯乙烯泡沫板分为普通型 PT 和阻燃型 ZR 两种，与普通型 PT 相一致的是 B、C、E、G，与阻燃型 ZR 相一致的是 A、C、E、H 。

A. 混有颜色的颗粒

B. 白色

C. 基本平整，无明显膨胀和收缩变形

D. 有明显膨胀和收缩变形

E. 熔结良好，无明显掉粒

F. 有明显掉粒

G. 无明显油渍和杂质

H. 不准有油渍和杂质

49. 倒置式屋面构造包括 A、B、D、E、G 。

A. 结构层　　B. 找平层　　C. 找坡层　　D. 防水层

E. 保温层　　F. 隔热层　　G. 保护层

50. 沥青类油毡的施工方法有A、B、C　。

A. 空铺压顶法　　　　　　B. 带孔毡局部粘结法

C. 粘砂油毡的点粘法　　　D. 满铺压顶法

51. 涂膜防水的施工方法有A、B、C　。

A. 条粘法　　　　　B. 采用单面带槽的塑料再加布

C. 带孔无纺布　　　D. 点粘法

52. 聚苯乙烯泡沫板铺设方法有A、D　。

A. 干铺法　　B. 湿铺法　　C. 压盖法　　D. 粘贴法

53. 关于保温层施工中应注意问题的说法，正确的是C、D　。

A. 干铺的保温层不可以在负温度下施工

B. 雨天、雪天不得施工，四级风时不得施工

C. 基层表面应平整、干燥、干净、无裂缝

D. 施工前，应对进场保温材料进行现场复检

54. 关于硬质发泡聚氨酯泡沫塑料施工的说法，正确的是A、D　。

A. 适合应用于做防水层正面的板状保温层，同时硬质发泡聚氨酯自身的粘结性能好，可以在现场用喷涂发泡法直接成型保温层

B. 聚氨酯无毒，喷涂硬质发泡聚氨酯保温材料不需要防毒措施

C. 喷涂发泡较适宜的环境温度和基层温度范围为 5 ~ 15℃

D. 在混凝土平屋面上作保温层时，可直接用乳化沥青或冷玛蹄脂粘贴硬质发泡聚氨酯板，然后在泡沫板上做 2.5cm 厚的水泥砂浆找平层，并做适当的伸缩缝，最后做防水层

55. 关于架空隔热屋面施工的说法，正确的是B、D　。

A. 架空隔热屋面较适合在寒冷地区使用

B. 架空隔热屋面的支座方式可采用带式（砖带）和点式（砖墩）布置，从隔热效果来讲，带式布置比点式布置好

C. 支座宜采用水泥砂浆砌筑，其强度等级应为 M7.5

D. 带式布置时，进风口宜设置在当地炎热季节最大频率风

向的正压区，出风口宜设在负压区

56. 关于蓄水屋面施工的说法，正确的是A、B、C。

A. 蓄水屋面适用南方炎热的非地震区、地基好的一般住宅和小跨度建筑

B. 蓄水屋面按构造方式可分为封闭式和敞开式蓄水屋面

C. 蓄水屋面应划分若干个蓄水区，每区的边长不宜大于10m

D. 每个蓄水区的防水混凝土可以根据条件多次浇筑完成，用施工缝分隔开

57. 关于种植屋面施工的说法，正确的是B、C。

A. 种植植被的防水屋面简称种植屋面

B. 种植屋面可用于工业建筑和民用建筑屋面，可用于夏季炎热、冬季寒冷地区

C. 种植屋面应有1%~3%的坡度

D. 种植屋面施工后，在覆土前应进行淋水试验，其静置时间不应小于24h

58. 关于倒置式屋面施工的说法，正确的是C、D。

A. 倒置式屋面与传统的卷材防水屋面相反，就是将保温层设置在防水层下面，以提高防水层的耐用年限

B. 倒置式屋面保温层材料必须是吸水率高的材料和长期浸水不腐烂的材料

C. 倒置式屋面保温层可采用干铺法施工，也可采用与防水层材料相容的胶粘剂粘贴的方法施工

D. 用聚苯乙烯泡沫兼做保温层的，应在其上部应用混凝土预制板或抹水泥砂浆做保护层

59. 关于保温隔热屋面的成品保护的说法，正确的是B、C。

A. 已安装好的架空隔热屋面3d内禁止人员在上走动，以免引起隔热板松动

B. 施工时应合理安排防水施工顺序，做到先高后低，先远后近

C. 保温层施工结束后，应及时铺抹水泥砂浆找平层，以免保温层吸潮和进水

D. 隔热板在运输、堆放时应水平堆放

60. 绝缘法施工由于其针对性的不同，种类较多，若按防水材料的种类进行划分可分为三大类<u>A、B、C</u>。

A. 沥青类油毡的绝缘法施工

B. 高分子卷材的绝缘法施工

C. 涂膜的绝缘法施工

D. 刚性防水材料的绝缘法施工

61. 无自流排水条件的而且防水要求较高的地下工程，可采用<u>A、B、C</u>。

A. 渗排水　　B. 盲沟排水　　C. 机械排水　　D. 隧道排水

62. 关于盲沟排水的说法，正确的是<u>A、B</u>。

A. 盲沟排水法即在构筑物四周设置盲沟，使地下水沿盲沟向低处排走的方法

B. 凡有自流排水条件而无倒灌可能时，可采用盲沟排水法

C. 盲沟的排水坡度不小于3%

D. 盲沟断面尺寸的大小按水流量的大小来确定，与盲沟所在土层无关

63. 关于渗排水和内排水法的说法，正确的是<u>A、C</u>。

A. 渗排水管排水是在地下构筑物下面铺一层碎石（或卵石）作为渗水层，在渗水层内设渗水管或排水沟，将地下水排走

B. 采用渗水管排水时，渗排水层设置在构筑物工程结构底板之上

C. 内排水法排水是使地下水通过外墙预埋的管道流入室内的排水明沟，再汇流到集水坑内用水泵抽走的方法

D. 内排水法比较可靠，且易于检修，适用于地层为弱透水性土、地下水量大的排水

64. 地下隧道、坑道的排防水方式有<u>A、B、C</u>。

A. 贴壁式衬砌　　B. 复合式衬砌

C. 离壁式衬砌　　D. 无衬砌式

65. 关于地下隧道、坑道的排防水的说法，正确的是<u>C、D</u>。

A. 贴壁式衬砌中，当地质条件较差，有较大的垂直压力和水平压力时，可采用拱形半衬砌

B. 复合式衬砌防水是指在两层衬砌中设置一道刚性防水板防水层

C. 内衬混凝土应用防水混凝土浇筑

D. 离壁式衬砌防水排水与防潮效果均较好，适用于地质条件稳定或基本稳定的围岩及静荷载区段，不适用于动荷载区段及地震烈度 8 度以上地震区

66. 按地质条件不同，贴壁式衬砌防水构造又可分为<u>A、B、C、D</u>。

A. 拱形半衬砌　　　B. 厚拱薄墙衬砌

C. 直墙拱形衬砌　　D. 曲墙式衬砌

67. 注浆施工方案和注浆材料应根据地质条件确定，在工程开挖前，预计涌水量大的地段，软弱地基处，应选用<u>C、D</u>，开挖后有大量涌水或大面积渗水时，应选用<u>A、D</u>，衬砌后渗漏水严重的地段或充填壁后的空隙地段应选用<u>B、E</u>。

注浆方案：A. 衬砌前围岩注浆　　B. 回填注浆　　C. 预注浆

选用材料：D. 水泥砂浆、水泥—水玻璃浆液或化学浆液

　　　　　　E. 水泥浆液、水泥砂浆或掺有石灰、黏土、膨润土、粉煤灰的水泥砂浆

68. 关于注浆施工的说法，正确的是<u>B、C</u>。

A. 水泥类浆液宜选用强度等级不低于 37.5MPa 的硅酸盐水泥

B. 单孔注浆结束时，预注浆各孔段均应达到设计终压并稳定 10min

C. 回填注浆孔的孔径，不宜小于 40mm，间距宜为 2～5m，可按梅花形排列

D. 衬砌后围岩注浆钻孔深入围岩不应小于2m，孔径不宜小于40mm

69. 关于水箱防水混凝土施工的说法，正确的是C、D。

A. 水塔的水箱一般采用防水混凝土或自防水结构，再在箱体内壁上做柔性防水

B. 水箱壁混凝土应分层浇筑，每层浇筑厚度不超过200mm

C. 混凝土浇筑完毕后，应做好覆盖和洒水湿润，养护期不得少于14d

D. 水箱壁混凝土要连续浇筑，不留施工缝

70. 关于水箱水泥砂浆防水层施工的说法，正确的是A、D。

A. 现浇钢筋混凝土水箱模板拆除后，应将表面清理干净，然后用钢丝刷将表面打毛

B. 底层防水砂浆初凝前，应及时刮抹防水砂浆一道

C. 湿养护不小于7d，矿渣水泥养护不小于14d

D. 水箱刚性多层做法防水应采用防水抹面五层做法

71. 合成树脂的防水堵漏，压力灌浆按灌浆材料不同可分为三类A、B、D。

A. 水泥、石灰、黏土类灌浆　　　B. 沥青灌浆

C. 混凝土灌浆　　　　　　　　　D. 化学灌浆

72. 关于水池、游泳池防水施工操作要点的说法，正确的是A、B、C。

A. 复杂部位应多涂刷一道聚氨酯涂膜防水材料，作为附加层，厚度以2mm为宜

B. 卷材的接头宽度一般为100mm，在接头部位每隔500～1000mm用CX-404胶涂一下，待其基本干燥后，将接头部位的卷材翻开，临时粘结，加以固定

C. 为了防止卷材末端剥落或渗水，末端收头要用聚氨酯嵌缝膏密封

D. 施工时，应注意先弹线，后铺卷材，卷材长边搭接宽度不小于100mm，短边不小于100mm

73. 涂膜防水常见的质量问题有A、B、C、D。

A. 气泡　　B. 起鼓　　C. 翘边　　D. 破损

74. 关于冷库工程防潮、隔热施工材料及基层要求的说法，正确的是C、D。

A. 冷库内楼地面、内墙面应选用10~30号石油沥青，冷库外墙、屋面应选用60号石油沥青

B. 硬木砖用于隔热层

C. 基层必须平整、牢固、无松动和起砂现象，用2m直尺检查，基层与直尺间的空隙不应超过5mm

D. 基层平面与立面的转角处应抹成圆弧或钝角

75. 关于冷库工程防潮、隔热施工的说法，正确的是A、D。

A. 防潮层采用二毡三油做法

B. 所有转角处均应铺贴二层附加油毡。铺贴时可按转角处的形状仔细粘贴密实，附加层的相互搭接长度不小于200mm

C. 冷库工程软木隔热层一般铺贴五层软木砖，其厚度为200mm

D. 软木隔热层铺贴完毕后，应在其表面涂刷两道热沥青

76. 地下工程渗漏水的主要部位有A、B、C、D、E。

A. 变形缝渗漏水

B. 施工缝、混凝土裂缝渗漏水

C. 预埋件及穿墙管件等渗漏水

D. 孔洞渗漏水

E. 墙面的渗漏和潮湿

77. 关于地下工程渗漏检查与防治方法的说法，正确的是A、B、C、D。

A. 处理蜂窝、麻面时，可以用水将基层清洗干净，然后用1:2或1:2.5水泥砂浆修补

B. 处理混凝土施工缝渗漏水，可以采取注浆、嵌填密封材料及设置排水暗槽等方法，表面增设水泥砂浆、涂料防水层等加强措施

C. 处理混凝土塑性裂缝可用水泥砂浆薄抹处理

D. 对预埋件周边的渗漏，应先将周边剔成环形沟槽，用快速堵漏材料止水后，再采用嵌填密封材料、涂抹防水涂料、水泥砂浆等措施，按裂缝直接堵塞方法处理

78. 新进场的操作工人，要进行A、B、D，级安全培训教育。防水施工队进入现场要进行进场安全教育。

A. 公司　　B. 项目　　C. 自身　　D. 班组

79. 关于施工安全方面的说法，正确的是A、D。

A. 在高处用火，应注意防风。对用火范围的下方和下风部的易燃易爆物品应先进行清理，易燃易爆物离开火源应在10m以上

B. 配制冷底子油时，应该用铁棒搅拌，要严格掌握沥青温度

C. 运送热沥青允许两人抬送，装油不得超过桶高的2/3

D. 在无女儿墙的屋面周边施工时，除应设置安全护栏外，操作人员应侧身作业，避免倒退至边缘时踩空坠落。同时，檐口下方不得有人停留或行走

80. 卷材粘贴方式有A、B、C。

A. 满粘法　　B. 空铺法　　C. 点粘法　　D. 花铺法

81. 地下工程渗漏水根据其渗水量不同又可分为A、B、C、D。

A. 慢渗　　　B. 快渗　　　C. 漏水　　　D. 涌水

82. 目前非金属油罐的防渗措施基本可分为三类A、B、C。

A. 抹灰防渗　　　B. 涂料防渗

C. 贴面防渗　　　D. 密封材料防渗

83. 合成高分子卷材防水层的机械固定根据所用固定件及固定方式不同可分为A、B、D。

A. 螺栓或螺钉固定　　　B. 轨道式固定

C. 销钉固定　　　　　　D. 非穿透式连接

84. 防水混凝土抗渗等级可分为A、B、C三种。

A. 设计等级　　B. 试验等级　　C. 检验等级　　D. 达标等级

85. 刚性防水按照所应用的结构部位的不同，大致可分为

A、C、D 三大类。

    A. 地下结构刚性防水   B. 构筑物刚性防水

    C. 屋面刚性防水   D. 地面刚性防水

86. 防水涂料可以分为A、B、C、D。

    A. 乳化沥青类防水涂料   B. 改性沥青类防水涂料

    C. 合成橡胶类防水涂料   D. 合成树脂类防水涂料

87. 运动场露天看台、防渗施工一般分为A、B、D 三类。

    A. 结构自防水   B. 防渗砂浆刚性防水

    C. 涂膜防水   D. 卷材防水

88. 环氧树脂所选的填料应是B、C，以免与环氧树脂或固化剂发生作用。

    A. 弱酸性 B. 弱碱性 C. 中性 D. 强碱性

89. 关于管道穿墙（地）部位渗漏水的防治方法的说法，正确的是A、C、D。

    A. 对热力管道穿过内隔墙的部位，可埋设一个较穿墙管径大 100mm 的套管，后安装的管道与套管间空隙用石棉水泥或麻刀石灰嵌填

    B. 热力管道穿透外墙部位不可以采用橡胶止水套立法处理

    C. 热力管道穿内墙部位渗漏水时，可将穿管孔眼剔大，采用埋设预制半圆混凝土套管法进行处理

    D. 热力管道穿透外墙部位渗漏水时，修复时需将地下水位降至管道标高以下，用设置橡胶止水套的方法处理

90. 关于地下卷材防水质量问题的防治方法的说法，正确的是B、C、D。

    A. 检查空鼓时可用 8 号铁丝或木条轻轻敲击表面，若声音清脆，表示卷材粘贴不密实；若发出咚咚浑浊之声，表示卷材粘贴密实

    B. 当转角处出现粘贴不牢、不实等现象时，应将该处卷材撕开，灌入沥青胶，用喷灯烘烤后，逐层修补好

    C. 在使用时变形缝出现渗漏水现象，应先进行堵漏，然后

在表面粘贴或涂刷氯丁胶片，作为第二道防线

D. 穿墙管处周边呈死角，使卷材不易铺贴严实，是造成管道处渗漏的原因之一

91. 促凝灰浆堵漏方法有<u>A、B、C、D</u>。

A. 直接堵塞法　　　　　B. 下管堵漏法

C. 木楔堵漏法　　　　　D. 下线堵漏法

92. 氰凝灌浆堵漏操作适用于<u>A、B、C、D</u>。

A. 混凝土结构内部松散、蜂窝、麻面、孔洞造成的渗漏水

B. 混凝土施工缝结合不严导致的缝隙漏水

C. 混凝土结构出现的局部裂缝漏水

D. 采用止水带处理变形缝时，止水带与混凝土结合不严而形成的接触面间漏水

93. 关于水泥、水玻璃水泥浆灌浆堵漏施工的说法，正确的是<u>B、C、D</u>。

A. 适合于修补地下结构较浅较小孔洞，及宽度小于 0.5mm 以上的裂缝、施工缝、接缝漏水

B. 灌浆机具一般采用风压罐或手压泵

C. 配制水玻璃水泥砂浆时，将水玻璃溶液徐徐加入已调配好的水泥浆液中，搅拌均匀即可

D. 灌浆时要反复升压与二次升压，知道压力稳定在规定压力值不再下降为止

94. 常用的复合防水施工方法有<u>A、B、C、D</u>。

A. 绝缘法施工　　　　　B. 橡胶沥青卷材＋涂膜防水

C. 金属板材＋改性沥青卷材　D. 膨润土＋高密度聚乙烯

95. 关于防水砂浆抹面防水特殊部位的施工方法的说法，正确的是<u>B、C</u>。

A. 阴阳角部位是防水层的薄弱环节，须留斜坡梯形槎

B. 变形缝可采用后埋式或可卸式止水带以及粘贴氯丁橡胶片的处理方法

C. 对于露出防水层的管道，应根据管件大小剔成一定尺寸

的沟槽，用水冲洗干净，然后用素灰将沟槽填实，随即抹素灰一层砂浆一层并扫成毛面

D. 穿墙的热管道，可在穿管位置上留一个较管径大20cm的圆孔，圆孔内作好防水层，待管道安装后，将缝隙处用麻刀石灰或石棉水泥嵌缝

96. 下列关于合成树脂化学灌浆的特点，叙述正确的是A、B、C。

A. 能灌入0.15mm以下的细裂缝中

B. 抗拉强度高，能达到C20~C40混凝土的抗拉强度

C. 能根据渗漏水情况调节材料的凝结时间，慢的几小时，快的可几分钟

D. 抗冲击性能更差

97. 普通拒水粉防水屋面的构造主要分为A、B、C、D。

A. 找平层　　B. 防水层　　C. 隔离层　　D. 保护层

98. 聚合物砂浆通常有三种，分别为A、C、D。

A. 有机硅砂浆　　　　B. 聚氨酯砂浆

C. 丙烯酸脂砂浆　　　D. 阳离子氯丁胶乳砂浆

99. 刚性防水屋面的构造通常有A、B。

A. 在保温层上做刚性防水层　　B. 在预制板上做刚性防水层

C. 在找平层上做刚性防水层　　D. 在结构层上做刚性防水层

100. 环氧树脂固化反应一般有三种方式A、C、D。

A. 环氧基之间直接键合

B. 芳香族羟基直接键合

C. 环氧同芳香族羟基或脂肪族羟基键合

D. 通过各种基团同固化剂交联

3.4　计算题

1. 某公司对去年屋面工程中不合格项目进行统计，其不合格品分项统计如下表，试绘制影响屋面防水质量的排列图，分

项累计计算。

不合格品分项统计

序号	项　　目	频数	累计数	累计
1	表面空鼓	22		
2	坡度	10		
3	泛水	8		
4	搭接	4		
5	开裂	1		
6	其他	2		

解：表面空鼓：$\dfrac{22}{22+10+8+4+1+2}=46.9\%$

坡度：$\dfrac{22+10}{22+10+8+4+1+2}=68.1\%$

泛水：$\dfrac{22+10+8}{22+10+8+4+1+2}=85.1\%$

搭接：$\dfrac{22+10+8+4}{22+10+8+4+1+2}=93.6\%$

开裂：$\dfrac{22+10+8+4+1}{22+10+8+4+1+2}=95.7\%$

其他：$\dfrac{47}{47}=100\%$

屋面防水质量排列图（略）

答：略。

2. 某工程大面积渗漏采用环氧贴玻璃布进行修补，预配环氧贴玻璃布底胶面胶各 200kg 在潮湿面层上使用，问需各种材料为多少？环氧粘贴材料配合比见下表。

环氧粘贴材料配合比表

材料名称	Ⅰ（干燥面层）		Ⅱ（潮湿面层）	
	底胶	面胶	底胶	面胶
环氧树脂	100	100	100	100
煤沥青（70℃软化点）			50～70	30～50
甲苯（稀释剂）	50	20		
苯二甲酸二丁酯（增塑剂）	8	8	8	8
乙二胺	10	10	12	12
水泥（325以上硅酸盐）	50	100	50	100

解：需各种材料如下：

底胶环氧树脂：$200 \times \dfrac{100}{230} = 87\text{kg}$

煤沥青：$200 \times \dfrac{60}{230} = 52\text{kg}$

苯二甲酸二丁酯：$200 \times \dfrac{8}{230} = 7\text{kg}$

乙二胺：$200 \times \dfrac{12}{230} = 10.4\text{kg}$

水泥：$200 \times \dfrac{50}{230} = 43.5\text{kg}$

面胶需要环氧树脂：$200 \times \dfrac{100}{260} = 77\text{kg}$

煤沥青：$200 \times \dfrac{40}{260} = 30.7\text{kg}$

苯二甲酸二丁酯：$200 \times \dfrac{8}{260} = 6.2\text{kg}$

乙二胺：$200 \times \dfrac{12}{260} = 9.2\text{kg}$

水泥：$200 \times \dfrac{100}{260} = 77\text{kg}$

总计：环氧树脂 164kg

煤沥青 82.7kg

苯二甲酸二丁酯 13.2kg

乙二胺 19.6kg

水泥 120.5kg

答：略。

3. 某防水混凝土工程，混凝土配合比为 1:0.6:2.5:4.2，三乙醇胺掺量为 0.05%，问每拌制一罐混凝土（两袋水泥）需各种材料各多少？

解：水泥 2 袋 100kg

水为：$0.6 \times 100 = 60kg$

砂子：$2.5 \times 100 = 250kg$

石子：$4.2 \times 100 = 420kg$

三乙醇胺掺量：$0.05\% \times 100 = 0.05kg$

答：每拌制一罐混凝土（两袋水泥）需各种材料分别是：水泥 2 袋 100kg，水 60kg，砂子 250kg，石子 420kg，三乙醇胺掺量 0.05kg。

4. 某工程采用水泥—快燥精快速塞料，处理孔眼渗水，预配凝固时间 <30min 的水泥快燥精 500g，需各种材料各多少？相关参数见表 1、表 2。

快燥精配合比 表1

名　　　称	重量比	名称	重量比
水玻璃温度 −40℃	200	荧光粉	0.001
硫酸钠	2	水	14

快燥精凝固时间与配合比关系 表2

类别	凝固时间（min）	水泥（g）	砂（g）	水（g）	快燥精（g）
甲	<1	100			50

类别	凝固时间（min）	水泥（g）	砂（g）	水（g）	快燥精（g）
乙	<5	100		20	30
丙	<30	100		35	15
丁	<60	500	1000	280	70

解：500g 快燥精快速塞料水（配制）

$$水 = 500 \times \frac{35}{150} = 117g$$

$$水泥 = 500 \times \frac{100}{150} = 333g$$

$$快燥精 = 500 \times \frac{15}{150} = 50g$$

$$配制水 117g 需水 = 117 \times \frac{380}{399} = 111g$$

$$硫酸钾 = 117 \times \frac{10}{399} = 3g$$

$$氨水 = 117 \times \frac{9}{359} = 3g$$

$$配制 50g 快燥精需水玻璃 = 50 \times \frac{200}{216} = 46g$$

$$硫酸钠 = 50 \times \frac{2}{216} = 0.46g$$

$$萤火粉 = 50 \times \frac{0.001}{216} = 0.0002g$$

$$水 = 50 \times \frac{14}{216} = 3.24g$$

答：略。

5. 某 30 甲建筑石油沥青，试验室测定其延伸度在 25℃时，三次测定值分别为 3.1cm、3cm、2.7cm，问该沥青是否符合质量标准？

解：平均值为：$\dfrac{3.1 + 3 + 2.7}{3} = 3$

其中：$\dfrac{3 - 2.7}{3} = 10\% > 5\%$

$\dfrac{3.1 - 3}{3} = 3\% < 5\%$

所以应舍去 2.7 取高的两次的平均值：

$\dfrac{3 + 3.1}{2} = 3.05 > 3$ 符合要求

答：沥青符合质量标准。

6. 某石油沥青玛蹄脂配合比为 10 号沥青：30 号沥青：滑石粉为 70：5：25，问 500kg 玛蹄脂需各种材料为多少？

解：需 10 号石油沥青为 $500 \times \dfrac{70}{100} = 350$kg

30 号石油沥青为 $500 \times \dfrac{5}{100} = 25$kg

滑石粉为 $500 \times \dfrac{25}{100} = 125$kg

答：需要：10 号石油沥青 350kg，30 号石油沥青 25kg，滑石粉 125kg。

7. 某防水工程 2000m²，问应检查几处？在抽检的项目中，其检验项目全为优良，而允许偏差项目有 17 个点在允许范围内，该工程质量应定为什么？

解：防水工程每 100m² 抽查一处，2000m² 应抽查 2000 ÷ 100 = 20 处，20 处中有 17 点在允许范围内抽查点数的 $\dfrac{17}{20} = 85\% < 90\%$。

答：该项目只能评为合格。

8. 一长 3m、宽 2m 的厕浴间地面采用 1：6 水泥焦渣垫层 40mm，坡度 2%、采用 1：2.5 水泥砂浆找平层，厚 20m；采用聚氨酯涂膜防水层，四周高出地面 60cm。计算水泥、焦渣、砂及聚氨酯的用量（水泥焦渣的密度 800kg/m³，水泥砂浆密度力 1600kg/m³，聚氨酯用量 2.5kg/m²，配合比为重量比）。

解：水泥焦渣总重量：$0.04 \times 3 \times 2 \times 800 = 192kg$

水泥重：$192 \times \frac{1}{7} = 27kg$

焦渣重：$192 \times \frac{6}{7} = 164kg$

水泥砂浆重：$0.02 \times 3 \times 2 \times 1600 = 192kg$

水泥重：$192 \times \frac{1}{3.5} = 55kg$

砂重：$192 \times \frac{2.5}{3.5} = 137kg$

水泥总重：$55 + 27 = 82kg$

聚氨酯用量：$= 2.5 \times [3 \times 2 + (3 + 2) \times 2 \times 0.6] = 30kg$

答：略。

9. 有一长 8m、宽 5m 的屋面，采用三元乙丙橡胶防水卷材单层防水施工，卷材规格为每卷长 20m，宽 1.2m，试计算用卷材多少卷？用于基层与卷材的胶粘剂氯丁胶（$0.4kg/m^2$）需要多少？

解：需卷材（除掉搭接）$\frac{8 \times 5}{20 \times 1} = 2$ 卷（除掉搭接）

氯丁胶 $0.4 \times 40 = 16kg$

答：需要卷材 2 卷，氯丁胶 16kg。

3.5 简答题

1. 什么是房屋结构施工图？包括哪些图样？

答：结构施工图是说明房屋的结构构造类型、结构平面布置、构造尺寸、材料和施工要求等的图样。结构施工图包括基础平面图和基础详图，各层结构平面布置图、结构构造详图、构件图等。结构施工图样在国标内应标注"结构施工××号图"。

2. 平面图能标出哪些部位的标高？

答：平面图虽然仅能表示长、宽两个方向的尺寸，但为了区别图中各平面的高差，可用标高来表示。一般平面图应标注下列标高：室内地面标高、室外地面标高、走道地面标高、大门室外台阶标高、卫生间地面标高、楼梯平台标高等。

3. 剖面图的剖切位置和剖切符号怎样表示？

答：剖面图的剖切位置，应在平面图中表示其位置，以便剖面图与平面图对照阅读。剖切符号用短粗线画在平面图形之外，剖切时可转折一次（阶梯剖切），便于在剖切时更能反映建筑内部构造。

4. 屋顶平面图附近常配以哪些节点详图？

答：一般在屋顶平面图附近配以檐口节点详图、女儿墙泛水构造详图、变形缝详图、高低跨层泛水构造详图，各个图安排在一张图上便于对照阅读。

5. 图纸会审有哪些要点？

答：图纸会审的要点，主要是设计计算的假定和采用的处理方法是否符合，施工时有无足够的稳定性，对安全施工有无影响，地基处理和基础设计有无问题，地基钻探图是否明确，建筑、结构、设备安装之间有无矛盾，图纸及说明是否齐全、清楚、明确，有无矛盾，推行新技术及特殊工程和复杂设备的技术的可能性和必要性等。

6. 屋面防水等级分为几级？分别适用于哪类建筑物？防水层合理使用年限分别为多少年？设防要求如何？

答：屋面防水等级分为Ⅰ、Ⅱ、Ⅲ、Ⅳ级。Ⅰ级适用于特别重要或对防水有特殊要求的建筑物；Ⅱ级适用于重要的建筑和高层建筑；Ⅲ级适用于一般建筑物；Ⅳ级适用于非永久性的建筑。

防水等级分为Ⅰ、Ⅱ、Ⅲ、Ⅳ级，对应的防水层合理使用年限分别为25年、15年、10年、5年。屋面防水等级为Ⅰ级，设防要求为三道或三道上防水设防；屋面防水等级为Ⅱ级，设防要求为二道防水设防；屋面防水等级为Ⅲ、Ⅳ级，设防要求为一道防水设防。

7. 简述防水施工中的安全防毒措施？

答：沥青防水材料均有一定毒性，尤其在配制耐腐蚀胶结材料时，其粉料、骨料及石棉类填料都有一定毒性和致癌物，因此，必须切实做好防毒工作。防毒主要措施有：

（1）熬制沥青胶或沥青玛蹄脂以及进行防腐蚀沥青胶泥作业的工人，特别是在采用焦油沥青时，必须戴好防毒口罩、防护手套，脸上涂防毒药膏或凡士林油。

（2）挥发性溶剂的蒸汽被人吸收会引起中毒，在室内、沟槽内作业时，要注意通风换气，除应有机械送风装置外，每隔2h要到室外空气新鲜的地方适当休息，并戴防护用具。

（3）接触石棉粉、石棉纤维的工人，要戴防尘口罩和塑胶手套。注意轻拿轻放，防止粉尘飞扬。

（4）在密封的操作面内进行防水施工时，要设置牢固可靠、防火性能好的上下梯道，并派专人随时检查作业面安全情况。

（5）从容器中往外倾倒溶剂时，要注意避免液体溅出伤人。

（6）所有溶剂及有挥发性的防水材料，必须用密闭容器包装。

（7）废弃物要集中起来，统一处理。必须要找对防火及卫生保健无害的场所。

（8）操作者要注意卫生，下班后或停止操作后应立即洗脸洗手。如溶剂等不慎附着在皮肤上时，要立即用大量清水冲洗。当吸入较多的有毒气体时，要请医生诊治，以防中毒。

8. 地下防水工程的构造做法是什么？

答：（1）柔性防水层构造：柔性防水层，系指以防水卷材或防水涂料经施工形成的防水层，粘贴在地下结构工程的迎水面。其构造包括，垫层混凝土、水泥砂浆找平层、永久及临时性保护墙（墙上抹水泥砂浆找平层）、防水层、保护层（可采用刚性保护砌砖抹砂浆，也可采用软保护层）、钢筋混凝土结构层。

（2）刚性防水层构造：刚性防水层系指在钢筋混凝土结构层内添加微膨胀剂或外加剂形成防水混凝土，起到结构自防水的作用。其构造包括，垫层混凝土、防水钢筋混凝土结构层。在审核刚性防水混凝土施工方案时，应注意在混凝土底板与结构墙交接处必须加膨胀止水带，以防止结构根部造成渗漏。

9. 屋面防水工程的构造做法是什么？

答：屋面防水工程构造是个综合体，各构造层次是互相依存，互相制约的，在施工前应对各构造层的选材、做法要认真进行审核。屋面防水构造主要包括：结构层、预制或现浇楼，起着承重作用。隔汽层、隔离室内湿气进入保温层（一般无大量水蒸气散发的房间可不设隔汽层）。保温层（隔热层）起着隔热保温作用。找平层一般用以找平隔热层或结构层，形成坚硬的表面以便铺贴防水层。防水层主要起防止雨、雪水向屋面渗漏的作用。保护层是保护防水层，使防水层免受气候变化的影响。

10. 厕浴间防水构造做法是什么？

答：厕浴间防水构造包括：结构层（现浇或预制楼板、地面）、找坡层（应按规范要求审核各部位排水坡度，以保证排水畅通，不积水。）、找平层（在找坡层上抹水泥砂浆找平层形成坚硬的表面以便于防水层施工）、厕浴间地面防水层、墙面防水层（或防潮层）、保护层和面层。

11. 建筑工程的防水技术按其做法可分为哪几类？各指什么？

答：建筑工程的防水技术按其做法可分为两大类，即结构、构件自身防水和采用不同防水材料的防水层防水。结构、构件自身防水，主要是依靠建筑物构件（如底板、墙体、楼板等）材料自身的密实性及构造措施达到防水的目的。采用不同防水材料的防水层做法，则应在建筑构件的迎水面或背水面以及接缝处，另外附加防水材料做成的防水层，以达到建筑防水的目的。

12. 建筑材料按其形态可分为哪几类，各指什么？

答：建筑防水材料按其形态可分为柔性防水材料和刚性防水材料两大类。

柔性防水材料主要指以石油沥青或其他化工材料为原料制成的防水卷材、防水涂料及封闭胶；

刚性防水材料是指以水泥、砂、石为原材料掺入少量外加剂的防水砂浆、细石混凝土或预应力混凝土等，结构构件自防水也属于刚性防水的范畴。

13. 建筑防水材料按其组成或特性可分为哪几大类？

答：建筑防水材料按其组成或特性可分为以下四大类：防水卷材、防水涂料、密封材料和刚性防水材料。

14. 防水卷材的防水原理是什么？

答：防水卷材是以沥青、改性沥青、合成高分子材料制成的具有一定厚度的致密材料，具有不透水性，在一定水压范围内可有效地隔绝水的渗透。通过在建筑物的迎水面或背水面铺贴防水卷材，以及卷材与卷材之间采用胶粘剂紧密连接和相应的构造措施，可形成具有一定厚度的、均质、连续的被膜，起到将建筑物与水的隔绝作用。同时，因为卷材有一定的耐候性，在自然条件（温度、光线）的变化下，不会出现裂缝，在外力和结构自身作用（地震、沉降、温度变形等）下造成的微小变形，卷材可发挥其延伸性而不裂、不断，从而保证了防水层在一定时间、变形范围内的防水效果。

15. 防水涂料的防水原理是什么？

答：防水涂料主要是以乳化沥青、改性沥青、橡胶及合成树脂为主要材料的防水材料，在其固化前为无定型黏稠状液态物质，通过在施工表面涂、喷防水涂料并铺设玻璃纤维布或聚酯纤维无纺布加强，经交链固化或溶剂、水分蒸发固化形成整体的防水被膜，固化后形成的致密物质具有不透水性和一定的耐候性、延伸性，类似于在施工现场以施工表面为模具制作防水卷材。同时，由于涂料为不定型物，在涂布施工中对任何复

454

杂的基层表面适应性强，固化后防水层不接缝、整体性好等特点，特别是在厕浴间等阴阳角多、穿结构管道多的部位，施工有明显的优越性，目前在建筑防水施工中得到了较广泛的应用。

16. 密封材料可分为哪几类？各指什么？

答：密封材料分为不定型密封材料和定型密封材料，前者指膏糊状材料，如腻子、塑性密封膏、弹性和弹塑性密封膏或嵌缝膏；后者是根据密封工程的要求制成带、条、垫形状的密封材料。

17. 什么是建筑密封材料？其防水原理是什么？

答：建筑密封材料系指填充于建筑物的接缝、门窗框四周、玻璃镶嵌部位以及裂缝等能起到水密、气密性作用的材料。

密封材料主要是用来填充在设计上有意安排的接缝，利用其水密、气密性能，达到"加封"、"密闭"的作用。密封材料具有较好粘结性、弹性和耐老化性，能长期经受拉伸和收缩以及振动疲劳，保持防水效果。

18. 嵌缝材料与密封材料有什么异同点？

答：嵌缝材料与密封材料在狭义上有所不同，嵌缝材料只用填充缝隙，利用其水密性起到"封堵"缝隙的作用。嵌缝材料由于在用途上与密封材料相似，因此，在广义上两者统称为密封材料。

19. 什么是刚性材料？刚性材料可以分为哪几类？

答：刚性防水材料是指以水泥、砂、石为原材料或掺入少量外加剂、高分子聚合物等材料，通过调整配合比、抑制或减少孔隙率、改变孔隙特征、增加各原材料界面间的密实性等方法配制成的具有一定抗渗透能力的水泥砂浆、混凝土类防水材料。

刚性防水材料可分为防水混凝土、防水砂浆、无机防水剂和注浆堵漏材料四大类。

20. 防水混凝土的防水机理是什么？

答：防水混凝土主要是依靠建筑物构件（如底板、墙体、楼顶板等）混凝土自身的密实性及其某些构造措施如坡度、伸缩缝等，也包括辅以嵌缝膏、埋设止水环（带）等，起到结构、构件自防水的目的。

21. 普通防水混凝土的防水机理是什么？

答：普通防水混凝土主要材料是胶凝材料（水泥）、细骨料（砂）、粗骨料（石子）和水，根据结构所属强度和抗渗标号配制的，而以控制水灰比、砂率、水泥用量的方法来提高混凝土的密实性和抗渗性，混凝土中石子的骨架作用减弱，水泥砂浆除起到填充、润滑和粘结作用外，在粗骨料周围形成具有一定浓度的良好的砂浆包裹层，将粗骨料充分隔开，使之保持一定距离，从而切断普通混凝土容易形成的毛细孔通路，提高混凝土的密实性和抗渗性，达到防水的目的。

22. 什么是减水剂防水混凝土？其防水机理是什么？

答：减水剂防水混凝土是在混凝土拌合物中掺入适量的不同类型减水剂，以提高其抗渗性能为目的的防水混凝土，称为减水剂防水混凝土。

减水剂对水泥具有强烈的分散作用，它借助于极性吸附作用，大大降低了水泥颗粒之间的吸引力，有效地阻碍和破坏了水泥颗粒间的凝絮作用，并释放出凝絮体中的水，从而提高了混凝土的和易性。在满足施工和易性的条件下，可以大大降低拌合用量水，使硬化后混凝土内部孔结构的分散情况得以改变，孔径和总孔隙率均显著减小，毛细孔更加细小、分散和均匀，混凝土的密实性、抗渗性从而得到提高。同时，减水剂可使水泥水化热峰值推迟出现，这就减少或避免了混凝土在取得一定强度前因温度应力而开裂，从而提高了混凝土的防水效果。

23. 氯化铁防水混凝土的防水机理是什么？

答：氯化铁防水混凝土是在混凝土中加入少量氯化铁防水剂拌制成的具有高抗渗性和密实性的混凝土。它是通过化学反应产物氢氧化铁等胶体的密实填充作用；新生的氯化钙对水泥熟料矿物的激化作用；易溶性物转化为难溶性物以及降低析水性等作用而增强混凝土的密实性，提高其抗渗性达到防水目的。

24. 引气剂防水混凝土的防水机理是什么？

答：引气剂防水混凝土是在混凝土拌合物中加入微量引气剂配制而成的防水混凝土。引气剂是一种具有憎水作用的表面活性物质，它能显著降低混凝土拌合水的表面张力，经搅拌可在拌合物中产生大量密闭、稳定和均匀的微小气泡，从而使毛细管变得细小、曲折、分散，减少渗水通道，提高了混凝土的抗渗性。

25. 三乙醇胺防水混凝土的防水机理是什么？

答：三乙醇胺防水混凝土是在混凝土拌合物中加入适量的三乙醇胺，依靠三乙醇胺的催化作用，生成较多的水化产物，部分游离水结合为结晶水，相应地减少了毛细管通路和孔隙，从而提高了混凝土的抗渗性。当三乙醇胺与氯化钠、亚硝酸钠等无机盐复合时，还可使混凝土体积膨胀，导致其内部孔隙堵塞和切断毛细管通路，增大混凝土的密实性。

26. 膨胀剂防水混凝土的防水机理是什么？

答：膨胀剂防水混凝土也称为补偿收缩防水混凝土，它是在混凝土内加入适量的膨胀剂配置而成的。以 UEA 膨胀剂为例，将其加入混凝土中，拌水后生成大量的膨胀性结晶水化物，使混凝土产生适度膨胀，在钢筋、边界的约束下，它产生的膨胀能转变为压应力，这一压应力可大致抵消混凝土干缩时产生的拉应力，从而防止或减少混凝土收缩开裂，并使混凝土致密化，起到防水的作用。

27. 膨胀水泥防水混凝土的防水机理是什么？

答：膨胀水泥防水混凝土是依靠膨胀水泥本身的水化反应和结晶膨胀，以填充、填塞毛细管通道，使大孔变小，孔隙率下降，抗渗性能提高。

28. 防水砂浆可以分为几类？各自的防水机理是什么？

答：水泥砂浆防水材料可分为掺外加剂的防水砂浆和多层抹面防水砂浆两种，掺外加剂的防水砂浆有掺无机盐防水剂的防水砂浆和聚合物防水砂浆两种。

刚性多层抹面水泥砂浆防水是利用不同配比的水泥浆和水泥砂浆分层分次施工，相互交替抹压密实，充分切断各层次毛细孔网，构成一个多层防线的整体防水层，具有一定的防水效果。

掺防水剂的水泥砂浆是在水泥砂浆中掺入适量的无机盐或金属皂类防水剂，在砂浆凝结硬化过程中产生不溶性物质，填充砂浆中的微小空隙和堵塞毛细孔通道，切断和减少渗水通路增加了砂浆密实性，使砂浆具有防水性能。

聚合物防水砂浆是在水泥砂浆掺入一定量的聚合物如有机硅、氯丁胶乳、丙烯酸酯乳液等。有机硅防水剂渗入水泥砂浆，在水和空气中二氧化碳的作用下，能生成甲基硅氧烷，进一步缩聚成网状甲基硅树脂防水膜，是一种憎水性物质。渗入基层内可堵塞水泥砂浆内部的毛细孔，增强密实性，提高抗渗性，从而起到防水作用。

胶乳、树脂类聚合物掺入砂浆后，由于其均匀分布在材料中各种骨料表面，在一定温度条件下凝结，使聚合物、骨料、水泥三者相互形成一个完整的网络膜，封闭了材料空隙的通路，从而阻止了介质的侵入，吸水率大大减少，抗渗能力相应提高。

29. 环氧树脂的特性是什么？有哪些优缺点？

答：环氧树脂是指含有环氧基团的高分子聚合物，根据不同的配合比和制造方法，可以得到不同分子量的产品，所以，环氧树脂的品种非常多。环氧树脂本身不会硬化，只有加入固化剂才能固化，因此，环氧树脂在使用中要加入固化剂、增韧剂、稀释剂和填料，以改变环氧树脂的性能。

环氧树脂具有许多独特的优良性能，如低黏度、粘附力强、固化收缩小，稳定性好。

30. 为什么环氧树脂中要加入固化剂？其固化反应有哪几种方式？

答：由于环氧树脂本身是不会固化的，必须加入固化剂，使环氧树脂交联成网状结构的分子团，成为不溶不熔、无臭、无味、无毒、耐腐、耐磨的硬化物。

环氧树脂固化反应一般有三种方式：

（1）环氧基之间直接键合；

（2）环氧同芳香族羟基或脂肪族羟基键合；

（3）通过各种基团同固化剂交联。

固化剂加入环氧树脂中，其分子间距离、形态、热稳定、化学稳定性等都将发生变化，因此，熟悉各种类型固化剂的特性，对于正确选择和设计环氧树脂配合比十分重要。

31. 环氧树脂稀释剂有什么作用？

答：稀释剂的主要作用是降低环氧树脂的黏度，改进工艺性能。环氧树脂在加入固化剂后，黏度逐渐增加，因而影响使用，加入稀释剂使它保持一定黏度，以利操作，并可延长使用寿命。在玻璃钢施工中，加入稀释剂可增加树脂对玻璃纤维及其织物的浸润能力，改善成型工艺，同时可增加填料的用量，减少环氧树脂的用量，降低成本。

32. 环氧树脂活性稀释剂有什么特点？

答：活性稀释剂都具有环氧基，能参与环氧树脂固化反应，成为交联树脂结构中的一部分，有的还能起着增韧作用，所以对树脂固化后的性能影响较小。活性稀释剂一般都有毒，使用中应注意。活性稀释剂加入量相当于树脂重量的 5% ~ 15% 左右，大于 20% 对固化后性能有影响。

33. 环氧树脂非活性稀释剂有什么特点？

答：非活性稀释剂只是共混于树脂之中，并不参加树脂的固化反应，只起到稀释作用。非活性稀释剂的掺入，能降低树脂体系的强度、模量，增加树脂收缩率。一般掺量为树脂重量的 5% ~ 15% 不等。

34. 玻璃钢防水的应用范围及种类有哪些？

答：玻璃钢又称玻璃纤维增强塑料，因其强度高，质量轻而得名。它是以合成树脂为胶粘剂，玻璃纤维或其制品作增强材料复合制成的。常用的玻璃钢有环氧玻璃钢、环氧呋喃玻璃钢、环氧酚醛玻璃钢、环氧煤焦油玻璃钢、酚醛玻璃钢和不饱和聚酯玻璃钢等。

玻璃钢因其价格较高、操作不便、性脆、延伸率低等弱点不作为普通防水材料，但其耐腐蚀强度高而被应用于特殊工程的防水中。目前在工程中采用玻璃钢防水的有：

（1）有防腐、防水要求的工业厂房地坪及墙面。

（2）有设计要求的玻璃钢防水屋面。

（3）储液构筑物和污水池。

（4）地下构筑物和水工构筑物。

（5）排水管道的渗漏修补。

35. 玻璃钢树脂胶料如何配置？

答：在做好施工准备后即可进行玻璃钢胶料的配制，胶料严格按施工配合比的组分和数量进行配制，计量要准确，配制数量根据施工速度而定，一般数量不要太多，应在 30 ~ 40min 内用完。

（1）在洁净的容器中称量一定量的树脂，如树脂稠度大时可进行水浴加热，一般控制在 30 ~ 40℃ 为宜。

（2）称量一定量的稀释剂、增韧剂混合后加入树脂中拌合，配制胶泥时加入粉料。配制聚酯树脂时，引发剂与加速剂不能直接混合，以免引起爆炸。

（3）施工前加入固化剂，加入固化剂时，树脂温度应低于 40℃，拌好的胶料宜分散堆放，切勿成桶堆放，以免提前固化。如果由于稀释剂挥发树脂变稠，可再加入适量稀释剂，但凝结后的胶料不得再掺稀释剂继续使用。

36. 玻璃钢防水的施工过程中应做到的安全防护有哪些？

答：（1）玻璃钢施工中，所用原材料如固化剂、稀释剂等都具有不同程度的毒性或刺激性，在配制胶液或施工中，要加强现场的通风，降低施工场所有害物质的浓度。

（2）施工操作人员施工时应穿戴防护用品，如口罩、防护眼镜、手套（乳胶手套或配制的液体手套）、工作服等。工作完毕应冲洗、淋浴。

（3）施工中不慎与腐蚀或刺激性物质接触后，要立即用水或乙醇擦洗，如接触酸后应立刻用 10% 的碱溶液中和。

（4）配制胶液的溶剂有的是易燃品，施工现场应严禁烟火，并备置消防器材。

37. 树脂类灌浆堵漏的施工方法是什么？

答：（1）接通较低处或漏水量较大的注浆嘴。

（2）开动灌浆泵或空气压缩机，打开各通入阀门，使浆液灌入裂缝中，灌浆压力一般控制在 0.2～0.5MPa。

（3）当排气（水）孔见浆后，分别将排气孔关闭或用止浆塞堵死。

（4）当缝面顺浆率小于 5mL/min，再恒压保持 5～10min（视树脂凝结时间），关闭灌浆嘴。

（5）停止灌浆，立即清洗灌浆机具。

38. 合成树脂在施工过程中应注意的安全事项有哪些？

答：（1）灌浆所用的输浆管必须有足够的强度，管路及接头处应牢固，以防压力爆破伤人。设备压力应控制在规定的范围内。

（2）操作人员应做好劳动保护，穿戴好防护用品，以防浆液伤害。

（3）做好施工现场的通风，降低有害气体含量。

（4）施工现场严禁烟火，设置消防器材。

39. 用于防水施工常用的合成树脂材料有哪几类？

答：应用于防水工程的合成树脂类材料主要有环氧树脂、呋喃树脂、聚酯树脂、丙烯酸树脂、聚氨酯树脂、聚氯乙烯树脂、聚乙烯树脂、聚亚胺树脂等，依据各种树脂的特性，又研制生产出各种防水卷材、涂料、密封材料、粘结材料及玻璃钢材料。

40. 刚性防水材料的特点有哪些？

答：（1）具有较高的抗压、抗拉强度和一定的抗渗能力，因此，是一种既可用于防水又可作为承重、围护结构的多功能材料。

（2）可根据不同的工程结构构造部位选用不同的防水做法，如对作为承重结构的地下基础部分就可采用防水混凝土，使结构承重和防水合为一体，又如厕浴间的防水就多半采用在地面抹防水砂浆，使其地面形成一层防水层。

（3）抗冻、抗老化性能外，并能满足耐久性要求，其耐老化在20年以上。

（4）材料来源广，造价低，施工方便，施工进度快。

（5）一旦出现渗漏情况，漏水源易于查找，便于修补。

（6）所用材料大多为无机材料，不燃烧、无毒、无异味、施工使用安全。

41. 防水混凝土的定义和分类是什么？

答：防水混凝土是以调整混凝土配合比、掺加外加剂或使用特殊品种的水泥等方法，提高自身的密实性、憎水性和抗渗性，使其能够满足抗渗设计强度等级的不透水混凝土。

防水混凝土一般分为普通防水混凝土、外加剂防水混凝土和采用膨胀水泥配制的防水混凝土三种。它们各自具有不同的特点，通常是根据不同工程的要求进行选择使用。

42. 防水混凝土为什么要留置抗渗试块？试块的留置组数有什么要求？

答：防水混凝土留置抗渗试块，是为了检验施工的防水混凝土的抗渗标号是否达到设计抗渗等级作为竣工交验的档案资料和工程依据。

防水混凝土抗渗试块留置组数，应根据防水混凝土结构的规模和实际要求而定。但每个单位工程不得少于两组（每组6块）。其中至少有一组应在标准养护条件下进行养护，该组试块的试验结果即为评定工程抗渗标号的依据。其余试块应与混凝土结构在相同条件下进行养护，测得数据仅作参考。标准条件养护的试块养护期不少于28d，不超过90d。如果施工时原材料更换，必须重新做试配，另留试块。

43. 防水混凝土的施工要点是什么？

答：防水混凝土水泥强度等级不低于42.5，水灰比不宜大于0.6，坍落度不大于5cm，石子粒径不超过4cm。各种材料必须标准称量，搅拌均匀，机械搅拌时间不少于2min。防水混凝土尽可能一次浇灌完成，浇捣时应控制自由倾落高度不大于1.5m。不允许人工振捣，大体积防水混凝土必须分层连续进行，每层厚度200~350mm，浇筑完后严禁打洞，浇筑完后4~6h开始浇水养护，养护时间不少于14d。

44. 防水混凝土结构变形缝如何处理？

答：防水混凝土工程中的变形缝包括伸缩缝和沉降缝。变形缝一般设置橡胶或塑料止水带。变形缝一般做成平缝，在壁厚的中间埋设止水带，并在缝内填塞沥青木丝板或聚乙烯泡沫棒，并嵌油膏或密封材料。

施工时，在端面模板上钉上沥青木丝板，把止水带夹于模板中间，止水带的中心圆环露出（保持中心圆环位于变形缝的中央），止水带的一侧边用铅丝固定在侧模上，接着浇捣变形缝一侧的混凝土。待混凝土达到一定强度后，拆除端模板，再把止水带的另一侧边用铅丝拉结在侧模上，并继续浇捣混凝土。止水带在拐角处要做圆角，且不得在拐角处接搓。

为了保证止水带与混凝土结合牢固，除要严格控制混凝土的水灰比和水泥用量外，还应仔细搞好止水带周围混凝土的振捣，防止出现石子集中或漏振现象。浇捣时防止将止水带挤偏或损坏止水带。

45. 防水混凝土施工缝的留设原则是什么？

答：施工缝是防水连接的薄弱环节，因此防水混凝土底板应采取连续浇注的方法，不留施工缝。在墙体上，只允许留设水平施工缝，其位置应在施工组织设计中充分考虑，不能留在剪力与弯矩最大处，一般宜留在高出底板上表面不少于200mm

的墙身上。墙身有孔洞时，施工缝离孔洞边缘不得小于 300mm。

防水混凝土工程不得单独留设垂直施工缝。如须留设时，垂直施工缝应留在变形缝、后浇缝处。

46. 地下防水工程防水混凝土的配合比应经试验确定，并应符合哪些规定？

答：（1）试配要求的抗渗水压值应比设计值提高 0.2MPa；

（2）混凝土胶凝材料总量不宜小于 320kg/m³，其中水泥用量不宜少于 260kg/m³；粉煤灰掺量宜为胶凝材料总量的 20%~30%，硅粉的掺量宜为胶凝材料总量的 2%~5%；

（3）水胶比不得大于 0.5，有侵蚀性介质时水胶比不宜大于 0.45；

（4）砂率宜为 35%~40%，泵送时可增加到 45%；

（5）灰砂比宜为 1:1.5~1:2.5；

（6）混凝土拌合物的氯离子含量不应超过胶凝材料总量的 0.1%；混凝土中各类材料的总碱量，即 Na_2O 用量不得大于 3kg/m³。

47. 防水混凝土的搅拌应注意什么？

答：为了使防水混凝土粉料、粗、细骨料加水，特别是掺外加剂的防水混凝土搅拌均匀，必须用机械搅拌。搅拌时间不得少于 2min，掺外加剂的防水混凝土搅拌时间应延长，外加剂应预先溶解成浓度较小的溶液加入搅拌机内。溶液浓度用比重法控制，操作简便。

48. 防水混凝土的施工原则是什么？

答：防水混凝土施工尽可能一次浇灌完成，对于较长构筑物可按伸缩缝位置划分不同段，间隔施工。对于大体积混凝土工程，应采用分层浇灌，使用发热量低的水泥或掺外加剂等相应措施，以减少温度裂缝。

49. 防水混凝土在运输工程中应注意什么？

答：搅拌好的混凝土在运输过程中注意防止漏浆和离析。当有离析、泌水时，应在入模浇筑前进行二次搅拌。在夏季高温季节，要特别掌握运输造成的坍落度损失。一般可在搅拌时预先增加估计损失量。

50. 防水混凝土如何浇捣施工？

答：防水混凝土入模浇筑时要控制自由倾落高度，要比普通混凝土小些，若超过 1.5m 时，要用串筒、溜槽或用在模板中部开门子板的方法降低自由倾落高度，以免造成石子滚落堆积、混凝土离析现象。

防水混凝土施工时，不允许用人工振捣，必须采用机械振捣。每次振捣以达到表面泛水无气泡排出为好。要注意防止漏振或超振。大体积防水混凝土的浇筑应分层连续进行，每层厚度为 200~350mm，在下面一层混凝土初凝前，接着浇筑上一层混凝土。

防水混凝土中预埋有大管径的套管或面积较大的金属板时，在其下面的混凝土不易浇筑振捣密实，窝着的空气不易排出，因此应在套管底部或板上临时开设施工用孔，以利施工。

防水混凝土浇筑应严禁打洞，全部预留孔洞和预埋件均应在混凝土浇筑前留置、埋设好。

51. 防水混凝土如何养护？养护的目的是什么？

答：防水混凝土浇筑后必须认真做好养护。养护的好坏对抗渗性能影响很大。当防水混凝土浇筑后 4~6h（混凝土进入终凝）时，应开始覆盖并浇水养护。浇捣后 3d 内每天浇水 3~6 次，3d 后每天浇水 2~3 次，养护天数不少于 14d。

养护的目的是避免混凝土内水分蒸发过快，早期脱水造成混凝土收缩，产生裂缝。因此必须给以必要的温湿条件，以确保防水混凝土的质量。

52. 防水混凝土后浇缝怎样处理？

答：防水混凝土后浇缝一般应将两侧的防水混凝土结构浇筑完六个星期后进行。浇筑前应将接槎处的混凝土表面凿毛，用水冲洗保持表面充分湿润。后浇缝应采用一种适度碰撞混凝土，常用的膨胀剂为明矾石类膨胀剂，施工中的掺量为水泥用量的 12% 左右。后浇缝部位的混凝土的强度等级应与两侧先浇混凝土强度等级相同，后浇缝混凝土的施工应低于两侧先浇混凝土的施工温度。

53. 防水混凝土质量验收标准有哪些？

答：（1）防水混凝土的原材料、外加剂及预埋件，必须符合设计要求和施工规范规定。在防水混凝土验收前应提供下列文件：

1）各种原材料的质量证明文件、现场复验试验报告及检验记录。

2）混凝土强度、抗渗试验报告。

3）分项工程及隐蔽工程验收记录。

（2）防水混凝土必须密实，抗渗等级和强度必须符合设计要求及普通混凝土施工规范的规定。

（3）防水混凝土严禁渗漏。其施工缝、变形缝、后浇缝、止水带、穿墙管件、支模铁件等的设置和构造符合设计要求和施工规范的规定。

（4）防水混凝土外观平整、无漏筋、无蜂窝、麻面、孔洞等缺陷，预埋件位置准确。

54. 水泥砂浆防水层如何分类？

答：水泥砂浆防水层大致可分为：刚性多层抹面水泥砂浆防水层、掺防水剂水泥砂浆防水层以及聚合物砂浆防水层三种。

55. 刚性多层抹面的水泥砂浆的防水机理是什么？

答：刚性多层抹面的水泥砂浆的防水层施工：刚性多层抹面防水层，利用不同配合比的水泥浆和水泥砂浆（不掺加任何外加剂）分层分次施工，相互交替抹压密实，充分切断其层次毛细孔网，构成一个多层防线的整体防水层，具有一定的防水效果。

56. 刚性多层抹面的水泥砂浆的材料施工配合比是多少？

答：（1）素灰：用水泥与水拌合而成，稠度（流动度）为 7cm，水灰比为 0.37～0.4。

（2）水泥浆：用水泥与水拌合而成，其稠度比素灰大，水灰比为 0.55~0.6。

（3）水泥砂浆：配合比为水泥:砂 = 1:2.5，稠度为 8.5cm，水灰比为 0.4~0.45。

57. 水泥砂浆防水层的施工要点是什么？

答：（1）素灰抹面：素灰层要薄，不宜过厚，太厚会造成堆积，反而粘结不牢，容易起壳。素灰在灰斗或桶中要经常搅拌，以免分层或初凝。抹灰后不能撒水泥干粉，影响粘结。

（2）水泥砂浆揉浆：揉浆的作用是使水泥砂浆与素灰牢固结合，施工时应先薄薄抹一层水泥砂浆，用铁抹子来回用力揉压使渗入素灰层。如揉压不透，就会影响两层之间的粘结。

（3）水泥砂浆收压：在水泥砂浆初凝前，待收水 70%（即可手指按压上去，有少许水印出现而砂浆不易压成手迹）时，就可以进行收压工作。收压是用铁抹子平光压实。收压时需掌握三点：一是砂浆不易过湿；二是收压不宜过早；三是铁板压抹时要压紧，用力抽出浆，不能单用铁抹子边口翘起刮压。收压要掌握砂浆的初凝时间，砂浆初凝后，收压容易扰动底层而起壳。

58. 地下防水工程水泥砂浆防水层所用的材料应符合哪些规定？

答：（1）水泥应使用普通硅酸盐水泥、硅酸盐水泥或特种水泥，不得使用过期或受潮结块的水泥；

（2）砂宜采用中砂，含泥量不应大于 1%，硫化物和硫酸盐含量不得大于 1%；

（3）用于拌制水泥砂浆的水应采用不含有害物质的洁净水；

（4）聚合物乳液的外观为均匀液体，无杂质、无沉淀、不分层。

（5）外加剂的技术性能应符合国家或行业有关标准的质量要求。

59. 地下防水工程水泥砂浆防水层的基层质量应符合哪些

规定？

答：（1）基层表面应平整、坚实、清洁，并应充分湿润，无明水；

（2）基层表面的孔洞、缝隙应采用与防水层相同的水泥砂浆填塞并抹平。

（3）施工前应将埋设件、穿墙管预留凹槽内嵌填密封材料后，再进行水泥砂浆防水层施工。

60. 地下防水工程水泥砂浆防水层施工应符合哪些规定？

答：（1）水泥砂浆的配制，应按所掺材料的技术要求准确计量；

（2）分层铺抹或喷涂，铺抹时应压实、抹平，最后一层表面应提浆压光；

（3）防水层各层应紧密粘合，每层宜连续施工；必须留设施工缝时，应采用阶梯坡形槎，但与阴阳角的距离不得小于200mm；

（4）水泥砂浆终凝后应及时进行养护，养护温度不宜低于5℃，并应保持砂浆表面湿润，养护时间不得少于14d。聚合物水泥防水砂浆未达到硬化状态时，不得浇水养护或直接受雨水冲刷，硬化后应采用干湿交替的养护方法。潮湿环境中，可在自然条件下养护。

61. 地下防水工程的分项工程检验批和抽样检验数量应符合什么规定？

答：（1）主体结构防水工程和细部构造防水工程应按结构层、变形缝或后浇带等施工段划分批检验；

（2）特殊施工法结构防水工程应按隧道区间、变形缝等施工段划分检验批；

（3）排水工程和注浆工程应各为一个检验批；

（4）各检验批的抽样检验数量：细部构造应为全数检查，其他均应符合本规范的规定。

62. 混凝土地面防水层防水砂浆施工操作方法是什么？

答：混凝土地面防水层操作方法与墙面、顶棚不同，主要是一、三层素灰层时不同刮抹方法，而是用马连根刷涂刷均匀。

混凝土地面撒水湿润后，若表面留有少量积水，可先撒适量干水泥粉，用马连根涂刷均匀。第一层刷水泥浆一道，厚2mm，操作时把水泥浆倒在地上，用马连根地板刷往返用力涂刷均匀，使水泥浆填实混凝土表面的孔隙。在水泥初凝前扫成条纹。其二、二、四层施工方法与混凝土墙面相同。

施工顺序应由里向外，尽量避免施工时踩踏防水层。在收压水泥砂浆时，应及时收平操作人员停留的脚印。收压时应用铁抹子十字交叉，均匀一致。

在防水层表面需要贴瓷砖或水磨石等装饰面层时，在第四层抹压 3~4 遍后，用毛刷扫成毛面，凝固后再进行装饰面层的施工。

63. 沥青砂浆和沥青混凝土的质量标准是什么？

答：沥青砂浆及沥青混凝土的表面应密实，无裂缝、空鼓等缺陷。采用2m的靠尺检查时，凹处空隙不得大于6mm。坡度要符合规定要求，允许偏差为坡长的 0.2%，最大偏差值不得大于 30mm。浇水试验时，水应顺利排出，无明显积水、存水处。

64. 防水砂浆施工缝的做法是怎样的？

答：防水层的施工缝须留斜坡梯形槎，留槎的位置一般在地面上，但必须离开阴阳角 20cm 以上，以便搭接。阴阳角部位是防水层的薄弱环节，不许留槎，槎子层次要分明，每层槎相距 4cm 左右，以位于搭接。接槎时，须先在阶梯形槎面上均匀涂刷水泥浆或抹素灰一道，使接头密实、不透水，然后依次层层搭接，接头表面要平整压光。

65. 防水砂浆变形缝后埋式止水带的做法是怎样的？

答：后埋式止水带适用于浅埋的半地下防水工程的变形缝处理。施工时，先将凹槽清理干净，并抹上防水层（四层做法）。槽内防水层表面扫成麻面，并把止水带表面锉毛。待防水层有一定强度后（约24h），在槽底抹一层素灰，与此同时，在剪好的止水带的内贴面上敷上素灰，接着将止水带放入凹槽，由中部向两侧赶至铺贴密实。铺贴后，立即在止水带表面及槽壁上再抹一层素灰（厚约2mm），并在止水带中心圆环上支起沥青木丝板，紧接着在凹槽内浇捣混凝土。为了保证止水带铺贴严密，止水带底面的素灰层厚度应不小于5mm。止水带的铺贴应在素灰初凝前进行完毕，然后立即浇捣混凝土覆盖。

66. 防水砂浆变形缝可卸式止水带变形缝的做法是怎样的？

答：可卸式止水带变形缝它适合于防水要求较高的工程，主要是靠素灰把止水带和混凝土之间的缝隙填实，再用螺栓和压铁把止水带固定住，然后浇捣混凝土，以压紧并保护止水带。

施工时，先将预留凹槽的混凝土表面治理干净，缝内填好沥青麻刀，在凹槽内面做好防水层（四层做法），并把防水层表面扫成麻面。防水层具有一定强度后，用强度等级高的水泥砂浆或环氧砂浆把螺栓稳牢，按照螺栓位置把压铁上的螺栓孔打好。然后按凹槽大小截取止水带，并把止水带表面打毛，进行试铺，做好标记。安装止水带时，先在凹槽底刮抹素灰一层（厚约5mm），抹后立即将止水带按标记安装到凹槽内，用手压实，放上压铁，上紧螺母。接着在止水带表面及凹槽两侧刮抹素灰一层（厚约2mm），将沥青木丝板立稳在止水带的空心圆环上，随后在凹槽内浇捣混凝土。安装止水带要连续进行，当日完成，以防凹槽底面的素灰凝固，压不实止水带而造成渗漏水。

67. 防水砂浆变形缝后贴氯丁橡胶片变形缝的做法是怎样的？

答：后贴氯丁橡胶片变形缝处理适用于一般浅埋的地下构筑物变形缝。

施工时，先将凹槽清理干净，抹上防水层并搓成麻面，再用木抹子轻拍一遍，使其表面粗糙、平整，经养护7d后即可进行粘贴胶片工作。

粘贴前，要用钢丝刷清除防水层表面的浮灰结膜，并冲水用毛刷将表面清刷干净。干燥后，粘贴部位用乙酸乙酯刷洗一边，同时按粘贴宽度分段切割胶片。

先在胶片底面及底面防水层上涂一遍底胶，隔一天后，再在这两面上涂刷第二遍胶，涂后将胶片分段依次粘贴，并用手用力依次按实。粘贴后 3～5d 经检查无空鼓不牢现象，即可在胶片上涂一层素灰，接着在胶片中心立起沥青木丝板，在凹槽内浇捣细石混凝土或水泥砂浆。

68. 防水砂浆变形缝内贴式玻璃布油毡变形缝的做法是怎样的？

答：内贴式玻璃布油毡变形缝处理方法适用于半地下或埋深不超过 3m 的工程。

施工时，先将凹槽清理干净，做好防水层（四层做法）。在做第四层时，用湿毛刷在防水层表面均匀刷一遍，以形成稍粗但又平整的表面，利于油毡粘贴。待防水层充分干燥后，用沥青麻丝填塞凹槽中间的缝隙，高度比凹槽底低 2cm，然后在凹槽内表面涂刷冷底子油一道，待冷底子油干燥后，再依次涂刷热沥青两道，厚度共约 2mm。然后将事先粘合在一起的两块宽 15cm 的玻璃布油毡铺设在凹槽底面，并将其中间部分压入缝内形成半圆槽，随即用热烙铁将半圆槽两侧烫贴严密，再在玻璃布油毡表面涂刷热沥青两道，把沥青麻绳填塞在半圆槽内，并在麻绳上铺盖一层宽 5cm 的沥青油毡条，最后再在凹槽两侧抹 2cm 厚的素灰一层，将沥青木丝板直立于油毡凸圆棱上，浇捣混凝土。

69. 掺防水剂的水泥砂浆防水层的施工机理是什么？

答：掺防水剂的水泥砂浆防水层，是通过在水泥砂浆中掺入适量的防水剂，当防水剂与泥浆中的水泥发生反应后，往往生成不溶于水的胶状物质等，以堵塞、封闭砂浆层的毛细孔。这类防水砂浆中所掺的防水剂一般有无机盐类和金属皂类两种。前者中以无机铝盐防水剂为代表使用较多，防水剂防水砂浆的抗渗能力一般较低，通常在 0.4MPa 以下，故只适用于水压较小的工程（如厕浴间）或只作为其他防水层的辅助措施。

70. 聚合物砂浆防水层的施工机理是什么?

答:聚合物防水砂浆是由水泥、砂和一定量的橡胶胶乳或树脂乳液以及稳定剂、消泡剂等经搅拌而成。它不仅具有良好的抗渗性(抗渗标号可达 1.5MPa),且具有较高的抗冲击性和耐磨性。由于它所掺入的胶乳只有封闭毛细孔的作用,从而使防水层的抗渗性大大提高。聚合物砂浆通常有三种,分别为有机硅砂浆、阳离子氯丁胶乳砂浆和丙烯酸脂砂浆。

71. 防水砂浆工程质量及验收标准是什么?

答:(1)砂浆的面层不得有裂缝,并不得有脱层、空鼓的缺陷。

(2)表面应光滑、接槎平整,不得有起砂。

(3)防水砂浆层的厚度应均匀一致。

(4)砂浆层表面平整,用 2m 直尺检查,中间凹入空隙尺寸不得大于 5mm。

(5)抹好的防水层按规定做 24h 的闭水试验,不得出现渗漏现象。

72. 刚性防水施工中应注意哪些问题?

答:在施工过程中,应注意荷载,材料设备不可集中堆放,并不允许有冲击荷载。刚性防水层预制板下的非承重墙与板底之间应留有 20mm 的缝隙,待进行室内装修时,再用石灰砂浆或其他叫松散的材料局部嵌缝。

刚性屋面的泛水和防水板应一次浇筑,不留施工缝。如果由于施工程序方面的原因,泛水处已形成施工缝时,应先将结合面打毛,并刷一道 1:0.4 的水泥浆,再浇泛水。分格缝施工要格外注意,嵌缝应待混凝土养护后进行,合格缝应纵缝贯通,如遇间断情况,应剔凿使其直通。

73. 刚性防水屋面的种类有哪些?

答:刚性防水屋面按其构造形式,可分为防水层与结构层相互结合和两者相互隔离两种;按混凝土性质划分,可分为细石混凝土防水屋面、微膨胀混凝土防水屋面以及预制混凝土防水屋面；按隔热方法又可分为：架空隔热刚性屋面、蓄水隔热刚性屋面和种植隔热刚性屋面等。

74. 刚性防水屋面施工对于承重层的要求是什么？

答：对于预制屋面板要求有较好的刚度，板面排列方向尽量一致，长边宜平行屋脊，同时板的长边不要搁置于墙上，板下非承重墙要留足 20mm 的缝隙，最后用砂浆填实。在安装屋面板时，支承端部宜坐浆，使板搁置稳定而无翘动，相邻板下表面高差，抹灰者在 5mm 以内，不抹灰者在 3mm 以内，缝口大小基本一致，上口缝不小于 20mm，嵌缝要括捣密实。

75. 刚性防水屋面施工对于找平隔离层的施工要求是什么？

答：（1）黏土砂浆找平隔离层。

1）清扫预制板板面，并洒水湿润。

2）拌制黏土砂浆（石灰膏:砂:黏土 = 1:2.4:3.6）

3）抹压 10~20mm 的找平层。

4）待砂浆层干燥后，绑扎防水层钢筋网。

（2）石灰砂浆找平隔离层：其施工方法同上，所不同的是其砂浆配套比为石灰膏:砂 = 1:4。

（3）水泥砂浆找平及毡砂隔离层。

1）抹压 1:3 的水泥砂浆找平层。

2）在养护好并干燥后，上铺撒 1~8mm 厚经筛分的干砂滑动层。

3）在滑动层上再铺设一层油毡，油毡搭接处采用热沥青粘合。

76. 刚性防水屋面施工对于细石混凝土防水层的施工要求是什么？

答：细石混凝土防水层施工，先清理基层，并洗刷干净。然后，将分格木条用水浸泡，按照分格缝指定的位置固定。

在铺设混凝土前，先涂刷水灰比为 0.4 的纯水泥浆一道，随即铺设混凝土，混凝土的水灰比应控制在 0.5 左右为宜，坍落度不大于 20mm，混凝土强度等级应不低于 C20 号，水泥用量不少于 320kg/m³。

两道相邻分格缝中的混凝土必须一次浇完，不得留施工缝，先用刮杠将混凝土摊平，然后用高频振捣器振实。其表面浮浆用抹板搓压抹平，泛水处可用 1:2 水泥砂浆铺抹成圆角或钝角。待初凝后，二次用铁抹子抹平压实。混凝土终凝前，取出分格木条，边角有损坏，立即用水泥砂浆修补，并用铁抹子抹平压光，做到不反砂、起层，没有抹板印痕为止。

77. 刚性防水屋面施工的注意事项有哪些？

答：（1）在施工过程中，应注意控制施工荷载，材料、设备不可集中堆放，并不允许有冲击荷载。

（2）刚性防水层预制板下的非承重墙与板底之间应留有 20mm 的缝隙，待进行室内装修时，再用石灰砂浆或其他较疏松的材料局部嵌缝。

（3）刚性屋面的泛水和防水板块应一次浇筑，不留施工缝。如果由于施工程序方面的原因。泛水处已形成施工缝时，应先将结合面打毛并刷一道 1:0.4 的水泥浆，再浇泛水。泛水顶部与墙壁相接处也应抹压光滑，避免形成台级，防止雨水自此处渗漏。

（4）分格缝是影响屋面防水效果的关键之一，因此，其施工要格外小心。

78. 刚性防水屋面施工中分格缝的施工应该注意什么问题？

答：（1）分格缝的嵌缝应等到混凝土养护完毕且已干燥（含水率不大于 6%）后进行。雾天、有霜露或混凝土表面有冰冻时，不得施工。当气温较低，致使冷底子油冻胶时，也不能施工。

（2）所有分格缝应纵横相互贯通，如遇间断的情况，应剔凿，使其连通。

（3）分格缝必须清理干净，缝内和缝处两侧各 50～60mm 宽的板面上的水泥浮浆、残余水泥和杂物要用刷缝机或钢丝刷清除，并用交压机等设备吹干净，保证嵌缝质量。

（4）用塑料油膏胶缝时，其施工要点为：

1）无须在基层上刷冷底子油，只有当采用预制油膏条冷嵌时才需要采用二甲苯稀释油膏后制成冷粘剂[油膏:二甲苯＝(1:1～3)]涂刷于基层上。

2）水平缝分为两次浇灌；首先浇至缝高的1/2，用木棒等物搅动，使油膏缝壁搓擦，粘结良好；第二次浇至与缝口平齐，将溢出缝油膏用刮板收齐，堆于缝槽中部。坡缝宜多次浇灌。先浇1/3到1/2缝高，逐次加厚，或者在前次浇灌之后嵌入预制油膏条，再于其上浇热油膏。施工时不得在缝槽内塞砖头或油膏残渣阻止油膏的自然流淌。

3）当设计要求贴盖缝布时，注意应趁热将布对准缝槽中线贴盖，布下保持油膏厚度达2.5～3mm，再于其上表面满涂油膏一道，边缘收齐。

4）嵌缝时，如果是采用水泥砂浆作基底，其上应铺设背衬材料（塑料薄膜条或纸条等），以提高油膏的延伸性。

（5）采用聚氯乙烯胶泥嵌缝的施工要点与采用塑料油膏大致相同。

（6）铺设架空隔热层时，应注意下列要点：

1）在防水层混凝土施工14d后进行。

2）避免施工荷载的集中堆放。

3）架空板之间要用1:2水泥砂浆勾缝。

4）砌砖或浇筑混凝土墩后向将残存的砂浆砖块及时清理干净，以方便屋面排水。

79. 刚性防水屋面质量要求及验收规定？

答：（1）混凝土强度、厚度、坡度等施工应符合设计要求，屋面经灌水试验或大雨不得渗漏、积水；表面平整度用2m长的直尺检查时，表面与直尺间的空隙尺寸应小于5mm，空隙只可平缓变化，每米长度内不得多于一处。

（2）当有管道等穿过屋面或与屋面相交时，周围必须用油密封严堵实，不得漏水；滴水线无损坏，节点按图施工正确无差错。

(3) 防水板块不应起鼓、起皮、起砂或裂缝。分格缝嵌填严密，油膏、胶泥无硬化、粘手等现象。贴缝材料要粘接牢固，无脱开现象。盖缝瓦材搁置应稳当可靠。

(4) 施工中还应做好下列施工的检查和记录：

1) 屋面板是否坐浆、稳定。

2) 屋面板板缝浇筑是否密实，上口与板面是否齐平。

3) 预埋件有无遗漏，位置是否正确。

4) 钢筋于分格缝处是否断开，两端有无弯钩，位置是否正确。

5) 预应力钢筋的控制应力是否达到设计要求值。

6) 混凝土和微膨胀混凝土配合比是否正确。

7) 防水层混凝土最薄处不小于35mm。

8) 分格缝的位置是否准确，嵌缝处理是否可靠。

80. 拒水粉的用途和特点是什么？

答：拒水粉主要适用于平屋面的防水工程，也可用于地面防潮和水塔、水池的防渗漏等工程。它主要只有下列特点：

(1) 良好的耐久性：其化学性能稳定，耐老化、耐热、耐冻，加上有保护层覆盖，使其具有良好的耐久性。

(2) 抗裂抗振：拒水粉是粉粒状的，构成的防水层应力分散，有良好的应变性，所以不易受裂缝和振动的影响。

(3) 安全无害：它无臭、无毒、无放射性危害。

(4) 防火：拒水粉本身防火，在施工时又无须明火作业，可以满足消防需要，此外，建筑物在投入正式使用后，防水层不仅可用于防水，还可用于防火。

(5) 施工快、造价低：该材料施工方便，快速。另外，其造价低于其他防水屋面。所以，具有较高的经济和技术效益。

81. 拒水粉防水的一般施工分哪几个步骤？

答：(1) 施工前的准备，包括清理现场，泛水处的填坡和备料；

（2）铺拒水粉；

（3）铺设隔离纸；

（4）保护层施工；

（5）养护。

82. 普通拒水粉防水屋面的构造及其施工要点是什么？

答：普通拒水粉防水屋面的构造及其施工要点：普通拒水粉防水屋面的构造主要分为找平层、防水层、隔离层和保护层四个构造层次。

（1）找平层：要求平整、光洁、无裂缝和无杂物。

（2）防水层：在找平层上铺撒 5~7mm 厚的拒水粉，要求厚薄均匀，表面平整，并无杂质，在檐口、泛水、管道穿墙等处要适当加厚粉层厚度。

（3）隔离层：一般用包装纸和将旧报纸粘连铺盖于拒水粉之上，防止浇筑保护层时，破坏粉层的连续状态，待纸铺设之后，随即压东西以防止被风刮走。

（4）保护层：它主要起到使防水层不受风吹、雨淋或人为的影响。保护层大致有两种形式：一是用水泥砂浆或细石混凝土的现浇保护层。在保护层施工时，水泥砂浆用木抹子压光。采用细石混凝土时，要避免浇筑混凝冲击力过大，在浇筑完成后，用滚筒压实，并将其抹光，最后浇水养护。这种屋面往往要设分格缝，以解决其湿度变形的问题。二是用铺设地砖或混凝土小条板等，在铺设之前，先要抹一层 15~20mm 厚的 1:3 水泥砂浆作为粘结层，再铺贴面层，且勾缝。

83. 拒水粉施工的质量要求是什么？

答：（1）铺撒拒水粉应厚薄一致、均匀，达到规定的厚度。

（2）按规定进行分格缝处理。

（3）防水层到女儿墙根部等处应做挡头。

（4）防水层施工完后，必须及时铺纸。

84. 拒水粉施工应注意的安全事项有哪些？

答：（1）施工时，应戴手套操作。

（2）夜间施工，施工现场应设置照明设备。

（3）高处操作时，应有安全防护设施。

85. 金属板材屋面的防水机理是什么?

答：有一部分建筑结构的屋面是采用钢板复合屋面板制作的，这种屋面板是将保温板与钢板合为一体，做成复合型板材，也就是屋面板的下层采用保温板，而它的上面则是装饰性钢板。采用这种屋面板的屋面由于屋面板材本身防水，因此，一般不再设专门的防水层，而是通过屋面板接缝处进行特殊的构造处理，再复加密封措施，以达到防水的作用。

86. 金属板材屋面防水都有哪些关键部位? 一般应怎样处理?

答：金属板材屋面需要特殊处理的部位有：

（1）斜屋面上、下屋面板的接缝。

（2）相邻屋面板的接缝。

（3）高跨根部节点的接缝。

（4）有部件等穿过屋面的部位。

处理方法：（1）斜屋面上、下屋面板的接缝：在确保搭接长度大于 150mm 的前提下，用密封膏嵌填，为了保险起见也可将接缝边做成反弯，防止雨水浸入后，直接渗入屋面板内，另外，再增加一道密封膏。

（2）相邻屋面板接缝：接缝处除了要用密封膏嵌缝之外，从局部节点构造上要尽量做成可以防止雨水直接浸入的形状。

（3）高跨根部节点的处理：由于不少根部纵向设有流水坡度，为了防止雨水自根部进入屋内，可以采取措施使根部具有一定的坡度，此外，也可在根部构造上采取措施，以达到防水的目的。

（4）有部件等穿过屋面的部位：这类节点往往防水做法不易处理，为确保防水的质量，可焊制一个罩子套在节点处。然后，将罩子与屋面用铆钉等连接，连接时固定的部位都应进行密封处理。最后，将所用罩子与屋面板，罩子与穿屋面部件之间的缝隙进行严格的密封，以防渗漏。

87. 金属板材屋面防水施工的质量要求和安全注意事项有哪些?

答：质量要求：

（1）各种构造部位均严格按规定处理。

（2）用密封膏嵌缝时，应用嵌缝膏嵌堵严密。

安全注意事项：

（1）施工时，必须戴手套进行操作。

（2）高处作业，应有必要的高空施工安全防护措施。

88. 屋面防水工程验收时应提交哪些技术资料?

答：（1）屋面工程设计图，设计变更和工程洽商单。

（2）屋面工程施工方案和技术交底记录。

（3）材料出厂质量证明文件及复试报告。

（4）施工检验记录，水或蓄水检验记录，隐蔽工程验收记录。

89. 什么是防水层的绝缘法施工? 绝缘法施工有哪些优缺点?

答：防水层的绝缘法施工是将卷材或涂膜与基层进行满粘固定，只将其中一部分与基层进行固定，并且使未粘的部分能够相互连通成为通道，再设法与大气连通。

绝缘法施工的优点：

（1）可以避免防水层起鼓；

（2）容易适应基层变形；

（3）防水层施工时，对基层干湿程度要求不高；

（4）施工作业简单，利于降低成本。

绝缘法施工的缺点：

（1）一旦出现渗漏，往往导致整个防水层的漏水，漏水部位不易查找；

（2）由于防水层与基层做局部粘结，外露防水层容易被风刮起；

（3）屋面防水工程之外的出屋顶小室外墙处，容易出现渗漏；

（4）防水层翻修时，必须去掉整个防水层。

90. 绝缘法施工的防水层分类有哪些？

答：绝缘法施工由于其针对性的不同，种类较多，若按其防水材料的种类进行划分可分为下列三大类：

（1）沥青类油毡的绝缘法施工。

（2）高分子卷材的绝缘法施工。

（3）涂膜的绝缘法施工。

以上每一种材料的绝缘法施工，又随其选用绝缘方法的不同及与基层粘结方法的不同，再分为若干施工法。

91. 什么是沥青类油毡空铺压顶法？其质量要求是什么？

答：空铺也称之为松铺。这种施工方法并不把油毡与基层做局部粘贴，而将整个大面空着不粘，而只对四周进行粘结，防水层上部满压砾石，以预防防水层起鼓。

质量要求：

（1）油毡之间粘结必须牢固、可靠，不能有漏粘。

（2）油毡与基层间的粘固必须充分，不能漏粘。

（3）油毡顶部的砾石厚度应达到规定的厚度，并保证厚度均匀。

92. 沥青类油毡空铺压顶法的施工步骤是什么？

答：（1）必须先将油毡于工厂内连接成与防水层面积同样大小的一张；或是连接成几片较大的整张油毡，待运至施工作业面时，再进行整张连接。

（2）施工前，必须首先完成防水层下面的保温层和找平层的施工，铺设油毡前检查基层或保温层是否平整、清洁，有无杂物。

（3）施工时，将油毡运到施工部位。对于无须在工地连接的油毡可直接铺设，对于还需在工地连接的，在工地施工作业面逐一连接。

（4）将防水层的四周，与基层进行粘结。

（5）待上述施工操作完后，在防水层顶部压上 50 ~ 70kg/m² 的砾石。

93. 沥青类油毡带孔毡局部粘结法是什么？

答：沥青类油毡带孔毡局部粘结法属于局部粘结法中的一种，它是将沥青类油毡与基层间加一层带孔的卷材，使油毡只有隔离层上孔的部位与基层粘结，而其他部位均分开，这些分开的部位相互连通，内部的水蒸气可以经过这些部位进入与大气连通的排气口，排气口可以专门设于女儿墙根部，当无女儿墙时，一般在防水层上直接设置专门的排气口。

94. 沥青类油毡带孔毡局部粘结法的施工要点和质量要求是什么？

答：（1）清理基层，保证基层干净，无杂物。

（2）先进行带孔毡与基层间的粘结，粘结时，可将胶粘剂按 S 型浇于基层上，然后将带孔毡与基层粘固。应注意的是两者间不要满粘。

（3）进行防水层的粘结。在粘结时，将粘结料满倒在带孔毡上，然后铺防水层油毡，与此同时，完成油毡间的搭结粘固，一般搭接量为 4 ~ 5cm。

（4）铺设粘结完成后，用滚子在上进行碾压，使其充分粘结牢固。

（5）对于排气口要进行特殊的粘结处理。

质量要求：（1）带孔毡与基层必须做局部粘结，不可满粘。

（2）防水层与带孔毡之间必须满粘，不能漏粘。

（3）油毡间搭接量必须达到要求，粘结必须充分、牢固，不能漏粘。

（4）排气口必须按规定处理。

95. 沥青类油毡粘砂油毡的点粘法是什么？

答：沥青类油毡粘砂油毡的点粘法是利用冷毡带将粘砂油毡的一部分油毡与基层粘结，而其他部分则相互连通，使水蒸气可以自这些部位传至排气口。

96. 沥青类油毡粘砂油毡的点粘法的施工要点是什么？

答：施工要点：施工用粘砂油毡可以是整卷的卷材，也可以是块状片料。

（1）先将冷粘带与基层粘固。在粘结前，要先就粘结面积进行计算，其面积必须达到总防水层面积的 25%，采用梅花状分布。

（2）将油毡或块状油毡铺于冷粘带上，同时也将防水层搭接边进行粘结，粘结宽度为 4~5cm。

（3）待粘结施工完成后，用滚子在防水层上而进行辗压，使其与基层粘结牢固。

（4）在粘结施工之前应先将排气口进行固定，位于女儿墙处的要做好排气带，位于防水层中央的，要先将排气口与基层粘结牢固。在铺设防水层时，还要对这些部位进行局部加强。

97. 沥青类油毡粘砂油毡的点粘法的质量要求是什么？

答：（1）粘结量必须达到防水层总面积的 25%。

（2）防水层的材料搭接宽度必须合乎要求。粘结要充分，不能有漏粘。

（3）排气口处必须做局部加强。

98. 什么是合成高分子卷材的机械固定法？

答：合成高分子卷材的机械固定法是将合成高分子卷材利用机械固定的方法进行固定，可以使防水层与基层之间有一连通的空间，当防水层下面出现水蒸气时，可以通过这一空腔到达边部，然后从排气口排出。这类固定法其排气口一般设于女儿墙内侧。

99. 合成高分子卷材螺栓或螺钉固定的施工方法是什么？

答：该施工法是先将卷材铺于防水作业面上，然后通过螺栓或螺钉穿过一个 $\phi50~\phi60mm$ 的圆垫片将卷材固定于基层之上，然后上面可以再铺一、二层卷材，或是将锚固处上面用卷材进行局部加强。

100. 合成高分子卷材的轨道式固定做法是怎样的？

答：轨道式固定方法是采用一条厚 1~2mm 的防锈钢带将防水层固定于基层上，其方法也有两种。

一种方法是先将钢带按照防水卷材的幅宽先固定在基层上（用螺栓或螺钉），然后将卷材边部与钢带的上表面粘结。下一张卷材与该张卷材的搭接边进行粘固。这种方法实际上也是一种非穿透的固定方法。

另一种方法是先将一张卷材铺于作业面，然后用一钢带固定其边部，再将下一块卷材绕过钢带与其内侧上表面粘固。这样每一张卷材均是一端被钢带固定，另一端搭接于上一张卷材的钢带固定边。

101. 什么是合成高分子卷材的非穿透式连接？其质量要求是什么？

答：非穿透式连接是先将固定件固定于基层之上，然后再在其上铺卷材，并与固定件进行粘结。一种粘结方法是采用钢带作为固定件，另一种是仍采用圆盘固定件，先将其固定于基层之上以后，铺上层防水卷材，然后用注射器将胶粘剂注入卷材与圆盘固定件之间，使两者粘结固定。

质量要求：（1）固定件的设置数量必须达到规定数量。

（2）固定件的固定必须牢固、可靠。

（3）防水卷材边部的相互粘结，必须可靠。

（4）防水层固定件及其他特殊部位的处理必须可靠，并且有加强。

102. 涂膜防水的条粘法是什么？

答：该方法是借鉴卷材的局部粘结法，该方法用 3 条 5cm 的玛蹄脂将 1m 宽的玻璃纤维毡粘结于基层上，在屋面边缘 2m 宽的部位要增加 2 条冷玛蹄脂粘结带，玻璃毡之间可以用对接，也可以用搭接的方式连接，对接时上面要粘粘结带，然后上面刷涂料或喷涂油料。

103. 涂膜防水采用单面带槽的塑料再加布做法是怎样的？

答：这种单面带槽的泡沫塑料其单面带有相互连通的槽，以便以后水蒸气可沿槽自排气口排出。施工时，将泡沫塑料带槽的面刷特殊处理剂并加热，然后，直接粘于基层表面。其接缝处可以用对接，上面用粘结带粘结。再在其上涂刷胶粘剂，将布铺于泡沫塑料层之上，最后，再在其上刷涂料。

104. 涂膜防水的带孔无纺布施工方法是什么？

答：这种涂膜防水采用带孔的聚酯无纺布作为防水层的骨材。这种无纺布上面有 6mm 直径的圆孔，孔与孔间相距为 30mm，无纺布的上表面带有一层防水层。将无纺布铺于基层之上，施工时，先将无纺布带孔的一面向下，然后，将其上表面热融，使其在融化之后，可以直接流至基层与有孔处的基层粘结。

105. 涂膜防水的施工有哪些质量要求？

答：（1）确保防水层与基层间应有粘结量。

（2）涂膜必须均匀，厚薄一致，并且达到要求的厚度。

（3）接缝及排气口处理必须可靠，并且有局部加强。

106. 防水层与保温层倒置施工法的优点是什么？

答：采用这种布置方法，可以使原来频繁受到日夜温差变化影响的防水层，能够得到保温层的保护，避免防水层的过早老化，以利于延长防水层的使用寿命。

107. 防水层和保温层倒置式施工，对其保温层材质有哪些特殊的要求？通常有哪些做法？

答：这种将防水层与保温层倒置的施工方法，无疑将保温层置于防水层之外，而暴露于雨水之中。因此，对于保温层上不再做任何防雨措施的，一般要选择一些耐水性好的材料作为保温材料，或是选用一些一面附有防水材料的保温材料，作为其防水措施。也有个别做法是在保温层上压砾石或铺盖混凝土板，以提高保温层的耐水性能。除此之外，也有一些做法不愿在保温材料上过多的下功夫，也不愿在保温层上加盖一些并非完全能够防水的材料。而是在保温层上做辅助防水层，以保护保温层不会受到雨水的影响。

具体做法：（1）先将防水层固定于基层之上；再在其上铺保温层；最后在保温层上再铺三层防水层，作为保温层的保护层。

（2）保温层与防水层倒置施工法与（1）大致相同，所不同的是低层防水层与基层的固定采用点粘，而（1）采用机械固定方法。

（3）在防水层上做保温层，再在保温层上铺设方砖。

（4）直接在保温层上铺设砾石压顶。

108. 防水层和保温层倒置式施工有什么质量要求？

答：（1）防水层与基层间、防水卷材间的粘结按规定操作。

（2）特殊部位的处理均按要求进行。

（3）保温层上层的防水层的粘结也必须按规定进行。

109. 水塔水箱刚性防水施工的质量要求是什么？

答：（1）防水砂浆层要求抹压平整光滑，无起砂现象。

（2）防水砂浆层厚度要均匀一致，每层厚度 10mm。

（3）抹好的防水层按规定做 24h 的蓄水试验，合格后方能进入下一工序。

110. 水塔水箱刚性防水施工出现空鼓、开裂的原因和防治方法是什么？

答：空鼓、开裂的主要原因为材料不合格，配合比不准确和基层处理不当，分层施工抹压不实等。因此施工前应对材料进行检查，所有原材料应符合国家标准或专门规定，严格执行配合比，保证原材料称量准确。基层的治理需彻底，如基层表面光滑，必须凿毛。砂浆层必须压实并及时按时养护。

111. 水塔水箱刚性防水施工出现管根渗漏和阴阳角渗漏水的原因和防治方法是什么？

答：管根渗漏的主要原因是未能按规定进行局部处理，因此，应在防水砂浆施工前，按要求在管根部剔出凹槽，用封闭膏填满封严。

阴阳角渗漏水是由于阴阳角部位砂浆抹面操作较难，容易使砂浆厚度不匀，抹压不密实，导致空裂渗漏，因此，在施工中可将阴阳角做成圆弧形，用阴阳角抹子抹压密实。

112. 水塔水箱刚性防水施工有哪些安全注意事项及成品保护应注意的问题？

答：（1）操作时要戴胶皮手套和穿胶鞋等防护用品。

（2）施工时操作面禁止吸烟并注意通风。

（3）抹完防水砂浆的防水面，在24h内严禁上人踩踏。

113. 防水涂料的分类是怎样的？

答：乳化沥青包括：石棉乳化沥青、石灰乳化沥青、黏土乳化沥青等。

改性沥青防水涂料包括：氯丁橡胶再生橡胶SBS、改性APP改性沥青涂料、乳化聚氯乙烯胶泥。

橡胶类防水涂料包括：氯丁橡胶、丁苯橡胶、丙烯橡胶、硅橡胶涂料等。

合成树脂类涂料包括：丙烯酸酯涂料、环氧树脂类涂料、环氧煤焦油涂料。

114. 涂料防水层的施工应符合哪些规定？

答：（1）多组分涂料应按配合比准确计量，搅拌均匀，并应根据有效时间确定每次配制的用量。

（2）涂料应分层涂刷或喷涂，涂层应均匀，涂刷应待前一遍涂层干燥成膜后进行；每遍涂刷时应交替改变涂层的涂刷方向，同层涂膜的先后搭压宽度宜为30~50mm；

（3）涂料防水层的甩槎处接缝宽度不应小于100mm，接涂前应将其甩槎表面处理干净；

（4）采用有机防水涂料时，基层阴阳角处应做成圆弧；在转角处、变形缝、施工缝、穿墙管等部位应增加胎体增强材料和增涂防水涂料，宽度不应小于50mm；

（5）胎体增强材料的搭接宽度不应小于100mm，上下两层和相邻两幅胎体的接缝应错开1/3幅宽，且上下两层胎体不得相互垂直铺贴。

115. 涂料防水层完工并经验收合格后应及时做保护层。保护层应符合什么规定？

答：（1）顶板的细石混凝土保护层与防水层之间宜设置隔离层。细石混凝土保护层厚度：机械回填时不宜小于 70mm，人工回填时不宜小于 50mm；

（2）底板的细石混凝土保护层厚度不应小于 50mm；

（3）侧墙宜采用软质保护材料或铺抹 20mm 厚 1:2.5 水泥砂浆。

116. 水塔水箱刚性防水施工出现表面渗漏的质量问题应该如何防治？

答：表面渗水主要原因是施工操作中砂浆层薄厚不均、用力不均、抹压不实等，因此，在施工中应特别注意控制砂浆层的厚度，抹第一遍砂浆时应用抹子用力抹压，保证砂浆与基层的粘结。抹灰时应用力均匀，第二遍砂浆压光时间不宜过早，应以手指按压砂浆层，当有少许水润出现，且砂浆层表面未被压出手痕时，即可进行压光，抹压时铁抹子要贴紧用力抹压抽浆，不得翘起铁抹子以其边口刮压，这样不易抹压密实。要加强施工前对材料、施工机具的检查，严格控制配合比，发现问题，及时纠正。

117. 水塔水箱涂膜防水施工的质量要求是什么？

答：（1）做完的防水层厚度要均匀一致，粘结要牢固，不得有起鼓、皱折、漏刷等现象。凡发现已做好的防水层有起鼓、皱折处，要用小刀将无纺布剖开，展平后再加铺一层无纺布重新涂刷二道防水涂料。

（2）防水材料进场时要有生产厂家的产品质量合格证书，必要时自行组织抽样检查，并将合格证书或检验资料归档备查。

（3）防水涂料一次成膜厚度不宜太厚，否则表面干燥形成龟裂影响防水效果。

（4）防水涂料每平方米施工用量不得低于 2.5kg，以保证一定的防水层厚度。

118. 简述水塔水箱涂膜防水施工（以 JG-Ⅱ防水涂料为例）材料变质的问题防治。

答：JG-Ⅱ防水涂料为水乳型，需密封贮存，避免日晒雨淋，一般储存期不超过 3 个月。如发现涂料结膜、破乳、有絮状物等均不得使用。应根据施工进度计划，不要过早进料，材料使用后应及时将容器盖严，涂刷工具要用软水（或冷开水）清洗，以避免硬水中的电解质（如钾、镁离子）使乳胶凝聚而变质，原材料如已变质失效，即应报废。

119. 水塔水箱涂膜防水施工（以 JG-Ⅱ防水涂料为例）粘贴不牢的原因和防治办法是什么？

答：防水层与基层粘贴不牢，易产生剥离或张嘴、翘边现象，使防水层抗渗性下降。出现上述现象的原因及防治办法为：

（1）基层处理不当，基层表面平整度、清洁度未达到规定标准。施工必须做好基层处理。

（2）铺贴时间过早，由于水泥砂浆基层早期强度低、收缩变形较大，所以过早地涂刷防水涂料粘贴无纺布，会降低防水层与基层的粘合力，还可影响水泥砂浆强度的增长，这些均可导致粘贴不牢。一般情况下，基层水泥砂浆强度应达到 5MPa 以上时，方可进行防水施工。

（3）基层过分潮湿，由于基层水分过多，对涂料成膜不利，既影响同基层的粘结，也对防水层的质量有害。施工前，应对基层潮湿情况进行检查，根据天气预报选择施工日期，避开雨天施工，或用塑料布等物适当封挡出入口。

（4）涂料成膜厚度不足，降低粘结质量。防水涂料一次成胶厚度不宜少于 0.3mm，最好能达到 0.5mm。当气温在 5～10℃时，在较光滑的基层上施工，应增涂一层稀释的涂料（冷底子胶料），以弥补成膜厚度的不足。

对已出现的粘结不牢现象，可按以下方法处理：沿防水层四周将无纺布掀起 500mm 的宽度，并沿基层长度每隔 500mm 埋一块木砖，然后把基层清理干净，再用防水涂料把掀起的无纺布铺平贴牢，并在预埋木砖的部位用24号镀锌铁皮条把防水层钉牢，最后在其上再做宽度不小于1000mm的"一布二油"防水层。

120. 水塔水箱涂膜防水施工（以 JG-Ⅱ 防水涂料为例）产生气泡、开裂的原因和防治方法是什么？

答：气泡、开裂均使防水层受损以致漏水。其产生原因及防治办法为：

（1）材料质量不合格，乳液有沉淀物。施工前必须检查原材料，并应以32目铁丝网过滤。

（2）基层不合格、不平整、不清洁以及过分潮湿。这些均可使防水层出现气泡。

（3）施工气温过高或涂层过厚，均会产生表面结膜，使内部水分不易蒸发，产生气泡。

应选择晴朗干燥的天气施工，夏季施工应避开温度最高时间，并适当通风。涂刷厚度应适当，一次涂刷的湿膜厚度应小于1mm，形成干膜即约厚0.5mm。施工时发现气泡，应在该处布幅两侧各剪一小口，赶走残存空气，排除气泡，将无纺布粘平压实。涂料结膜后发现气泡，应将气泡处割开，补胶贴好，再附加一层无纺布覆盖粘牢。对于开裂的防水层，应在裂缝处加一层宽200mm的无纺布。

121. 水塔水箱涂膜防水施工（以 JG-Ⅱ 防水涂料为例）防水层破损的原因及防治方法是什么？

答：由于施工中及完成后，未注意将防水层保护好，以致受损破坏。

施工中要注意保护防水层，尽可能减少交叉作业，刚完工的防水层在一周内不得上人或承重，防水层干燥结膜经闭水试验合格后，应及时做好保护层。保护层做法为在防水层表面薄涂一层防水涂料，随涂随撒细砂，以保证防护层与防水层的粘结，待涂料干燥后，抹水泥砂浆保护层。

对于已经破损的防水层，应将破损处清理干净，除去污垢，然后以涂料粘贴大于破损处周边 70～100mm 的玻璃丝布或无纺布一块，要注意铺平压实，最后再刷一道防水涂料。

122. 水塔水箱涂膜防水施工安全注意事项及成品保护应该怎么做？

答：安全注意事项与成品保护：

（1）涂料在施工前应在地面进行过滤，后运至施工地点。

（2）治理的杂物，不得从水箱顶部扔出，以免损伤他人。

（3）施工时，应注意适当通风。

（4）施工时，应采用 36V 低压照明。

（5）防水层做完后，应设专人保护，一周内不得上人踩踏，以免破坏防水层，如必须剔凿时需有专人负责修补，其做法应与大面做法相同。

（6）涂刷防水涂料的工具、器具应及时清理，刷子用完后，可在清水中浸泡待用。

（7）施工人员操作时应穿软底鞋，戴手套。

123. 为什么在大型蓄水池、游泳池防水施工中不宜采用刚性防水材料？

答：对于平面尺寸较小的水池（容量在 500m³ 以下）可以采用刚性防水材料，对于平面尺寸较大的蓄水池、游泳池，由于其结构易产生变形开裂，故应选用延伸性较好的防水卷材或防水涂料。

124. 聚氨酯涂料防水在水池中的施工顺序是什么？施工中应注意哪些质量问题？

答：施工顺序：基层处理→涂刷底胶涂料（即聚氨酯底胶）→增强涂抹或增补涂抹→涂布第一道涂膜防水层（聚氨酯涂膜防水材料）→涂布第二道涂膜防水层→稀撒石渣或中砂→闭水试验→抹水泥砂浆保护层。

施工中应注意的主要质量问题：气孔、气泡、起鼓翘边和破损。

125. 三元乙丙-丁基橡胶防水卷材在水池、游泳池防水施工中的施工顺序是什么？施工中有哪些质量要求？

答：三元乙丙-丁基橡胶防水卷材的施工顺序为：基层处理→涂刷聚氨酯底胶→复杂部位增补处理→铺贴卷材防水层→接头处理→卷材末端收头→保护层施工→蓄水试验。

质量要求：

（1）保证项目

1）所用卷材和胶结材料的品种、牌号及配合比必须符合设计要求和有关标准的规定。

2）卷材防水层及其穿墙管、地漏等的细部做法，必须符合设计要求和施工规范的规定；卷材防水层严禁有渗漏现象。

（2）基本项目

1）卷材防水层的基层应牢固、平整洁净，无起砂和松动现象；阴阳角处应呈圆弧形或钝角。

2）聚氨酯底胶，聚氨酯涂膜防水增补处理剂涂刷均匀，不得有漏刷和麻点等缺陷。

3）卷材防水层铺贴和搭接、收头应符合设计要求和施工规范规定，应粘结严密、接缝封严，不得有损伤、空鼓、滑移、翘边、起泡、皱折等缺陷。穿墙管、地漏等附加层与基层必须封盖严密。

（3）允许偏差项目：卷材搭接宽度，允许偏差为 – 10mm（用尺量检查）。

126. 简述三元乙丙-丁基橡胶防水卷材接头搭接不良的质量问题防治。

答：卷材接头搭接不良有以下几种情况：接头搭接不符合规范或有关的专门规定，主要体现在搭接形式以及长边、短边的搭接长度；接头处卷材不密实，有空鼓、张嘴及翘边等现象；接头甩槎部分损坏，甚至无法搭接。

施工时，应注意先弹线，后铺选材，立面铺贴应自上而下进行，卷材长边搭接宽度不小于100mm，短边不小于150mm。施工时应保证地下水位低于施工面，必要时采取降水措施。卷材接头要保持干燥，要注意接头相粘结的两个面均应满涂胶粘剂，并掌握好贴粘时间，不要带入空气形成气泡，要用压辊用力滚压使之排出存有的空气，粘贴牢固。

127. 简述三元乙丙-丁基橡胶防水卷材空鼓的质量问题防治。

答：卷材防水层空鼓，发生在找平层与卷材之间，且多在卷材接缝处。其原因是防水层中存有水分，找平层不干，含水率过大，空气排除不彻底，卷材没有粘贴牢固；或刷胶厚薄不均，厚度不够，压的不实，使卷材起鼓。

卷材施工前，应先检查基层，使之符合规定要求；施工时应严格按施工工艺进行。铺贴三元乙丙卷材前应注意将胶粘剂涂刷均匀，不得露底，且不宜反复涂刷形成凝胶。铺贴卷材应及时按横向顺序用力滚压，以排出残存空气，然后再压使其粘牢。要处理好接头的粘接，做好收头施工，对卷材搭接重叠三层的部位，必须用聚氨酯密封膏填充封闭。

128. 简述三元乙丙-丁基橡胶防水卷材管道部位卷材粘贴不良的质量问题防治。

答：管道部位卷材粘贴不良主要由于细部不易操作或施工不细致，以及管道外表面上的油污、锈迹未清除干净，以致粘接不良，有折皱、张嘴或翘边现象。

为防止这种现象，在铺贴卷材前，必须将管道表面的污垢和锈迹清除干净，可视具体情况采用砂纸、铁丝刷或溶剂消除，必要时再用高压空气将管道根部及周围基层做最后一次清理，然后铺贴卷材层。

穿墙管道根部的找平层施工，应严格按规定做成圆弧或钝角。卷材铺贴前，必须在管道根部周围做增补处理。

129. 简述三元乙丙-丁基橡胶防水卷材施工的安全注意事项与成品保护。

答：（1）施工用材料和辅助材料多属易燃品，在存放材料的仓库以及施工现场内要严禁吸烟和其他明火。

（2）每次用完的施工工具要及时用二甲苯等有机溶剂清洗干净，清洗后溶剂要注意保存或处理掉。

（3）已做好的防水层，应及时采取措施加以保护，防止损坏，带来后患。

（4）穿墙管根、地漏等处不得碰撞、损坏和变位。

（5）防水层施工后应及时做好保护层，在此之前不得随意上人走动。

（6）施工人员应穿胶鞋或其他软底鞋，以免破坏防水层。

130. 蓄水池、游泳池涂膜防水施工（以聚氨酯涂膜防水涂料为例）产生气泡、气孔的质量原因和防治方法是什么？

答：材料搅拌方式或搅拌时间掌握不好，或是基层未处理好，均可使涂膜产生气孔或气泡。气孔或气泡直接破坏涂膜防水层均匀的质地，形成渗漏水的薄弱环节。因此，施工时应注意：材料搅拌应选用功率大、转速不太高的电动搅拌器，搅拌容器应选用圆桶，以利于强力搅拌均匀，且不会因转速太快而将空气卷入拌合材料中。搅拌时间以 3～5min 为宜，涂膜防水层的基层一定要清理干净，不得有浮砂和浮灰，基层上的孔隙应用基层涂料填补密实，然后进行第一道涂层施工。

每道涂层均不得出现气孔或气泡，特别是底部涂层若有气泡或气孔，不仅破坏本层的整体性，而且会在上层施工涂抹时因空气膨胀出现更大的气孔或气泡。因此，对于出现的气孔或气泡必须予以修补。对于气孔，应以橡胶板刷用力将混合材料压入气孔填实，再进行增补涂抹，对于气泡，应将其穿破，除去浮膜，用处理气孔的方法填实，再做增补涂抹。

131. 蓄水池、游泳池涂膜防水施工（以聚氨酯涂膜防水涂料为例）产生起鼓的原因和防治方法是什么？

答：基层质量不良，有起皮或开裂，影响粘结，基层不干燥，粘结不良，水分蒸发产生的压力使涂膜起鼓；在湿度大，且通风不良的施工环境，涂层表面易有冷凝水，冷凝水受热汽化可使上层涂膜起鼓。涂膜起鼓后就破坏了连续整体性，容易破损，必须及时修补。修补方法：先将起鼓部分全部割去，露出基层，排出潮汽，待基层干燥后，先涂底涂料，再依防水层施工方法逐层抹涂，若加抹增强涂布则更佳。修补操作要注意，不要一次抹成，至少分两次抹成，否则容易产生鼓泡或气孔。

132. 蓄水池、游泳池涂膜防水施工（以聚氨酯涂膜防水涂料为例）产生翘边的原因和防治方法是什么？

答：涂膜防水层的端头或细部收头处出现同基层剥离翘边现象。主要是因基层未处理好，不清洁或不干燥；底层涂料粘结力不强，收头时操作不细致，或密封处理不佳。施工时操作要仔细，细部施工时要注意做好排水，防止带水施工，基层要保持干燥；对管道周围做增强涂布时，可采用铜线箍扎固定等措施。

对产生翘边的涂膜防水层，应先将剥离翘边部分割去，将基层打毛、处理干净，再根据基层材质选择与其粘结力强的底层涂料涂刮基层，然后按增强和增补做法仔细涂布，最后按顺序分层做好涂膜防水层。

133. 蓄水池、游泳池涂膜防水施工（以聚氨酯涂膜防水涂料为例）产生破损的原因和防治方法是什么？

答：涂膜防水层施工后，固化前，未注意保护，被其他工序施工时碰坏、划伤，或过早上人行走、放置工具，使防水层遭受磨损而变形损坏。

对于轻度损伤，可做增强涂布，增补涂布；对于破损严重者，应将破损部分割除（稍大一些），露出基层并清理干净，再按施工要求，顺序分层补做防水层，并应加增强、增补涂布。

134. 蓄水池、游泳池涂膜防水施工（以聚氨酯涂膜防水涂料为例）的安全注意事项和成品保护应注意哪些问题？

答：（1）聚氨酯甲、乙料及固化剂、稀释剂等均为易燃品，在储存工程中应放在干燥、远离火源的地方，施工现场应严禁吸烟和其他明火。

（2）聚氨酯材料弄脏皮肤，较难清洗，所以施工时要戴防护手套。

（3）施工现场应通风，通风条件差的工地作业时，应视情况每隔 1~2h 到通风地点休息 10~15min。

（4）其他安全方面的问题，按有关安全操作规程执行。

（5）已涂刷好的防水层，应及时采取保护措施，不得损坏，操作人员不得穿带钉子鞋作业。

（6）穿过池底、池壁等处的管根、地漏等不得碰损、变位。

（7）地漏、排水口等处应保持畅通，施工中应采用保护措施。

（8）涂膜防水层施工后，未固化前不允许上人行走踩踏，以免破坏涂膜防水层并造成渗漏。

135. 铺贴聚乙烯丙纶复合防水卷材应符合哪些规定？

答：（1）应采用配套的聚合物水泥防水粘结材料；

（2）卷材与基层粘贴应采用满粘法，粘结面积不应小于 90%，刮涂粘结料应均匀，不得露底、堆积、流淌；

（3）固化后的粘结料厚度不应小于 1.3mm；

（4）卷材接缝部位应挤出粘结料，接缝表面处应刮 1.3mm 厚 50mm 宽聚合物水泥粘结料封边；

（5）聚合物水泥粘结料固化前，不得在其上行走或进行后续作业。

136. 高分子自粘胶膜防水卷材宜采用预铺反粘法施工，并应符合哪些规定？

答：（1）卷材宜单层铺设；

（2）在潮湿基面铺设时，基面应平整坚固、无明水；

（3）卷材长边应采用自粘边搭接，短边应采用胶结带搭接，卷材端部搭接区应相互错开；

（4）立面施工时，在自粘边位置距离卷材边缘 10~20mm 内，每隔 400~600mm 应进行机械固定，并应保证固定位置被卷材完全覆盖；

（5）浇筑结构混凝土时不得损伤防水层。

137. 卷材防水层完工并经验收合格后应及时做保护层。保护层应符合哪些规定？

答：（1）顶板的细石混凝土保护层与防水层之间宜设置隔离层。细石混凝土保护层厚度：机械回填时不宜小于70mm，人工回填时不宜小于50mm；

（2）底板的细石混凝土保护层厚度不应小于50mm；

（3）侧墙宜采用软质保护材料或铺抹20mm厚1:2.5水泥砂浆。

138. 冷粘法铺贴卷材应符合哪些规定？

答：（1）胶粘剂涂刷应均匀，不得露底，不堆积；

（2）根据胶粘剂的性能，应控制胶结剂涂刷与卷材铺贴的间隔时间。

（3）铺贴时不得用力拉伸卷材，排除卷材下面的空气，辊压粘结牢固；

（4）铺贴卷材应平整、顺直，搭接尺寸准确，不得有扭曲、皱折；

（5）卷材接缝部位应采用专用胶粘剂或胶结带满粘，接缝口应用密封材料封严，其宽度不应小于10mm。

139. 热粘法铺贴卷材应符合哪些规定？

答：（1）熔化热熔型改性沥青胶结料时，宜采用专用导热油炉加热，加热温度不应高于200℃，使用温度不宜低于180℃；

（2）粘贴卷材的热熔型改性沥青胶结料厚度宜为1.0～1.5mm；

（3）采用热熔型改性沥青胶结料粘贴卷材时，应随刮随铺，并应展平压实。

140. 热熔法铺贴卷材应符合哪些规定？

答：（1）火焰加热器加热卷材应均匀，不得加热不足或烧穿卷材；

（2）卷材表面热熔后应立即滚铺，排除卷材下面的空气，并粘结牢固；

（3）铺贴卷材应平整、顺直，搭接尺寸准确，不得有扭曲、皱折；

（4）卷材接缝部位应溢出热熔的改性沥青胶料，并粘结牢固，封闭严密。

141. 自粘法铺贴卷材应符合哪些规定？

答：（1）铺贴卷材时，应将有黏性的一面朝向主体结构；

（2）外墙、顶板铺贴时，排除卷材下面的空气，并粘结牢固；

（3）铺贴卷材应平整、顺直，搭接尺寸准确，不得有扭曲、皱折；

（4）立面卷材铺贴完成后，应将卷材端头固定，并应用密封材料封严；

（5）低温施工时，宜对卷材和基面采用热风适当加热，然后铺贴卷材。

142. 卷材接缝采用焊接法施工应符合哪些规定？

答：（1）焊接前卷材应铺放平整，搭接尺寸准确，焊接缝的结合面应清扫干净；

（2）焊接前应先焊长边搭接缝，后焊短边搭接缝；

（3）控制热风加热温度和时间，焊接处不得漏焊、跳焊或焊接不牢；

（4）焊接时不得损害非焊接部位的卷材。

143. 机械固定法铺贴卷材应符合哪些规定？

答：（1）卷材应用专用固定件进行机械固定；

（2）固定件应设置在卷材搭接缝内，外露固定件应用卷材封严；

（3）固定件应垂直钉入结构层有效固定，固定件数量和位置应符合设计要求；

（4）卷材搭接缝应粘结或焊接牢固，密封应严密；卷材周边 800mm 范围内应满粘。

144. 铺设胎体增强材料应符合哪些规定？

答：（1）胎体增强材料宜采用无纺布或化纤无纺布；

（2）胎体增强材料长边搭接宽度不应小于50mm，短边搭接宽度不应小于70mm；

（3）上下层胎体增强材料的长边搭接缝应错开，且不得小于幅宽的1/3；

（4）上下层胎体增强材料不得相互垂直铺设。

145. 油罐防渗材料主要有哪些？

答：目前非金属油罐的防渗措施基本可分为三类：第一类为抹灰防渗，一般用于原油罐和重油罐；第二类涂料防渗；第三类为贴面防渗，一般用于储存轻油的油罐。

抹灰防渗主要采用水泥砂浆分层抹压防渗和耐油砂浆抹面防渗。

涂料防渗主要选择水泥"帝畏"清漆胶泥聚氨基甲酸酯涂料（7202涂料）、丁腈橡胶涂料等。

贴面防渗主要有丁腈 - 聚氯乙烯胶片贴面和树脂玻璃布贴面等。

146. 聚氨基甲酸酯涂料（7202涂料）施工的五个主要工序是什么？

答：头道工序：清漆打底，漆料可冲稀至30%～40%的含固量，加入稀释剂量约为漆料的20%～30%，涂刷要求薄而均，干燥8～12h以上。

第二道工序：填嵌腻子，补平砂眼。刮刀要适当用力，填嵌不宜过厚，以免引起开裂，干燥8～10h。

第三道工序：底漆，要求涂刷均匀，漆膜平滑，涂刷后干燥24h。

第四道工序：面漆，采用聚氨酯面漆，用时要加二甲基乙醇作催干剂，其用量为漆料的0.1%，相当于每千克漆用1g二甲基乙醇胺或10g 10%浓度的二甲基乙醇胺甲苯液。开启漆桶后，漆料要用力搅拌匀，注意不要带水入内，涂刷后干燥8～12h。

第五道工序：面漆，与第四道工序相同，涂刷后干燥7d即可装油。

147. 聚氨基甲酸酯涂料（7202涂料）涂刷施工中可能出现的质量问题及补救措施是什么？

答：涂刷施工中可能出现的质量问题及补救措施如下：

起泡：主要由于罐壁潮湿或涂料固化前地下水渗入。可将起泡部位铲除，抹石膏粉吸潮，重新施工。

起壳：主要由于罐壁潮湿、不洁净，或填嵌腻子和底漆太厚。可将脱壳部分铲除，抹一道石膏粉吸潮后重新施工。

裂缝：主要原因为填嵌腻子或底漆太厚和罐体结构裂缝引起漆膜裂缝。可将裂缝填补平，刷上底、面漆，或铲去漆膜重新施工。

皱皮：主要由于漆膜固化干燥不够造成。可将漆膜铲去重新施工，并加强通风，增加固化干燥时间。

148. 聚氨基甲酸酯涂料（7202涂料）在施工过程中应该注意什么问题？

答：7202涂料施工中，由于涂料使用甲苯二异氰酸酯的预聚物为固化剂，其中过量的未反应的甲苯二异氰酸酯处于游离状态，对呼吸器官有毒害作用。另外，二甲苯等溶剂对人体皆有害，因此施工时应采取劳动保护措施。

采取强力排风，操作前先行排风半小时，操作时应保持连续通风。

进油罐操作人员应戴防毒口罩（活性碳型），操作规定时间为每工作1.5h，休息0.5h（高温季节还可以适当缩短操作时间），休息时集体离开操作区到罐外活动；

涂料中的挥发物为易燃气体，罐内严禁吸烟及其他明火；

操作过程中遇有头晕、恶心现象，应立即离开操作区，并请医生检查。

根据劳动保护规定，操作人员发给营养费。

149. 塑料板防水板的铺设应符合哪些规定？

答：（1）铺设塑料防水板前应先铺缓冲层，缓冲层应用暗钉圈固定在基面上；缓冲层搭接宽度不应小于50mm；铺设塑料防水板时，应边铺边用压焊机将塑料防水板与暗钉圈焊接；

（2）两幅塑料防水板的搭接宽度不应小于100mm，下部塑料防水板应压住上部塑料防水板。接缝焊接时，塑料防水板的搭接层数不得超过3层；

（3）塑料防水板的搭接缝应采用双焊缝，每条焊缝的有效宽度不应小于10mm；

（4）塑料防水板铺设时宜设置分区预埋注浆系统；

（5）分段设置塑料防水板防水层时，两端应采取封闭措施。

150. 特殊施工法结构防水工程锚喷支护，喷射混凝土所用原材料应符合什么规定？

答：（1）选用普通硅酸盐水泥或硅酸盐水泥；

（2）中砂或粗砂的细度模数宜大于2.5，含泥量不应大于3%；干法喷射时，含水率宜为5%~7%；

（3）采用卵石或碎石，粒径不应大于15mm；含泥量不应大于1%；使用碱性速凝剂时，不得使用含有活性二氧化硅的石料；

（4）不含有害物质的洁净水；

（5）速凝剂的初凝时间不应大于5min，终凝时间不应大于10min。

151. 钢筋混凝土管片的单块抗渗检漏的检验数量和检漏标准是什么？

答：（1）检验数量：管片每生产100环应抽查一块管片进行检漏测试，连续3次达到检漏标准，则改为每生产200环应抽查一块管片进行检漏测试，再连续3次达到检漏标准，按最终检测频率为400环抽查1块管片进行检漏测试。如出现一次不达标，则恢复每100环抽查1块管片的最初检漏频率，再按上述要求进行抽检。当检漏频率为每100环抽查1块时，如出现不达标，则双倍复检，如再出现不达标，必须逐块检漏。

（2）检漏标准：管片外表在 0.8MPa 水压力下，恒压 3h，渗水进入管片外背高度不超过 50mm 为合格。

152. 盾构隧道衬砌的管片密封垫防水应符合哪些规定？

答：（1）密封垫沟槽表面应干燥、无灰尘、雨天不得进行密封垫粘结施工；

（2）密封垫应与沟槽紧密贴合，不得有起鼓、超长和缺口现象；

（3）密封垫粘贴完毕并达到规定强度后，方可进行管片拼装；

（4）采用遇水膨胀橡胶密封垫时，非粘贴面应涂刷缓膨胀剂或采取符合缓膨胀的措施。

153. 盾构隧道衬砌的管片嵌缝材料防水应符合哪些规定？

答：（1）根据盾构施工方法和隧道的稳定性，确定嵌缝作业开始的时间；

（2）嵌缝槽如有缺损，应采用与管片混凝土强度等级相同的聚合物水泥砂浆修补；

（3）嵌缝槽表面应坚实、平整、洁净、干燥；

（4）嵌缝作业应在无明显渗水后进行；

（5）嵌填材料施工时，应先刷涂基层处理剂，嵌填应密实、平整。

154. 渗排水应符合哪些规定？

答：（1）渗排水层用砂、石应洁净，含泥量不应大于 2%；

（2）粗砂过滤层总厚度宜为 300mm，如较厚时应分层铺填；过滤层与基坑土层接触处，应采用厚度为 100～150mm、粒径为 5～10mm 的石子铺填；

（3）集水管应设置在粗砂过滤层下部，坡度不宜小于 1%，且不得有倒坡现象。集水管之间的距离宜为 5～10m，并与集水井相通；

（4）工程底板与渗排水层之间应做隔浆层，建筑周围的渗排水层顶面应做散水坡。

155. 盲沟排水应符合哪些规定?

答: (1) 盲沟成型尺寸和坡度应符合设计要求;

(2) 盲沟的类型及盲沟与基础的距离应符合设计要求;

(3) 盲沟用砂、石应洁净,含泥量不应大于2%;

(4) 盲沟在转弯处和高低处应设置检查井,出水口处应设置滤水箅子。

156. 隧道贴壁式、复合式衬砌围岩疏导排水应符合哪些规定?

答: (1) 集中地下水出露处,宜在衬砌背后设置盲沟、盲管或钻孔等引排措施;

(2) 水量较大、出水面广时,衬砌背后应设置环向、纵向盲沟组成排水系统,将水集排至排水沟内;

(3) 当地下水丰富、含水层明显且有补给来源时,可采用辅助坑道或泄水洞等截、排水设施。

157. 地下防水工程的观感质量检查应符合什么规定?

答: (1) 防水混凝土应密实,表面应平整,不得有露筋、蜂窝等缺陷;裂缝宽度不得大于0.2mm,并不得贯通。

(2) 水泥砂浆防水层应密实、平整、粘结牢固,不得有空鼓、裂纹、起砂、麻面等缺陷;

(3) 卷材防水层接缝应粘结牢固、封闭严密,防水层不得有损伤、空鼓、皱折等缺陷;

(4) 涂料防水层应与基层粘结牢固,不得有脱皮、流淌、鼓泡、露胎、皱折等缺陷;

(5) 塑料防水板防水层应铺设牢固、平整,搭接焊缝严密,不得有下垂、绷紧破损现象;

(6) 金属板防水层焊缝不得有裂纹、未熔合、夹渣、焊瘤、咬边、烧穿、弧坑、针状气孔等缺陷;

(7) 变形缝、施工缝、后浇带、穿墙管、埋设件、预留通道接头、桩头、孔口、坑、池等防水构造应符合设计要求;

(8) 锚喷支护、地下连续墙、盾构隧道、沉井、逆筑结构等防水构造应符合设计要求；

（9）排水系统不淤积、不堵塞，确保排水畅通；

（10）结构裂缝的注浆效果应符合设计要求。

158. 房屋建筑地下工程渗漏水检测应符合哪些规定？

答：（1）湿渍检测时，检查人员用干手触摸湿斑，无水分浸润感觉。用吸墨纸或报纸贴附，纸不变颜色。要用粉笔勾画出湿渍范围，然后用钢尺测量并计算面积，标示在"结构内表面的渗漏水展开图"上。

（2）渗水检测时，检查人员用干手触摸可感觉到水分浸润，手上会沾有水分。用吸墨纸或报纸贴附，纸会浸润变颜色。要用粉笔勾画出渗水范围，然后用钢尺测量并计算面积，标示在"结构内表面的渗漏水展开图"上。

（3）通过集水井积水，检测在设定时间内的水位上升数值，计算渗漏水量。

159. 屋面施工后的成品保护有哪些内容？

答：屋面施工后的成品保护内容如下：

（1）已做好的防水层应及时采取措施加以保护，严防各种施工工具及机械损坏防水层；

（2）穿过屋面、墙面的管道根部不得碰撞、损坏和变位；

（3）施工时应避免胶粘剂污染檐口、饰面层等，保持施工面及周围环境的整洁；

（4）落水管必须畅通，不得堵塞任何杂物。

160. 屋面工程质量应符合哪些要求？

答：屋面工程质量应符合下列要求：

（1）防水层不得有渗漏或积水现象；

（2）使用的材料应符合设计要求和质量标准的规定；

（3）找平层表面应平整，不得有酥松、起砂、起皮现象；

（4）保温层的厚度、含水率和表观密度应符合设计要求；

（5）天沟、檐沟、泛水和变形缝等构造，应符合设计要求；

（6）卷材铺贴方法和搭接顺序应符合设计要求，搭接宽度正确，接缝严密，不得有皱折、鼓包和翘边现象；

（7）涂膜防水层的厚度应符合设计要求，涂层无裂纹、皱折、流淌、鼓泡和露胎体现象；

（8）刚性防水层表面应平整、压光，不起砂，不起皮，不开裂，分格缝应平直，位置正确；

（9）嵌缝密封材料应与两侧基层粘牢，密封部位光滑、平直，不得有开裂、鼓泡、下塌现象；

（10）平瓦屋面的基层应平整、牢固，瓦片排列整齐、平直，搭接合理，接缝严密，不得有残缺瓦片。

161. 屋面工程质量验收时，需要检查的项目和相应的文件资料有哪些？

答：（1）防水设计：设计图纸及会审记录、设计变更通知单和材料代用核定单；

（2）施工方案：施工方法、技术措施、质量保证措施；

（3）技术交底记录：施工操作要求及注意事项；

（4）材料质量证明文件：材料出厂合格证、质量检验报告和试验报告；

（5）中间检查记录：分项工程质量验收记录、隐蔽工程验收记录、施工检验记录、淋水或蓄水检验记录；

（6）施工日志：逐日施工情况；

（7）工程检验记录：抽样质量检验及观察检查；

（8）其他技术资料：事故处理报告、技术总结。

162. 地下防水工程渗漏的设计方面原因有哪些？

答：设计方面：

（1）地质勘察资料不准确，对地下水的运动规律认识不清，设防不足。

（2）忽视了上层滞水和壅水的危害，造成工程渗漏。

（3）防水方案选择不当：正确选择防水方案是做好防水工程的先决条件，当采用的防水方案与使用条件及结构特点不相适应时，则将造成工程渗漏水。

163. 地下防水工程渗漏的材料方面原因有哪些？

答：材料方面：

（1）材料质量低劣：目前，尚有不少地下工程采用传统的热沥青纸胎防水卷材，这种材料由于脆性大、抗裂性差、低温柔性差、吸水率高，易导致防水失败，造成局部慢渗或大面积渗漏。

（2）变形缝选材不当：根据工程调查，变形缝选材不妥是地下工程渗漏的一个重要原因。如：沥青麻丝或玛蹄脂嵌缝的做法，由于材料不能适应变形，沥青易于流淌变脆，施工时不易填嵌密实并不易与结构粘结等，极易造成漏水。

（3）穿墙管道密封材料适应性变形能力差：管道穿墙孔，一般在管道和预留孔之间采用沥青麻丝嵌填，由于嵌填不密实，材料防水性能差，常出现漏水。对于后凿孔洞，在采用水泥砂浆刚性材料充填空隙时，则由于砂浆与金属管道收缩不一致，也常出现缝隙而造成渗漏。

（4）配套材料不过关：近几年虽然开发了很多新型防水材料，但有的配套材料不过关（如三元乙丙片材的胶黏剂），不能保证片材之间或片材与基层间的良好粘结，引起封口不严而产生渗漏。

164. 地下防水工程渗漏的施工方面原因有哪些？

答：施工方面的原因：

（1）防水混凝土施工质量欠佳。

（2）施工缝、变形缝、穿墙管等细部构造留设处理不当。

（3）螺栓孔眼未及时封堵：地下室外墙支模板时应对穿螺栓孔或其他孔眼，施工后均应及时封堵，未进行处理或封堵不严均可造成渗漏。

（4）混凝土保护层厚度不够：混凝土保护层按规范要求应为 20~35mm，但施工时往往由于不能保证而出现裂缝，造成渗漏。

（5）成品保护不善：购置的防水材料，或已完成的防水层，

由于保管不善，施工不慎，造成破坏，且未及时修补可造成
渗漏。

165. 地下工程渗漏水分为哪几类？

答：地下工程渗漏水形式主要表现为三种，即点的渗漏、
缝的渗漏和面的渗漏。根据其渗水量不同又可分为慢渗、快渗、
漏水和涌水。

166. 地下工程渗漏水封堵原则是什么？

答：（1）查找并切断漏水源，尽量使修堵工作在无水状态
下进行。

（2）在渗漏水状态下进行修堵时，必须尽量减小渗漏水面
积，使漏水集中于一点或几点，以减少其他部位的渗水压力，
保证修堵工作顺利进行。为减少渗漏水面积，首先要认真做好
引水工作。引水的原则是把大漏变小漏，线漏变点漏，片漏变
孔漏。引水目的是给水留出路，以便进行施工操作，并防止水
压力将施工的材料冲坏。

（3）对症下药，选择适宜的材料与工艺，作好最后漏水点
的封堵工作。

167. 地下工程渗漏水检查的方法有哪些？

答：根据地下工程渗漏水的具体情况，可按照以下方法检
查渗漏水部位。

（1）首先将地下室墙面、地面擦干，进行通风，以判断是
否因地下室潮湿或温差造成墙地面结露。

（2）排除结露因素后，把漏水部位擦干，立即在漏水处薄
薄地撒上一层干水泥，表面出现湿点或湿线处即为漏水的孔眼
或缝隙。

（3）如果出现湿一片的现象，则仅采用上述方法不易发现
渗漏的具体位置，可用水泥胶浆（水泥：水玻璃＝1：1）在漏水
处均匀涂刷一薄层，并立即在表面均匀撒上干水泥一层，当在
水泥表面出现湿点或湿线时，该处即为渗漏部位。

168. 确定修补堵漏方案重点应考虑哪几个方面？

答：（1）修补堵漏方案的确定首先应查找地下工程渗漏水来源，为制定防水方案切断水源提供依据；

（2）从机构上分析渗漏水原因，是否由于结构问题导致渗漏水；

（3）了解施工情况，对施工各环节及处理方法进行了解；

（4）检查材料质量判断工程渗漏是否由于材料不良而引起的，分析上述原因的基础上来确定修补方案，应尽量使修堵工作在无水状态下进行，选择适宜的材料与工艺，做好最后漏水点的封堵工作。

169. 外墙板渗漏的主要原因有哪些？

答：外墙竖缝渗漏主要是外墙板在制作运输过程中保护不善，竖缝防水槽等被撞坏，为妥善修整，施工中未将空腔内的水泥砂浆清理干净，塑料条裁切尺寸不适当。

外墙水平缝渗漏主要原因是墙板型不规范，安装校正时损坏了坐浆的完整性，水平缝过大，外勾水泥砂浆干缩产生裂缝。

170. 防水工程孔眼渗透水压较小时怎样修堵？

答：在水压较小孔洞不大的情况下，根据渗漏水的具体情况，以漏水点为圆心剔槽。一般毛细孔渗水剔成直径 10mm 圆孔，槽壁与基面必须冲洗干净，随即将配合比为 1:0.6 的水泥、水玻璃（或其他催凝剂）胶浆捏成与槽直径相等的圆锥体。待胶浆开始凝固时，迅速将胶浆用力堵塞进槽内，使胶浆与槽壁紧密结合，同时将槽孔周围擦干，撒上干水泥，检查是否有渗水现象。待堵塞严密，无渗水现象，再在胶浆表面抹灰和水泥浆各一层，并将砂浆表面扫平。待砂浆有一定强度后，在做防水层。

171. 防水工程孔眼渗透水压较高时怎样修堵？

答：一般在水压较高（水头在 4m 以上），漏水孔洞不大时采用木楔堵塞法。操作方法是将漏水处孔洞清理干净，用和孔眼大致相等的圆木楔子涂浸沥青打入孔眼，并用铅油棉丝塞紧圆木四周，使其漏水量尽可能减小。然后用水泥水玻璃（或其他促凝剂）胶浆封堵圆木楔四周。木楔打入孔眼的上端，底低于基层表面 30mm。待水止住后，用 1：2 防水砂浆（水灰比 0.3）把楔顶上部填实，随即在整个孔眼表面扫毛，待砂浆达到一定强度（约 24h），再在其上做防水层。

172. 硅酸钠五矾防水的胶泥怎样配置？

答：硅酸钠五矾防胶泥的配置：首先应配置五矾防水剂，先将水加热至 100℃，把除水玻璃外的材料（五矾）加入水中，不断搅拌，直至全部固体溶解，冷却至 55℃ 左右，再倒入水玻璃液体中搅拌均匀，约半小时后即成草绿色防水剂（五矾各一份；硅酸钠 400；水 60）。

然后根据不同的使用条件，按水泥：五矾防水剂 = 1：（0.5～0.6）的配比将两者搅拌均匀即可。

173. 硅酸钠五矾防水胶泥的使用要点是什么？

答：五矾防水胶泥的使用要点：胶泥凝结时间的快慢，与配合比、用水量、气温、水玻璃模数等直接有关。施工前，应根据具体条件通过试配确定比例。

采用胶泥进行修堵渗漏水时，应在胶泥即将凝固的瞬间进行，使堵完后的胶泥正好凝固。

174. 柔性油膏的配置方法是什么？

答：将称好的机油倾入锅中加热，同时投入松香。当松香完全化开，与机油融合后，加入沥青，直到沥青熔化，温度上升到 170～180℃ 时撤火。待温度下降至 150℃ 时，加入桐油搅拌均匀，但需防止搅入空气（棒不可提至液面外）。温度到达 100℃（±3℃）时，将事先已加热的环氧树脂（40～50℃）徐徐加入，慢慢搅拌至均匀，但切勿搅入空气。最后将滑石粉倒入，用力搅拌均匀即可。油膏应随制随用。

175. 柔性油膏的施工方法是什么？

答：（1）混凝土基层处理：在池壁内侧，沿裂缝将混凝土剔成一个宽 50mm、深 30mm 左右的凹槽，并沿凹槽两侧，将混凝土表面凿毛，宽度各为 250mm 左右，然后用水清洗干净，待表面干燥后，即可进行下一道工序。

（2）粘贴环氧胶泥和玻璃布：在已处理的凹槽中，用刷子均匀地涂刷一层环氧胶泥，然后将裁剪好的玻璃布（宽度为35mm）粘贴在槽底，并用刮刀沿裂缝嵌进去2~3mm。待玻璃布贴完以后，在其表面均匀涂刷一层环氧胶泥。

（3）油膏嵌缝：待涂刷的环氧胶泥快要凝固时（大约在涂刷后3~4h），即可用油膏嵌缝。先将少量油膏粘在环氧胶泥表面，用手指来回搓揉，以使油膏与环氧胶泥层牢固地粘结。接着将油膏搓成手指粗的棒状，每段约100mm长，然后用拇指将油膏紧紧压入槽中。务使压实压紧，不得有空隙。在凹槽边上用端头打光的钢筋棒用劲压实。油膏嵌缝厚度为30mm。

（4）粘贴麻布层：油膏嵌完后，在基槽中涂刷热玛蹄脂，并立即粘贴浸透玛蹄脂的麻布（粘贴麻布用的玛蹄脂，熬制温度控制在130~150℃）。两层麻布贴上后，立即用炒热的（170~180℃）砾砂均匀地洒在麻布上。

（5）作面层保护砂浆：在麻布砾砂层上，以1:3砂浆找平，然后用1:2砂浆抹面压光。

176. 水泥砂浆防水层局部阴湿与渗漏的原因和治理方法是什么？

答：原因：施工人员对质量重视不够，未严格按照防水层有关要求进行操作，忽视防水层的连续性，如素灰层刮抹不严，薄厚不均，出现空白或大面积漏抹等，成为防水层中的薄弱环节。

治理方法：首先查出渗漏点的准确位置。然后以漏水点为圆心，剔成直径×深度为：10mm×20mm、20mm×30mm或30mm×50mm的凹槽，周边剔成斜坡形，冲洗干净，用水泥胶浆（水泥:促凝剂=1:0.6）捏成与凹槽大小接近的圆锥体，待水泥胶浆开始凝固时，迅速用力塞堵于凹槽内，并向槽壁四周挤压严密，堵塞持续约半分钟即可。经检查无渗漏后，抹上防水层覆盖，以防止胶浆干缩影响堵塞效果。

177. 水泥砂浆防水层空鼓裂缝渗漏水的原因是什么？

答：（1）基层清理不干净或没有进行清理，表面光滑，或有油污，浮灰等，对防水层与基层的粘结起了隔离作用。防水层空鼓后，随着与基层的脱离产生收缩应力，导致了裂缝的产生。

（2）在干燥过程中，防水层抹上后水分立即被基层吸干，造成早期严重脱水而产生收缩裂缝。

（3）水泥选用不当，安定性不好，或不同品种水泥混合使用，收缩系数不同，造成大面积网状裂缝。砂子粒度过细，也容易造成收缩裂缝。

（4）未严格按配合比配制灰浆，随意增减水泥用量或改变水灰比，致使灰浆收缩不均，造成收缩裂缝。

（5）灰浆层薄厚不均，基层与砂浆层之间抹压不实或素灰层已硬结而起了隔离作用，造成空鼓裂缝等。

178. 什么是水泥压浆法？

答：对于较深的蜂窝、孔洞、裂缝，由于清理剔凿会加大其尺寸，使结构遭到更大的削弱，宜采用水泥压浆法补强。压浆孔的位置、数量及深度，应根据混凝土蜂窝、孔洞及裂缝的实际情况和浆液的扩散范围而定。孔数一般不应少于两个，即一个排水（气）孔，一个压浆孔。

水泥浆液内水灰比一般为 0.7 ~ 1.1。根据工程情况，必要时可在水泥浆液中掺入定量的水玻璃溶液作为促凝剂。水玻璃溶液波美度为 30 ~ 40，掺量为水泥重量的 1% ~ 3%，徐徐加入配好的水泥浆液中，搅拌均匀即可使用。

179. 水泥砂浆防水层预埋件漏水的原因和治理方法是什么？

答：原因：（1）操作中忽视对预埋件周边的处理，抹压不仔细，没有认真清除预埋件表面锈蚀部位，使防水层与预埋件接触不严。

（2）预埋件周边的防水层抹压遍数少，不密实，使周边防水层产生收缩裂缝。

（3）预埋件在施工期间或交付使用后受振，与周边防水层接触处产生微裂造成渗漏。

治理方法：对于预埋件周边出现的渗漏，先将周边剔成环形沟槽，再按裂缝直接堵塞方法处理。对于因受振而使预埋件周边出现的渗漏，处理时需将预埋件拆除，制成预制块（其表面抹好防水层），并剔凿出凹槽供埋设预制块用。埋设前凹槽内先嵌入水泥:砂 = 1:1 和水:促凝剂 = 1:1 的快凝砂浆，再迅速将预制块填入。待快凝砂浆具有一定强度后，周边用胶浆堵塞，并用素灰嵌实，然后分层抹防水层补平。

180. 水泥砂浆防水层管道穿墙部位渗漏水的原因和治理方法是什么？

答：原因：同预埋件部位漏水的原因。此外，穿墙管道沿基层表面常设有法兰盘，影响该处砌筑或混凝土浇筑质量，后期防水处理困难。另一原因是对热力管道穿墙部位处理不当。或只按常温管道处理，在温差作用下管道往返伸缩变形，造成周边防水层破坏，产生裂隙而漏水。

治理方法：（1）热管道穿透内墙部位出现渗漏水时，可将穿管孔眼剔大，采用埋设预制半圆混凝土套管法进行处理。

（2）热管道穿透外墙部位出现渗漏水，修复时需将地下水位降至管道标高以下，用设置橡胶止水套的方法处理。

181. 水泥砂浆防水层门窗部位漏水的原因和治理方法是什么？

答：原因：（1）门窗口部位的防水层不连续，或未经任何处理。

（2）门窗口安装时任意剔凿、磕碰防水层，开关铁门或门的振动，造成门轴等预埋铁件松动。

治理方法：对于木制门窗框应采用后塞口施工，即先做好防水层，后埋木砖和后塞门窗框。尽量使尺寸合适，防止剔凿等破坏。已出现渗漏水的门窗框，先将门窗框、门轴等拆除，剔槽并找出渗漏点，经堵塞处理确认无渗漏后，再补做防水抹灰层，最后门窗框等重新安装。

182. 水泥砂浆防水层电源管路等漏水的原因和治理方法是什么？

答：原因：（1）线盒、闸箱等采取预埋方法，其背面和侧面墙体未经任何防水处理。

（2）穿线管多为有缝管，密封性能差，水从暗埋管路的接缝、接头等处渗入，沿穿线管漏入室内。此外，埋设时，穿线管破损或弯曲处开裂，都是造成渗漏水的潜在因素。

（3）穿线管外露端头、电缆出入口等部位缺乏相应的防水处理，造成周边渗漏。

治理方法：地下工程的电源线路，宜采用明线装置，以便于防水处理和维修。穿透砖砌内墙的线管应选用密封性能良好的金属管，两端头要做好防水处理，暗线装置的穿墙管必须是封闭的，埋设时不得有任何破损。线盒、电闸箱等应拆除，在槽内做好防水层以后再装入。地下工程通过电缆线路的部位，要先采取刚柔结合做法进行处理，即电缆线路先用油膏嵌缝，外包高强度等级混凝土套管。遇暗线装置管线渗漏水，应先从电闸箱、线盒处查找，从竖向找到横向，关键处为电闸箱、线盒结合处及管接头，找到渗漏点逐个封闭处理。逐段检查，补做防水层直到无渗漏水再用水泥胶浆抹平。

183. 水泥砂浆防水层施工缝漏水原因及治理方法是什么？

答：原因：防水层留槎混乱，层次不清，无法分层搭接，使得素灰层不连续，有的没有按要求留槎，如留直槎等；接槎时，往往由于新槎收缩，产生微裂面造成渗漏水。

治理方法：如出现漏水现象，应将渗漏部位剔凿出工作面，按上面所讲孔洞漏水或裂缝漏水直接堵塞法进行处理。

184. 水泥砂浆防水层阴阳角漏水的原因和治理方法是什么？

答：原因：（1）素灰层刮抹不严或被破坏；素灰层过软，抹砂浆时造成混层。

（2）操作时，阴阳角处水分挥发较慢，灰浆因重力作用而

512

下垂，产生裂缝；交活时防水层过软产生收缩。

治理方法：阴阳角处出现渗漏，可按孔洞漏水或裂缝漏水直接堵塞法处理。

185. 水泥砂浆防水层表面起砂的原因和治理方法是什么？

答：原因：（1）选用的水泥强度等级过低，降低了防水层的强度和耐磨性能；砂子含泥量大，影响了砂浆的强度；砂子颗粒过细，表面积加大，造成水泥用量不足，砂浆泌水现象加重，推迟了压光时间，从而破坏了水泥石结构，同时产生大量的毛细管路，降低了防水层的强度。

（2）养护时间不当，过早使水泥胶质受到浸泡而影响其粘结力和强度的增长，防水层硬化过程中脱水。

治理方法：防水层表面起砂，在保证使用的情况下，一般可不做处理。如影响使用，需将表面用钢丝刷刷毛或用剁斧剁毛，经清洗干净后，重新抹一遍素灰层和水泥砂浆层，压光交活后，加强浇水养护。

186. 外墙板防水工程外墙竖缝渗漏如何进行修补施工？

答：在查明漏水部位后，将护面砂浆剔除干净，直至露出塑料条。检查外墙板缝槽是否堵严，防水塑料条宜选用硬度适当的软质聚氯乙烯，长度、宽度必须和墙缝相适应。其宽度为立缝宽度加 25mm，长度为层高加 150mm，以便封闭空腔上口，并在塑料条外，用强度等级高的砂浆抹出挡水台，下端剪成圆弧形缺口，以便留排水孔，嵌插塑料条时，要防止脱槽。低温季节应将塑料条放入保温桶中，软化后再插入。

勾缝时用力要适中，防止将立缝的塑料条挤出错位而破坏了空腔的作用。勾缝用 1:2 水泥砂浆，冬期施工要掺适量氯盐。勾缝砂浆的表面及与外墙板侧交接处宜涂刷两遍防水胶，总厚度在 1mm 以上，涂刷要均匀，不得漏刷。

187. 外墙板防水工程外墙水平缝（包括十字缝）渗漏的原因和修补方法是什么？

答：造成水平缝渗漏水的主要原因是：墙板外形不规整，

安装校正时损坏了坐浆的完整性。墙板下面坐浆不实，塞缝不认真。水平缝过大，外勾水泥砂浆干缩，产生裂缝；竖缝混凝土浇灌时落距太大，缝内钢筋锚环多，混凝土和易性差，砂石分离，造成十字缝处混凝土密实性不良而渗漏。

修补时与竖缝修补处理相同，在十字缝上下左右各200mm范围内嵌填防水油膏。水平缝应用1:2水泥砂浆压实勾严。如墙板下口未做滴水线或滴水线被撞坏，应该补抹。

188. 油毡屋顶防水层开裂原因是什么？

答：开裂原因：（1）屋面基层变动，温度作用下热胀冷缩，建筑物不均匀下沉等。

（2）由于保温层铺设不平，水泥砂浆找平层厚薄不匀，在屋面基层变动时，找平层开裂而引起防水层不规则裂缝。

（3）油毡搭接处搭接长度较少，收头不良而拉裂。

（4）防水层老化龟裂、鼓泡的破裂，油毡有外伤，防水材料质量不良、延伸率较小、抗拉力较差等。在冬期出现居多，因为温度低容易引起防水层的脆裂。

（5）施工时在板的端头缝处没有干铺一层300mm左右宽的油毡条，屋面板变动时，防水层没有伸缩余地而引起开裂。

189. 油毡屋顶防水层开裂的维修方法是什么？

答：油毡防水层开裂的维修方法：

（1）先将裂缝两边各500mm左右宽度的豆石铲除，再将裂缝中的小豆石剔除扫净，并用吹尘器将缝中的浮灰吹净。

（2）涂刷快挥发性冷底子油一道。

（3）待冷底子油干燥后，缝中嵌石油沥青防水油膏，并高出上表面约0.5mm左右。

（4）缝上干铺一层300mm左右宽油毡条，或铺一根浸透沥青的直径20mm草绳作缓冲层。

（5）做一毡二油一砂。施工要求按油毡屋面施工。

（6）当裂缝拐弯时，干毡条切断，再接上另一条（搭接不少于100mm），或将沥青草绳拐弯。

（7）做一毡二油一砂时，油毡应顺水搭接，其搭接长度不少于150mm。

（8）铺贴油毡时，油毡两边一定要封严贴密，不得翘边、张口。

190. 油毡防水层沥青流淌的主要原因是什么？

答：（1）沥青胶结材料耐热度偏低，配料时没有严格按配合比配制。

（2）铺设防水层时，沥青胶结材料涂浇太厚（超过2mm）。

191. 油毡防水层沥青流淌的维修方法是什么？

答：（1）先将局部流淌而拉开脱空或折皱成团的油毡切除，保留平整部分的油毡。

（2）把切除处的沥青胶结材料铲除干净。

（3）将切口周围150mm左右范围内油毡上的豆石铲除，用喷灯将已铲除豆石的油毡层剥开（在流水的下方向可不剥开），刮除原胶结材料，扫清修补处，干净无杂物。

（4）涂刷冷底子油一道。待冷底子油干燥后，即可铺贴三毡四油一砂。剥开处的油毡按流水方向要求进行搭接并封压密实。

192. 油毡防水层起鼓（起泡、鼓泡）的原因是什么？

答：（1）基层潮湿，水分较多，或防水层材料内含有水分。

（2）基层不平，铺贴卷材时，在基层凹处粘贴不良。当烈日温度升高，水分汽化，造成一定气压，致使油毡起鼓。如果潮汽增大，起鼓可以越鼓越大。

193. 新铺油毡防水层起鼓怎样处理？

答：将起泡处及其周围约100mm见方的范围内豆石铲除，刮除一层豆石的沥青胶结材料，并清除干净。将鼓包用小刀戳破成一小口或小洞（10mm左右），用手将鼓泡从四周往洞口赶出水汽，使油毡防水层复平。保证出气口及顺水流下方不被粘结封死，使鼓泡内水汽自由排出，达到不再鼓泡又能防水的目的。

在新帖的油毡上再做一油一砂。

194. 屋面防水工程构造节点渗漏的原因是什么？

答：（1）油毡防水屋面的若干节点，如防腐木砖、木条钉压收头、薄钢板泛水等，因使用年久，薄钢板、木条等腐烂，经风吹雨淋、日晒后跌落，致使油毡收头翘边、张口而渗漏水。

（2）山墙或女儿墙压顶开裂，水从裂缝中沿着砖缝经由毛细管作用逐渐往下渗水致使防水层逐步破坏，脱空而造成渗漏。

195. 屋面防水工程构造节点渗漏的维修方法是什么？

答：（1）如木砖、木条、薄钢板已腐蚀，油毡收头脱空、张口时，可将腐蚀的薄钢板、木条铲除干净，并铲除收头处的油毡上的豆石。轻轻剥离收头的油毡，离凹槽下约150mm，并将剥离处基层清理干净，凹槽下边填筑水泥砂浆，待其干燥后，刷冷底子油，待干燥后，涂沥青胶结材料，将已剥离开的原防水层，逐层贴上至槽内，其上再铺贴一层新油毡，并涂沥青胶结材，面上涂细豆石保护层，再在凹槽内用1:2水泥砂浆嵌填严密，并抹平槽口。

（2）如山墙、女儿墙压顶开裂而渗漏水，防水层尚未破坏时，应将开裂的压顶及时修理。如裂缝不大也不多时，可将缝内灰尘吹净，涂冷底子油一道，然后嵌沥青油膏或热灌胶泥，要求油膏或胶泥与缝壁粘接良好，并高出表面10mm，缝两边20mm（如果原来缝较小时，可将缝凿宽到10~20mm，然后嵌或灌缝）。

如压顶裂缝较多，可考虑将压顶全部拆除，清扫干净，抹水泥砂浆找平，待其干燥后，刷冷底子油一道，并铺设油毡，深入女儿墙压顶，宽度不低于女儿墙厚度的2/3。然后再做砖压顶或用预制钢筋混凝土块做压顶，并用水泥砂浆抹平，做出滴水线。

196. 屋面防水工程天沟漏水的原因和维修方法是什么？

答：渗漏原因：施工时没有拉线找坡，雨水口的短管没有紧贴基层，水斗四周卷材粘贴不严密，或卷材层数不够，使用管理和维修不善。

维修方法：（1）对倒坡修理：凿掉天沟找坡层，拉线重做找坡层，将雨水口降低，比四周围低 20mm，重新按沥青油毡三毡四油做法施工。

（2）雨水斗部位漏水，应将该处卷材铲除，检查短管是否紧贴板面或铁水盘，如短管系浮搁在找平层上，应将该处找平层凿掉，消除后安装好短管，再用搭接的方法重铺三毡四油防水层，并做好雨水斗附近卷材的收口和包贴。

197. 屋面防水工程变形缝漏水的原因是什么？

答：（1）屋面变形缝，如伸缩缝、沉降缝等没有做干铺卷材层。

（2）薄钢板凸棱安反，薄钢板向中间泛水，造成变形缝漏水。

（3）变形缝长度方向未按规定找坡，甚至往中间泛水，薄钢板没有顺水方向搭接，薄钢板安装不牢固，被风掀起。

（4）变形缝在屋檐部分没有断开，卷材直接平铺过去，变形缝发生变形时，卷材便被拉裂，造成漏水。

198. 屋面防水工程变形缝漏水的治理方法是什么？

答：治理方法：

（1）严格按设计要求和施工规范施工。变形缝在屋檐部分应断开，卷材在断开处应有弯曲，以适应变形延伸需要。

（2）变形缝薄钢板如高低不平，说明基层找坡有问题。此时可将铁皮掀开，将基层修理平整，再铺好卷材层。在安装铁皮时，要注意顺水流方向搭接，并钉设牢固。

199. 屋面防水工程檐口漏水的原因及治理方法是什么？

答：渗漏原因：

（1）多孔空心板伸出做挑檐，没有与圈梁或屋面结构层很好锚固。

（2）檐口抹灰砂浆开裂，造成爬水、尿墙等渗漏。

（3）玛蹄脂或油膏的耐热度偏低，而浇灌厚度又多超过 5mm，容易流淌，而且封口处易裂缝张口，产生爬水、尿墙等渗漏现象。抹檐口砂浆未将卷材压住。

（4）屋檐下口未按规定做滴水线或鹰嘴。

维修方法：

（1）在施工时用多孔空心板做屋面时，使挑檐与圈梁连成整体，檐口抹灰经过二次抹压后，再刷冷底子油，然后采用刮油法铺设檐口处的卷材，并注意将檐口边缘的卷材紧贴于基层上。

（2）为了改变檐口构造的不足，檐口可采用 24 号镀锌薄钢板钉于防腐木条上，而卷材防水层则粘贴于薄钢板面上。

200. 油膏嵌缝屋面裂缝封闭维修方法有哪些？

答：堆缝法：先将裂缝附近 50mm 处清理干净，吹掉浮灰，再用防水油膏或胶泥堆在裂缝处，第一遍应尽量多压入裂缝中，要压实、压紧，然后在裂缝线上堆宽约 30mm，高 3～5mm 的一条垄。

贴缝法：先将无碱玻璃纤维布裁成 70～100mm 宽的布条，清理基层后，用防水涂料粘贴玻璃纤维布，做成一布二油或二布三油，即先刷底层涂料，待其固化后刷第二层涂料，同时铺玻璃纤维布，用橡皮刮板压实，将裂缝封闭。

封缝法：对于板面较小的裂缝一般用环氧树脂等粘结材料灌缝闭合。

201. 油膏嵌缝屋面渗漏的原因是什么？

答：造成自防水屋面渗漏主要由于安装偏差，设备振动等引起槽瓦挂钩没有与檩条挂住，槽瓦下滑，基层处理不当，灌缝不满，粘结不牢，防水涂料质量不够稳定。涂层过早老化、起皮、脆裂，不能起保护板面和防止渗漏的作用。

202. 油膏嵌缝屋面渗漏的维修方法是什么？

答：（1）若槽瓦已滑动，挂钩已不起作用时，可在槽瓦上端外露钢筋上补焊上两只角钢，焊毕，涂上防锈漆。也可在脱钩下滑的槽瓦翘肋下端安放一根 φ14 钢筋棍，再用一根 φ8 钢筋做成弯钩与檩条勾住。

（2）屋面构件搭盖不严引起的屋面渗漏可采用以下治理方法：

1）将上块板板底搭盖处理干净（板底粘有细砂时爬水最严重），涂刷热沥青一道；或在涂刷沥青后，再嵌沥青麻丝，并用防水油膏封口。

2）嵌油膏并用砖或混凝土砌筑挡水条，嵌填1:2水泥砂浆，砂浆应从板的滴水线（俗称鹰嘴）缩进10~20mm，对于砂浆嵌缝不得当而造成的漏水，可做二毡三油（或二布三油）封缝。

3）对于盖瓦坐浆不当引起的爬水，可将原有砂浆凿成缩口，重新坐浆盖瓦，并用密封膏进行嵌填处理。

4）对于纵缝油膏不满而引起的渗漏，可在缝的一侧放一根∟50×50×5，长50m的角钢（角钢靠缝一侧刷上废机油），再补灌油或胶泥，待其冷却后将角钢取出，用刀修边，并用熨斗压迫粘牢。

5）当横缝上坡油膏不满而出现渗漏时，应用温度稍低、稠度较大的油膏或胶泥徐徐灌入灌满，冷却后进行修边和压边。新补的油膏或胶泥应与原来的嵌缝材料相同。

203. 混凝土刚性防水屋面开裂的修补方法是什么？

答：（1）刚性屋面防水层发现裂缝后，首先应查明原因。如属于结构和温度裂缝，应在裂缝位置处，将混凝土凿开，形成分格缝（宽度以15~30、深度以20~25mm为宜），然后按规定嵌填防水油膏，防止渗漏水。

（2）防水层表面若出现一般裂缝时，首先应将板面有裂缝的地方剔出缝槽，并将表面松动的石子、砂浆、浮灰等清理干净，然后再涂刷冷底子油一道，待干燥后再嵌填防水油膏，上面用防水卷材覆盖。防水卷材可用玻璃纤维布、细麻布等，胶结材料可用防水涂料或稀释油膏。

204. 混凝土刚性防水屋面渗漏的修补方法是什么？

答：混凝土刚性屋面的渗漏有一定的规律性，容易发生的部位主要有山墙或女儿墙、檐口、屋面板板缝、烟囱或雨水管穿过防水层处等。

治理方法：

（1）对于造成渗漏的部位按"屋面开裂"的治理办法。

（2）分格缝中的油膏如嵌填不实在或已变质，应将旧油膏剔除干净，然后按操作规程重新嵌填油膏。

（3）对于女儿墙和楼梯间墙与防水层分格缝相交处的渗漏，应将分格缝沿泛水部分打通，再按规定嵌填防水涂料。

205. 全面质量管理的基本概念是什么？有什么要求？

答：全面质量管理，就是企业全体职工及有关部门同心协力把专业技术、经营管理、数理统计和思想教育结合起来，建立起从产品的设计研究、生产制造、售后服务等活动全过程的质量保证体系。从而用最经济的手段生产出用户满意的产品，其基本核心是强调提高人的工作质量、设计质量和制造质量，从而保证产品质量，达到全面提高企业和社会经济效益的目的。

全面质量管理的要求：

（1）全面质量管理是要求全员参加的质量管理。

（2）全面质量管理所管的范围是产品质量产生、形成和实现的全过程。

（3）全面质量管理要求的是全企业的管理。

（4）建立 QC 小组。

206. QC 小组活动的主要内容有哪些？

答：（1）开展业务学习，定期学习全面质量管理知识和基本方法。

（2）开展日常的质量管理活动，比如运用科学管理手段进行小组定期定量分析。组织自检、互检活动以及组织质量攻关、技术改革和实现合理化建议。

（3）练好基本功，提高专业技术水平。

（4）发现质量存在的问题，研究解决对策，制定措施及实施计划。

（5）坚持用数据说话，做好日常测定和管理图表的原始记录。

（6）对班组的工程质量进行检查鉴定。

（7）组织文明生产，严格贯彻执行工艺操作规程，严肃工艺纪律，注意安全生产，消除生产过程中的各种隐患。

（8）提出小组活动经验总结报告，并负责交流经验，参加上一级的各种成果（质量、科研、双革等）的经验交流会。

207. 全面质量管理有哪几种方法？各有何特点？

答：（1）PDCA 循环法，P 计划→D 执行→C 检查→A 总结的步骤循环不止的进行下去的一种管理工作程序，每一个循环比上一个循环都将前进一步。

（2）排列图法，排列图可寻址影响质量的主要原因，所有的图有两个纵坐标，一个横坐标，几个依次排列的长方形和一条累计百分数的曲线组成。

（3）因果图法，因果图是表示质量特征与原因关系的图，可直接看出影响质量的主要、次要因素。

208. 防水工程方案的重要性有哪些？

答：（1）防水施工方案是防水施工的主要依据；

（2）防水施工方案是防水质量的有力保证；

（3）防水施工方案是防水施工的安全保证；

（4）防水施工是经济效益好坏的重要措施。

209. 防水工程施工方案的主要内容有哪些？

答：（1）工程概况；（2）施工准备；（3）操作要点；（4）防水工程质量验收；（5）施工安全措施；（6）成品保护工作；（7）防水工程的回访工作。

3.6　实际操作题

1. 玻璃钢施工操作见下表。

考核内容及评分标准

序号	考核项目	评分标准	满分	检测点					得分
				1	2	3	4	5	
1	打底	打底层腻子，层厚、层数、间隔时间合理	20						
2	粘贴工艺	顺序、方法、方向正确各层牢固无空鼓气泡皱褶	30						
3	表面	平滑、色泽均匀无白点白片浸胶固化不完全，平整符合要求	10						
4	坡度	符合设计排水流畅	10						
5	文明施工	配料不浪费、不污染、工完场清	10						
6	安全生产	小事故扣分，事故严重无分	10						
7	工效	根据项目，按照劳动定额进行，低于定额90%本项无分，在90%～100%之间酌情扣分，超过定额酌情加1～3分	10						

2. 刚性防水层面水泥砂浆五层做法见下表。

考核内容及评分标准

序号	考核项目	评分标准	满分	检测点					得分
				1	2	3	4	5	
1	蓄水试验	24h不渗漏合格，渗漏不合格							
2	基层	原混凝土屋面密实，坡度符合要求	20						

序号	考核项目	评分标准	满分	检测点					得分
				1	2	3	4	5	
3	分层做法	各层配比水灰比正确各层间隔时间合理，抹灰应密实	40						
4	养护	适时、足时（天数）	10						
5	文明施工	工完场清	10						
6	安全	重大事故不合格，小事故扣分	10						
7	工效	根据项目，按照劳动定额进行，低于定额90%本项无分，在90%～100%之间酌情扣分，超过定额酌情加1～3分	10						

3. 平屋面拒水粉防水施工操作见下表。

考核内容及评分标准

序号	考核项目	评分标准	满分	检测点					得分
				1	2	3	4	5	
1	找平层	平整光洁无裂缝坡度排水顺畅	20						
2	拒水粉	厚度符合要求平整均匀节点加强符合要求	15						
3	隔离层	不漏铺、质牢	10						
4	保护层	不破坏防水层密实，养护符合时间要求	15						
5	分格缝	设置位置合理嵌严	10						

序号	考核项目	评分标准	满分	检测点					得分
				1	2	3	4	5	
6	文明施工	工完场清	10						
7	安全	重大事故不合格，小事故扣分	10						
8	工效	根据项目，按照劳动定额进行，低于定额90%本项无分，在90%~100%之间酌情扣分，超过定额酌情加1~3分	10						

注：做蓄水实验，24h 不渗漏为合格，有渗漏者不合格，本操作无分。

4. 阳离子氯丁胶乳防水砂浆施工操作见下表。

考核内容及评分标准

序号	考核项目	评分标准	满分	检测点					得分
				1	2	3	4	5	
1	底层	处理得当，涂浆均匀，间隔时间合理	20						
2	防水层	厚度、配比、拌合方法、间隔时间、抹压方法正确	20						
3	保护层	适时、不裂、空、起砂等，光滑平整，接槎严密，排水顺畅	20						
4	养护	方法正确足时	10						
5	文明施工	工完场清	10						
6	安全	重大事故不合格，小事故扣分	10						

序号	考核项目	评分标准	满分	检测点					得分
				1	2	3	4	5	
7	工效	根据项目，按照劳动定额进行，低于定额90%本项无分，在90%~100%之间酌情扣分，超过定额酌情加1~3分	10						

注：做蓄水实验，24h不渗漏为合格，有渗漏者不合格，本操作无分。

5. 无机铝盐防水砂浆水塔施工操作，见下表。

考核内容及评分标准

序号	考核项目	评分标准	满分	检测点					得分
				1	2	3	4	5	
1	基层处理	基层平整密实、清洁、按要求作节点及凿毛等处理	20						
2	防水层	材料质量合格配比合理，各层间隔合理，抹压应密实	30						
3	表面	平整光滑，无空、起砂现象，坡度顺畅	10						
4	养护	及时、足时	10						
5	文明施工	工完场清	10						
6	安全	重大事故不合格，小事故扣分	10						
7	工效	根据项目，按照劳动定额进行，低于定额90%本项无分，在90%~100%之间酌情扣分，超过定额酌情加1~3分	10						

注：做蓄水实验，24h不渗漏为合格，有渗漏者不合格，本操作无分。

6. 油毡屋面防水层渗漏维修

（1）题目：油毡防水层空鼓渗漏维修的施工。

（2）内容：对屋面油毡防水层空鼓渗漏破裂的部位进行修补，包括切除裂口、清理、刮除、刷油、铺毡及铺设保护层，使完成的项目符合质量标准和验收规范。

（3）时间要求：8h 完成全部操作。

（4）使用的工具、材料：

1）工具：一般防水工常用的工具。如小平铲、钢丝刷、皮风箱、铁桶、油漆刷、鸭嘴壶和现场砌筑沥青锅灶等。

2）材料：油毡、沥青、绿豆砂等。

（5）考核项目及评分标准（满分为 100 分），见下表。

考核项目及评分标准

序号	考核项目	评分标准	满分	检测点					得分
				1	2	3	4	5	
1	切除修理法	操作顺序、切开大小符合规范	20						
2	基层处理	清理刮除	20						
3	刷油铺贴	符合规定	20						
4	油毡接缝	严密不翘边	10						
5	保护层	涂刷均匀	10						
6	文明施工	工完场清	10						
7	安全	安全施工	10						

注：做蓄水实验，24h 不渗漏为合格，有渗漏者不合格，本操作无分。

7. 冷库工程防潮、隔热层施工操作

（1）题目：冷库工程防潮、隔热层施工，（防潮层采用二毡三油、隔热层采用软木砖）。

（2）内容：某冷库工程作防潮、隔热层施工，包括基层处理、二毡三油防潮层铺贴、软木隔热层安装及钢丝网防水砂浆面层制作等，使完成的项目符合质量标准和验收规范。

（3）时间要求：按劳动定额要求而定。

（4）使用工具、材料：

1）工具：一般防水工使用的工具及机具，现场砌筑沥青锅灶等。

2）材料：沥青、油毡、软木砖等。

（5）考核项目及评分标准（满分为100分），见下表。

考核项目及评分标准

序号	考核项目	评分标准	满分	检测点					得分
				1	2	3	4	5	
1	基层处理	清洁无突出物,冷底子油涂刷均匀无漏刷	10						
2	防潮层工艺	各层间粘结紧密,不空鼓接缝严密,搭接合理	20						
3	保护层	撒石子均匀,嵌入牢固	10						
4	铺贴软木	粘贴软木牢固、无翘、平整,错缝合理,各层钉牢	20						
5	钢丝网砂浆面层	平整不空裂,不破坏软木层	10						
6	文明施工	用料合理、节约,工完场清	10						
7	安全生产	重大事故不合格,小事故扣分	10						
8	工效	根据项目,按照劳动定额进行,低于定额90%本项无分,在90%~100%之间酌情扣分,超过定额酌情加1~3分							

注：做蓄水实验，24h不渗漏为合格，有渗漏者不合格，本操作无分。